BIBLIOTHÈQUE DES ÉCOLES PRIMAIRES

Publiée sous la Direction des FRÈRES MARISTES

GÉOMÉTRIE

PREMIÈRE ANNÉE

PAR

TH. HÉBÉ ET A. VERNADET

PARIS

LIBRAIRIE CH. DELAGRAVE

GÉOMÉTRIE

(PREMIÈRE ANNÉE)

COULOMMIERS

Imprimerie Paul BRODARD.

BIBLIOTHÈQUE DES ÉCOLES NORMALES

Publiée sous la Direction de FÉLIX MARTEL

Inspecteur général de l'Instruction publique

GÉOMÉTRIE

(PREMIÈRE ANNÉE)

PAR

TH. HUE

Directeur de l'École normale professionnelle de Nantes

ET

A. VERNADET

Professeur à l'École normale d'Instituteurs de Châteauroux.

PARIS

LIBRAIRIE CH. DELAGRAVE

15, RUE SOUFFLOT, 15

GÉOMÉTRIE

CHAPITRE PREMIER

Notions préliminaires.

1. **Corps.** — On appelle *corps*, en géométrie, tout ce qui occupe une certaine place dans l'espace. Ex. : une pierre, un livre, une poutre, etc.

2. **Volume.** — Le *volume* d'un corps est la portion de l'espace qu'il occupe.

3. **Dimensions.** — Les corps présentent en général *trois dimensions : longueur, largeur* et *hauteur*. L'une d'elles s'appelle encore, suivant les cas, *épaisseur* ou *profondeur*.

Ainsi :

Une chambre a une longueur, une largeur et une hauteur.

Un livre a une longueur, une largeur et une épaisseur.

Une rivière a une longueur, une largeur et une profondeur.

Un mur a une longueur, une épaisseur et une hauteur.

Dans certains cas, on a surtout à considérer deux dimensions, la longueur et la largeur, notamment pour une feuille de papier, un terrain. Souvent même on ne considère qu'une seule dimension, par ex., la longueur d'une route, la largeur d'une étoffe, la hauteur d'une montagne, la profondeur d'un puits.

4. **Surface**. — On appelle *surface* d'un corps la limite qui sépare le volume de ce corps de l'espace environnant.

Une surface n'a point d'épaisseur. On dit la surface d'une table, d'un champ.

5. **Ligne**. — Une *ligne* est l'intersection de deux surfaces, ou encore, la limite d'une surface.

La ligne n'a ni largeur ni épaisseur. Les arêtes d'une pièce de bois ou de fer équarrie, les bords d'un chemin, d'un fossé, d'une rivière, les contours d'un lac, d'une feuille, d'un dessin, sont des lignes.

Une ligne se représente par un trait à la plume, au tire-ligne, au crayon, aussi fin que possible.

6. **Point**. — On appelle *point* l'intersection de deux lignes. Un point est encore l'extrémité d'une ligne.

Le point n'a ni longueur, ni largeur, ni épaisseur.

Il se représente par la trace que laisse une pression faible de la plume, du crayon sur le papier. Au tableau noir, on représente un point par l'intersection de deux lignes droites.

7. **Ligne droite**. — La *ligne droite*, ou simplement la *droite*, est la plus simple de toutes les lignes. La notion de la ligne droite ne pouvant être ramenée à une autre plus simple, on ne définit pas cette ligne.

Un fil bien tendu, la ficelle du fil à plomb, l'arête d'une règle bien dressée, un rayon de lumière dans une

Fig. 1.

chambre obscure nous donnent l'image de la ligne droite (fig. 1).

8. La ligne droite a pour propriété fondamentale d'être déterminée par deux points, ce qui veut dire que *par deux points on peut toujours faire passer une droite et l'on n'en peut faire passer qu'une.*

9. Il résulte de là : 1° que deux lignes droites qui ont deux points communs coïncident dans toute leur étendue; 2° que deux lignes droites distinctes ne peuvent avoir qu'un point commun.

10. Dans la science dont nous commençons l'étude et dans le dessin linéaire, on représente la droite par un simple trait et on la désigne par deux lettres placées

A   B

Fig. 2.

au-dessus ou au-dessous de la ligne et à une certaine distance l'une de l'autre. Telle est la droite AB (fig. 2).

11. Quand on parle d'une droite, on doit entendre que cette ligne est indéfinie dans les deux sens de sa

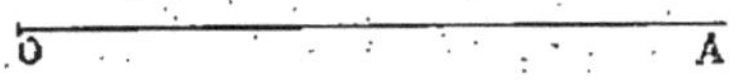

O   A

Fig. 3.

direction. Si l'on considère une droite, limitée par un point dans un sens et indéfinie dans l'autre, on a une *demi-droite* : telle est OA (fig. 3). Le point O qui la limite dans un sens en est l'origine. Si l'on considère

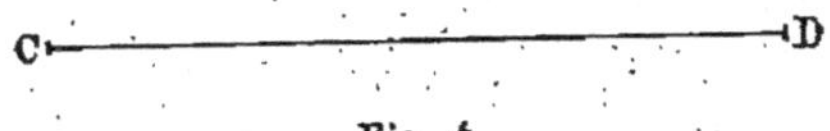

C⊢————————————————————⊣D

Fig. 4.

une droite limitée par deux points dans les deux sens, on a un *segment* ou une *portion de droite* (fig. 4); les deux points C et D sont les extrémités du segment.

12. Lorsque deux portions de droite sont telles que, placées l'une sur l'autre, elles peuvent coïncider dans toute leur étendue, on dit que les deux portions de droite sont *égales*; on dit encore que les deux portions de droite ont la *même longueur*.

13. Si, dans un essai de superposition de deux portions de droite, c'est-à-dire si, après qu'on a appliqué les

deux portions de droite l'une sur l'autre de manière à leur donner une extrémité commune, les deux autres extrémités ne coïncident pas, les deux portions de droite sont *inégales*; celle qui n'est pas entièrement recouverte est dite plus grande que l'autre, et l'autre plus petite que la première.

14. Si, sur une droite indéfinie XY (fig. 5) et à partir d'un quelconque de ses points, on porte successivement

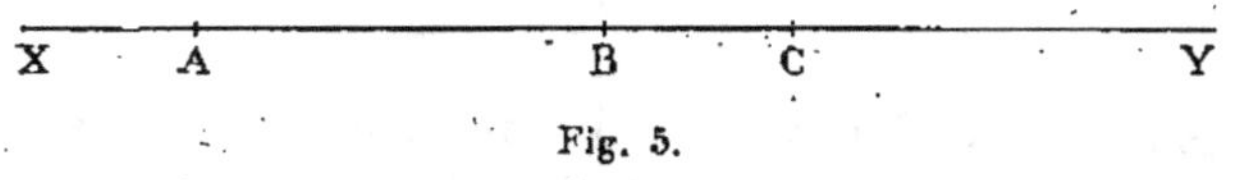

Fig. 5.

et dans le même sens deux portions de droite AB et BC, le segment de droite AC est dit la *somme* des deux portions de droite AB et BC; autrement dit, la longueur du segment AC est la somme des longueurs des segments AB et BC. Quand on fait cette opération, on dit qu'on *ajoute* les deux portions de droite AB et BC.

15. On dit qu'une portion de droite est *deux, trois, etc. fois plus grande* qu'une autre lorsqu'elle est *égale à la somme* de deux, trois, etc. portions de droite égales à cette autre.

16. On admet que *la droite jouit de la propriété d'être le plus court chemin d'un point à un autre*. Le plus court chemin d'un point à un autre est appelé la *distance* des deux points. On peut donc dire que la distance de deux points est la portion de droite qui réunit les deux points.

17. **Ligne brisée.** — *La ligne brisée*, dite aussi *ligne polygonale*, est formée de portions de droites.

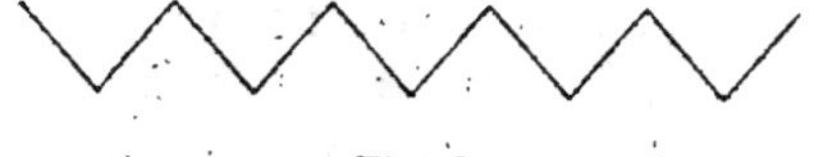

Fig. 6.

Exemple : En suivant le bord des dents d'une scie, on parcourt une ligne brisée (fig. 6).

18. Ligne courbe. — C'est une ligne qui n'est ni droite ni brisée. Les lignes courbes sont très nombreuses et très variées; la plus simple et la plus connue est la circonférence (fig. 7).

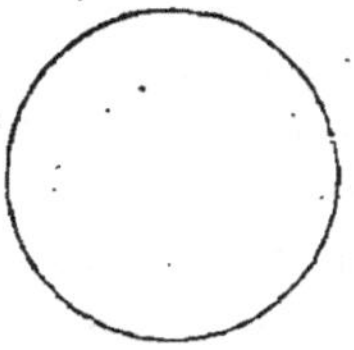

Fig. 7.

19. Plan. — On appelle plan ou surface plane *une surface telle que toute droite qui joint deux de ses points, pris à volonté, y est contenue tout entière.* On admet l'existence d'une surface jouissant de cette propriété.

Une glace, une plaque de marbre poli, la surface de l'eau tranquille dans un vase, un tableau noir représentent des surfaces planes.

Une surface est plane, lorsqu'on peut y appliquer dans tous les sens une règle droite.

20. Surface brisée. — C'est une surface composée de surfaces planes. Ex. : Les feuillets d'un paravent.

21. Surface courbe. — C'est une surface qui n'est ni plane ni brisée. Ex. : La surface d'une bille, d'un tuyau de poêle, d'un abat-jour, etc.

22. La surface, la ligne et le point n'existent en réalité que dans un corps solide. Cependant, si l'on suppose que les dimensions d'un corps diminuent jusqu'à devenir nulles, on a l'idée du point indépendamment de la ligne; et, si l'on suppose ce point se mouvant dans l'espace d'une manière continue, il forme une ligne qui se conçoit alors indépendante d'une surface. Ex. : La pointe d'un crayon se déplaçant sur un papier, la ligne ou trajectoire suivie par une pierre lancée dans l'espace, par une balle de fusil.

De même, la surface peut être considérée comme formée, engendrée par une ligne se mouvant dans l'espace suivant une loi déterminée. Ex. : La fronde qu'on fait tourner avant de lancer la pierre, la corde dont les enfants se servent pour sauter à la corde, le fil de fer ou de laiton dont on se sert pour couper la brique de savon. La surface peut donc être conçue indépendamment du corps dont elle est la limite.

Enfin, un volume lui-même peut être considéré comme engendré par une surface se mouvant dans l'espace suivant une loi déterminée. Ex. : Une pièce de monnaie qu'on enfoncerait à plat dans une motte de terre glaise et qui forme le moule en creux d'un cylindre; la mèche employée pour percer un fût.

23. **Figures.** — Les volumes, les surfaces, les lignes, les points, sont désignés sous le nom de *figures*.

24. **Figures égales.** — Deux figures sont égales quand, appliquées l'une sur l'autre, elles peuvent coïncider. On dit alors qu'on peut les superposer.

On peut obtenir la superposition de deux figures en faisant glisser l'une des figures sur l'autre, de manière qu'une ligne de la première coïncide avec son égale dans l'autre; on voit alors si les autres éléments peuvent coïncider ou non. Ex. : Une feuille de papier qu'on porte sur une autre en faisant coïncider deux bords égaux pris dans chaque feuille. Les patrons de coupe que les tailleurs, les couturières posent sur leur étoffe, les gabarits employés par les constructeurs mécaniciens, les calques usités par les dessinateurs, etc., sont autant d'exemples de superposition pour obtenir des figures égales au modèle.

La superposition s'obtient encore par le rabattement d'une des figures sur l'autre. Ce dernier procédé s'emploie surtout quand les deux figures sont placées à côté l'une de l'autre et qu'elles ont une ligne commune.

25. **Figures équivalentes.** — Deux volumes sont équivalents quand ils contiennent le même nombre d'unités de volume (718) sans avoir la même forme, et, par suite, sans être superposables. Ex. : la capacité d'un litre et un décimètre cube sont équivalents.

Deux surfaces sont équivalentes lorsque, sans avoir la même forme, elles contiennent le même nombre d'unités de surface. Ex. : Deux feuilles de papier égales,

étant partagées en trois parties égales, l'une dans le
sens de la longueur, l'autre dans le sens de la largeur,
ont des divisions équivalentes, mais
non égales, car on ne peut les superposer (fig. 8).

26. **Géométrie.** — La *géométrie*
est la science qui a pour objet l'étude
des propriétés des figures et la
mesure de leur étendue.

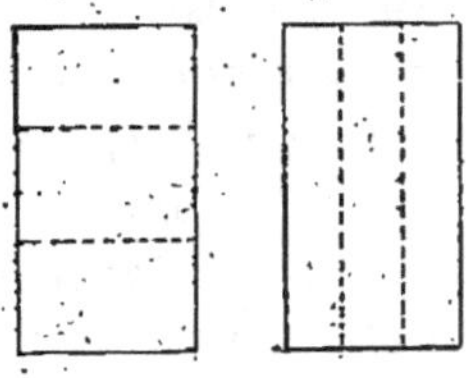

Fig. 8.

On divise la géométrie en deux
parties : la *géométrie plane*, qui s'occupe des figures
dont tous les points sont dans un même plan, et la
géométrie dans l'espace, relative aux figures dont tous
les points ne sont pas dans un même plan.

DÉFINITION DE CERTAINS TERMES FRÉQUEM-MENT USITÉS EN GÉOMÉTRIE

27. **Axiome.** — C'est une vérité qu'on admet sans
démonstration.

Voici quelques axiomes d'un fréquent usage :

1º *Le tout est plus grand que sa partie.*

2º *La partie est plus petite que le tout.*

3º *Le tout est égal à la somme de ses parties.*

4º *Deux quantités égales à une troisième sont égales
entres elles.*

5º *Deux quantités égales restent égales, quand on les
augmente ou qu'on les diminue d'une même quantité.*

6º *Deux quantités égales restent égales, quand on les
multiplie ou qu'on les divise par une même quantité.*

7º *Deux quantités inégales restent inégales, quand on
les augmente ou qu'on les diminue d'une même quantité.*

8º *Si trois quantités sont telles que la 1ʳᵉ est plus petite
que la 2ᵉ, qui est à son tour plus petite que la 3ᵉ, la
1ʳᵉ est plus petite que la 3ᵉ.*

9° *La ligne droite est le plus court chemin d'un point à un autre.*

10° *Il existe une surface telle que la droite qui passe par deux quelconques de ses points y est entièrement contenue; cette surface s'appelle* plan.

28. **Théorème.** — On appelle théorème une vérité qui, pour devenir évidente, exige un raisonnement appelé *démonstration*.

29. **Corollaire.** — Un corollaire est une propriété qui est la conséquence immédiate d'un théorème.

30. **Problème.** — Un problème est une question à résoudre. On obtient la réponse en faisant un raisonnement appelé *solution*.

31. **Proposition.** — Le théorème, le corollaire prennent encore le nom général de propositions. Dans toute proposition, il y a deux choses à considérer : l'*hypothèse* et la *thèse* ou *conclusion*. L'hypothèse est la partie de la proposition qu'on donne comme vraie; la conclusion est la partie de la proposition qu'il s'agit de démontrer.

32. La *réciproque* d'une proposition est une autre proposition dans laquelle on prend pour hypothèse la conclusion de la 1re proposition et pour conclusion son hypothèse.

Ex. — *Proposition : Tout commun diviseur à plusieurs nombres est un diviseur de leur p. g. c. d.*

Proposition réciproque : Tout diviseur du p. g. c. d. à plusieurs nombres est un commun diviseur à ces nombres.

La réciproque d'une proposition n'est pas toujours vraie.

Ex. : *Tous les angles droits sont égaux* est une proposition exacte, dont la réciproque : *tous les angles égaux sont droits*, n'est pas exacte.

33. Toute proposition a aussi sa *proposition contraire*. Dans la proposition contraire, l'hypothèse et la conclusion sont la négation de l'hypothèse et de la conclusion de la proposition directe.

SIGNES EMPLOYÉS EN GÉOMÉTRIE

34. On se sert en géométrie des mêmes signes qu'en arithmétique.

Ainsi :

$A + B$ exprime la somme des deux quantités A et B, et se lit A plus B.

$A - B$ exprime la différence des deux quantités A et B, et se lit A moins B.

$A \times B$ ou $A.B$ exprime le produit des deux quantités A et B, et se lit A multiplié par B.

$A : B$ ou $\dfrac{A}{B}$ exprime le quotient des deux quantités A et B, et se lit A divisé par B. Souvent $\dfrac{A}{B}$ se lit A sur B.

$A = B$, exprime l'égalité des deux quantités A et B, et se lit A égale B.

$A > B$ exprime que A est plus grand que B, et se lit A plus grand que B.

$A < B$ exprime que A est plus petit que B, et se lit A plus petit que B.

(Remarquer que *la quantité la plus grande est toujours dans l'ouverture du signe*).

35. Lorsque, dans une figure, on s'est servi de certaines lettres pour désigner ou des points ou des lignes et qu'on veut employer ces mêmes lettres pour désigner d'autres points ou d'autres lignes analogues, on doit, pour éviter toute confusion, tracer, au-dessus et à droite de ces lettres, un, deux, trois petits signes ayant la forme d'un accent aigu, de la façon suivante : A', A'', A'''.

A' s'énonce A prime.

A'' s'énonce A seconde.

A''' s'énonce A tierce.

CONSEILS AU LECTEUR. — *1° Les définitions doivent être sues mot à mot et il ne faut dans aucun cas se contenter de l'à peu près.*

2° Chercher des exemples usuels à l'appui de chaque définition et de chaque axiome.

3° En même temps qu'on apprendra une leçon nouvelle, il est excellent de revoir la leçon précédente.

PREMIÈRE PARTIE

GÉOMÉTRIE PLANE

CHAPITRE II

De la ligne droite. — Des angles.

DE LA LIGNE DROITE

36. *Par un point donné sur un plan, on peut faire passer une infinité de lignes droites.* — Du point A (fig. 9) on peut faire partir des droites dans toutes les directions possibles, tandis que nous avons admis que par deux points A et B, on n'en peut faire passer qu'une, et que, si deux droites ont deux points communs, elles coïncident dans toute leur étendue. Nous

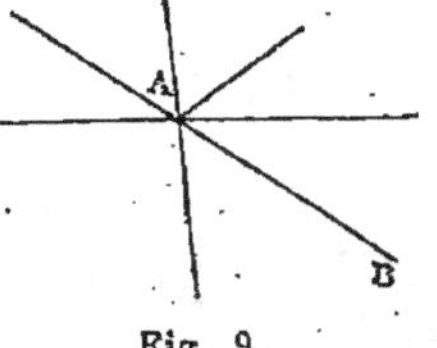

Fig. 9.

pouvons donc dire que deux points distincts suffisent pour déterminer une droite.

DES ANGLES

37. Angle. — On appelle *angle* la figure formée par deux demi-droites issues d'un même point et de directions différentes.

Le point A commun aux deux demi-droites est le *sommet* de l'angle et les deux demi-droites AB et AC en sont les côtés (fig. 10).

Les deux branches d'un compas ouvert, d'une paire de ciseaux représentent l'image d'un angle.

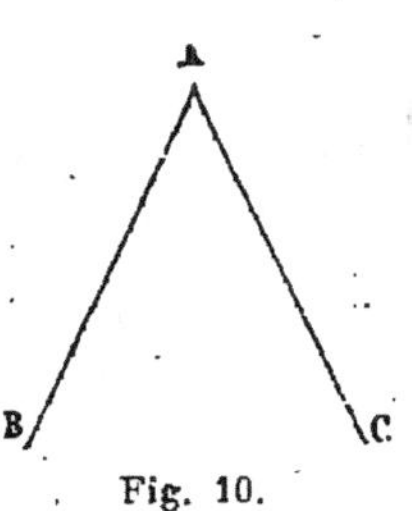

Fig. 10.

On nomme un angle par la lettre de son sommet; mais, lorsque plusieurs angles ont même sommet, pour éviter la confusion, on les désigne chacun par trois lettres en ayant soin de toujours énoncer la lettre du sommet entre les deux autres, ou encore par de petites lettres, ou des chiffres qui se mettent dans l'intérieur des angles.

Ainsi, on dira les angles AOC, AOD, BOD, BOC ou *a*, *b*, *c*, *d* (fig. 11).

38. On dit que deux angles sont égaux lorsqu'ils sont exactement superposables, la coïncidence ne se rapportant qu'aux directions des côtés des deux angles et non à leur longueur.

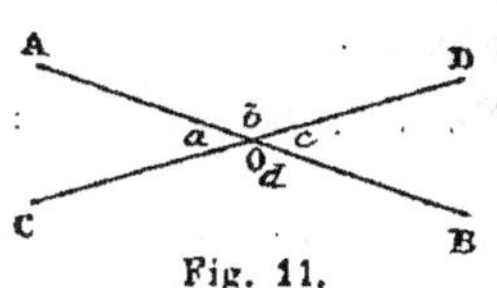

Fig. 11.

39. Dans l'essai de superposition de deux angles, c'est-à-dire après avoir fait coïncider leurs deux sommets et deux des demi-droites qui les forment, de manière à placer les deux autres d'un même côté de la demi-droite commune, si l'on ne peut amener ces deux autres demi-droites à se recouvrir, les deux angles considérés sont inégaux; celui dont le second côté est entre les deux côtés de l'autre est dit *plus petit* que celui-ci et celui-ci *plus grand* que le premier.

40. En plaçant deux angles dans un même plan de façon à amener la coïncidence de leurs sommets et de deux des demi-droites qui les forment, et en ayant soin que les deux autres soient situées de part et d'autre de la demi-droite commune, l'angle formé par les côtés extrêmes est dit la *somme* des deux angles considérés. Ainsi l'angle BAD est la somme des deux angles BAC et CAD (fig. 12).

Effectuer l'opération précédente, c'est *ajouter* deux angles l'un à l'autre.

41. Un angle est double, triple, d'un autre, quand il est égal à la somme de deux, trois, angles égaux à cet autre.

42. **Génération des angles.** — Pour se faire une idée de ce qu'on appelle la grandeur d'un angle, on

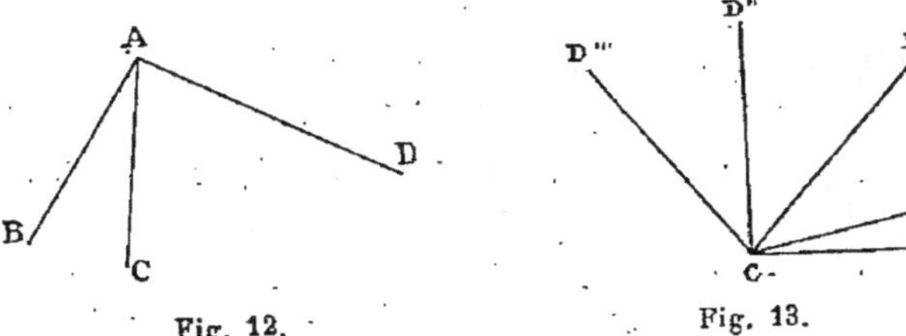

Fig. 12.   Fig. 13.

suppose qu'un de ses côtés CB restant fixe, l'autre CD, d'abord appliqué sur le premier, se met à tourner autour du sommet (fig. 13).

Ce second côté fait ainsi avec le premier des angles BCD, BCD′, BCD″ etc. qui vont croissant progressivement. Ce mode de génération des angles met en outre en évidence que la grandeur d'un angle est indépendante de la longueur de ses côtés.

La *sauterelle*, ou fausse équerre, dont les menuisiers, les charpentiers, les serruriers se servent pour construire un angle égal à un autre, nous fournit un moyen pratique de former des angles. Son usage nous donne en outre un autre exemple de superposition pour obtenir une figure égale à une autre.

43. **Angles opposés par le sommet.** — Deux *angles* sont *opposés par le sommet* lorsque les côtés de l'un sont les prolongements des côtés de l'autre au delà du sommet commun. Ex. : les angles *a* et *c*, *b* et *d* (fig. 11).

44. **Angles adjacents.** — On appelle *angles adjacents* deux angles qui ont le même sommet, un côté commun, et qui sont situés de part et d'autre de ce côté commun. Ex. : les angles ABC et CBD (fig. 14).

Il y a, dans cette figure, un angle ABD qui est la somme des deux autres, mais qui n'est adjacent à aucun d'eux.

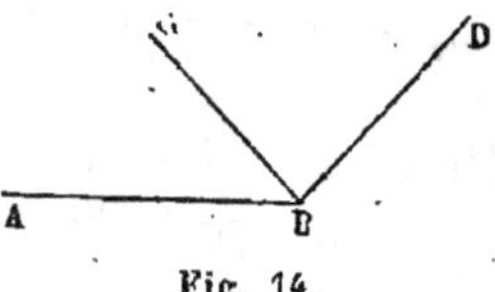

Fig. 14.

45. Perpendiculaire. — Une droite est dite *perpendiculaire* à une autre droite lorsqu'elle fait avec celle-ci deux angles adjacents égaux.

En admettant que CD fasse deux angles adjacents égaux avec la droite AB, CD est perpendiculaire sur AB (fig. 15). Le point C est le *pied* de cette perpendiculaire.

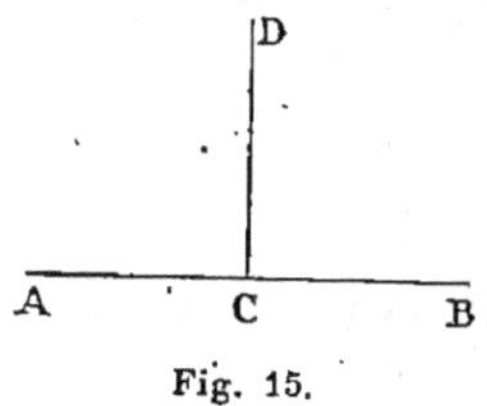

Fig. 15.

46. Les deux angles égaux BCD, ACD, que forme CD avec AB (fig. 15), sont appelés *angles droits*, ou simplement *droits*. On dit encore qu'un angle droit est un angle tel qu'un de ses côtés soit perpendiculaire sur l'autre.

47. On obtient facilement deux droites perpendiculaires entre elles au moyen d'une feuille quelconque de papier. On plie une première fois cette feuille, ce qui donne une droite AB (fig. 16). Sans déplier la feuille, on fait un second pli passant par le point C, de telle sorte que CB s'applique exactement sur CA. La droite obtenue CD est perpendiculaire sur AB, car, si l'on déplie complètement la feuille, on obtient les angles ACD et DCB, qui sont égaux.

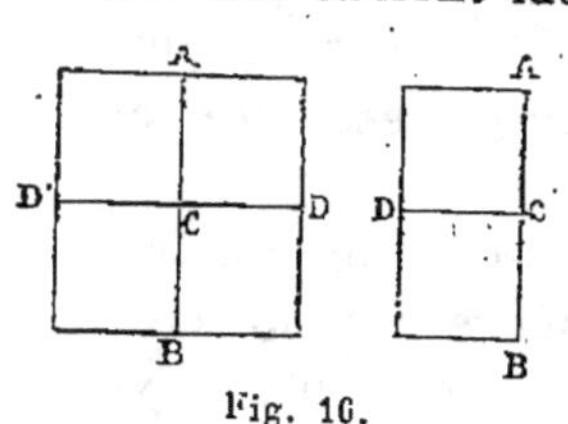

Fig. 16.

48. Oblique. — Une droite est *oblique* à une autre droite lorsqu'elle forme avec elle deux angles adjacents inégaux. Ex. : CD est oblique à AB (fig. 17). Le point C est appelé le pied de l'oblique.

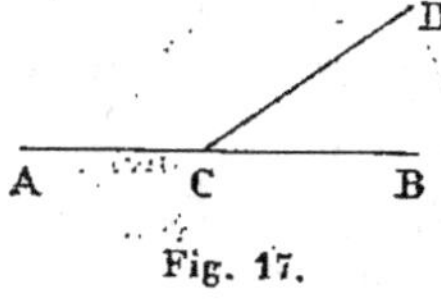

Fig. 17.

49. Quand deux droites se rencontrent, elles sont ou perpendiculaires ou obliques entre elles.

50. **Horizontale.** — On appelle *horizontale* une droite entièrement située dans le plan déterminé par la surface de l'eau tranquille considérée sous une petite étendue, dans une terrine, par exemple.

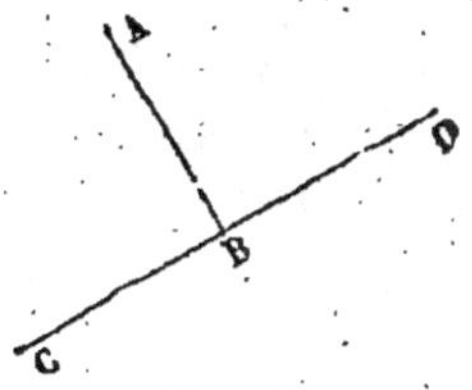

51. **Verticale.** — La *verticale* est une droite qui suit la direction du *fil à plomb*.

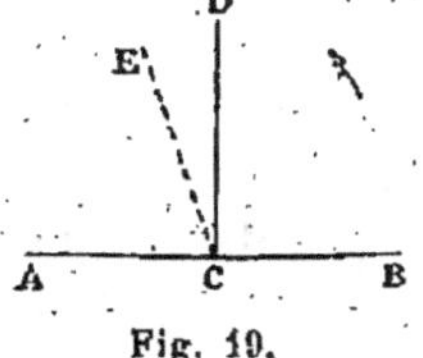

Fig. 18.

52. Il ne faut pas confondre les mots *verticale* et *perpendiculaire*; la verticale ne peut prendre que la direction du fil à plomb, tandis que la perpendiculaire à une droite a une direction qui varie avec la direction de la droite.

Ainsi, dans la figure 18, la droite BA est perpendiculaire sur CD et n'est pas verticale.

Théorème.

53. *Par un point pris sur une droite :* 1° *on peut mener une perpendiculaire à cette droite;* 2° *on ne peut en mener qu'une.*

1° *Hypothèse* : On donne un point C sur AB (fig. 19).

Conclusion : Du point C on peut mener une perpendiculaire CD à AB.

Supposons qu'une droite CD, coïncidant d'abord avec AB, tourne autour du point C dans le sens de la flèche; l'angle BCD, d'abord nul, va en augmentant d'une façon continue, tandis que l'angle ACD diminue jusqu'à devenir nul. L'angle BCD, d'abord inférieur à ACD, finit par le surpasser. Les deux angles BCD et ACD passant par les mêmes états de grandeur, dans le même temps, il y aura une position CD de la droite

Fig. 19.

mobile pour laquelle ces deux angles seront égaux;
alors CD sera perpendiculaire à AB.

2° *Hypothèse* : Du point C sur AB, on a mené une
perpendiculaire à AB.

Conclusion : On n'en peut mener qu'une.

En effet, si l'on écarte CD de sa position pour l'amener
en CE, l'angle de droite augmentera et l'angle de gauche
diminuera; ces angles, d'abord égaux, cesseront de
l'être et CE ne sera pas perpendiculaire à AB. *C. q. f. d.*

Corollaire.

54. *Tous les angles droits sont égaux.*

Hypothèse : On donne les deux angles droits BAC et
DEF (fig. 20).

Conclusion : Ils sont égaux.

En effet, faisons glisser l'angle BAC sur l'angle DEF,
de manière que la droite AB soit sur ED, le point A au
point E. La droite AC prendra la direction de EF, car,
s'il en était autrement, on pourrait mener par le point E

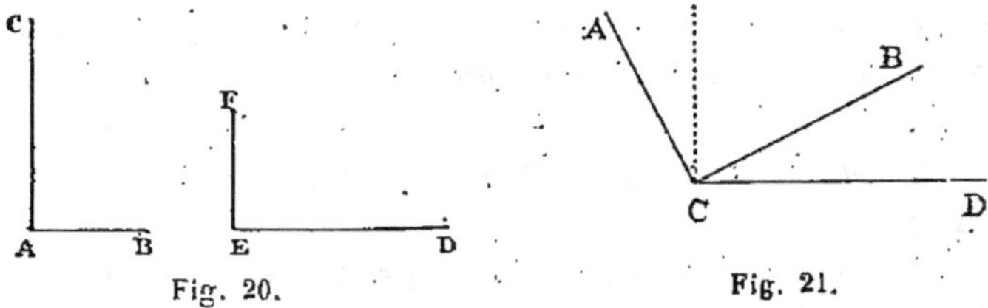

Fig. 20.   Fig. 21.

deux perpendiculaires à la même droite ED, ce qui est
impossible (53). Les deux angles coïncideront donc et
seront égaux.   *C. q. f. d.*

55. **Définitions.** — La propriété caractéristique dont
jouit l'angle droit, d'être invariable de grandeur, a fait
adopter cet angle comme terme de comparaison. C'est à
l'angle droit qu'on compare tous les autres angles.

56. Lorsqu'un angle est plus petit qu'un angle droit,
on lui donne le nom d'*angle aigu*. Tel est l'angle BCD
(fig. 21).

57. Lorsqu'un angle est plus grand qu'un angle droit, on lui donne le nom d'*angle obtus*. Tel est l'angle ACD (fig. 21).

58. Lorsque la somme de deux angles est égale à un angle droit, l'un quelconque de ces angles est dit le *complément* de l'autre, et les deux angles considérés sont appelés *angles complémentaires*.

59. Lorsque la somme de deux angles est égale à deux angles droits, l'un quelconque de ces angles est dit le *supplément* de l'autre, et les deux angles considérés sont appelés *angles supplémentaires*.

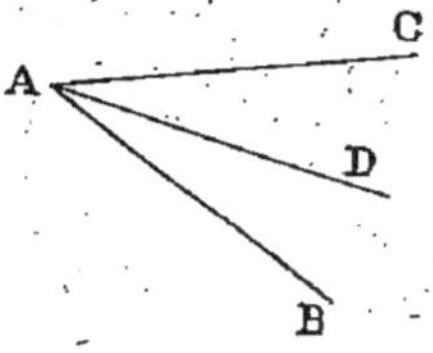

60. On appelle *bissectrice* d'un angle la demi droite qui, partant du sommet, divise cet angle en deux angles égaux.

Fig. 22.

Ex. : AD est bissectrice de l'angle BAC (fig. 22).

La propriété commune à tous les angles droits d'être égaux fait qu'ils présentent de nombreuses applications. Les équerres employées au dessin et à l'atelier sont à angle droit. Les maçons font les ouvertures d'une maison à angle droit et les menuisiers font les châssis des fenêtres, des portes, ainsi que les panneaux, à angle droit. Les murs et les plafonds étant aussi à angle droit, les rouleaux de papier à tapisser sont aussi à angle droit. Tous ces ouvriers peuvent travailler séparément au même édifice, et toutes les pièces qu'ils apportent les uns après les autres peuvent se superposer.

Théorème.

61. *Quand une droite en rencontre une autre, elle forme avec elle deux angles adjacents supplémentaires.*

Hypothèse : On donne deux angles adjacents formés par les deux droites AB et CD (fig. 23).

Conclusion : Leur somme vaut deux droits.

En effet, si l'on mène au point C la perpendiculaire

à la droite AB, on voit que l'angle ACD contient l'angle droit ACE, plus l'angle ECD, et que c'est précisément cet angle ECD qui manque à l'angle BCD pour valoir le second angle droit ECB. Donc les deux angles adjacents valent ensemble exactement deux angles droits.

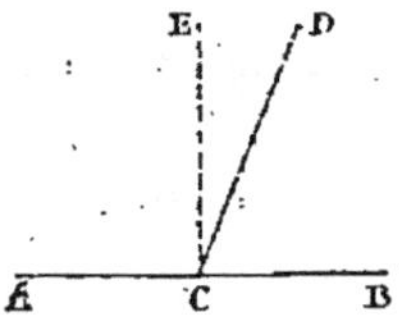

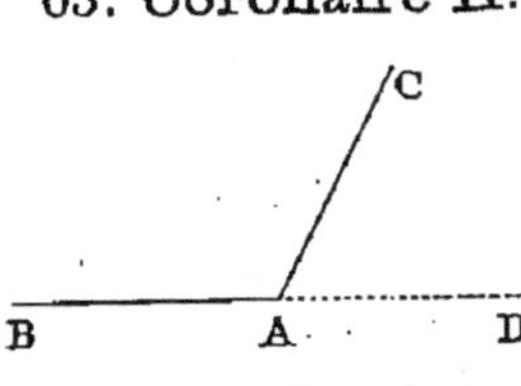

Fig. 23.

62. Corollaire I. — *Si l'un des angles adjacents est droit, l'autre l'est aussi, puisqu'ils valent ensemble deux angles droits.*

63. Corollaire II. — *Pour obtenir le supplément d'un angle BAC* (fig. 24), *il suffit de prolonger l'un de ses côtés, BA, par exemple, au delà du sommet. L'angle DAC est le supplément de l'angle BAC.*

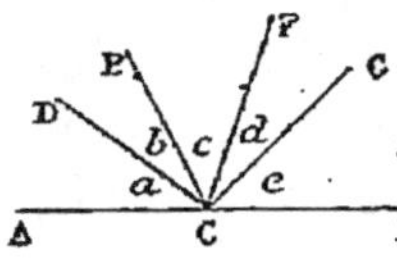

Fig. 24.

64. Corollaire III. — *La somme d'un nombre quelconque d'angles consécutifs, ayant même sommet et situés dans un même plan du même côté d'une droite, est égale à deux droits.*

En effet, la somme des angles, a, b, c, d, e, est égale à la somme des angles ACF et FCB (fig. 25), et par conséquent égale à deux droits (61).

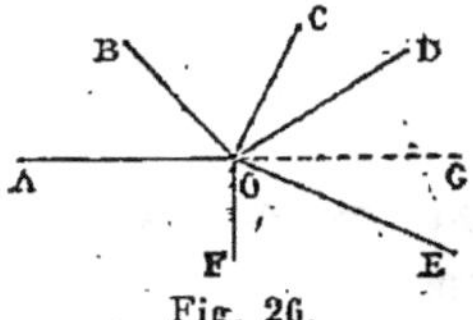

Fig. 25.

65. Corollaire IV. — *La somme d'un nombre quelconque d'angles consécutifs, formés autour d'un même point dans un même plan, est égale à quatre droits.*

En effet, si l'on prolonge un côté quelconque AO, on divise l'angle DOE en deux parties, situées de part et d'autre de AG (fig. 26). Or la somme des angles situés au-dessus de AG est égale à deux droits (64); il en est de même pour les angles situés au-dessous de AG. Donc la somme de tous ces angles est égale à quatre droits.

Fig. 26.

66. Corollaire V. — *Si une droite est perpendiculaire sur une autre, réciproquement celle-ci l'est sur la première.*

Hypothèse : On a la droite AB perpendiculaire sur CD (fig. 27).

Conclusion : CD est perpendiculaire sur AB.

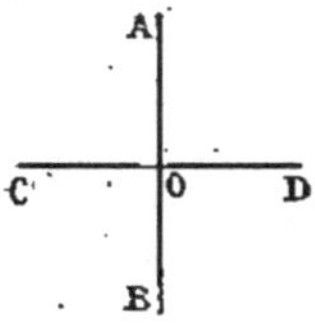

En effet, de ce que AB est perpendiculaire sur CD, l'angle AOD est droit; mais les deux angles AOD et DOB sont des angles adjacents formés par une droite, donc leur somme vaut deux droits; dès lors l'angle DOB vaut aussi un droit. Mais tous les angles droits sont égaux; donc la droite CD rencontre AB en formant des angles égaux, et par conséquent elle est perpendiculaire sur AB.   *C. q. f. d.*

Fig. 27.

Théorème.

67. *Réciproquement, lorsque deux angles adjacents sont supplémentaires, leurs côtés extérieurs sont en ligne droite.*

Hypothèse : Soient les deux angles adjacents ABD et DBC, dont la somme vaut deux droits (fig. 28).

Conclusion : BC est dans le prolongement de AB.

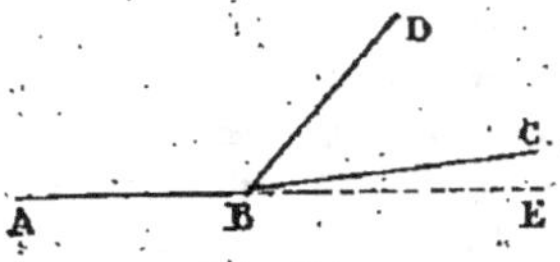

En effet, si BC n'est pas le prolongement de AB, nous pouvons mener ce prolongement, soit BE par exemple. Les deux angles DBC et DBE sont, l'un par hypothèse, l'autre par construction (63), les suppléments de l'angle ABD. Ces deux angles sont donc égaux; mais, comme ils sont dans un même plan, qu'ils ont même sommet, un côté commun, et que les deux autres côtés BC et BE sont situés d'un même côté du côté commun, ces deux autres côtés doivent nécessairement coïncider. Mais BE est le prolongement de AB; donc BC est aussi le prolongement de AB.   *C. q. f. d.*

Fig. 28.

68. REMARQUE. — *Ce théorème est fréquemment employé pour prouver que trois points donnés sont en ligne droite.*

Théorème.

69. *Les angles opposés par le sommet sont égaux :*

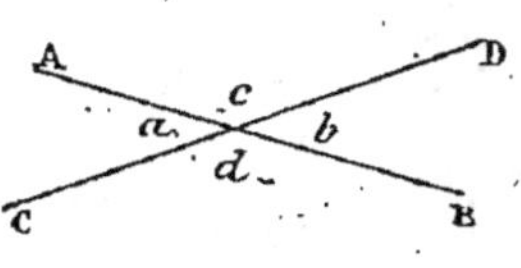

Fig. 29.

Hypothèse : On donne deux angles a et b opposés par le sommet (fig. 29).

Conclusion : $a = b$.

En effet : CD rencontrant AB, on a (61)

$$a + c = 2 \text{ droits.}$$

De même :
$$b + c = 2 \text{ droits.}$$

Les deux angles a et b, étant suppléments d'un même angle c, sont égaux.

On prouverait de même que

$$c = d \qquad\qquad \text{C. q. f. d.}$$

CONSEILS : *1° Les énoncés de théorèmes, corollaires et réciproques doivent être sus par cœur et par ordre; quant aux démonstrations, il suffira qu'elles soient données d'une façon rigoureusement logique, sans s'astreindre au mot à mot.*

2° **Manière d'apprendre un théorème.** — *Bien distinguer l'hypothèse de la conclusion et avoir toujours cette conclusion en vue. Pour cela, écrire à part ce qu'on veut démontrer et souligner, de façon à ne pas être tenté de s'en servir dans le courant de la démonstration. Écrire ailleurs l'hypothèse et, au-dessous, les différents résultats obtenus dans le cours de la démonstration jusqu'à ce qu'on arrive à la conclusion.*

On commencera par lire très attentivement la démonstration du livre, en ayant soin de se reporter aux propositions indiquées par les numéros mis entre parenthèses. On fermera son livre et l'on essayera de reconstituer la démonstration, qui ne sera vraiment comprise et sue que lorsqu'on aura pu la refaire sans aide.

3° Récapituler tous les énoncés de théorèmes compris dans la leçon.

EXERCICES NUMÉRIQUES

1. L'angle BOC vaut $\frac{2}{3}$ de droit. Que vaut l'angle AOC, si la ligne AOB est une droite?

2. Quatre demi-droites OA, OB, OC, OD forment des angles tels que AOB $= \frac{3}{4}$ de droit, BOC $= \frac{2}{3}$ de droit, COD $= \frac{1}{3}$ de droit : que vaut AOD?

3. Étant donné la droite MN et le point O pris sur cette droite, on considère les demi-droites OA, OB, OC situées d'un même côté de MN, et telles que NOC $= \frac{1}{2}$ droit, COB $= \frac{2}{3}$ de droit, BOA $= \frac{1}{3}$ de droit : que vaut AOM?

4. Un angle vaut $\frac{2}{3}$ de droit : quel est son complément? Quel est son supplément?

5. On donne l'angle droit AOB et les trois demi-droites OC, OD, OE formant entre elles et les côtés de l'angle droit des angles égaux : quelle est la valeur de chacun de ces angles?

6. Deux angles adjacents ont pour valeurs respectives $\frac{3}{4}$ de droit et $\frac{3}{5}$ de droit : quelle est la valeur de l'angle de leurs bissectrices?

7. L'angle des bissectrices de deux angles adjacents est $\frac{3}{8}$ de droit; l'un des angles adjacents est double de l'autre. Quelle est la valeur de chacun de ces angles?

EXERCICES GRAPHIQUES

8. Construire le complément d'un angle donné.

9. Démontrer que, si deux angles adjacents sont supplémentaires, leurs bissectrices sont perpendiculaires l'une sur l'autre, et réciproquement.

10. Dans quel cas l'angle des bissectrices de deux angles adjacents est-il aigu? Dans quel cas est-il obtus?

11. Démontrer que, si l'angle des bissectrices de deux angles adjacents n'est pas droit, les côtés extérieurs ne sont pas en ligne droite.

12. Les bissectrices de deux angles opposés par le sommet sont en ligne droite.

13. Lorsque deux droites se coupent, les bissectrices des quatre angles qu'elles déterminent forment deux droites perpendiculaires entre elles.

CHAPITRE III

Polygones. Propriétés et cas d'égalité des triangles.

DES POLYGONES

70. Polygone. — Un *polygone* est une portion de plan limitée de toutes parts par des lignes droites qui se coupent deux à deux (fig. 30).

Les intersections des droites sont les *sommets* du polygone. On désigne un polygone au moyen de lettres placées à chacun de ses sommets. Ainsi, on dira le polygone ABCDE (fig. 30).

71. Côtés. Périmètre. — Les droites AB, BC, CD, DE, EA, limitées à leurs intersections respectives, sont les *côtés* du polygone; leur ensemble en constitue le *contour* ou *périmètre*.

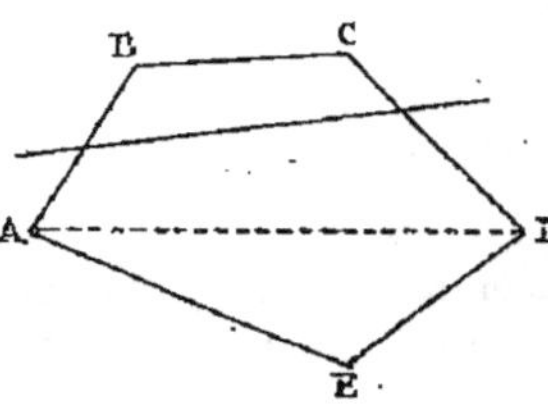

Fig. 30.

72. Diagonale. — On appelle *diagonale* d'un polygone une droite joignant deux sommets non consécutifs. Ex. : DA (fig. 30).

73. Polygone convexe. — Un polygone est *convexe*, ou *à angles saillants*, lorsqu'une droite quelconque ne peut couper le périmètre qu'en deux points (fig. 30), ou encore, lorsqu'il est entièrement situé d'un même côté de la direction de chacune des portions de droite qui le limitent.

74. Polygone concave. — Un polygone est *con-*

cave, ou *à angles rentrants*, lorsqu'une droite peut couper le périmètre en plus de deux points (fig. 31), ou encore, lorsqu'il n'est pas entièrement situé d'un même côté de la direction de chacune des portions de droite qui le limitent.

Un polygone a autant d'angles que de côtés.

75. — Quelques polygones ont reçu des noms qui rappellent le nombre de leurs côtés ou de leurs angles.

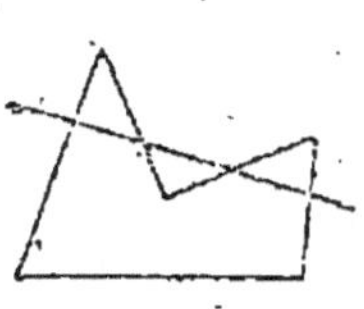 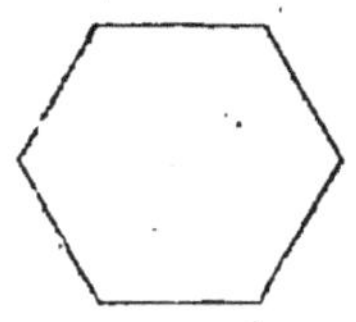 

Fig. 31.   Fig. 32.   Fig. 33.

Parmi ces polygones, les plus importants sont :

le *Triangle*	qui a	3	côtés
le *Quadrilatère*	—	4	—
lè *Pentagone*	—	5	—
l'*Hexagone*	—	6	—
l'*Octogone*	—	8	—
le *Décagone*	—	10	—
le *Dodécagone*	—	12	—

76. Polygone régulier. — Un polygone est dit *régulier* lorsqu'il a tous ses côtés et tous ses angles égaux.

La figure 32 représente un hexagone régulier.

La figure 33 représente un octogone régulier.

TRIANGLES

77. Triangle. — Un *triangle* est une portion de plan limitée par trois droites qui se coupent deux à deux (fig. 34) et limitées elles-mêmes à leurs points d'intersection.

78. Éléments d'un triangle. — On appelle ainsi les côtés et les angles. Un triangle a donc *six éléments* : *trois côtés* et *trois angles.*

79. Différentes espèces de triangles. — Un triangle est *équilatéral*, quand ses trois côtés sont égaux. Ex. : La ripe des tailleurs de pierre, le *triangle* [instrument de musique] (fig. 35).

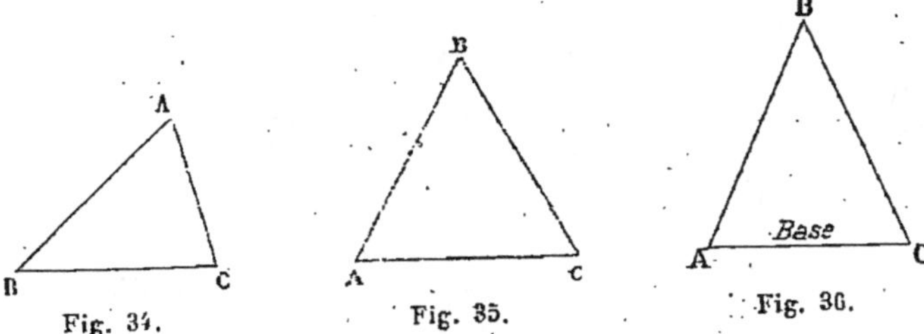

Il est *équiangle*, quand ses trois angles sont égaux. Nous verrons qu'un triangle équilatéral est en même temps équiangle, et réciproquement.

80. Un triangle est *isocèle*, quand il a deux côtés égaux (fig. 36).

Un triangle est dit *scalène*, quand il a ses trois côtés inégaux (fig. 37).

81. Un triangle est *rectangle*, lorsque l'un de ses

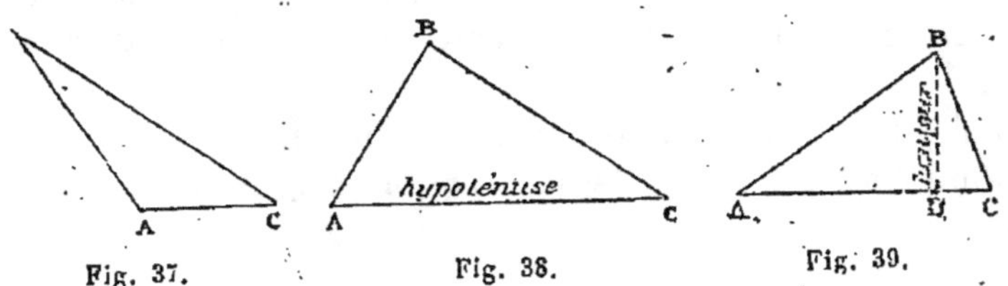

angles est droit. Le côté opposé à l'angle droit est l'*hypoténuse* (fig. 38).

L'équerre du dessinateur nous en fournit un exemple.

82. Hauteur. Base. — On appelle *hauteur* d'un triangle la perpendiculaire menée de l'un des sommets sur le côté opposé (fig. 39) ou sur le prolongement de ce côté (fig. 40). Un triangle a donc trois hauteurs.

Le côté sur lequel on a mené la perpendiculaire figurant la hauteur prend alors le nom de *base*. L'un quel-

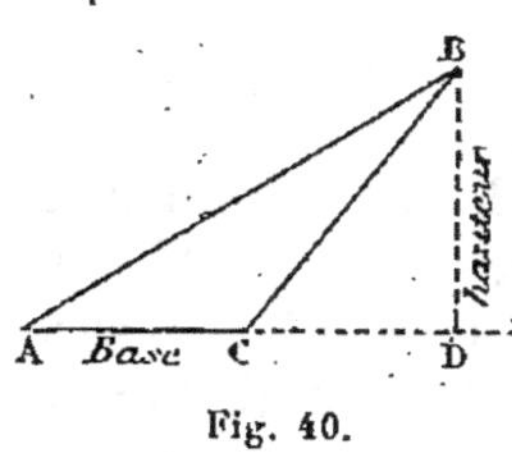

Fig. 40.

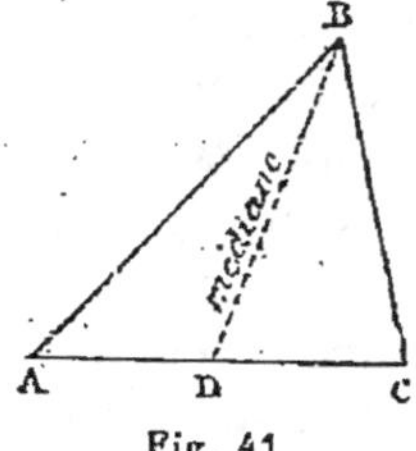

Fig. 41.

conque des côtés d'un triangle peut donc être pris pour base.

83. Dans un triangle isocèle, on donne plus particulièrement le nom de base au côté qui n'est pas égal aux deux autres (fig. 36).

Dans un triangle *acutangle*, ou qui a tous ses angles aigus, les trois hauteurs sont à l'intérieur du triangle.

Dans un triangle *obtusangle*, ou qui a un angle obtus, deux hauteurs sont situées en dehors du triangle.

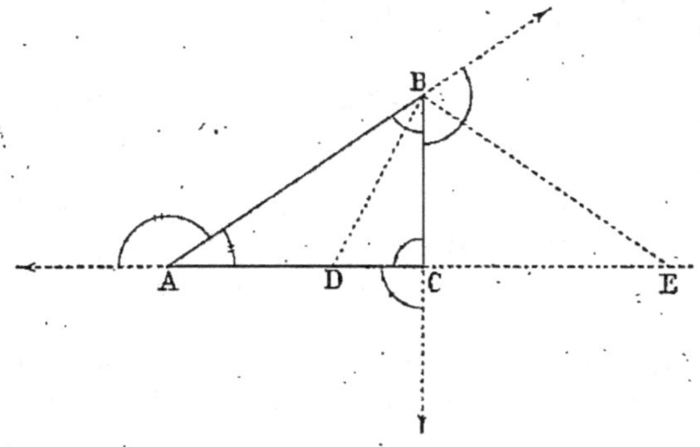

Fig. 42.

84. Médiane. — La médiane d'un triangle est la droite qui joint un sommet au milieu du côté opposé (fig. 41). Un triangle a donc trois médianes.

85. Si l'on prolonge dans un même sens circulaire les trois côtés d'un triangle, on forme en chacun de ses sommets deux angles supplémentaires, soit six angles au total, dont trois situés à l'intérieur du triangle et trois à l'extérieur. Pour les distinguer, les premiers sont appelés les *angles intérieurs* du triangle, et les autres, *les angles extérieurs*.

Les bissectrices, telles que BD, des angles intérieurs et les bissectrices, telles que BE, des angles extérieurs, limitées aux côtés du triangle sont appelées *bissectrices intérieures* et *bissectrices extérieures* du triangle (fig. 42).

PROPRIÉTÉS DES TRIANGLES

Théorème.

86. *Dans tout triangle, un côté quelconque est : 1° plus petit que la somme des deux autres; 2° plus grand que leur différence.*

1° La propriété est évidente pour tout côté autre que le plus grand; il suffit donc de démontrer que le plus grand côté AC est plus petit que la somme des deux autres, ou que :

$$AC < AB + BC \text{ (fig. 43).}$$

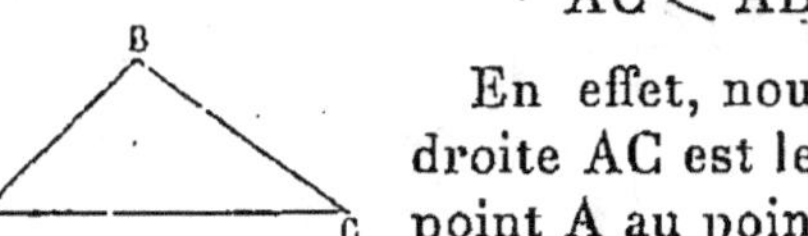

Fig. 43.

En effet, nous avons admis que la droite AC est le plus court chemin du point A au point C; donc

$$AC < AB + BC.$$

2° La propriété est évidente quand on considère le plus grand côté; il suffit donc de démontrer qu'on a :

$$AB > AC - BC$$

et

$$BC > AC - AB.$$

En effet, de $AC < AB + BC$ ou $AB + BC > AC$, on a, en retranchant BC de part et d'autre,

$$AB > AC - BC.$$

De même, de $AC < AB + BC$, on a, en retranchant AB de part et d'autre,

$$AC - AB < BC \text{ ou } BC > AC - AB.$$

$$C. \ q. \ f. \ d.$$

87. REMARQUE. — Il résulte du théorème précédent qu'on ne peut pas toujours construire un triangle avec trois segments quelconques de droite.

Pour que trois portions de droite puissent être considérées comme les trois côtés d'un triangle, il faut que l'une quelconque de ces portions de droite soit moindre que la somme des deux autres et supérieure à leur différence.

Théorème.

88. *Si l'on joint un point pris dans l'intérieur d'un triangle aux extrémités d'un des côtés, la somme des deux droites obtenues est plus petite que la somme des deux autres côtés du triangle.*

Hypothèse : On a les deux droites OA, OC menées du point O aux extrémités du côté AC du triangle ABC (fig. 44).

Conclusion :

$$AO + OC < AB + BC.$$

En effet, prolongeons AO jusqu'à sa rencontre avec BC en D. Nous avons dans le triangle ABD (86) :

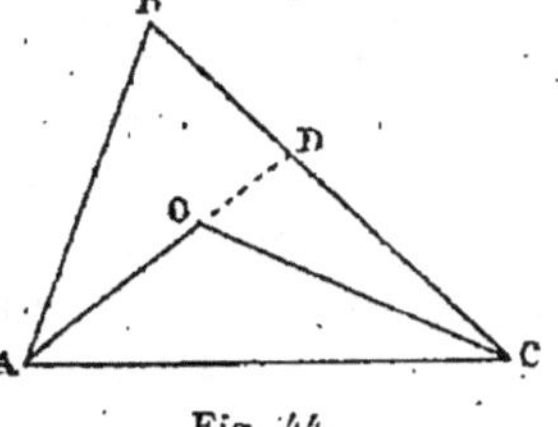

Fig. 44.

$$AO + OD < AB + BD.$$

Le triangle ODC donne aussi :

$$OC < OD + DC.$$

Si l'on additionne membre à membre, il vient :

$$AO + OD + OC < AB + BD + OD + DC.$$

Supprimant OD de part et d'autre, on a :

$$AO + OC < AB + BD + DC.$$

Mais $$BD + DC = BC,$$

d'où $$AO + OC < AB + BC. \qquad C.\ q.\ f.\ d.$$

On aurait pu faire la démonstration en prolongeant CO.

89. REMARQUE. — La ligne brisée ABC s'appelle quelquefois *ligne enveloppante*, et la ligne brisée AOC, *ligne enveloppée;* on dit alors que la ligne enveloppée est plus petite que la ligne enveloppante.

CAS D'ÉGALITÉ DES TRIANGLES

90. Rappelons que deux figures sont égales lorsqu'en faisant glisser l'une d'elles sur l'autre sans la déformer, on obtient deux figures coïncidant exactement. En particulier, nous dirons que les deux triangles ABC, DEF (fig. 45) sont égaux si, en faisant glisser DEF sur ABC, nous obtenons deux triangles coïncidant. Si nous admettons que la coïncidence des triangles ait lieu, nous remarquons qu'elle exige celle des côtés AB et DE, BC et EF, AC et DF, ainsi que celle des angles A et D, B et E, C et F. Ainsi, quand deux triangles sont égaux, leurs trois côtés et leurs trois angles sont respectivement égaux chacun à chacun. Mais pour affirmer que deux triangles sont égaux, il n'est pas nécessaire de savoir que leurs trois côtés et leurs trois angles sont égaux chacun à chacun : les *cas d'égalité* déterminent les conditions auxquelles doivent satisfaire deux triangles pour être égaux. Il y a trois cas d'égalité des triangles.

1er CAS. — Théorème.

91. *Deux triangles sont égaux, quand ils ont un côté égal adjacent à deux angles égaux chacun à chacun.*

Hypothèse : On donne les deux triangles ABC et DEF, dans lesquels on a :

$$AC = DF, \hat{A} = \hat{D}, \hat{C} = \hat{F} \text{ (fig. 45)}.$$

(Les côtés AC, DF sont *adjacents* aux angles A et C d'une part, aux angles D et F d'autre part, puisqu'ils servent à les former. Ces angles sont égaux *chacun à chacun*, car les angles A et C du triangle ABC sont

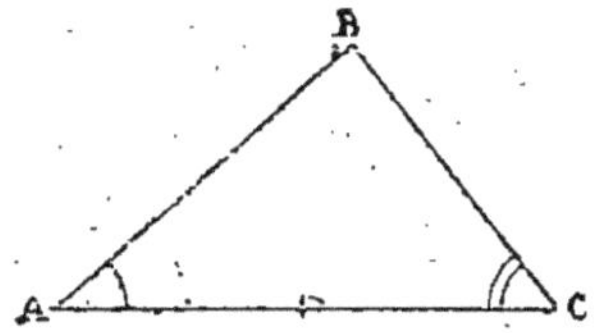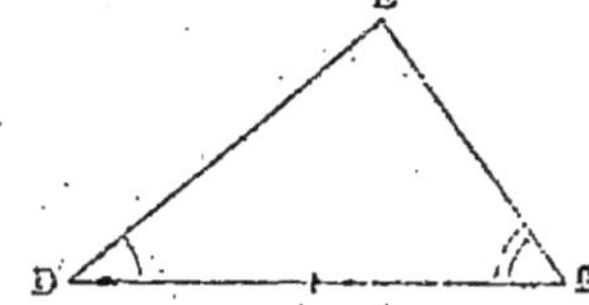

Fig. 45.

égaux chacun à un des angles D et F du triangle DEF).

Conclusion : Les triangles sont égaux.

En effet, faisons glisser le triangle ABC sur le triangle DEF, de manière que le côté AC coïncide avec son égal DF, le point A en D, le point C en F.

L'angle A étant égal à l'angle D, le côté AB prendra la direction DE et le point B se trouvera sur DE, ou sur son prolongement. De même, les angles C et F étant égaux, le côté CB prendra la direction FE et le point B se trouvera sur FE, ou sur son prolongement. Le point B devant se trouver à la fois sur DE et sur FE, sera à leur intersection en E, et les deux triangles, coïncidant exactement, seront égaux. *C. q. f. d.*

92. REMARQUE. — D'après la superposition des deux figures, nous voyons que, dans deux triangles égaux, aux angles égaux sont opposés des côtés égaux, et réciproquement, aux côtés égaux sont opposés des angles égaux, car on a :

$$\hat{B} = \hat{E}, \quad AB = DE, \quad CB = FE.$$

2ᵉ Cas. — Théorème.

93. *Deux triangles sont égaux quand ils ont un angle égal compris entre deux côtés égaux chacun à chacun.*

Hypothèse : On donne les triangles ABC et DEF, dans lesquels on a :

$$\hat{A} = \hat{D}, \; AC = DF, \; AB = DE \;\text{(fig. 46)}.$$

(A propos des côtés égaux chacun à chacun, même remarque que pour les angles du cas précédent.)

Conclusion : Ces triangles sont égaux.

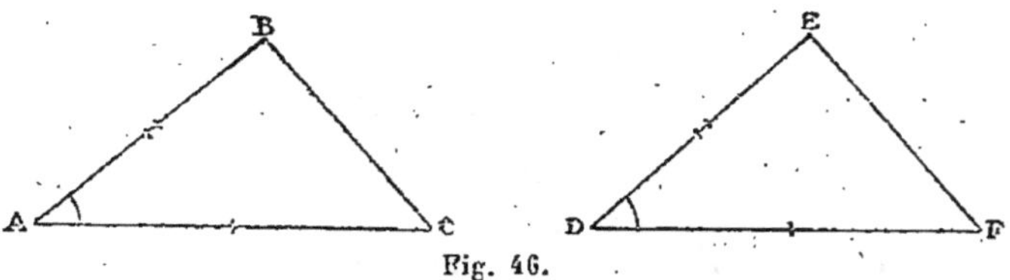

Fig. 46.

En effet, faisons glisser le triangle ABC sur le triangle DEF, de manière que le côté AC soit sur son égal DF, le point A en D, le point C en F. L'angle A étant égal à l'angle D, le côté AB prendra la direction DE ; et, comme AB = DE, le point B coïncidera avec le point E. Dès lors, les troisièmes côtés BC et EF, ayant les mêmes extrémités, coïncideront, et les deux triangles, coïncidant exactement, seront égaux.   *C. q. f. d.*

Alors tous leurs éléments sont égaux deux à deux, et aux côtés égaux sont opposés des angles égaux ; et, réciproquement, aux angles égaux sont opposés des côtés égaux ; car on a :

$$BC = EF, \; \hat{B} = \hat{E}. \; \hat{C} = \hat{F}.$$

Théorème nécessaire à la démonstration du 3ᵉ cas d'égalité des triangles.

94. *Lorsque deux triangles ont deux côtés égaux cha-*

cun à chacun et que l'angle compris entre les deux côtés
du premier triangle est plus grand que l'angle compris
entre les deux côtés du second triangle, le troisième côté
du premier est plus grand que le troisième côté du second.

Hypothèse : On donne les triangles ABC et DEF, dans
lesquels on a :

$$AB = DE, \quad BC = EF, \quad \hat{B} > \hat{E} \text{ (fig. 47)}.$$

Conclusion : $AC > DF$.

En effet, faisons glisser le triangle DEF sur le triangle
ABC, de manière que le côté EF soit sur son égal BC,

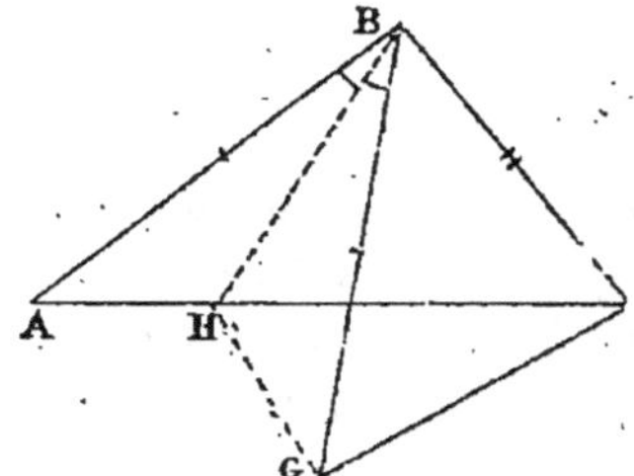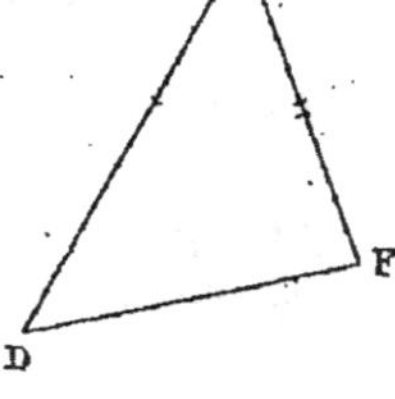

Fig. 47.

le point E en B et le point F en C. L'angle E étant plus
petit que l'angle B, le côté ED se trouvera dans l'angle
ABC et viendra en BG ; le côté DF viendra en CG. Par
suite, on doit avoir :

$$AC > CG.$$

Menons la bissectrice BH de l'angle ABG et menons
HG. Nous formons un triangle CGH, dans lequel nous
avons :

$$GH + HC > CG.$$

Si nous montrons que $GH = AH$; le théorème sera
démontré.

Or, les triangles GHB et AHB sont égaux comme
ayant un angle égal compris entre deux côtés égaux
chacun à chacun, savoir : l'angle ABH égale l'angle GBH
par construction, puisque nous avons mené BH bissec-

trice de l'angle ABG; le côté BH est commun aux deux triangles, et le côté GB, qui n'est autre chose que DE, est égal à AB par hypothèse.

Les deux triangles GHB et AHB étant égaux, aux angles égaux en B sont opposés des côtés GH et AH qui sont égaux. On peut donc, dans l'inégalité précédente, remplacer GH par AH, et l'on a :

$$AH + HC > CG,$$

ou $$AC > CG,$$

ou enfin, $$AC > DF. \qquad C.\ q.\ f.\ d.$$

Théorème.

95. Réciproquement : *Lorsque deux triangles ont deux côtés égaux chacun à chacun et que le troisième côté du premier est plus grand que le troisième côté du second, l'angle compris entre les deux côtés du premier est plus*

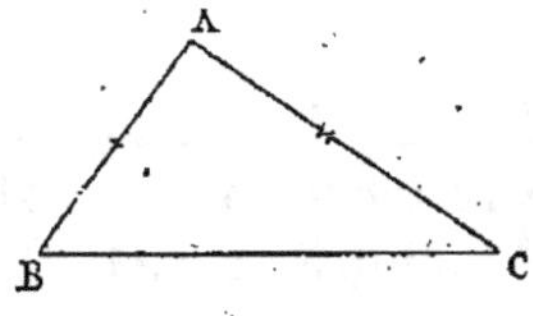
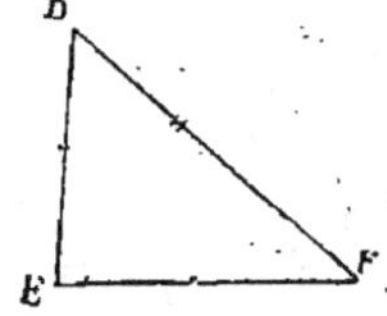

Fig. 48.

grand que l'angle compris entre les deux côtés du second.

Hypothèse : On a les deux triangles ABC et DEF (fig. 48) dans lesquels

$$AB = DE$$
$$AC = DF$$
$$BC > EF$$

Conclusion : $\hat{A} > \hat{D}$.

En effet, si l'angle $\hat{A}$ était plus petit que l'angle $\hat{D}$, le côté opposé BC serait plus petit que le côté EF (94), ce qui serait contraire à l'hypothèse. Si l'angle $\hat{A}$ était égal à l'angle $\hat{D}$, le côté BC serait égal au côté EF, puisque les deux triangles seraient égaux (93), ce qui serait encore contraire à l'hypothèse. L'angle A ne pouvant être ni inférieur, ni égal à l'angle D, lui est nécessairement supérieur.   *C. q. f. d.*

3e Cas d'égalité. — Théorème.

96. *Deux triangles sont égaux quand ils ont leurs trois côtés égaux chacun à chacun.*

Hypothèse : On a les deux triangles ABC et DEF, qui ont :

$$AB = DE, \ BC = EF, \ AC = DF \ (\text{fig. 49}).$$

Conclusion : Ces triangles ont aussi leurs angles égaux chacun à chacun et sont égaux.

En effet, si l'angle B par exemple n'était pas égal à l'angle E, il serait plus grand ou plus petit que cet

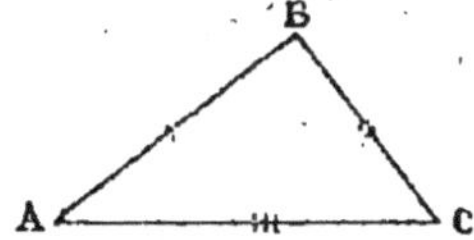

Fig. 49.

angle; mais alors le côté AC serait plus grand ou plus petit que le côté DF (94), ce qui est contraire à l'hypothèse. Donc $\hat{B} = \hat{E}$, et les deux triangles sont égaux comme ayant un angle égal compris entre deux côtés égaux chacun à chacun (93).   *C. q. f. d.*

On a alors :

$$\hat{A} = \hat{D}, \ \hat{B} = \hat{E}, \ \hat{C} = \hat{F}.$$

97. Cela nous montre que, lorsque deux triangles ont les trois côtés égaux chacun à chacun, les angles opposés aux côtés égaux sont égaux.

Mais la réciproque n'est pas vraie, c'est-à-dire que deux triangles peuvent avoir leurs angles égaux chacun à chacun, sans que pour cela ils aient leurs côtés égaux chacun à chacun, comme nous le verrons plus tard.

98. Remarque. — Il résulte des trois cas d'égalité que, pour affirmer que deux triangles sont égaux, il faut que ces triangles aient trois éléments égaux chacun à chacun, parmi lesquels doit figurer au moins un côté, et il faut, de plus, que les éléments égaux occupent des positions relatives déterminées. Par exemple, pour affirmer que deux triangles qui ont un angle et deux côtés égaux chacun à chacun sont égaux, il faut que les angles égaux soient compris entre les côtés égaux.

La connaissance des cas d'égalité des triangles rend de très grands services dans la recherche des solutions des problèmes de géométrie. Lorsqu'on a à démontrer, par exemple, l'égalité de deux portions de droite ou de deux angles, on cherche à faire entrer les deux segments de droite ou les deux angles dans deux triangles dont on puisse prouver l'égalité par leurs autres éléments, pour en déduire ensuite celle des côtés ou des angles considérés.

Conseils : Les trois cas d'égalité des triangles ont une importance capitale en géométrie ; il est donc absolument indispensable de les savoir imperturbablement avant d'aller plus loin.

Dans le dessin d'un triangle quelconque, éviter que ce triangle soit équilatéral ou isocèle.

Lorsque deux triangles sont tels qu'un côté de l'un est égal à un côté de l'autre, ne pas en conclure que les angles opposés aux côtés égaux sont égaux. La conclusion n'est vraie qu'autant que les triangles considérés sont égaux.

EXERCICES

14. Si l'on joint un point pris dans l'intérieur d'un triangle aux trois sommets de ce triangle, la somme des lignes ainsi formées est plus petite que la somme et plus grande que la demi-somme des trois côtés du triangle.

15. La somme des diagonales d'un quadrilatère convexe quel-

conque est plus petite que la somme et plus grande que la demi-somme des côtés du quadrilatère.

16. On prolonge deux côtés d'un triangle d'une longueur égale à chacun d'eux, et l'on joint les points obtenus. Démontrer que la droite ainsi obtenue est égale au 3e côté du triangle.

17. On prolonge une médiane d'un triangle d'une longueur égale à elle-même, et l'on joint l'extrémité à l'un des sommets. Démontrer que la ligne ainsi obtenue est égale à l'un des côtés du triangle.

18. Démontrer qu'une médiane d'un triangle est plus petite que la demi-somme des deux côtés adjacents.

19. La somme des trois médianes d'un triangle est comprise entre le périmètre et le demi-périmètre de ce triangle.

20. Sur chaque côté d'un angle on prend, à partir du sommet, deux longueurs égales OA = OB et, à la suite, deux autres longueurs égales AC = BD ; on joint BC et AD ; ces deux lignes se rencontrent en un point K. Démontrer que ce point K appartient à la bissectrice de l'angle du sommet.

21. Démontrer que deux quadrilatères sont égaux, lorsqu'ils ont : 1° trois côtés égaux et les deux angles compris respectivement égaux ; 2° deux côtés consécutifs et les trois angles adjacents respectivement égaux ; 3° un angle égal et les quatre côtés respectivement égaux et placés dans le même ordre.

22. On prolonge, au delà du sommet, les côtés AB, AC d'un triangle ABC, de quantités AB', AC' respectivement égales à AB et à AC ; prouver que le milieu M' de B'C', le sommet A du triangle et le milieu M de BC sont trois points en ligne droite.

23. Étant donné un triangle ABC, sur AB, prolongé s'il est nécessaire, on prend une longueur AC' égale à AC ; sur AC, une longueur AB' égale à AB : prouver que l'intersection des droites BC et B'C' est située sur la bissectrice de l'angle intérieur A.

24. Étant donné un triangle ABC, sur AB prolongé au delà du sommet, on prend une longueur AC' égale à AC ; sur AC, prolongé au delà du sommet, on prend une longueur AB' égale à AB ; prouver que l'intersection des droites BC et B'C' est située sur la bissectrice de l'angle extérieur A du triangle.

25. Un polygone a n côtés ; combien a-t-il de diagonales ?

<h1 style="text-align:center">CHAPITRE IV</h1>

I. — Propriétés particulières au triangle isocèle.

Théorème.

99. *Dans un triangle isocèle, les angles opposés aux côtés égaux sont égaux.*

Hypothèse : On a le triangle isocèle ABC, dans lequel AB $=$ BC (fig. 50).

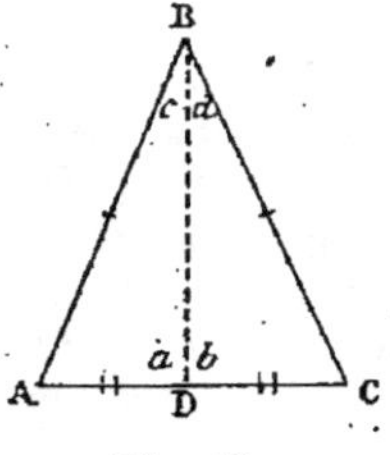

Fig. 50.

Conclusion : $\hat{C} = \hat{A}$.

En effet, joignons le sommet B au milieu D de la base AC. Les deux triangles ABD et CBD sont égaux, comme ayant leurs trois côtés égaux chacun à chacun, savoir AB $=$ BC par hypothèse, AD $=$ CD par construction, BD commun. Donc l'angle A du premier triangle, opposé à BD, est égal à l'angle C du second triangle, opposé aussi à BD.   *C. q. f. d.*

100. Corollaire I. — *Un triangle équilatéral est en même temps équiangle,* car il est isocèle dans tous les sens, et dès lors ses trois angles, étant égaux deux à deux, sont tous égaux entre eux.

101. Corollaire II. — *Dans un triangle isocèle, la droite qui joint le sommet au milieu de la base (médiane) est : 1° perpendiculaire à la base ; 2° bissectrice de l'angle du sommet.*

En effet (fig. 50), les triangles ADB, CDB étant égaux,

aux côtés égaux sont opposés des angles égaux, d'où :

1° $\hat{a} = \hat{b}$; donc BD est perpendiculaire sur AC (45).

2° $\hat{c} = \hat{d}$, et BD est bissectrice de l'angle B (60).

Théorème.

102. Réciproquement : *Si dans un triangle deux angles sont égaux, les côtés opposés à ces angles sont aussi égaux.*

Hypothèse : On a un triangle ABC, dans lequel on suppose $\hat{B} = \hat{C}$ (fig. 51).

Conclusion : AC = AB.

En effet, considérons un second triangle DEF, identique au premier, c'est-à-dire tel que :

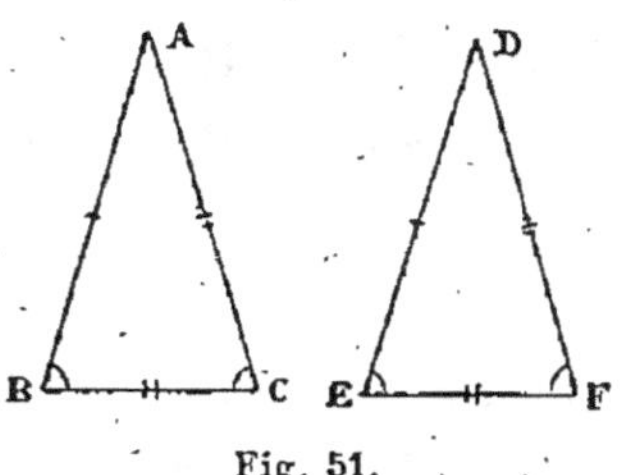

Fig. 51.

DE = AB, EF = BC, DF = AC, $\hat{E} = \hat{B}$, $\hat{F} = \hat{C}$, $\hat{D} = \hat{A}$. Faisons glisser le triangle DEF sur le triangle ABC, mais *en le retournant*, de manière que le côté EF soit sur le côté BC, le point E en C et le point F en B. De ce que l'angle E est égal à l'angle B, il est aussi égal à l'angle C, et par conséquent le côté DE prend la direction de CA et le point D, de la droite DE, coïncidera avec un point de AC ou de son prolongement. De même, l'angle F, étant égal à l'angle C, est aussi égal à l'angle B, et par conséquent le côté DF prendra la direction de BA, et le point D de la droite DF coïncidera avec un point de AB ou de son prolongement. Le point D, devant se trouver à la fois sur AB et sur AC, ne peut être qu'à la rencontre de ces deux lignes, c'est-à-dire en A. Donc le côté DE coïncide dans toute son étendue avec AC et l'on a DE = AC ; mais, par hypothèse, DE = AB. Deux quantités égales à une troisième sont égales entre elles ; donc AC = AB.   C. q. f. d.

103. REMARQUE. — En rapprochant les deux théo-

rèmes précédents, on voit que la condition nécessaire et suffisante pour qu'un triangle soit isocèle est qu'il ait deux angles égaux.

104. Corollaire. — *Tout triangle équiangle est en même temps équilatéral.* En effet, deux quelconques de ses angles étant égaux, deux quelconques de ses côtés sont égaux, et par suite les trois côtés sont égaux.

II. — Relations de grandeur des côtés et des angles d'un même triangle.

Théorème.

105. *Dans un triangle, au plus grand angle est opposé le plus grand côté, et réciproquement.*

Hypothèse : On a le triangle ABC, dans lequel on suppose l'angle $\hat{A}$ plus grand que l'angle $\hat{B}$.

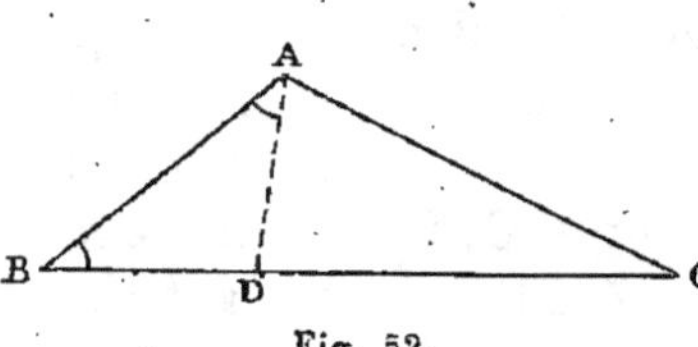

Fig. 52.

Conclusion : BC > AC (fig. 52).

En effet, menons dans l'angle A la droite AD faisant avec le côté AB un angle égal à l'angle B. Nous formons ainsi un triangle ABD qui a deux angles égaux; donc les côtés opposés à ces angles sont égaux (102), et l'on a BD = AD. Mais, dans le triangle ADC, on a AD + DC > AC et, en remplaçant AD par sa valeur, BD + DC > AC, ou encore BC > AC.   *C. q. f. d.*

Réciproquement : *Dans un triangle, au plus grand côté est opposé le plus grand angle.*

Hypothèse : Soit le triangle ABC (fig. 52), dans lequel on donne BC > AC.

Conclusion : $\hat{A}$ > $\hat{B}$.

En effet, si l'angle $\hat{A}$ était plus petit que l'angle B, le

côté opposé BC serait plus petit que le côté AC (105),
ce qui serait contraire à l'hypothèse ; si l'angle $\hat{A}$ était
égal à l'angle $\hat{B}$, le côté BC serait égal au côté AC (102),
ce qui serait encore contraire à l'hypothèse. L'angle A,
ne pouvant être ni inférieur, ni égal à l'angle B, lui est
forcément supérieur.   *C. q. f. d.*

CONSEILS : 1° *Faire de nombreux exercices sur les cas d'égalité des triangles.*

2° *S'appliquer à la recherche des éléments égaux dans les triangles égaux et les marquer sur les figures.*

3° *Dans la revision, changer les lettres et la forme des figures.*

EXERCICES

26. Les perpendiculaires menées aux deux côtés d'un angle, à des distances égales du sommet, se rencontrent sur la bissectrice.

27. Toute perpendiculaire à la bissectrice d'un angle rencontre les côtés à des distances égales du sommet.

28. Un triangle est isocèle, lorsqu'une même droite y est à la fois bissectrice et hauteur ou bien médiane et hauteur.

29. Un triangle isocèle a deux médianes égales. — Un triangle isocèle a deux bissectrices égales.

30. Les perpendiculaires menées des sommets d'un triangle équilatéral sur les côtés opposés sont égales.

31. Si, sur les côtés égaux d'un triangle isocèle, on prend des points également éloignés du sommet et qu'on les joigne par des lignes droites aux extrémités opposées de la base, ces lignes se couperont sur la droite qui va du sommet au milieu de la base.

32. Les droites qui joignent les sommets d'un triangle isocèle au milieu des côtés opposés se coupent au même point.

33. Les droites qui joignent les extrémités de la base d'un triangle isocèle à un point quelconque de la hauteur et qui se terminent aux côtés sont égales.

34. Les trois bissectrices des angles d'un triangle isocèle se coupent en un même point.

35. Les trois médianes et les trois bissectrices d'un triangle équilatéral se coupent en un même point. Ces droites sont en même temps les trois hauteurs du triangle.

36. Si la bissectrice d'un angle d'un triangle divise le côté opposé en deux parties égales, ce triangle est isocèle.

37. On donne un triangle ABC, dans lequel AC est plus grand que AB. On mène la médiane AM; on demande de prouver : 1° que cette médiane divise l'angle A en deux angles inégaux, le plus grand étant adjacent au plus petit côté du triangle; 2° que la bissectrice de l'angle A divise le côté BC en deux segments inégaux, le plus grand étant adjacent au plus grand côté du triangle.

CHAPITRE V

I. — **Propriétés des perpendiculaires et des obliques.**

Théorème.

106. *Par un point pris hors d'une droite : 1° on peut mener une perpendiculaire à cette droite; 2° on ne peut en mener qu'une.*

Hypothèse : On a le point H hors de la droite EF.

Conclusion : 1° Du point H, on peut mener une perpendiculaire à EF (fig. 53).

En effet, considérons un angle droit CAB; appli-

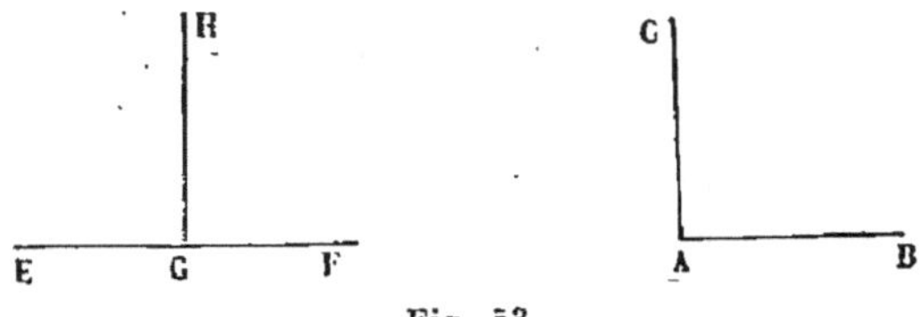

Fig. 53.

quons AB sur EF et faisons glisser AB le long de EF jusqu'à ce que AC passe par le point H. La droite AC occupe alors la position GH et est alors perpendiculaire à EF.

2° Il est d'ailleurs évident que AC ne passera par le point H que dans une seule position. Donc, du point H on ne peut mener qu'une perpendiculaire à EF.

Théorème.

107. *Si d'un point pris hors d'une droite on mène à cette droite la perpendiculaire et différentes obliques :*

1° La perpendiculaire est plus courte que toute oblique;

2° Deux obliques dont les pieds s'écartent également du pied de la perpendiculaire sont égales;

3° De deux obliques dont les pieds s'écartent inégalement du pied de la perpendiculaire, celle dont le pied s'en écarte le plus est la plus grande.

Hypothèse : Soient CO la perpendiculaire et CD une oblique menées du point C à la droite AB (fig. 54).

Conclusion : $CO < CD$.

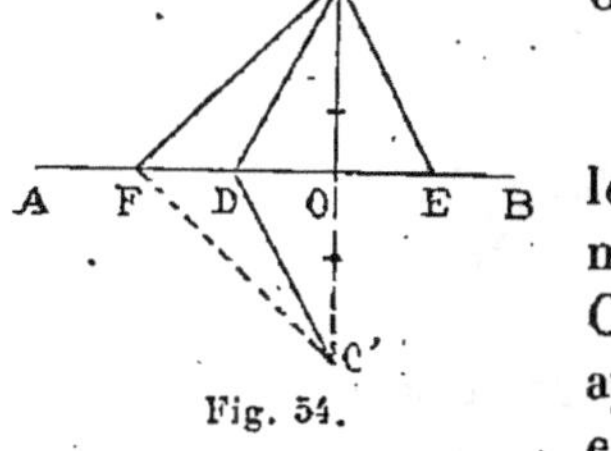

Fig. 54.

En effet, prolongeons CO d'une longueur OC′ égale à CO et menons DC′. Les deux triangles COD et C′OD sont égaux comme ayant un angle égal compris entre deux côtés égaux chacun à chacun, savoir : les angles COD et C′OD égaux comme droits, $CO = C'O$ par construction, OD commun; donc $CD = C'D$. Or, dans le triangle CDC′, on a :

$$CC' < CD + C'D \text{ ou } 2\,CO < 2\,CD;$$

d'où $CO < CD$.

2° *Hypothèse* : Soient les deux obliques CD et CE telles que $OD = OE$.

Conclusion : $CD = CE$.

En effet, les triangles COD, COE sont égaux comme ayant un angle égal compris entre deux côtés égaux (93) savoir : les angles COD, COE égaux comme droits, CO commun, $OD = OE$ par hypothèse; les troisièmes côtés sont donc égaux, et $CD = CE$.

3° *Hypothèse* : Soient les deux obliques CF et CE, telles qu'on ait : $OF > OE$.

Conclusion : $CF > CE$.

En effet, prenons $OD = OE$, puis $OC' = OC$; menons CD, C'D, C'F. On a (2°) : $CD = CE$. Le point D étant à l'intérieur du triangle CFC', on a (88) :

$$CD + C'D < CF + C'F.$$

Or on démontrerait comme précédemment (1°) que :

$$CD = C'D; \quad CF = C'F;$$

par suite, $CD + C'D = 2CD$ et $CF + C'F = 2CF$.

L'inégalité précédente devient donc

$$2CD < 2CF \text{ ou } CD < CF,$$

d'où $CF > CD$ ou enfin $CF > CE$.   *C. q. f. d.*

108. Remarque I. — Les réciproques des trois parties du théorème précédent sont vraies.

109. Remarque II. — Le théorème précédent montre que d'un point pris hors d'une droite on ne peut mener à cette droite que deux droites égales : ce sont les deux obliques dont les pieds s'écartent également de celui de la perpendiculaire menée du point donné sur la droite considérée.

110. Remarque III. — Le même théorème nous montre que la plus petite distance d'un point à une droite est la portion de la perpendiculaire menée de ce point sur la droite et comprise entre le point et la droite. On a pris cette portion de perpendiculaire pour exprimer la mesure de la distance d'un point à une droite. On appelle donc *distance d'un point à une droite* la portion de la perpendiculaire menée de ce point sur la droite et comprise entre le point et la droite.

Applications :

111. Le théorème précédent (2°) reçoit une application dans le *niveau de maçon* (fig. 55), destiné à constater si une pièce (bois, fer, pierre) est placée horizontalement. On pose l'instrument sur la pièce (fig. 56) et l'on vérifie *si le fil à plomb* passe sur la *ligne de foi* marquée au milieu de la bande MN. L'appareil est construit

de telle sorte que, lorsque cette condition est remplie,
la direction du fil à plomb est perpendiculaire à la droite
passant par les extrémités A et C et, par suite, à une

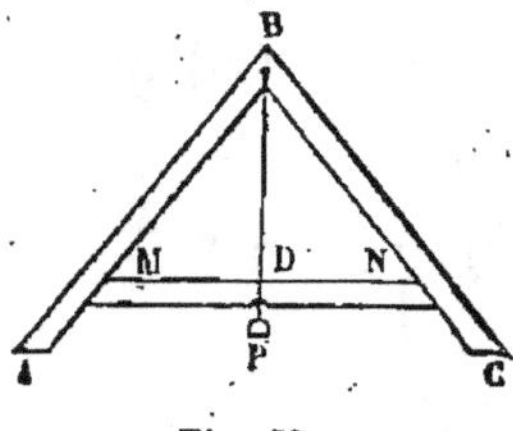

Fig. 55.

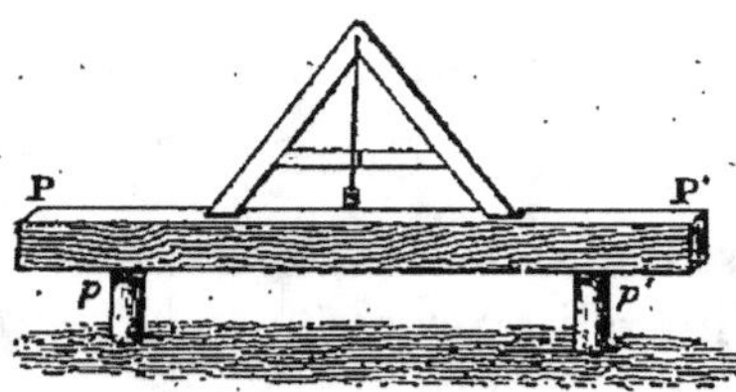

Fig. 56.

droite de l'objet sur lequel repose l'appareil. Le fil à
plomb ayant toujours une direction verticale, il en résulte
qu'une des directions de l'objet est horizontale.

II. — Cas d'égalité particuliers aux triangles rectangles.

112. Les trois cas d'égalité des triangles quelconques
s'appliquent aux triangles rectangles. Mais de ce qu'il
y a dans un triangle rectangle un élément invariable de
grandeur, l'angle droit, il résulte qu'une des trois conditions à remplir par les triangles quelconques pour être
égaux est toujours satisfaite quand il s'agit des triangles
rectangles, et que, par suite, deux conditions réunissant
des éléments convenablement choisis, pris en dehors
des angles droits, sont suffisantes pour l'égalité de ces
derniers triangles.

Il y a deux cas d'égalité particuliers aux triangles
rectangles.

1ᵉʳ CAS. — Théorème.

113. *Deux triangles rectangles sont égaux lorsqu'ils
ont l'hypoténuse égale et un angle aigu égal.*

Hypothèse : Soient les triangles rectangles ABC, DEF, dans lesquels on a :

$$BC = EF, \quad \hat{C} = \hat{F} \text{ (fig. 57).}$$

Conclusion : Ces triangles sont égaux.

En effet, faisons glisser le triangle ABC sur DEF, de manière que l'hypoténuse BC soit sur son égale EF, le point B en E et le point C en F. L'angle C étant égal à l'angle F, le côté CA prendra la direction FD. Le côté BA perpendiculaire sur AC s'appliquera sur ED perpendiculaire à DF, car, si BA prenait la direction ED', il arriverait

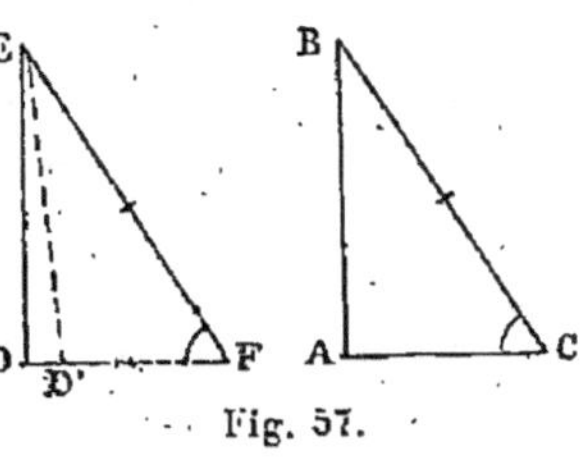

Fig. 57.

que d'un même point E, pris hors d'une droite DF, on pourrait mener deux perpendiculaires à cette droite, ce qui est impossible. Les triangles coïncident donc et sont égaux. Par suite :

$$AB = DE, \quad AC = DF, \quad \hat{B} = \hat{E}. \quad C.\ q.\ f.\ d.$$

2ᵉ Cas. — Théorème.

114. *Deux triangles rectangles sont égaux quand ils ont l'hypoténuse égale et un autre côté égal.*

Hypothèse : Soient les triangles rectangles ABC, DEF, dans lesquels on a :

$$BC = EF, \quad AB = DE \text{ (fig. 58).}$$

Conclusion : Ces triangles sont égaux.

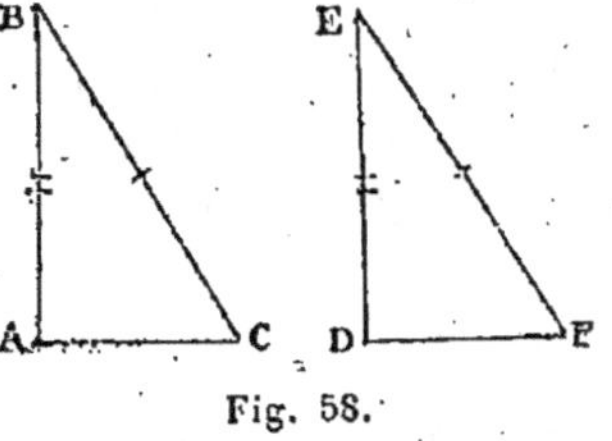

Fig. 58.

En effet, faisons glisser le triangle ABC sur DEF, de manière que le côté AB soit sur son égal DE, le point A en D, le point B en E. Les angles A et D étant égaux comme droits, le côté AC prendra la direction DF. Les deux hypoténuses BC et

EF ont alors la position d'obliques partant d'un même point E de la perpendiculaire ED à DF, et, comme elles sont égales, leurs pieds s'écartent également de celui de la perpendiculaire et le point C est en F. Les deux triangles coïncident donc et sont égaux. *C. q. f. d.*

Par suite :

$$AC = DF, \quad \hat{B} = \hat{E}, \quad \hat{C} = \hat{F}.$$

111. Remarque. — Parmi les éléments égaux donnés figure toujours l'hypoténuse.

III. — Lieu géométrique des points d'un plan équidistants de deux points donnés de ce plan, ou de deux droites concourantes de ce plan.

115. On appelle *lieu géométrique* des points d'un plan jouissant d'une propriété déterminée la figure formée par l'ensemble des points de ce plan jouissant de cette propriété et qui sont seuls à en jouir.

116. Quand on veut établir qu'une figure est le lieu géométrique des points qui jouissent d'une certaine propriété, on démontre : 1° Que tout point de la figure jouit de cette propriété; 2° Que tout point extérieur à la figure n'en jouit pas, ou bien que tout point qui en jouit fait partie de la figure. Il faut donc démontrer deux propositions, l'une directe, l'autre réciproque ou contraire de la première. En général, on préfère l'emploi de la réciproque à celui de la contraire, pour éviter de faire une nouvelle figure.

Théorème.

117. *Si l'on mène la perpendiculaire à une portion de droite et en son milieu :*

1° Tout point pris sur la perpendiculaire est à égale distance des extrémités de la portion de droite;

2° Réciproquement : *Tout point situé à égale distance des extrémités de la portion de droite appartient à cette perpendiculaire.*

1° *Hypothèse* : Soit CO perpendiculaire à AB et en son milieu (fig. 59).

Conclusion : CA = CB.

En effet, ces droites sont des obliques dont les pieds s'écartent également du pied de la perpendiculaire CO (107).

2° Réciproquement. *Hypothèse* : CA = CB.

Conclusion : C appartient à la perpendiculaire élevée à AB en son milieu O.

En effet, de C menons la perpendiculaire à AB : les deux triangles rectangles formés sont égaux comme ayant les hypoténuses égales et un côté commun ; les deux autres côtés

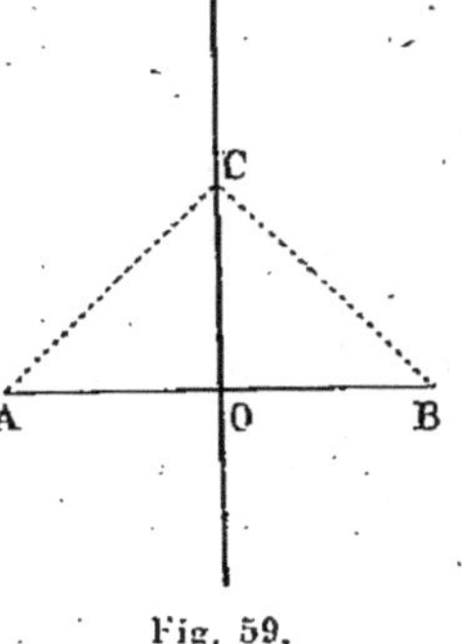

Fig. 59.

de l'angle droit sont donc égaux et le pied de la perpendiculaire menée de C sur AB coïncide avec le milieu O de AB ; par suite, le point C appartient à la perpendiculaire menée à AB en son milieu, car par un point d'une droite on ne peut mener qu'une perpendiculaire à cette droite. *C. q. f. d.*

118. REMARQUE. — Les deux parties du théorème précédent montrent : 1° Que tous les points de la perpendiculaire CO menée à AB et en son milieu jouissent de la propriété d'être équidistants de A et de B ; 2° Que tous les points équidistants de A et de B appartiennent à la perpendiculaire CO. Nous devons donc en conclure que le lieu géométrique des points d'un plan équidistants des deux extrémités d'un segment de droite est la perpendiculaire menée à ce segment, en son milieu.

Théorème.

119. *Tout point pris sur la bissectrice d'un angle est à*

égale distance des deux côtés de l'angle, et réciproquement.

Hypothèse : Soit un point quelconque O sur la bissectrice de l'angle BAC (fig. 60). Menons de ce point les perpendiculaires OD, OE aux côtés AB et AC.

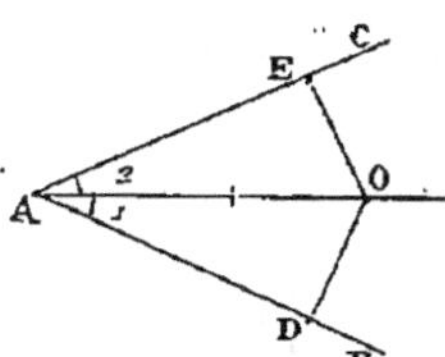

Fig. 60.

Conclusion : OD = OE.

En effet, les deux triangles rectangles ADO, AEO sont égaux comme ayant l'hypoténuse égale et un angle aigu égal ; donc, aux angles égaux A_1 et A_2 sont opposés les côtés égaux OD, OE. *C. q. f. d.*

Réciproquement, si un point est à égale distance des côtés d'un angle, il est sur la bissectrice de cet angle.

Hypothèse : On a : OD = OE.

Conclusion : $\hat{A}_1 = \hat{A}_2$ (fig. 60).

En effet, les triangles rectangles ADO, AEO sont égaux comme ayant l'hypoténuse égale et un autre côté égal (114).

Donc $\hat{A}_1 = \hat{A}_2$, et le point O est sur la bissectrice de l'angle BAC. *C. q. f. d.*

120. REMARQUE I. — Les deux parties du théorème précédent montrent : 1° Que tous les points de la bissectrice AO sont équidistants des côtés AC et AB ; 2° Que tous les points équidistants des côtés AC, AB, appartiennent à la bissectrice AO. Nous devons donc en conclure que le lieu géométrique des points équidistants des deux côtés d'un angle est la bissectrice de cet angle.

121. REMARQUE II. — Le théorème précédent est susceptible d'une généralisation. Considérons, en effet, les deux droites concourantes BB', CC' (fig. 61). La propriété qui vient d'être établie pour l'angle BAC est évidemment vraie pour son opposé par le sommet B'AC', ainsi que pour les angles B'AC et BAC'. Les bissec-

trices de deux angles opposés par le sommet étant en
ligne droite (Exerc. 12), nous pouvons dire que le lieu

géométrique des points
d'un plan équidistants de
deux droites concourantes
de ce plan est un système
de deux droites perpendi-
culaires entre elles, bissectrices des angles for-
més par les deux droites
concourantes.

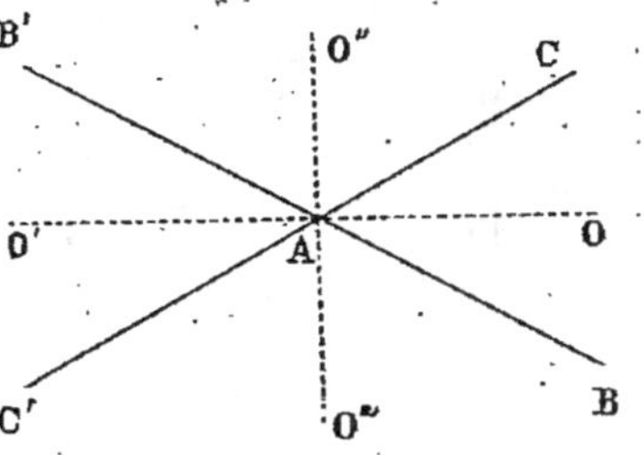

Fig. 61.

EXERCICES

38. Dire, sans prendre directement de mesure, si un point situé
hors d'une droite est plus près de l'une que de l'autre extrémité.

39. Étant donnés deux points hors d'une droite, trouver sur
cette droite un autre point situé à égale distance de ces deux
points.

40. Démontrer que les perpendiculaires menées sur les côtés
d'un triangle et en leurs milieux concourent au même point.

41. Démontrer que la hauteur d'un triangle est moindre que la
demi-somme des deux côtés qui partent du même sommet.

42. Démontrer que la somme des trois hauteurs d'un triangle
est plus petite que la somme des trois côtés.

43. Étant donnés deux points P et P' situés d'un même côté
d'une droite, trouver le plus court chemin pour aller du point P
au point P' en touchant la droite.

44. Démontrer que les trois bissectrices des angles d'un
triangle se rencontrent au même point.

45. Par un point donné, mener une droite passant à égale distance de deux points donnés.

46. Si A' et B' sont des points symétriques, par rapport à une
droite XY, de deux points quelconques A et B, les deux droites
symétriques AB et A'B' sont égales entre elles. (On dit que deux
points sont symétriques par rapport à une ligne XY, lorsque cette
ligne XY est perpendiculaire à la droite qui joint ces deux points
et en son milieu.)

47. Trouver le point d'une droite XY, dont la différence des
distances à deux points donnés A et B soit maximum.

48. Les bissectrices de deux angles extérieurs d'un triangle se coupent sur la bissectrice de l'angle intérieur non adjacent.

49. Trouver dans un plan les points également distants de trois droites de ce plan formant un triangle.

50. Un triangle qui a deux hauteurs égales est isocèle.

51. Par le sommet A d'un triangle ABC, on mène une droite indéfinie XY perpendiculaire à la bissectrice de l'angle A. Démontrer que l'on forme un triangle MBC de périmètre plus grand que ABC en joignant un point quelconque M de XY aux points B et C.

CHAPITRE VI

Des parallèles.

122. Parallèles. — On appelle *parallèles* des droites qui, *situées dans un même plan*, ne peuvent se rencontrer.

Les arêtes opposées d'une pièce équarrie en bois, en fer, en pierre ; les bords opposés d'une pièce d'étoffe, les deux côtés d'une route, les échelons d'une échelle, les cinq lignes de la portée en musique, les côtés opposés des portes et fenêtres des appartements, les deux rails d'un chemin de fer, dans leurs parties rectilignes, sont parallèles.

On trouve aussi en architecture de nombreux exemples de droites parallèles.

Théorème.

123. *Deux droites perpendiculaires à une troisième, sont parallèles.*

Hypothèse : Soient les droites. CD, EF perpendiculaires à la même droite AB (fig. 62).

Conclusion : Elles sont parallèles.

En effet, si elles n'étaient pas parallèles, elles se rencontreraient en un point O, et, de ce point, on

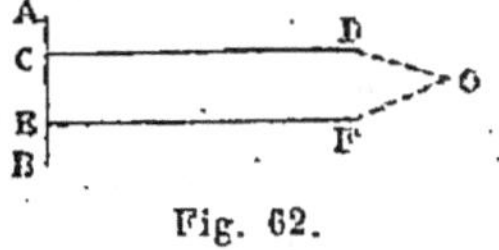

Fig. 62.

aurait deux perpendiculaires à la même droite, ce qui est impossible. Donc, CD et EF, ne pouvant se rencontrer, sont parallèles. *C. q. f. d.*

Les échelons perpendiculaires aux montants d'une échelle fournissent une application de ce théorème.

Théorème.

124. *Par un point pris hors d'une droite, on peut mener une parallèle à cette droite et l'on n'en peut mener qu'une.*

Soit le point C hors de la droite AB (fig. 63). Menons

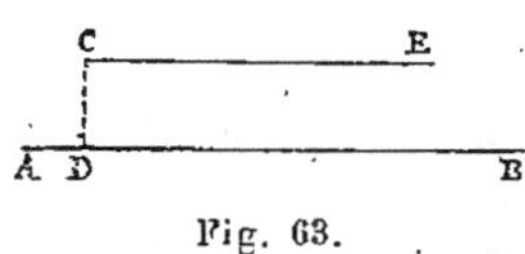

Fig. 63.

la perpendiculaire CD à AB, puis, du même point C, la perpendiculaire CE à CD.

Les deux droites CE et AB, étant perpendiculaires à la même droite CD, sont parallèles.

On admet, sans démonstration, la seconde partie de la proposition.

125. Une proposition qu'on admet ainsi sans démonstration est un axiome, ou un *postulatum*. La théorie des parallèles ne peut être établie sans le secours d'un postulatum qui d'ailleurs peut varier. De nombreuses tentatives, toutes infructueuses, ont été faites pour démontrer la proposition que nous venons d'admettre. De l'ensemble de ces tentatives, il résulte que le postulatum précédent n'est pas démontrable; il faut l'admettre comme une vérité expérimentale.

126. Corollaire I. — *Deux droites parallèles à une troisième sont parallèles entre elles.*

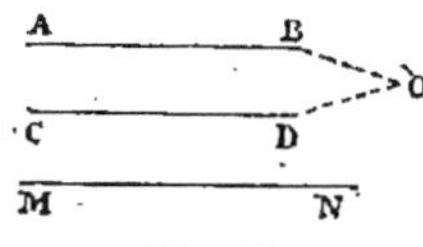

Fig. 64.

Hypothèse : Soient les deux droites AB et CD parallèles toutes les deux à la droite MN (fig. 64).

Conclusion : Ces deux droites sont parallèles entre elles.

En effet, si elles ne l'étaient pas, elles se rencontreraient en un point O, et, de ce point, on aurait deux parallèles à une même droite, ce qui est impossible (124).   *C. q. f. d.*

127. Corollaire II. — *Lorsque deux droites sont l'une*

oblique, l'autre perpendiculaire à une troisième, elles ne sont pas parallèles.

Hypothèse : Soient les droites AB oblique à AC, et CD perpendiculaire à AC (fig. 65).

Conclusion : Elles ne sont pas parallèles.

En effet, menons AE perpendiculaire à AC; les deux droites AE et CD, perpendiculaires à AC, sont parallèles.

Donc AB n'est pas parallèle à CD, puisque d'un même point A on ne peut mener qu'une parallèle à une droite (124).

128. Corollaire III. — *Lorsque deux droites sont parallèles, toute droite qui rencontre l'une rencontre l'autre.*

Hypothèse : AB et CD sont deux droites parallèles; EF rencontre AB en G (fig. 66).

Conclusion : EF rencontre aussi CD.

En effet, si EF et CD ne se rencontraient pas, elles seraient parallèles et par G passeraient deux parallèles à CD, ce qui est impossible.

Théorème.

129. *Lorsque deux droites sont parallèles, toute perpendiculaire à l'une est aussi perpendiculaire à l'autre.*

Hypothèse : Soient les parallèles AB et CD et la perpendiculaire EK à AB (fig. 67).

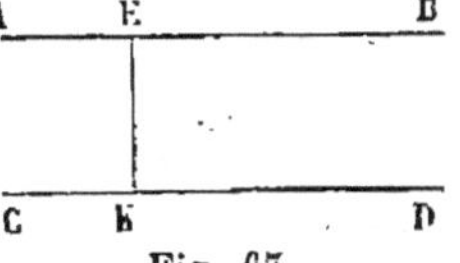

Conclusion : EK est perpendiculaire à CD.

En effet : 1° EK n'est pas parallèle à CD, puisque EB l'est déjà (124); donc elle rencontre CD.

2° Si EK n'était pas perpendiculaire à CD, CD serait

oblique à EK et, par suite, ne serait pas parallèle à AB (127), ce qui serait contraire à l'hypothèse.

REMARQUE. — On démontrerait de même que, si deux droites sont parallèles, toute oblique à l'une est aussi oblique à l'autre.

130. **Définitions.** — Lorsque deux droites, parallèles ou non, sont coupées par une troisième droite appelée *sécante* ou *transversale*, elles forment avec elle huit angles qui ont reçu, deux à deux, les noms suivants :

Les angles 3, 4, 5, 6 (fig. 68), placés à l'intérieur des droites, sont dits *intérieurs* ou *internes*; les angles, 1, 2, 7, 8, situés à l'extérieur des droites, sont dits *extérieurs* ou *externes*; les angles 1 et 6, 1 et 8, 3 et 6, etc., placés de chaque côté de la sécante, sans être ni adjacents ni opposés par le sommet, sont dits *alternes*.

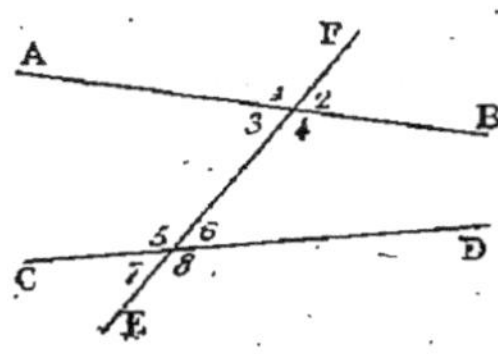

Fig. 68.

Dès lors, on appelle : 1° Angles *alternes-internes*, deux angles internes non adjacents, situés de part et d'autre de la sécante. Ex. : 3 et 6, 4 et 5.

2° Angles *alternes-externes*, deux angles externes non adjacents, situés de part et d'autre de la sécante. Ex. : 1 et 8, 2 et 7.

On nomme en outre : 3° Angles *correspondants*, deux angles non adjacents, l'un interne et l'autre externe, et situés du même côté de la sécante. Ex. : 1 et 5, 3 et 7, 2 et 6, 4 et 8.

4° Angles *intérieurs*, situés du même côté de la sécante, les angles 3 et 5, 4 et 6.

5° Angles *extérieurs*, situés du même côté de la sécante, les angles 1 et 7, 2 et 8.

Théorème.

131. *Lorsque deux droites parallèles sont coupées par une sécante :*

1° *Les angles alternes-internes sont égaux* ;

2° *Les angles alternes-externes sont égaux* ;

3° *Les angles correspondants sont égaux* ;

4° *Les angles intérieurs, du même côté de la sécante, sont supplémentaires* ;

5° *Les angles extérieurs, du même côté de la sécante, sont supplémentaires.*

Hypothèse : Soient les droites parallèles AB et CD et la sécante EF (fig. 69).

Conclusions : 1° $c = f$.

En effet, du point O, milieu de GH, menons KOI perpendiculaire à AB ; elle l'est aussi à sa parallèle CD (114).

Nous formons les deux triangles rectangles OIG et OKH, qui sont

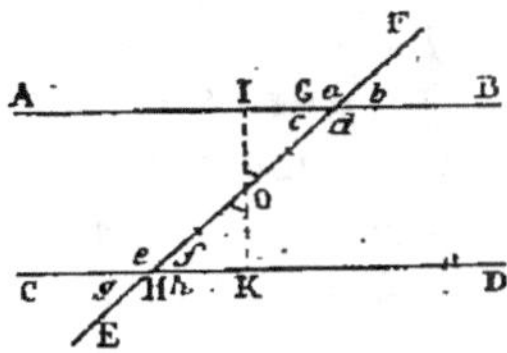

Fig. 69.

égaux comme ayant l'hypoténuse égale (OG = OH par construction) et un angle aigu égal (les angles en O comme opposés par le sommet).

Les troisièmes angles sont donc égaux et $c = f$. On a aussi $d = e$, comme supplémentaires des deux premiers.

2° $b = g$ et $a = h$ comme opposés par le sommet aux angles alternes-internes égaux c et f, d et e.

3° $c = g$, car ils sont tous les deux égaux à l'angle f. On verrait de même que $a = e$, $b = f$, $d = h$.

4° $c + e = 2$ droits. En effet, $c + d = 2$ droits ; comme $d = e$, on a $c + e = 2$ droits.

De même : $d + f = 2$ droits.

5° $a + g = 2$ droits. En effet, $a + b = 2$ droits, mais $b = g$ (alternes-externes), donc $a + g = 2$ droits.

De même : $b + h = 2$ droits.   *C. q. f. d.*

En résumé, les quatre angles aigus sont égaux, les quatre angles obtus sont égaux, et un angle aigu quelconque est le supplément d'un angle obtus quelconque.

Théorème réciproque.

132. *Lorsque deux droites sont coupées par une sécante et que* :

1° *Les angles alternes-internes sont égaux* ;

2° *Les angles alternes-externes sont égaux* ;

3° *Les angles correspondants sont égaux* ;

4° *Les angles intérieurs, du même côté de la sécante, sont supplémentaires* ;

5° *Les angles extérieurs, du même côté de la sécante, sont supplémentaires.*

Ces deux droites sont parallèles.

Hypothèse : Soient les deux droites AB et CD, coupées par la sécante EF (fig. 70).

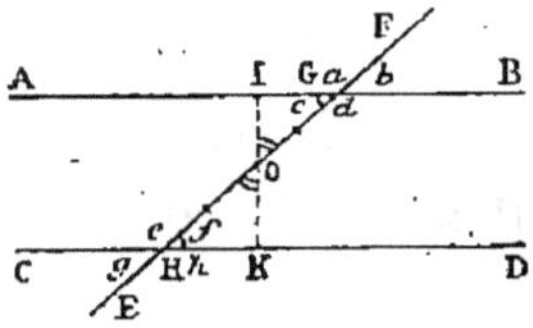

Conclusions : 1° Si $c = f$, ces droites sont parallèles.

En effet, du point O, milieu de GH, menons KOI perpendiculaire à AB ; nous allons démontrer qu'elle est aussi perpendiculaire à CD, c'est-à-dire que l'angle OKH est droit.

Fig. 70.

Les deux triangles OGI, OHK sont égaux comme ayant un côté égal (OG = OH par construction) adjacent à deux angles égaux chacun à chacun ($c = f$ par hypothèse, les angles en O égaux comme opposés par le sommet).

Les troisièmes angles sont donc égaux, et GIO = HKO. Or, le premier étant droit, l'autre l'est aussi. Dès lors, les droites AB et CD, étant perpendiculaires à la même droite IK, sont parallèles.

On arriverait à la même conclusion, si l'on avait $d = e$, car alors on aurait $c = f$.

2° Si $b = g$, les droites sont parallèles.

En effet, de $b = g$ on déduit $c = f$ comme opposés par le sommet à des angles égaux ; donc (1°) les droites sont parallèles.

De même, si $a = h$.

3° Si $c = g$, les droites sont parallèles.

En effet, $g = f$ (69), donc $c = f$ et (1°) les droites sont parallèles.

De même, si $b = f$, etc.

4° Si $c + e = 2$ droits, les droites sont parallèles.

En effet, $e + f = 2$ droits, d'où $c + e = e + f$.

Donc : $c = f$ et (1°) les droites sont parallèles.

5° Si $a + g = 2$ droits, les droites sont parallèles.

En effet, $g = f$; donc $a + f = 2$ droits. De plus, $a + c = 2$ droits. D'où $a + f = a + c$, donc $c = f$ et (1°) les droites sont parallèles.   C. q. f. d.

133. Remarque. — Les propositions contraires de ces deux théorèmes réciproques sont vraies. C'est de l'une d'elles qu'Euclide avait fait un postulatum pour établir la théorie des parallèles. Le postulatum ou axiome d'Euclide était le suivant : Deux droites se rencontrent quand elles forment avec une troisième droite des angles intérieurs situés d'un même côté de cette dernière dont la somme est inférieure à deux angles droits.

134. Corollaire. — *Les perpendiculaires élevées sur deux droites qui se coupent ne sont pas parallèles.*

Hypothèse : Soient les deux droites AB et BC, qui se coupent en B (fig. 71).

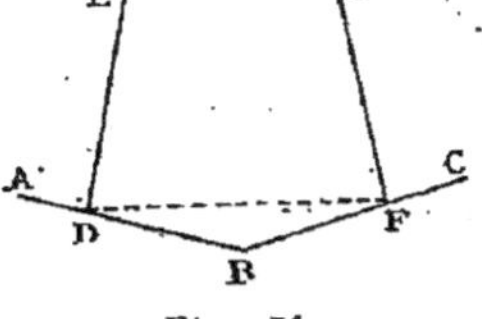

Fig. 71.

Conclusion : Les perpendiculaires ED et GF sur chacune d'elles ne sont pas parallèles.

En effet, joignons DF. Nous aurons :

$$EDF < EDB \text{ ou } EDF < 1 \text{ droit};$$

de même :

$$GFD < GFB \text{ ou } GFD < 1 \text{ droit.}$$

Additionnant membre à membre, on a :

$$EDF + GFD < 2 \text{ droits.}$$

Mais ces deux angles sont des angles intérieurs

situés du même côté d'une sécante DF; leur somme ne vaut pas deux droits; donc les lignes qui les forment DE et GF ne sont pas parallèles (132).   *C. q. f. d.*

Théorème.

135. *Deux angles qui ont leurs côtés parallèles deux à deux sont égaux ou supplémentaires :*

1° *Égaux, si leurs côtés sont dirigés dans le même sens ou en sens opposé;*

2° *Supplémentaires, si deux côtés sont dirigés dans un sens et les deux autres en sens contraire.*

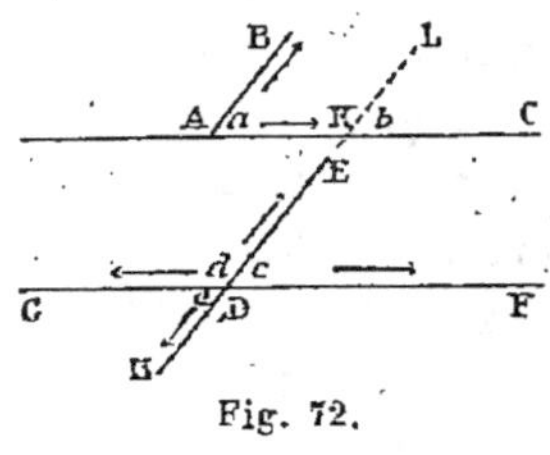

Fig. 72.

1° *Hypothèse* : Soient les angles BAC, EDF qui ont leurs côtés parallèles et dirigés dans le même sens (fig. 72).

Conclusion : Ils sont égaux.

En effet, en prolongeant DE, on forme l'angle b, qui est égal à l'angle a comme correspondants; de même $\hat{b} = \hat{c}$, donc

$$\hat{a} = \hat{c}.$$

Comme $\hat{c} = \hat{e}$ (69), on a aussi : $\hat{a} = \hat{e}$.

2° *Hypothèse* : Les deux angles BAC et EDG ont leurs côtés parallèles, mais dirigés *deux dans un sens* (AB et DE) *et deux en sens contraires* (AC et DG) (fig. 72).

Conclusion : Ces angles sont supplémentaires, ou

$$\hat{a} + \hat{d} = 2 \text{ droits.}$$

En effet, $\hat{c} + \hat{d} = 2$ droits, mais $\hat{c} = \hat{a}$; donc

$$\hat{a} + \hat{d} = 2 \text{ droits.} \qquad C. q. f. d.$$

Théorème.

136. *Deux angles qui ont leurs côtés perpendiculaires deux à deux sont égaux ou supplémentaires :*

1° *Egaux, s'ils sont l'un et l'autre aigus ou obtus;*

2° *Supplémentaires, si l'un est aigu et l'autre obtus.*

1° *Hypothèse* : Soient les deux angles aigus BAC, EDF qui ont leurs côtés perpendiculaires chacun à chacun.

Conclusion : Ces angles sont égaux (fig. 73).

En effet, par le point A menons les perpendiculaires AH et AK sur AC et AB.

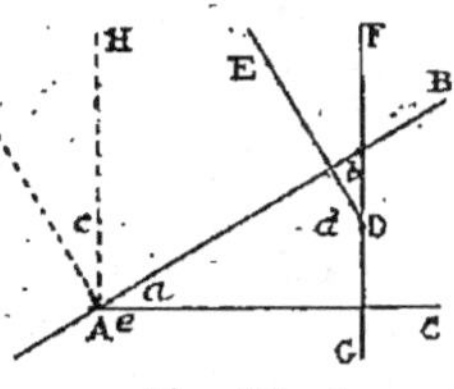

Fig. 73.

Les droites AH et FD, perpendiculaires à AC, sont parallèles; de même AK et DE sont parallèles. Alors, les angles c et b, ayant leurs côtés parallèles et dirigés dans le même sens, sont égaux.

De plus, les angles $\hat{c}$ et $\hat{a}$ sont aussi égaux comme ayant le même complément HAB; donc $\hat{a} = \hat{c} = \hat{b}$.

Les angles obtus e et d sont aussi égaux comme suppléments d'angles égaux.

2° *Hypothèse* : Les deux angles $\hat{a}$ et $\hat{d}$ sont l'un aigu, l'autre obtus.

Conclusion : Ils sont supplémentaires.

En effet, $\hat{b} + \hat{d} = 2$ droits; mais $\hat{a} = \hat{b}$, d'où

$$\hat{a} + \hat{d} = 2 \text{ droits.} \qquad C. q. f. d.$$

CONSEILS : 1° *Bien savoir distinguer les différents angles formés par deux droites rencontrées par une troisième.*

2° *Bien remarquer que les angles alternes-internes, etc., ne sont égaux que dans le cas particulier où les droites qui les forment sont parallèles.*

Il faudra donc, à chaque cas d'égalité de ces angles, constater que les droites qui les forment sont parallèles.

EXERCICES

52. La parallèle à l'un des côtés d'un triangle menée par le point de concours des bissectrices est égale à la somme des seg-

ments adjacents à ce côté qu'elle détermine sur les deux autres.

53. Déterminer la bissectrice de l'angle formé par deux droites qu'on ne peut prolonger jusqu'à leur rencontre.

54. Si deux angles ont leurs côtés parallèles, leurs bissectrices sont parallèles ou perpendiculaires.

55. Si deux angles ont leurs côtés respectivement perpendiculaires, leurs bissectrices sont perpendiculaires ou parallèles.

56. Dans un triangle isocèle, la somme des distances d'un point quelconque de la base aux deux côtés égaux est constante.

57. Pour un point quelconque pris sur le prolongement de la base d'un triangle isocèle, la différence des distances aux deux autres côtés est constante.

58. La somme des distances d'un point quelconque pris à l'intérieur d'un triangle équilatéral aux trois côtés est constante. Étendre la démonstration au cas où le point quelconque serait situé à l'extérieur du triangle.

59. Si la bissectrice d'un angle d'un triangle partage le côté opposé en deux parties égales, le triangle est isocèle.

60. Si par les sommets d'un triangle on mène des parallèles aux côtés opposés, ces lignes déterminent un second triangle quadruple du premier.

61. Les trois hauteurs d'un triangle se rencontrent au même point.

62. Quel est le lieu géométrique des points d'un plan dont la somme des distances à deux droites de ce plan a une valeur donnée?

63. Quel est le lieu géométrique des points d'un plan dont la différence des distances à deux droites de ce plan a une valeur donnée?

64. Tracer une parallèle au côté BC d'un triangle ABC, de telle sorte que la partie de cette ligne, comprise entre les droites AB, AC indéfinies, soit la somme ou la différence des distances des points B et C aux points de rencontre de cette droite avec les côtés AB, AC.

65. Le triangle ABC étant rectangle et isocèle, on mène par le sommet A de l'angle droit une droite quelconque sur laquelle on mène de B et de C les perpendiculaires BM et CN. Démontrer que $AM + AN = BM + CN$.

CHAPITRE VII

Somme des angles d'un polygone.

Théorème.

137. *La somme des angles d'un triangle est égale à deux angles droits.*

Hypothèse : On a le triangle ABC (fig. 74).

Conclusion : $\hat{A} + \hat{B} + \hat{C} = 2$ droits.

En effet, prolongeons AC en CD et menons CE parallèle à AB.

Les angles $\hat{A}$ et ECD sont égaux comme correspondants formés par les parallèles AB, CE et la sécante AD ; les angles $\hat{B}$ et BCE sont égaux comme alternes-internes formés par les parallèles AB, CE et la sécante BC ; de sorte que les trois angles du triangle sont respectivement égaux aux trois angles qui ont leur sommet au point C ; or, ces angles étant con-

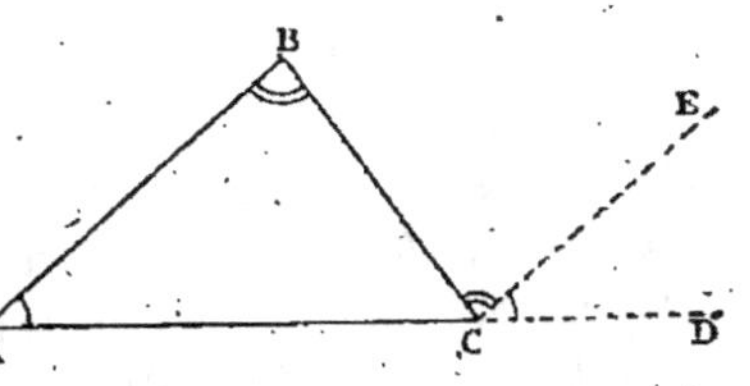

Fig. 74.

sécutifs et situés du même côté de la droite AD ont une somme égale à deux angles droits. Donc la somme des angles du triangle vaut aussi deux angles droits.

C. q. f. d.

138. Corollaire I. — *Un triangle ne peut avoir qu'un angle droit et, à plus forte raison, qu'un angle obtus.*

4

139. Corollaire II. — *Un angle d'un triangle est le supplément de la somme des deux autres.*

140. Corollaire III. — *Les deux angles aigus d'un triangle rectangle sont complémentaires.*

141. Corollaire IV. — *Si deux angles d'un triangle sont égaux, chacun à chacun, à deux angles d'un autre triangle, les troisièmes angles de ces triangles sont égaux.*

142. Corollaire V. — *L'angle extérieur d'un triangle, c'est-à-dire l'angle formé par un des côtés du triangle et le prolongement d'un autre côté, est égal à la somme des deux angles du triangle qui ne lui sont pas adjacents.*

Ainsi : l'angle extérieur $BCD = \hat{A} + \hat{B}$ (fig. 74).
En effet, on a

$$BCE = \hat{B} \text{ comme alternes-internes.}$$

$$ECD = \hat{A} \text{ comme correspondants.}$$

Additionnons : $BCE + ECD$ ou $BCD = \hat{A} + \hat{C}$.

$$C.\ q.\ f.\ d.$$

143. Corollaire VI. — Chaque angle d'un triangle équilatéral vaut les $\frac{2}{3}$ d'un angle droit.

Théorème.

144. *La somme des angles intérieurs d'un polygone convexe est égale à autant de fois deux angles droits que le polygone a de côtés, moins deux.*

Hypothèse : Soit le polygone ABCDEFG de 7 côtés (fig. 75).

Conclusion : La somme des angles sera de

$$2 \text{ dr.} (7 - 2) = 2 \text{ dr.} \times 5 = 10 \text{ droits.}$$

En effet, menons, du sommet A, toutes les diagonales possibles ; nous décomposerons le polygone en 5 triangles, c'est-à-dire en autant de triangles qu'il y a de côtés, moins deux, car les deux triangles extrêmes renferment chacun deux côtés du polygone, tandis que les autres n'en comprennent qu'un. On voit, en outre, que la somme des angles du polygone est égale à la somme des angles de tous les triangles. Or; la somme des angles de chaque triangle étant égale à 2 droits, la somme des angles des 5 triangles sera égale à 2 dr. $\times$ 5 ou 10 droits.

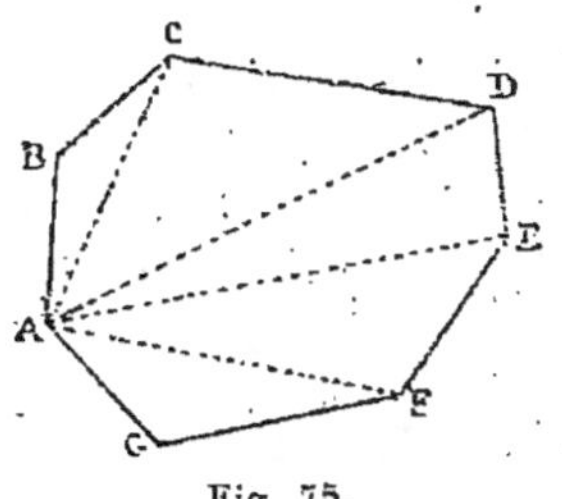

Fig. 75.

D'une manière générale, si n est le nombre des côtés du polygone, on aura :

Somme des angles $= 2$ dr. $\times (n - 2) = (2n - 4)$ droits.

145. *Application* : Somme des angles intérieurs des polygones les plus usuels :

Triangle	2	droits
Quadrilatère	4	—
Pentagone	6	—
Hexagone	8	—
Octogone	12	—
Décagone	16	—
Dodécagone	20	—

Théorème.

146. *La somme des angles extérieurs d'un polygone convexe est égale à quatre droits.*

Hypothèse : Soit le polygone ABCDEF (fig. 76).

Conclusion : $a + b + c + d + e + f = 4$ droits.

En effet, la somme des deux angles formés au point A (fig. 76) est égale à 2 droits;

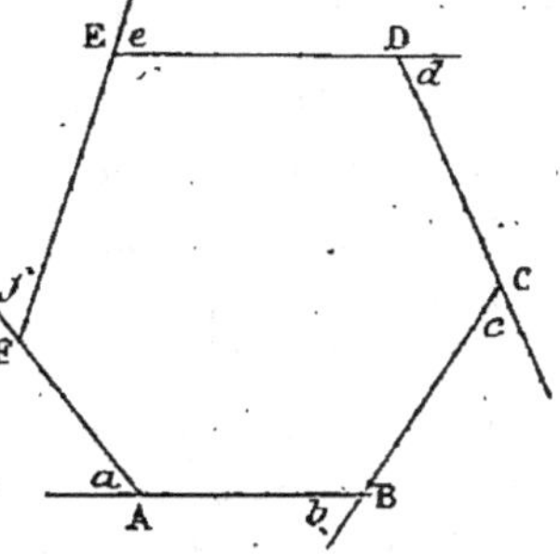

Fig. 76.

de même pour la somme des angles formés aux points B,

C... Si le polygone a n côtés, c'est-à-dire n sommets, la somme totale des angles intérieurs et extérieurs est égale à $2n$ droits.

Mais (144) la somme des angles intérieurs est de $(2n-4)$ droits; la somme des angles extérieurs sera donc, en angles droits,

$$2n - (2n-4) = 2n - 2n + 4 = 4 \text{ droits.}$$

147. Corollaire. — *Tout polygone convexe a au plus trois angles aigus.*

En effet, s'il en avait un plus grand nombre, les angles extérieurs correspondants seraient obtus et, par suite, la somme des angles extérieurs vaudrait plus de quatre droits.

EXERCICES NUMÉRIQUES ET EXERCICES GRAPHIQUES

66. Quelle est la somme des angles intérieurs d'un quadrilatère?

67. Quelle est la somme des angles intérieurs d'un pentagone?

68. Dans un triangle, l'un des angles vaut $\frac{3}{5}$ de droit, un autre vaut $\frac{4}{7}$ de droit; que vaut le troisième?

69. Dans un triangle isocèle, l'un des angles à la base vaut $\frac{5}{6}$ de droit; que vaut l'angle du sommet?

70. L'un des angles aigus d'un triangle rectangle vaut $\frac{4}{5}$ de droit; que vaut l'autre?

71. Dans un triangle rectangle, l'un des angles aigus est plus petit que l'autre de $\frac{2}{5}$ de droit; trouver ces deux angles.

72. Les angles d'un polygone de douze côtés sont égaux; quelle est la valeur de l'un d'entre eux?

73. La somme des angles d'un polygone convexe est 20 droits; quel est le nombre des côtés de ce polygone?

73bis. Quelle est la valeur de l'un des angles d'un hexagone régulier?

74. Les bissectrices des angles d'un quadrilatère forment un autre quadrilatère dont les angles opposés sont supplémentaires.

75. Si l'on prolonge les côtés opposés d'un quadrilatère jusqu'à ce qu'ils se rencontrent, les bissectrices des deux angles qu'ils forment se coupent sous un angle égal à la demi-somme de deux angles opposés du quadrilatère. Dans quel cas ces bissectrices sont-elles perpendiculaires ?

76. Dans tout quadrilatère convexe : 1° les bissectrices de deux angles consécutifs se coupent sous un angle égal à la demi-somme des deux autres angles ; 2° les bissectrices de deux angles opposés forment un angle égal à la moitié de la différence des deux autres angles du quadrilatère.

77. Un polygone convexe a 54 diagonales ; combien a-t-il de côtés ?

78. Si une médiane d'un triangle est moitié du côté auquel elle aboutit, le triangle est rectangle.

79. Si l'hypoténuse d'un triangle rectangle est double d'un côté de l'angle droit, l'un des angles aigus est double de l'autre, et réciproquement.

80. Étant donné un triangle isocèle, trouver le lieu des points dont la distance à la base soit égale à la somme des distances aux deux autres côtés.

81. La bissectrice de l'angle A du triangle ABC forme avec la hauteur issue du même sommet un angle égal à la demi-différence des angles B et C.

CHAPITRE VIII

Des Quadrilatères.

Parmi les quadrilatères convexes on distingue : le *trapèze*, le *parallélogramme*, le *rectangle*, le *losange*, le *carré*.

DU TRAPÈZE

148. Définition. — Un *trapèze* est un quadrilatère qui a deux côtés parallèles (fig. 77).

On trouve un exemple de trapèze dans les pierres de

Fig. 77.

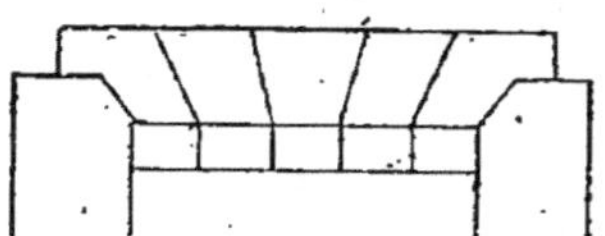

Fig. 78.

taille où *claveaux* formant la *plate-bande* au haut d'une porte ou d'une fenêtre de forme rectangulaire (fig. 78).

Les deux claveaux extrêmes sont taillés en *crossette*.

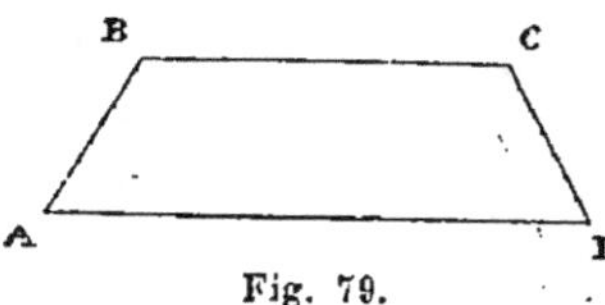

Fig. 79.

149. Un trapèze est dit *isocèle* ou *symétrique*, lorsque ses côtés non parallèles sont égaux (fig. 79).

Les tenons et les mortaises des assemblages en *queue d'aronde* ou *d'hironde* sont taillés suivant le contour de trapèzes symétriques (fig. 80).

Le claveau qui occupe le milieu de la plate-bande

(fig. 78) a pour face antérieure un trapèze symétrique.
C'est la *clef* de la plate-bande.

La *clavette*, qui donne la solidité à l'assemblage, dit

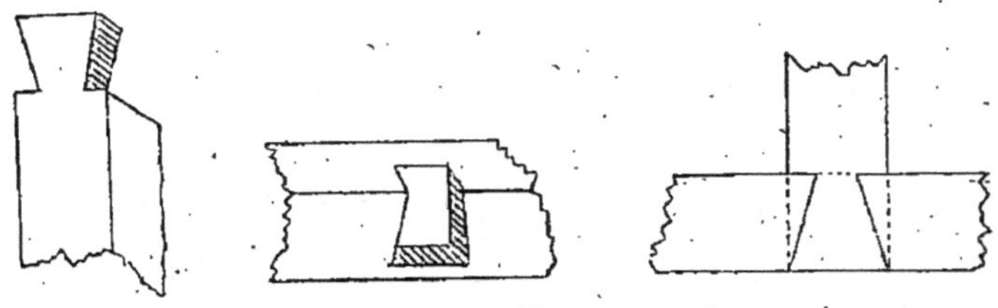

Fig. 80.

trait de Jupiter (fig. 81), a deux de ses faces en forme de
trapèzes symétriques.

L'auge de maçon a ses quatre faces latérales en
forme de trapèzes symétriques.

Lorsqu'un trapèze a deux angles droits (fig. 82), il est
dit *trapèze rectangle*.

150. Les deux côtés parallèles du trapèze sont appelés

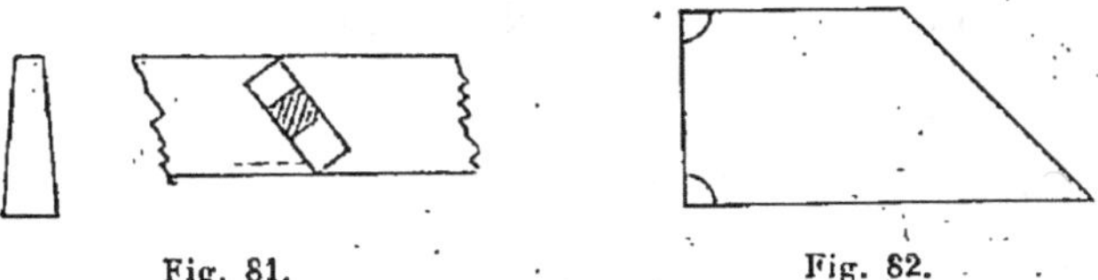

Fig. 81.   Fig. 82.

les *bases* de cette figure. Dans un parallélogramme, un
rectangle, un losange, un carré, on désigne par le nom
de *base* un côté quelconque.

DU PARALLÉLOGRAMME

151. **Définition**. — Le *parallélogramme* est un quadrilatère dont les côtés opposés sont parallèles (fig. 80).

On trouve des exemples de parallélogrammes dans le
parquet dit *point de Hongrie* (fig. 83), dans le tracé

  GÉOMÉTRIE

des mortaises pour l'assemblage appelé *croix de Saint-André* (fig. 84).

Le parallélogramme joue un grand rôle en mécanique. Ex. : La résultante R de deux forces F et F' appliquées à un même point A (fig. 85) est représentée en grandeur

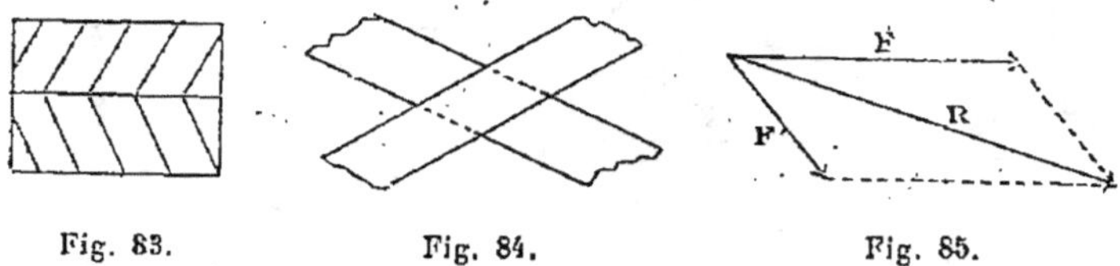

Fig. 83.   Fig. 84.   Fig. 85.

et en direction par la diagonale du parallélogramme construit sur ces deux forces comme côtés. Il en est de même pour les vitesses.

Le système de pièces articulées, qui se trouve à l'extrémité du balancier dans les machines à vapeur de Watt et qui transforme le mouvement circulaire alternatif de ce balancier en mouvement rectiligne alternatif du piston, est connu sous le nom de *parallélogramme articulé de Watt.*

Théorème.

152. *Dans un parallélogramme :* 1° *Les côtés opposés sont égaux;* 2° *les angles opposés sont aussi égaux;* 3° *les diagonales se coupent mutuellement en deux parties égales.*

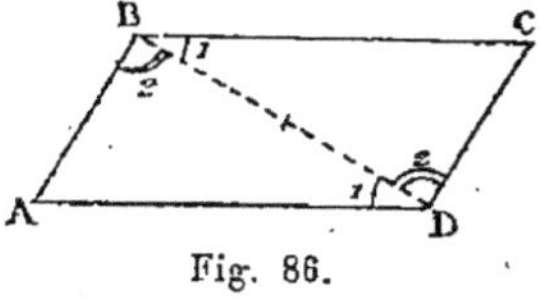

Fig. 86.

1° et 2°. — *Hypothèses* : Soit le parallélogramme ABCD (fig. 86).
Conclusions :

1° AB $=$ DC, AD $=$ BC.

2° $\hat{A} = \hat{C}$, $\hat{B} = \hat{D}$.

En effet, menons la diagonale BD; les deux triangles ABD et CBD sont égaux comme ayant un côté égal adjacent à deux angles égaux chacun à chacun, savoir : BD commun; $\hat{B}_1 = \hat{D}_1$ comme alternes-internes formés par les parallèles BC et AD et la sécante BD; $\hat{D}_2 = \hat{B}_2$ comme alternes-internes formés par les parallèles DC et BA et la sécante BD.

Mais aux angles égaux sont opposés des côtés égaux; donc, 1° AB = DC, AD = BC;

2° Les angles A et C, opposés au même côté BD, sont égaux; de plus, les angles B et D, formés chacun de deux angles respectivement égaux, sont égaux.

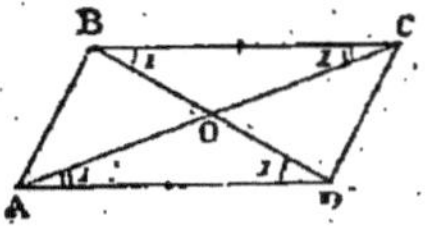

3° *Hypothèse* : Soit le parallélogramme ABCD, et AC et BD, ses diagonales, qui se coupent en O (fig. 87).

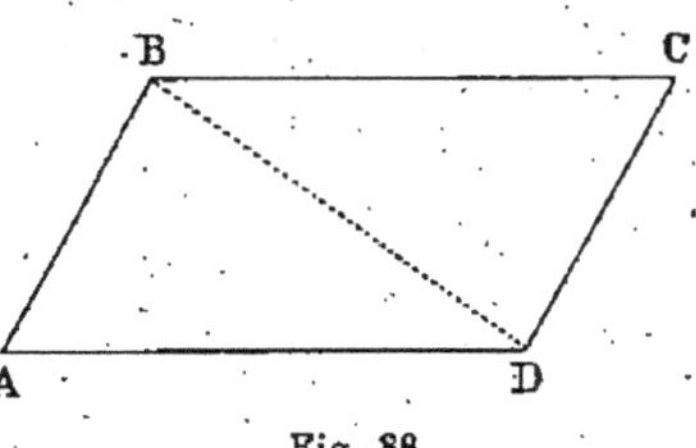
Fig. 87.

Conclusion : AO = OC, OD = OB.

En effet, les deux triangles AOD et BOC sont égaux comme ayant un côté égal adjacent à deux angles égaux, chacun à chacun (AD = BC, $\hat{D}_1 = \hat{B}_1$ comme alternes-internes formés par les parallèles AD, BC et la sécante BD; $\hat{A}_1 = \hat{C}_1$ comme alternes-internes formés par les parallèles AD et BC et la sécante AC).

Aux angles égaux sont opposés des côtés égaux et : AO = OC, OD = OB.   *C. q. f. d.*

153. **Corollaire I.** — *Une quelconque des diagonales d'un parallélogramme divise la figure en deux parties égales.*

En effet, les deux triangles déterminés dans le parallélogramme ABCD par la diagonale BD sont égaux comme ayant les trois côtés égaux chacun à chacun (fig. 88).

Fig. 88.

154. **Corollaire II.** — *Deux portions de parallèles, comprises entre parallèles sont égales.*

En effet, les deux parallèles considérées sont les côtés opposés d'un parallélogramme.

155. **Corollaire III.** — *Deux parallèles sont partout également distantes.*

Disons d'abord qu'on appelle distance de deux parallèles la distance d'un point quelconque de l'une des droites à l'autre droite.

Hypothèse : Soient les deux parallèles AB et CD (fig. 89). Prenons sur AB deux points quelconques M et N et menons des perpendiculaires MH et NK sur CD.

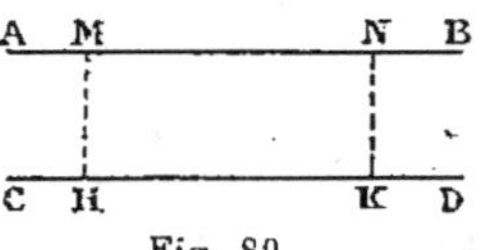

Fig. 89.

Conclusion : MH = NK.

En effet, ces deux droites, étant toutes deux perpendiculaires à CD, sont parallèles, et elles sont égales comme parallèles comprises entre parallèles.

C. q. f. d.

156. Remarque. — Dans un trapèze, la distance constante des deux bases est la *hauteur* du trapèze. Dans le parallélogramme la distance constante de la base et du côté opposé est la *hauteur* de cette figure.

Théorème.

157. *Pour qu'un quadrilatère convexe soit un parallélogramme il suffit* :

1° Que ses côtés opposés soient égaux ;

ou : 2° Que ses angles opposés soient égaux ;

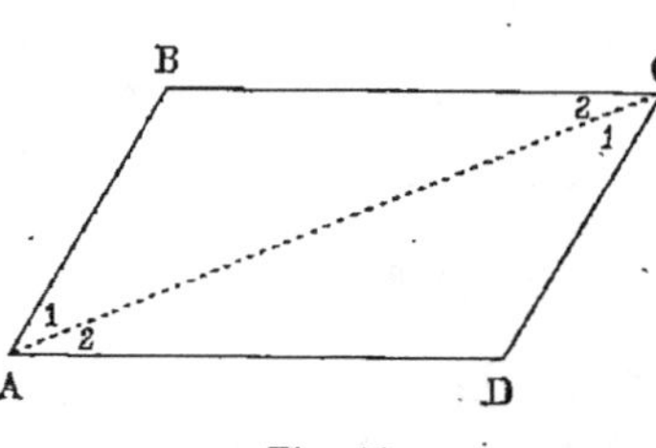

Fig. 90.

ou : 3° Que ses diagonales se coupent mutuellement en deux parties égales ;

ou : 4° Que deux côtés opposés soient égaux et parallèles.

1° Hypothèse : Soit le quadrilatère convexe ABCD dans lequel on donne AB = CD et BC = AD (fig. 90).

Conclusion : ce quadrilatère est un parallélogramme, c'est-à-dire que ses côtés opposés sont parallèles.

En effet, la diagonale AC détermine deux triangles ABC, ACD qui sont égaux comme ayant les trois côtés égaux chacun à chacun. Mais dans les triangles égaux, aux côtés égaux sont opposés des angles égaux : les angles $\hat{A}_1$ et $\hat{C}_1$ sont donc égaux; ces angles ayant la position d'angles alternes-internes, les droites AB et CD qui les forment sont parallèles. Les angles $\hat{A}_2$ et $\hat{C}_2$ sont aussi égaux, et, pour la même raison que précédemment, leur égalité entraîne le parallélisme des droites AD et BC.

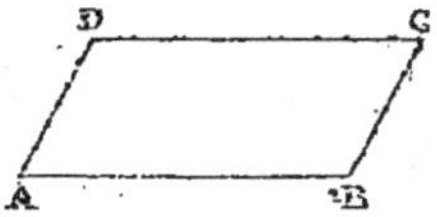

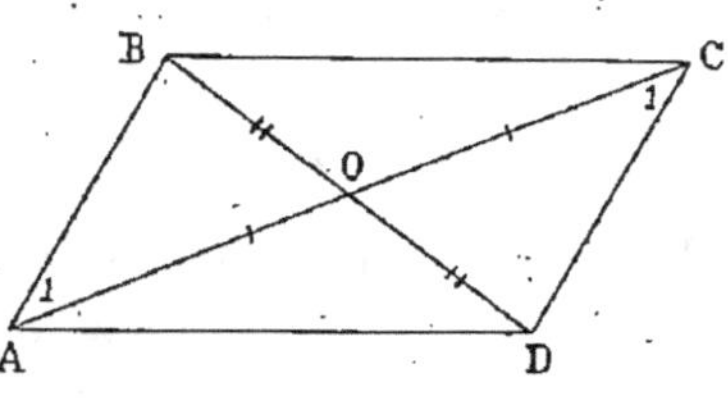

Fig. 91.

2° *Hypothèse* : Soit le quadrilatère ABCD, dans lequel on donne (fig. 91) A = C et B = D.

Conclusion : Ce quadrilatère ABCD est un parallélogramme.

De l'hypothèse, il résulte : A + B = C + D. Mais la somme des angles d'un quadrilatère égale quatre droits; donc

$$A + B = 2 \text{ droits.}$$

Or ces deux angles sont intérieurs du même côté d'une sécante. Puisqu'ils sont supplémentaires, les côtés qui les forment, AD et BC, sont parallèles.

On démontrera de même le parallélisme des droites AB et CD. Le quadrilatère, ayant ses côtés opposés parallèles, est un parallélogramme.

3° *Hypothèse* : Soit le quadrilatère ABCD dont les deux diagonales se coupent en O de telle sorte que AO = CO, BO = DO (fig. 92).

Fig. 92.

Conclusion : Ce quadrilatère est un parallélogramme. En effet, les triangles ABO, CDO sont égaux comme ayant un angle égal compris entre côtés égaux. Les angles $\hat{A}_1$ et $\hat{C}_1$, opposés à des côtés égaux, sont égaux.

Ces angles ayant la position d'angles alternes-internes, les droites AB et CD qui les forment sont parallèles.

On démontrerait de même, en considérant les deux triangles égaux AOD, BOC, que les droites AD et BC sont parallèles.

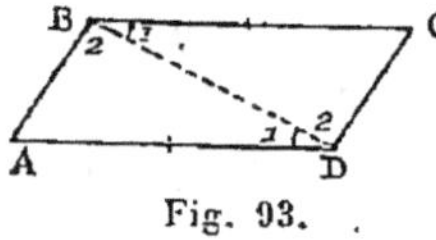
Fig. 93.

4° *Hypothèse* : Soit le quadrilatère ABCD, dans lequel on a : $AD = BC$ et AD parallèle à BC (fig. 93).

Conclusion : ABCD est un parallélogramme.

En effet, il suffit de démontrer qu'on a : AB parallèle à DC.

Menons la diagonale BD. Les deux triangles ABD, CBD sont égaux, comme ayant un angle égal compris entre deux côtés égaux chacun à chacun ($\hat{B}_1 = \hat{D}_1$ comme alternes-internes formés par les parallèles BC et AD et la sécante BD, BD commun, $BC = AD$). Donc aux côtés égaux BC et AD sont opposés les angles égaux D_2 et B_2, qui sont alternes-internes par rapport aux droites AB et DC coupées par BD. Ces droites sont donc parallèles et le quadrilatère est un parallélogramme.

158. Remarque. — Les trois premières parties de ce théorème sont les réciproques du théorème qui précède.

En rapprochant ces deux théorèmes, on voit quelles sont les conditions auxquelles doit satisfaire un quadrilatère convexe pour être un parallélogramme.

DU RECTANGLE

159. Définition. — Un *rectangle* est un quadrilatère dont les angles sont droits (fig. 94).

Les exemples de rectangles abondent autour de nous.

Les ouvertures des portes, des fenêtres affectent généralement la forme de rectangles; les vitres des fenêtres, les feuillets d'un livre, d'un cahier sont des rectangles.

Fig. 94.

Les parquets à *bâtons rompus* (fig. 95) sont composés de lames à surface rectangulaire.

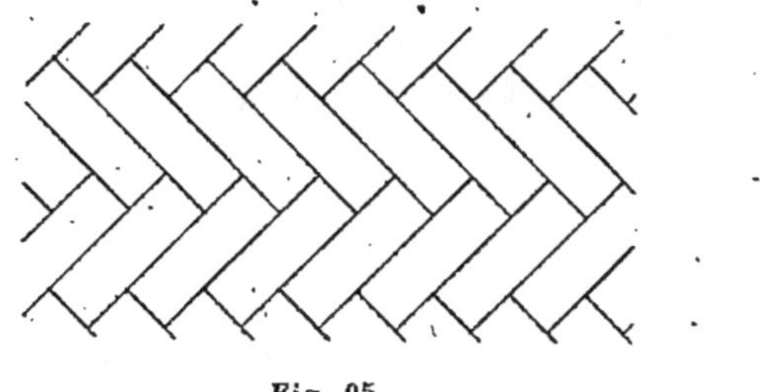

Fig. 95.

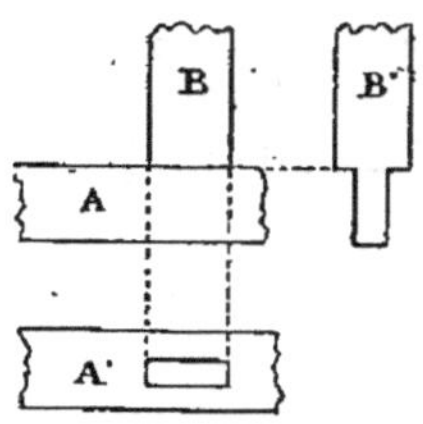

Fig 96.

L'assemblage droit à tenon et mortaise donne aussi des exemples de rectangles (fig. 96).

Théorème.

160. *Un rectangle est un parallélogramme.*

En effet, ses côtés opposés sont parallèles comme perpendiculaires à une même droite.

161. **Corollaire.** — *Les côtés opposés d'un rectangle sont égaux.*

Théorème.

162. *Les diagonales d'un rectangle se coupent en parties égales et sont égales.*

Hypothèse : Soit le rectangle ABCD et les deux diagonales AC et BD (fig. 97).

Conclusions : 1° Ces diagonales se coupent en parties égales, puisque le rectangle est un parallélogramme.

2° Elles sont égales.

En effet, les triangles BAD et ADC

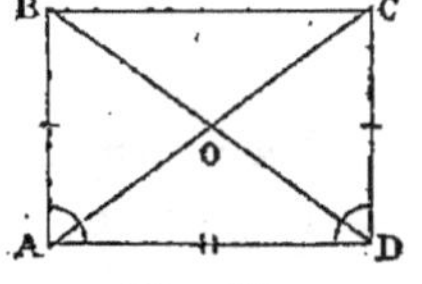

Fig. 97.

sont égaux comme ayant un angle droit compris entre côtés égaux chacun à chacun ($\dot{A} = \dot{D}$, AB $=$ CD, AD commun). Leurs troisièmes côtés sont égaux, et BD $=$ AC.

La réciproque est vraie.

163. Corollaire. — *Le milieu de l'hypoténuse d'un triangle rectangle est à égale distance des trois sommets.*

En effet, dans le triangle rectangle ABD (fig. 97), on a AO = BO = DO.

DU LOSANGE

164. Définition. — Un *losange* est un quadrilatère qui a ses côtés égaux (fig. 98).

Le losange est souvent employé comme motif d'ornement; on le trouve dans les panneaux des portes, des meubles, des boiseries des appartements; les grilles, les treillages sont fréquemment formés de tiges qui, en se croisant, forment des losanges. On le trouve aussi dans le carrelage, soit seul, soit combiné avec d'autres figures planes.

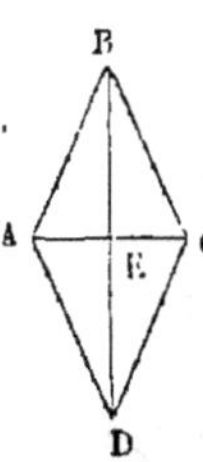

Fig. 98.

Il est aussi utilisé en mécanique sous le nom de *losange de Peaucellier*, pour transformer un mouvement rectiligne en un mouvement circulaire alternatif ou réciproquement, remplaçant ainsi avantageusement le parallélogramme de Watt; enfin, il sert à construire une grande variété de courbes et notamment des arcs de cercle d'un grand rayon.

Théorème.

165. *Un losange est un parallélogramme.*

En effet, ses côtés opposés sont égaux (157).

Théorème.

166. *Les diagonales d'un losange se coupent en leur milieu et sont perpendiculaires entre elles.*

Hypothèse : Soit le losange ABCD et AC, BD ses diagonales, qui se coupent en E (fig. 98).

Conclusions : 1º Le point E est le milieu de chacune d'elles, puisque le losange est un parallélogramme.

2º Elles sont perpendiculaires l'une à l'autre.

En effet, dans les triangles isocèles ABC, ADC, les droites BE et DE, qui joignent le sommet au milieu de la base AC, sont perpendiculaires à la base (101).

C. q. f. d.

Cette propriété est utilisée dans un losange articulé pour transformer un mouvement rectiligne alternatif en un autre mouvement rectiligne alternatif perpendiculaire au premier : car, si l'une des diagonales diminue de longueur, l'autre augmente.

Un jouet d'enfant, composé d'une série de losanges articulés, repose sur cette remarque.

167. Corollaire. — *Les diagonales sont aussi bissectrices des angles dont elles unissent les sommets.*

La réciproque du théorème est vraie.

La réciproque du corollaire est vraie aussi; il suffit qu'une diagonale soit bissectrice des deux angles du parallélogramme dont elle joint les sommets; l'autre diagonale est alors nécessairement bissectrice des deux autres angles.

DU CARRÉ

168. **Définition.** — Un *carré* est un quadrilatère qui a ses côtés égaux et ses angles droits (fig. 99).

On le trouve fréquemment employé dans le carrelage des appartements, dans le dallage des églises. La figure 100 montre un carrelage formés de carrés, la figure 101 montre un carrelage formé de carrés, de parallélogrammes et de trapèzes rectangles.

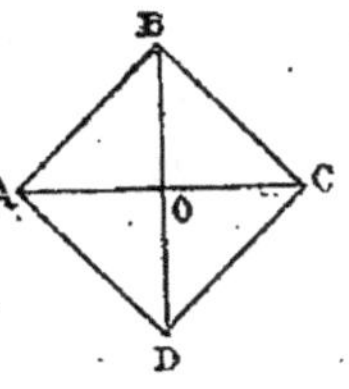

Fig. 99.

Les faces d'un dé à jouer, les deux surfaces extrêmes d'une règle ordinaire, les cases d'un damier, d'un échiquier, toutes ces figures représentent des carrés.

169. Il résulte de la définition que :

1° Le *carré* est un *parallélogramme*, puisque ses côtés opposés sont égaux ;

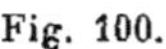

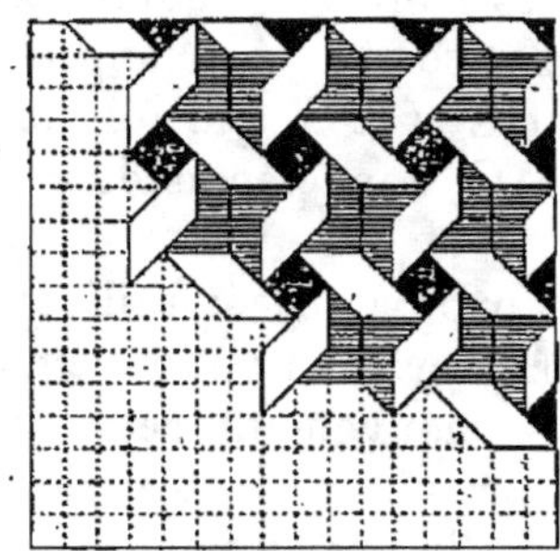

Fig. 100.　　　　　　　　　Fig. 101.

2° Le *carré* est un *rectangle*, puisque ses angles sont droits ;

3° Le *carré* est un *losange*, puisque ses côtés sont égaux.

Théorème.

170. *Les diagonales d'un carré se coupent en leur milieu, sont égales, perpendiculaires l'une sur l'autre et bissectrices des angles.*

En effet, le carré est à la fois un parallélogramme, un rectangle et un losange.

La réciproque de ce théorème est vraie, c'est-à-dire qu'*un parallélogramme est un carré lorsque ses diagonales sont égales et perpendiculaires l'une à l'autre, ou bien qu'elles sont égales et que l'une d'elles est bissectrice des deux angles dont elle joint les sommets.*

Théorème.

171. *Si, par le milieu de l'un des côtés d'un triangle, on mène la parallèle à l'un des deux autres côtés, cette parallèle passe par le milieu du côté qu'elle rencontre et est égale à la moitié du côté auquel elle est parallèle.*

Hypothèse : D est le milieu de AB, et DE est parallèle à BC (fig. 102).

Conclusion : E est le milieu de AC et $DE = \dfrac{BC}{2}$.

En effet, par E, menons EF parallèle à AB; le quadrilatère BDEF est un parallélogramme, puisque ses côtés opposés sont parallèles : donc EF = BD = AD.

Les angles A_1 et E_1 sont égaux comme correspondants. Les angles D_2 et F_2 sont égaux comme ayant les côtés parallèles et dirigés dans le même sens. Les deux triangles ADE et ECF sont donc égaux et AE = CE et DE = CF : donc E est le milieu de AC, et DE = CF = BF ou $DE = \dfrac{BC}{2}$.

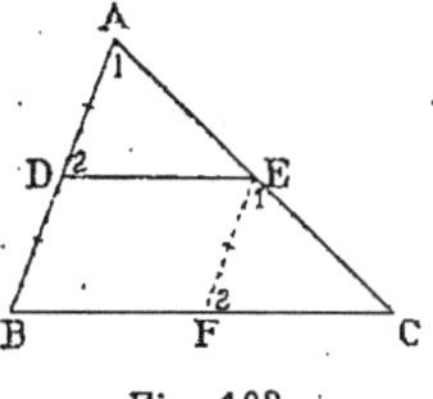

Fig. 102.

C. q. f. d.

Théorème.

172. Réciproquement : *La droite qui joint les milieux de deux côtés d'un triangle est parallèle au troisième côté et égale à sa moitié.*

Hypothèse : F et G sont les milieux des côtés AB et BC du triangle ABC (fig. 103).

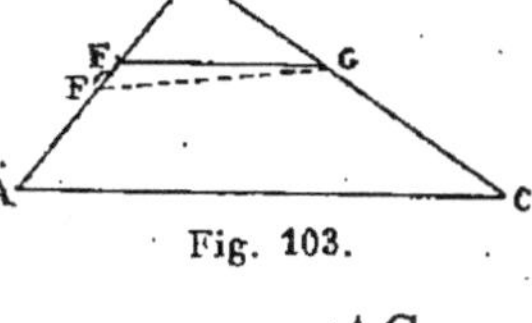

Fig. 103.

Conclusion : FG est parallèle à AC et égale à $\dfrac{AC}{2}$.

En effet, si FG n'est pas parallèle à AC, on peut, du point G, mener GF' parallèle à AC; mais, d'après le théorème précédent, le point F' serait le milieu de AB; donc on aurait $AF' = \dfrac{AB}{2}$. Comme par hypothèse $AF = \dfrac{AB}{2}$, on aurait AF' = AF; ce qui exige que les

points F et F' coïncident. Donc FG est parallèle à AC
et (th. précéd.) $FG = \dfrac{AC}{2}$.   *C. q. f. d.*

CONSEILS : *Remarquer que toutes les propriétés du quadrilatère
en général appartiendront au trapèze, au parallélogramme et à
ses dérivés, et que si le carré, le losange, le rectangle, qui sont des
cas particuliers du parallélogramme, possèdent toutes les propriétés
de ce dernier, la réciproque n'est pas toujours vraie.*

NOTIONS SUR LA SYMÉTRIE

173. Deux points A et A' (104) sont *symétriques* par
rapport à un point O, lorsque ce dernier point est situé
au milieu de la droite qui joint les
deux premiers. Le point O est appelé
le *centre de symétrie*.

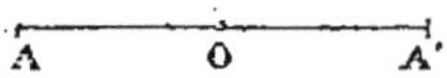

Fig. 104.

174. Si deux figures sont telles
que l'une d'elles est l'ensemble des points symétriques
des points de l'autre par rapport à un certain point fixe,
ces deux figures sont dites symétriques par rapport à
ce point fixe qu'on appelle *centre de symétrie*.

175. Lorsque, dans une figure, tout point a son symétrique sur la figure même par rapport à un point fixe,
celui-ci prend le nom de *centre de
symétrie* de la figure ou, plus simplement, de *centre de la figure*. Dans
un parallélogramme, le point de
concours des diagonales est le centre
de la figure.

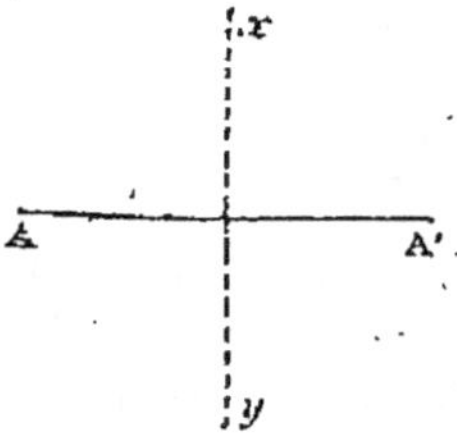

Fig. 105.

176. Deux points A et A' (fig. 105)
sont symétriques par rapport à un
axe xy, lorsque la droite qui joint les
deux points est perpendiculaire à l'axe et divisée par ce
dernier en deux parties égales.

177. Lorsque deux points A et B (fig. 106) sont symé-

triques de deux autres points A′ et B′ par rapport à un même axe xy, les droites AB, A′B′ sont symétriques par rapport au même axe.

178. Si deux figures sont telles que l'une quelconque est l'ensemble des points symétriques des points de l'autre par rapport à une droite, ces deux figures sont dites symétriques par

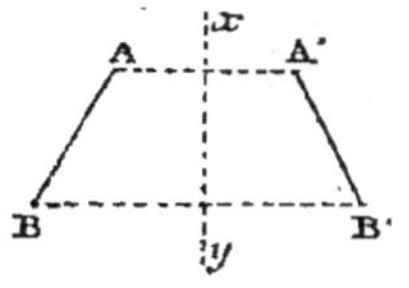

Fig. 106.

rapport à cette droite, qu'on appelle *axe de symétrie*.

179. Lorsque, dans une figure, tout point a son symétrique sur la figure même par rapport à un axe fixe, celui-ci prend le nom d'*axe de symétrie* de la figure, ou plus simplement d'*axe de la figure*. Les exemples d'axes de symétrie sont assez nombreux.

180. Dans un triangle isocèle, la médiane comprise entre les deux côtés égaux est un axe de figure; dans un triangle équilatéral, les trois médianes sont les trois axes de cette figure. Dans un rectangle, les droites qui joignent les milieux des côtés opposés sont les deux axes de la figure. Dans un losange, les diagonales en sont les deux axes; et dans un carré, les diagonales et les droites qui joignent les milieux des côtés opposés sont les quatre axes de la figure. Les fenêtres, les portes à deux battants, les feuilles de certains végétaux, ont généralement un axe de symétrie.

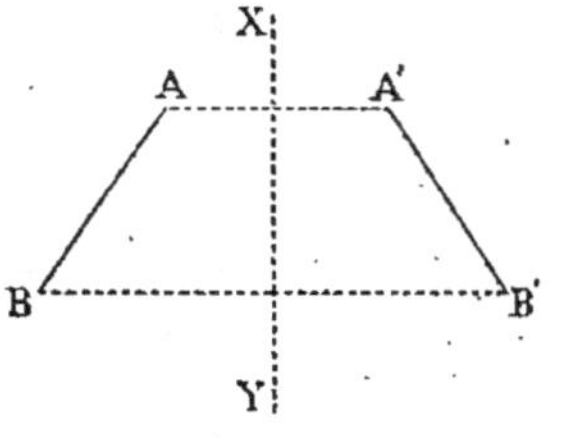

Fig. 107.

181. La droite A′B′ étant symétrique de la droite AB par rapport à l'axe xy (fig. 107), si l'on fait tourner A′B′ autour de xy pour la rabattre sur AB, les points A′ et B′ se placeront, par définition, sur les points A et B; d'où :

Deux droites symétriques par rapport à un même axe sont égales.

182. Si l'on replie l'ensemble de deux figures symé-

triques suivant leur axe de symétrie, tous les points symétriques correspondants coïncideront, c'est-à-dire que *deux figures symétriques par rapport à un même axe sont égales*. Réciproquement, si l'on plie une feuille de papier en deux et qu'on découpe un dessin quelconque suivant ses bords, en ouvrant la feuille, on obtiendra deux dessins symétriques par rapport au pli du papier.

Si la feuille avait été pliée en quatre, le dessin obtenu aurait été symétrique par rapport à deux axes, les deux plis de la feuille.

L'axe de symétrie permet donc de vérifier l'égalité de deux figures par la superposition au moyen d'un rabattement autour de cet axe.

183. Il est à remarquer que, tandis que deux figures symétriques par rapport à un point sont superposables par un simple déplacement de l'une dans le plan commun, deux figures symétriques par rapport à une droite ne sont superposables qu'après le retournement de l'une d'elles. C'est pourquoi le tailleur qui désire couper les manches d'un vêtement plie l'étoffe en deux, trace une manche et coupe les deux à la fois. Si, au lieu de plier l'étoffe, le tailleur superposait deux morceaux de tout autre manière, une des manches serait coupée à l'endroit et l'autre à l'envers de l'étoffe.

La symétrie a des applications nombreuses dans les arts, particulièrement en architecture, où elle est une des conditions de la beauté des édifices. Les jardiniers paysagistes en font une application constante dans le tracé des jardins.

EXERCICES

82. Les droites menées par les sommets d'un triangle parallèlement aux côtés opposés forment un nouveau triangle, qui a les sommets primitifs pour milieux de ses côtés.

83. Si, par les sommets d'un quadrilatère, on mène des parallèles aux diagonales, on forme un nouveau quadrilatère double du premier.

84. En joignant par des droites les milieux des côtés d'un triangle, on partage ce triangle en quatre triangles égaux.

85. Les trois médianes d'un triangle se rencontrent au même point, et ce point est situé aux $\frac{2}{3}$ de chaque médiane en partant des sommets. (Ce point est appelé le centre de gravité du triangle.)

86. Les milieux des côtés d'un quadrilatère quelconque sont les sommets d'un parallélogramme. Dans quels cas ce parallélogramme sera-t-il un rectangle, un losange, un carré?

87. Les bissectrices des angles intérieurs d'un quadrilatère quelconque se rencontrent en formant un quadrilatère dont les angles opposés sont supplémentaires. Discuter.

88. Si un côté de l'angle droit d'un triangle rectangle est moitié de l'hypoténuse, l'angle opposé à ce côté égale $\frac{1}{3}$ de droit, et réciproquement.

89. Deux parallélogrammes sont égaux, lorsqu'ils ont un angle égal compris entre deux côtés égaux, chacun à chacun.

90. Dans un trapèze, la droite qui joint les milieux des côtés non parallèles est parallèle aux bases et égale à leur demi-somme, et la partie de cette droite comprise entre les deux diagonales est égale à la demi-différence des bases.

91. Dans un quadrilatère quelconque, les droites qui joignent les milieux des côtés opposés se rencontrent au milieu de la droite qui joint les milieux des diagonales.

92. Les trois hauteurs d'un triangle se coupent en un même point.

93. La parallèle menée aux bases d'un trapèze par le milieu d'un des côtés non parallèle passe par les milieux des diagonales et du côté opposé.

94. Lieu des milieux des portions de droites menées d'un point donné à une droite donnée.

95. Lieu des milieux des portions de droites comprises entre deux parallèles données.

96. Toute droite menée par le point de concours des diagonales d'un parallélogramme et terminée aux contours de ce parallélogramme est divisée par le point en deux parties égales; de plus les deux trapèzes obtenus sont égaux.

97. Le point de rencontre O des perpendiculaires élevées au milieu des côtés d'un triangle ABC, le centre de gravité G et le point de concours H des hauteurs sont trois points en ligne droite et la distance OG est la moitié de la distance HG.

N. B. — *Voir à la fin du volume des exercices de récapitulation sur les chapitres de I à VIII.*

CHAPITRE IX

De la Circonférence de cercle.

Définitions.

184. Circonférence. — La *circonférence* est une ligne courbe plane, fermée, dont tous les points sont à égale distance d'un point intérieur situé dans son plan et nommé *centre* (fig. 108).

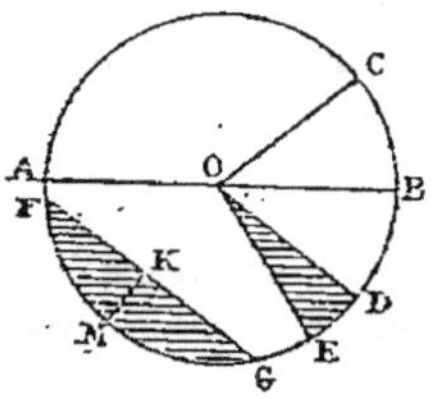

185. Cercle. — Le *cercle* est la portion de plan limitée par la circonférence.

Il ne faut pas confondre la circonférence, qui est une *ligne*, avec le cercle, qui est une *surface*.

Fig. 108.

186. Rayon. — On appelle *rayon* toute portion de droite comprise entre le centre et un point quelconque de la circonférence. Ex. : OC (fig. 108).

Tous les rayons d'un même cercle sont donc égaux par définition.

187. Diamètre. — Le *diamètre* est une portion de droite qui joint deux points de la circonférence, en passant par le centre. Ex. : AB (fig. 108). Tous les diamètres d'un cercle sont égaux comme étant les doubles des rayons.

188. Les serruriers, les forgerons utilisent cette propriété pour vérifier une circonférence. A cet effet, ils portent sur la circonférence et dans un grand nombre de sens différents, une règle en bois ou en fer égale au diamètre. Ils emploient aussi la *règle à coulisse.*

Les tourneurs emploient pour le même objet *le compas maître à danser* (fig. 109), dont les branches sont courbes d'un bout et coudées de l'autre, l'écartement des pointes étant le même de chaque côté. Les branches courbes servent à vérifier les circonférences en relief; les branches coudées servent pour les circonférences en creux, comme le canon d'un fusil.

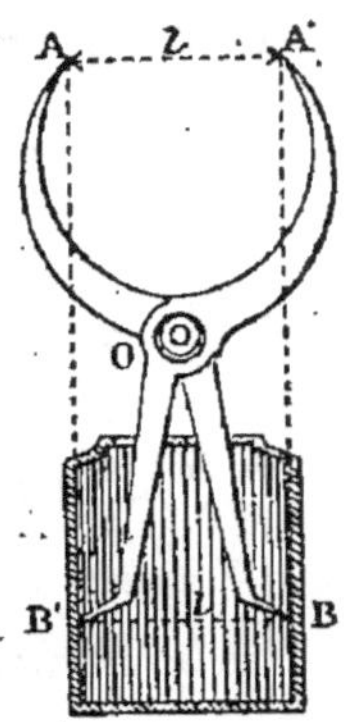

Fig. 109.

189. Arc. — Un *arc* est une portion quelconque de la circonférence. Ex. : FMG (108.)

190. Corde. — La *corde* est la portion de droite qui joint les extrémités de l'arc. Ex. : FG (fig. 108). On dit que la corde *sous-tend* l'arc et que l'arc est *sous-tendu* par la corde.

191. Flèche. — La *flèche* est une portion de droite qui joint le milieu d'un arc au milieu de sa corde. Ex. : MK (fig. 108).

192. Segment. — Un *segment* de cercle est une portion de cercle comprise entre un arc et sa corde. Ex. : FMGK (fig. 108).

193. Secteur. — On appelle *secteur circulaire* une portion de cercle comprise entre un arc et les deux rayons qui aboutissent à ses extrémités. Ex. : EOD (fig. 108).

194. Sécante. — On nomme *sécante* une droite qui coupe la circonférence en deux points. Ex. : AB (fig. 110).

195. Tangente. — On appelle *tangente* une droite qui n'a qu'un point commun avec la circonférence. Ex. : CD (fig. 110). Le point commun E est appelé *point de contact* ou *point de tangence.*

Les routes, les rails des voies ferrées sont tangents aux roues des voitures, des wagons qui circulent sur ces chemins.

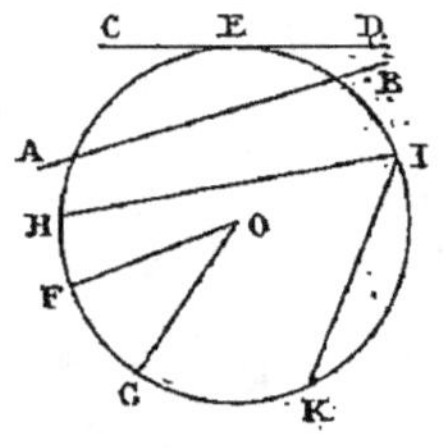
Fig. 110.

La tangente peut être considérée comme la position limite que prend une sécante en tournant autour d'un de ses points communs avec la circonférence, jusqu'à ce que le second point vienne coïncider avec le premier.

196. Angle au centre. — C'est un angle qui a son sommet au centre de la circonférence. Ex. : FOG (fig. 110). Les rais d'une roue de voiture font entre eux des angles au centre.

197. Angle inscrit. — C'est un angle qui a son sommet sur la circonférence et dont les côtés sont des cordes. Ex. : HIK (fig. 110).

RELATIONS ENTRE LES ARCS ET LES CORDES

Théorème.

198. *Deux circonférences de même rayon sont égales.*

En effet, si on les applique l'une sur l'autre de façon que les centres coïncident, les deux circonférences coïncideront, puisque tous leurs points sont à égale distance du centre commun.

199. REMARQUE. — Les cercles limités par ces circonférences sont aussi égaux.

200. Les deux roues d'une même voiture, les deux fonds d'un même tonneau, les pièces de monnaie de même valeur, le cercle de fer qui s'adapte exactement sur la roue en bois sont des exemples de circonférences et de cercles égaux. On en trouve d'autres dans les deux pièces d'un robinet, dans les charnières, les couvercles et bouchons des vases ronds, la bonde d'un tonneau.

On utilise ces propriétés dans le moulage des corps

ronds, les surfaces en contact du moule et de l'objet fabriqué ayant le même rayon.

Les tailleurs de pierre obtiennent des surfaces rondes d'un rayon donné en construisant à l'avance, en bois ou en fer, un arc ayant le rayon donné. Ils appliquent cet arc, appelé *calibre*, *cherche* ou *cerce* sur la surface taillée et vérifient si le contact existe partout.

La vérification des circonférences égales en relief ou en creux se fait à l'aide du compas maître à danser (fig. 109).

Théorème.

201. *Une droite ne peut couper une circonférence en plus de deux points.*

En effet, s'il y avait trois points d'intersection A, B et C (fig. 111), on aurait trois rayons de la circonférence qui aboutiraient à la droite : OA, OB, OC, ce qui est impossible, puisque du centre on ne peut mener à cette ligne plus de deux obliques égales (109).

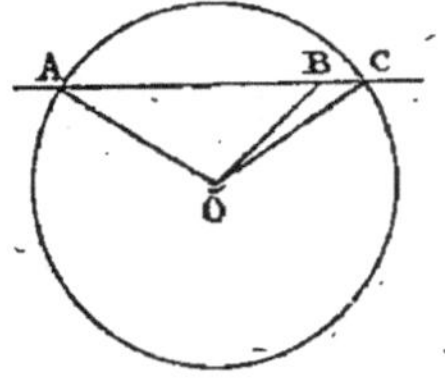

Fig. 111.

On dit à cause de cela que la circonférence est une courbe convexe.

C. q. f. d.

Théorème.

202. *Tout diamètre partage la circonférence et le cercle en deux parties égales.*

Hypothèse : Soit le cercle O et le diamètre AB (fig. 112).

Conclusion : Les deux arcs AMB et ANB sont égaux, ainsi que les deux segments.

En effet, faisons tourner l'arc AMB autour de AB comme charnière, de manière à le rabattre sur l'arc ANB. Ces deux arcs coïncident : autrement, il y aurait des points de la circonférence qui seraient inégalement dis-

tants du centre. Les deux portions de cercle seront
aussi égales.   *C. q. f. d.*

Les arcs égaux AMB et ANB sont des *demi-circonférences*. Les portions de plan
AMB et ANB sont des *demi-cercles*.

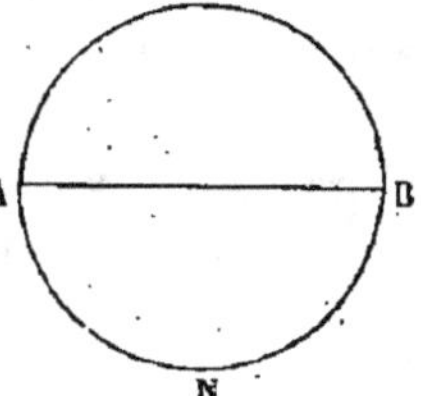

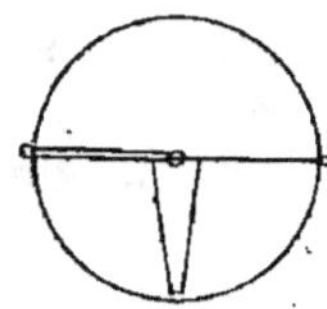

Fig. 112.   Fig. 113.   Fig. 114.

203. Le piège à oiseaux, dont la charnière est un

Fig. 115.

diamètre et dont les deux parties sont des demi-circonférences égales, nous fournit une application de ce
théorème (fig. 113).

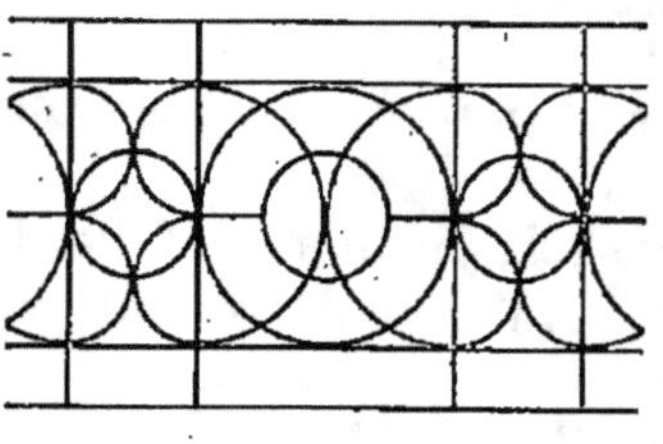

Fig. 116.

Le prolongement d'un
fil, auquel est suspendu un
anneau tourné au tour, partage l'anneau en deux parties égales (fig. 114).

Dans les arts, on rencon-
tre souvent la circonférence
et la demi-circonférence; la
raison principale de l'emploi fréquent de ces courbes
est la facilité avec laquelle on peut les construire, et la

simplicité des éléments qui les déterminent, à savoir, le centre et le rayon. La figure 116 montre un fragment de grille, et la figure 115 un fragment de balustrade de la cathédrale de Strasbourg.

Théorème.

204. *Un diamètre est plus grand que toute corde.*

Hypothèse : Prenons dans le cercle O un diamètre AB et une corde CD (fig. 117).

Conclusion : On a $AB > CD$.

En effet, menons les rayons OC, OD.

On a (86) :

$$CO + OD > CD.$$

Or

$$CO + OD = AO + OB = AB,$$

donc
$$AB > CD. \qquad C. q. f. d.$$

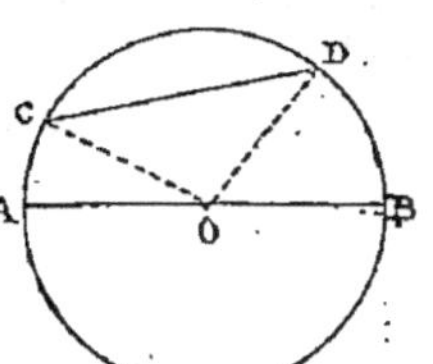

Fig. 117

Théorème.

205. *Dans un même cercle ou dans des cercles égaux :*

1° *Les arcs égaux sont sous-tendus par des cordes égales;*

2° *Les arcs inégaux sont sous-tendus par des cordes inégales, et le plus grand arc est sous-tendu par la plus grande corde, si ces arcs sont moindres qu'une demi-circonférence.*

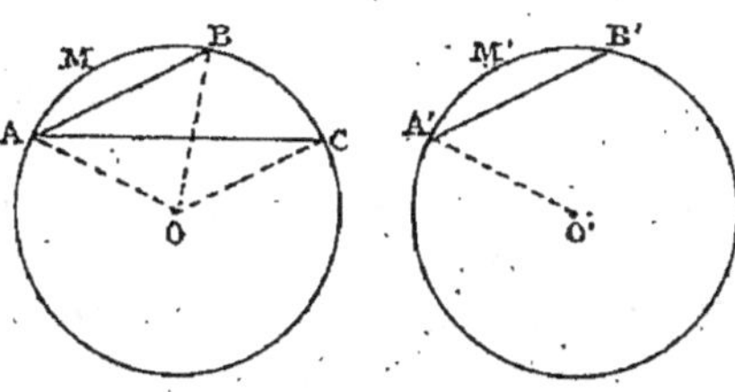

Fig. 118.

1° *Hypothèse* : Soient les cercles égaux O et O', dans lesquels on a : arc AMB = arc A'M'B' (fig. 118).

Conclusion : On a : corde AB = corde A'B'.

En effet, faisons glisser le cercle O' sur le cercle O, de façon que les centres coïncident et que le point A' soit au point A.

Les deux circonférences coïncideront et les arcs AMB, A'M'B' étant égaux, le point B' coïncidera avec le point B. Alors les deux cordes AB, A'B', ayant les mêmes extrémités, coïncideront aussi et seront égales.

2° *Hypothèse* : Soit : arc AMC > arc A'M'B'.

Conclusion : On aura aussi : corde AC > corde A'B.

En effet, prenons sur la circonférence O un arc AMB égal à A'M'B'; le point B sera situé entre les points A et C et l'on aura : corde AB = corde A'B'.

Menons les rayons OA, OB, OC; on a :

$$\text{Angle AOC} > \text{angle AOB.}$$

Or, les deux triangles AOC, AOB ont deux côtés égaux chacun à chacun (AO commun; OB = OC comme rayons d'un même cercle) et l'angle compris entre les côtés du premier est plus grand que l'angle compris entre les côtés du second; donc le troisième côté AC du premier est plus grand que le troisième côté AB du second (94).

Par suite, on a : AC > A'B'.   *C. q. f. d.*

Théorème réciproque.

206. *Dans un même cercle ou dans des cercles égaux :*

1° *Des cordes égales sous-tendent des arcs égaux;*

2° *Des cordes inégales sous-tendent des arcs inégaux, la plus grande corde sous-tendant le plus grand arc, les arcs étant moindres qu'une demi-circonférence.*

1° *Hypothèse* : Soient les cordes égales AB, A'B' dans les cercles égaux O et O' (fig. 118).

Conclusion : arc AMB = arc A'M'B'.

En effet, si l'arc AMB était plus grand ou plus petit que l'arc A'M'B', la corde AB serait aussi plus grande ou plus petite que la corde A'B' (théor. précédent), ce qui est contraire à l'hypothèse.

Donc : arc AMB $=$ arc A'M'B'.

2° *Hypothèse* : Soient les cordes inégales AC et A'B',

$$AC > A'B'.$$

Conclusion : On a : arc AMC $>$ arc A'M'B'.

En effet, si l'arc AMC était égal ou inférieur à l'arc A'M'B', la corde AC serait égale ou inférieure à la corde A'B', ce qui serait contraire à l'hypothèse.

Donc : arc AMC $>$ arc A'M'B'.   *C. q. f. d.*

207. On emploie fréquemment cette propriété pour prendre sur une circonférence ou sur un arc un autre arc de longueur donnée.

Dans la taille des voussoirs pour les voûtes à plein cintre, après avoir décrit sur la pierre, avec le compas ou avec le patron, un arc AB de même rayon que le cintre (fig. 119) on prend une ouverture de compas égale à la corde de l'arc du voussoir et l'on porte cette ouverture en BC sur l'arc tracé sur la pierre; on mène ensuite les rayons qu'on prend égaux et l'on trace ED. On abat la pierre suivant le contour BCED.

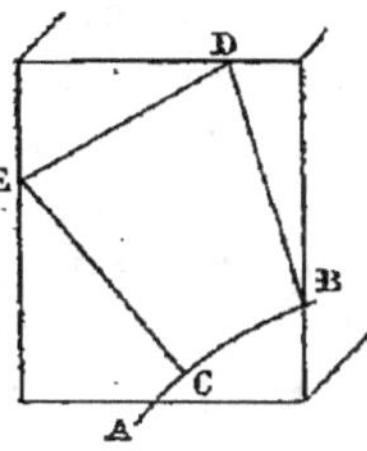

Fig. 119.

DISTANCE DES CORDES AU CENTRE

Théorème.

208. *Tout diamètre perpendiculaire sur une corde partage la corde et chacun des arcs sous-tendus en deux parties égales.*

Hypothèse : Le diamètre CD est perpendiculaire sur la corde AB au point E (fig. 120).

Conclusions : 1° AE $=$ EB.

En effet, menons les rayons OA, OB; ce sont deux

obliques égales. Donc leurs pieds s'écartent également du pied de la perpendiculaire OE et AE = EB.

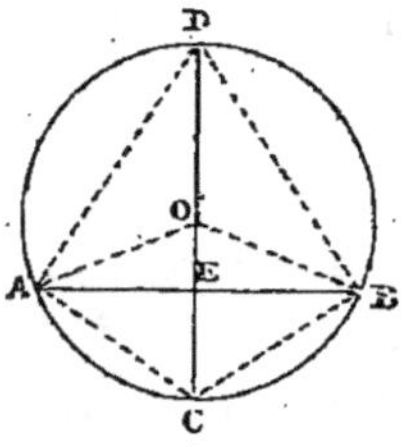

Fig. 120.

2° Arc AC = arc CB.

En effet, joignons AC et CB. Ces cordes sont des obliques dont les pieds s'écartent également du pied de la perpendiculaire CE, puisque AE = EB (1°); donc elles sont égales et les arcs sous-tendus AC et CB sont aussi égaux (206).

C. q. f. d.

On démontrerait de même que : arc AD = arc BD.

209. REMARQUE. — La droite CD jouit de cinq propriétés : 1° elle passe par le centre O ; 2° et 3° par les milieux D et C des arcs ADB et ACB ; 4° par le milieu E de leur corde commune ; 5° elle est perpendiculaire sur cette corde. Or, deux des cinq propriétés mentionnées suffisent pour déterminer la position d'une droite ; donc toute droite qui jouit de deux de ces cinq propriétés jouira aussi des trois autres. De là neuf corollaires, distincts de la proposition précédente ; car cinq conditions peuvent être combinées deux à deux de dix manières différentes. Voici les plus remarquables de ces corollaires :

210. **Corollaire I.** — *La perpendiculaire menée à une corde et en son milieu passe par le centre et par le milieu de chacun des deux arcs correspondants.*

211. **Corollaire II.** — *La flèche d'un arc est perpendiculaire sur sa corde et passe par le centre.*

212. **Corollaire III.** — *La droite qui joint les milieux de deux arcs sous-tendus par la même corde est un diamètre perpendiculaire à cette corde et en son milieu.*

213. **Corollaire IV.** — *Le centre d'un cercle, le milieu d'une corde et les milieux des deux arcs sous-tendus sont quatre points en ligne droite.*

Théorème.

214. *Par trois points non en ligne droite, on peut toujours faire passer une circonférence et l'on n'en peut faire passer qu'une.*

Hypothèse : Soient les trois points A, B, C non en ligne droite (fig. 121).

Conclusions : 1° On peut, par ces trois points, faire passer une circonférence.

Menons AB et BC; au milieu de AB, élevons la perpendiculaire DE à cette droite et, au milieu de BC, élevons la perpendiculaire FG à BC.

Soit O le point de rencontre de ces perpendiculaires. Le point O appartenant à la perpendiculaire DE est à égale distance de A et B (117); ce même point O appartenant à la perpendiculaire FG est à égale distance des points B et C. Le point O est donc également distant des trois points A, B, C, c'est-à-dire que

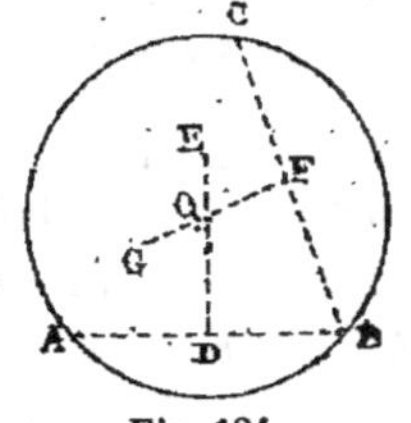

Fig. 121.

$$OA = OB = OC.$$

Si donc, du point O, on décrit une circonférence de rayons OA, elle passera par les trois points A, B, C.

2° On n'en peut faire passer qu'une.

En effet, toute circonférence passant par les points A et B aura son centre sur DE (210); de même toute circonférence passant par B et C aura son centre sur FC. Le centre de toute circonférence passant par les trois points A, B, C sera en O, intersection de DE et FG. Ces circonférences auront donc toutes le même centre O et le même rayon OA et, par suite, coïncideront. *C. q. f. d.*

215. **Corollaire I.** — *Deux circonférences distinctes ne peuvent avoir plus de deux points communs. Si elles avaient un troisième point commun, elles coïncideraient.*

216. Remarque. — La circonférence passant par les

trois points A, B, C passe par les trois sommets du triangle ABC (fig. 122); on la dit *circonscrite* au triangle, et l'on dit que le triangle est *inscrit* dans la circonférence.

Remarquons de plus que le centre de la circonférence

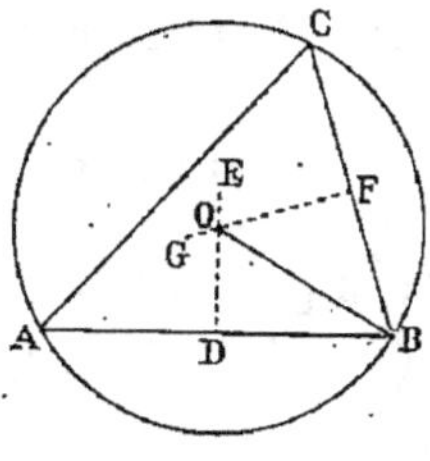

Fig. 122.

circonscrite à un triangle est le point de concours des perpendiculaires élevées aux côtés et en leurs milieux.

Donc, pour circonscrire une circonférence à un triangle, il suffit d'élever deux perpendiculaires à deux quelconques des côtés du triangle et en leurs milieux : le point d'intersection de ces perpendiculaires est le centre de la circonférence dont le rayon est la distance de ce point à l'un quelconque des sommets du triangle.

Théorème.

217. *Dans un même cercle ou dans des cercles égaux :*
1° Deux cordes égales sont également distantes du centre;

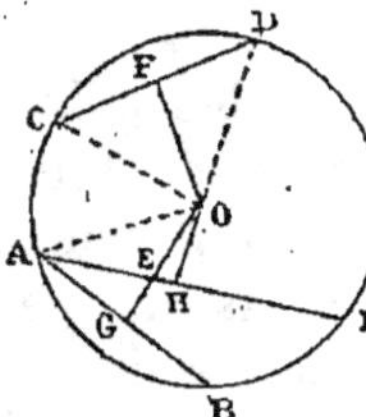

Fig. 123.

2° De deux cordes inégales, la plus petite est la plus éloignée du centre.

1° *Hypothèse* : Soient deux cordes égales AB et CD dans la circonférence O et les perpendiculaires OG, OF à ces cordes (fig. 123).

Conclusion : On aura : OG = OF.

En effet, menons les rayons OC, OA. Les perpendiculaires OG, OF sur les cordes AB, CD partagent ces cordes en deux parties égales (208). Les triangles rectangles OGA, OFC sont alors égaux comme ayant l'hypoténuse égale et un autre côté égal, savoir : OA = OC comme rayons, $AG = CF$ comme moitiés de cordes égales. Les troisièmes côtés sont égaux et

$$OG = OF.$$

2° *Hypothèse* : Soient les deux cordes inégales CD, AI et $CD < AI$.

Conclusion : On aura $OF > OH$.

En effet, prenons sur l'arc AI, à partir du point A, un arc $AB = $ arc CD. On aura : $CD = AB$ et les perpendiculaires OG, OF seront égales (1°).

Soit E, le point où OG rencontre AI. La perpendiculaire OH est plus courte que l'oblique OE (107) et, à plus forte raison, plus petite que OG; donc on a :

$$OH < OG \text{ ou } OH < OF \text{ ou enfin } OF > OH.$$

C. q. f. d.

Théorème réciproque.

218. *Dans un même cercle ou dans des cercles égaux :*
1° *Deux cordes également distantes du centre sont égales;*
2° *De deux cordes inégalement distantes du centre, la plus petite en est la plus éloignée.*

1° *Hypothèse* : Soient les deux cordes CD et AB, telles qu'on ait $OF = OG$ (fig. 123).

Conclusion : $CD = AB$.

En effet, si CD était plus petit que AB, on aurait $OF > OG$ (217), ce qui est contraire à l'hypothèse; si CD était plus grand que AB, on aurait $OF < OG$, ce qui est encore contraire à l'hypothèse. Donc, CD ne pouvant être ni supérieur ni inférieur à AB, lui est égal.

2° *Hypothèse* : Soient les deux cordes CD et AI, telles qu'on ait $OF > OH$ (fig. 123).

Conclusion : On a $CD < AI$.

En effet, si CD était plus grand que AI, on aurait $OF < OH$ (217), ce qui est contraire à l'hypothèse; si CD était égal à AI, on aurait $OF = OG$ (217), ce qui est contraire à l'hypothèse. Donc CD, ne pouvant être ni supérieur ni égal à AI, est forcément plus petit que cette droite.

EXERCICES

98. Quel est le lieu géométrique des centres des circonférences passant par deux points donnés?

99. Par un point donné dans l'intérieur d'un cercle, mener une corde qui ait ce point pour milieu.

100. Trouver le centre d'un cercle donné.

101. Quel est le lieu géométrique des milieux des cordes égales dans le même cercle?

102. Trouver la plus petite corde d'une circonférence passant par un point intérieur à cette courbe.

103. Trouver le lieu géométrique des milieux des cordes d'une circonférence, parallèles à une même direction.

104. La plus courte distance d'un point à une circonférence est la portion du rayon (prolongé, s'il est nécessaire) passant par ce point et comprise entre ce point et la courbe. (C'est cette portion de droite qui mesure la distance d'un point à une circonférence.)

105. Trouver la plus courte distance et la plus grande distance de deux circonférences extérieures ou intérieures l'une à l'autre.

106. Étant donnés quatre points dont trois ne sont pas en ligne droite, tracer une circonférence passant à égale distance de chacun d'eux.

107. Faire passer par un point donné une circonférence qui soit à égale distance de trois points donnés non en ligne droite.

108. Si deux cordes AB et CD sont égales, leur point de concours et celui des droites AC, BD sont sur un même diamètre.

CHAPITRE X

Tangentes.

Théorème.

219. *Toute perpendiculaire à l'extrémité d'un rayon est tangente à la circonférence.*

Hypothèse : Soit la droite BC perpendiculaire à l'extrémité A du rayon OA (fig. 124).

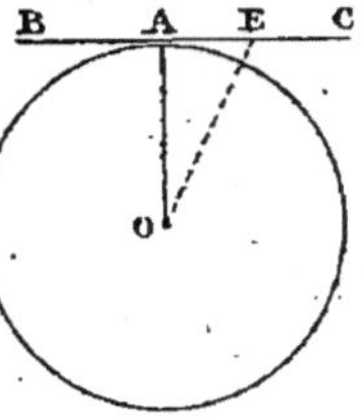

Conclusion : Cette droite est tangente à la circonférence.

En effet, prenons un point quelconque E, autre que A, sur BC et menons OE.

La droite OA étant perpendiculaire sur BC, OE sera oblique à BC et, par suite, sera plus grande que le rayon OA (107).

Le point E, c'est-à-dire un point quelconque de BC autre que A, est donc hors de la circonférence. Dès lors cette droite, n'ayant que le point A de commun avec la circonférence, lui est tangente. *C. q. f. d.*

Fig. 124.

Théorème réciproque.

220. *Toute tangente à la circonférence est perpendiculaire à l'extrémité du rayon qui aboutit au point de contact.*

Hypothèse : Soit BC tangente à la circonférence O au point A (fig. 124).

Conclusion : Cette droite est perpendiculaire au rayon OA.

En effet, toute droite OE autre que OA, menée du centre à la tangente BC, aura son extrémité E hors de la circonférence et, par suite, sera plus grande que le rayon OA, mené au point de contact.

Donc ce rayon, étant la plus courte distance du centre à la droite BC, est perpendiculaire à cette droite (110). En combinant les deux théorèmes précédents, on peut dire que la condition nécessaire et suffisante pour qu'une droite soit tangente à une circonférence est qu'elle soit perpendiculaire à un rayon de cette circonférence et à son extrémité.

221. Corollaire. — *Par un point pris sur une circonférence, on peut toujours mener une tangente à cette circonférence et l'on n'en peut mener qu'une.*

222. Remarque. — On appelle *normale* à la circonférence, en un point de cette courbe, la perpendiculaire menée par ce point à la tangente à la circonférence en ce point.

Il résulte de cette définition et des théorèmes précédents :

1° Que la normale à la circonférence en un point donné coïncide avec le rayon mené en ce point ;

2° Que toutes les normales à une circonférence passent par le centre de cette circonférence ;

3° Que, par un point donné, on peut mener à une cirférence deux normales, coïncidant avec la direction d'un diamètre passant par ce point.

On démontre que la longueur de toute portion de droite qui joint un point donné quelconque du plan d'une circonférence à un point de cette circonférence est comprise entre les longueurs des deux normales menées à cette circonférence par le point donné. Il résulte de cette propriété que la *distance d'un point à une circonférence*, qui doit être la plus courte de ce point à cette courbe, est mesurée par la plus petite des deux normales qu'on peut mener à la circonférence par ce point.

Théorème.

223. *Deux droites parallèles interceptent sur la circonférence des arcs égaux.*

Il y a trois cas à considérer : 1° les deux parallèles sont sécantes à la circonférence; 2° l'une des parallèles est tangente et l'autre est sécante à la circonférence;

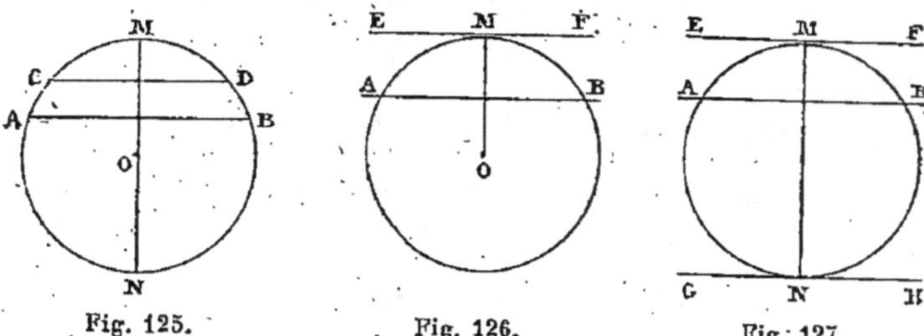

Fig. 125.   Fig. 126.   Fig. 127.

3° les deux parallèles sont tangentes à la circonférence.

1° *Hypothèse* : Soient les deux cordes parallèles AB et CD (fig. 125).

Conclusion : On doit avoir arc AC = arc BD.

En effet, menons le diamètre MN perpendiculaire à AB, il l'est aussi à sa parallèle CD (129), et partage les deux arcs AMB et CMD en deux parties égales (208). On a donc :

$$\text{arc AM} = \text{arc BM}$$
et
$$\text{arc CM} = \text{arc DM}.$$

En retranchant membre à membre, on aura :

$$\text{arc AM} - \text{arc CM} = \text{arc BM} - \text{arc DM}.$$
ou
$$\text{arc AC} = \text{arc BD}. \qquad C.\ q.\ f.\ d.$$

2° *Hypothèse* : Soient la corde AB et la tangente EF (fig. 126).

Conclusion : On aura arc AM = arc BM.

Menons le rayon OM au point de contact. Il est per-

6

pendiculaire à la tangente (220) et à sa parallèle AB ; par suite, il partage l'arc AMB en deux parties égales et l'on a :

$$\text{arc AM} = \text{arc BM.} \qquad C.\ q.\ f.\ d.$$

3° *Hypothèse* : Soient les deux tangentes parallèles EF et GH (fig. 127).

Conclusion : On aura encore : arc MAN = arc MBN.

En effet, menons AB parallèle aux deux tangentes ; nous aurons :

$$\text{arc AM} = \text{arc BM}$$

et

$$\text{arc AN} = \text{arc BN.}$$

En additionnant membre à membre, on a :

$$\text{arc AM} + \text{arc AN} = \text{arc BM} + \text{arc BN}$$

ou

$$\text{arc MAN} = \text{arc MBN.} \qquad C.\ q.\ f.\ d.$$

La droite MN est un diamètre.

EXERCICES

109. Mener une tangente à une circonférence donnée qui soit perpendiculaire à une droite donnée.

110. Mener une tangente à une circonférence donnée qui soit parallèle à une droite donnée.

111. Quel est le lieu géométrique des centres des circonférences tangentes à deux droites concourantes données ?

112. Décrire une circonférence passant par un point donné et tangente à une droite donnée en un point donné de cette droite.

113. Décrire une circonférence de rayon donné passant par un point donné et tangente à une droite donnée.

114. Deux cordes parallèles menées des extrémités d'un même diamètre sont égales.

CHAPITRE XI

Positions relatives de deux circonférences.

224. Nous savons que deux circonférences ne peuvent avoir plus de deux points communs sans coïncider; puisque par trois points non en ligne droite on peut faire passer une circonférence et l'on n'en peut faire passer qu'une, ce qu'on exprime plus simplement en disant que trois points non en ligne droite déterminent une circonférence. Dès lors, si l'on considère deux circonférences distinctes d'un même plan dans leurs positions l'une par rapport à l'autre, il ne peut se présenter que les trois cas suivants :

1° Les deux circonférences n'ont aucun point commun ;

2° Les deux circonférences ont un point commun ;

3° Les deux circonférences ont deux points communs.

Quand deux circonférences n'ont qu'un point commun, elles sont dites *tangentes*, et le point commun est appelé point de *contact* ou point de *tangence*.

Quand deux circonférences ont deux points communs, elles sont dites *sécantes*. La droite qui joint les deux points communs de deux circonférences sécantes est nommée *corde commune*. La droite qui passe par les centres de deux circonférences est appelée la *ligne des centres*, et la portion de cette droite comprise entre les centres prend le nom de *distance des centres*.

Théorème.

225. *Si deux circonférences ont un point commun situé hors de la ligne des centres, elles ont un second point commun situé sur la perpendiculaire menée du premier point à la ligne des centres et les deux points communs à égale distance de cette ligne.*

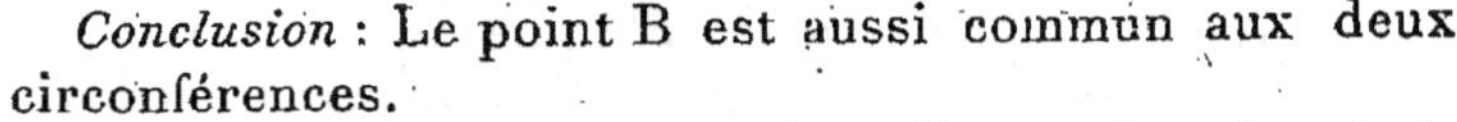

Fig. 128.

Hypothèse : Soient les circonférences O et O′, qui ont un point commun A (fig. 128).

Du point A, on mène AC perpendiculaire sur la ligne des centres OO′, et l'on prolonge AC d'une quantité CB = AC.

Conclusion : Le point B est aussi commun aux deux circonférences.

En effet, menons OA, OB ; ces obliques, dont les pieds s'écartent également du pied de la perpendiculaire OC, sont égales (107), et la circonférence décrite du point O comme centre avec OA pour rayon passe par le point B. De même les obliques O′A, O′B sont égales et la circonférence O′ passe par le point B. Ce point B est donc un second point commun aux deux circonférences, et c'est le seul. Les deux circonférences sont donc sécantes d'après la définition.   *C. q. f. d.*

226. **Corollaire I.** — *Quand deux circonférences sont sécantes, la ligne des centres est perpendiculaire à la corde commune et en son milieu.*

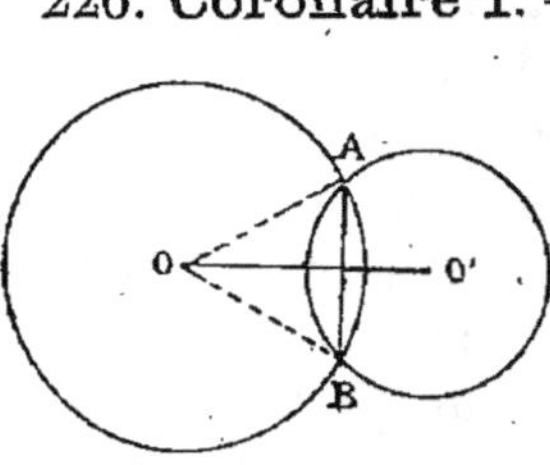

Fig. 129.

Hypothèse : Soient les deux circonférences O et O′, qui se coupent en A et en B (fig. 129).

Conclusion : OO′ est perpendiculaire sur AB et en son milieu.

En effet, de ce que OA égale OB comme rayons d'un même cercle, le point O est situé à égale distance de A et de B; donc il appartient à la perpendiculaire menée sur AB et en son milieu (117).

Pour la même raison, le point O' appartient aussi à cette même perpendiculaire. Mais deux points déterminent la position d'une droite; donc OO' est elle-même la perpendiculaire élevée sur AB et en son milieu.

C. q. f. d.

227. **Corollaire II.** — *Quand deux circonférences sont tangentes, le point de contact se trouve sur la ligne des centres.*

En effet, si ce point était en dehors de la ligne des centres OO' (fig. 130), les deux circonférences auraient un second point commun sur la perpendiculaire menée du premier sur la ligne des centres et à égale distance de cette ligne, et, par conséquent, ces deux circonférences seraient sécantes, ce qui serait contraire à l'hypothèse. Le point de contact, ne pouvant être en dehors de la ligne des centres, se trouve donc sur cette ligne.

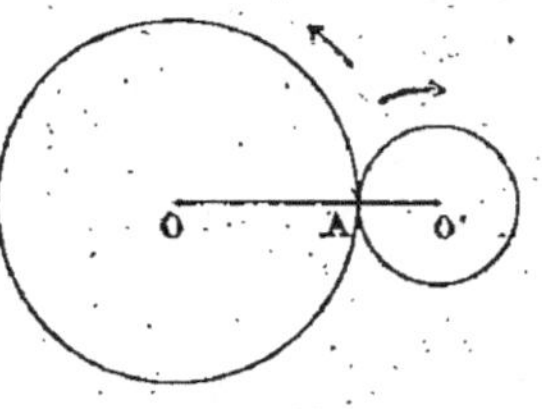

Fig. 130.

C. q. f. d.

228. Les circonférences tangentes sont fréquemment utilisées en mécanique. Si l'on imagine que les deux circonférences O et O' (fig. 130) tournent autour de leurs centres en sens inverse, elles pourront, si le frottement est suffisant, communiquer ce mouvement à des arbres perpendiculaires aux plans de ces cercles et passant par leurs centres. Pratiquement, on remédie au défaut d'adhérence des deux surfaces en contact en munissant ces surfaces d'aspérités régulières ou dents qui transforment les roues unies en roues dentées. On a alors les roues d'engrenage.

229. Il résulte de ce qui précède que deux circonférences tracées dans un même plan peuvent occuper cinq positions l'une par rapport à l'autre.

1° Elles peuvent n'avoir aucun point commun : elles

sont alors *intérieures* ou *extérieures* l'une à l'autre;

2° Elles peuvent avoir un seul point commun : elles sont alors *tangentes intérieures* ou *tangentes extérieures*;

3° Elles peuvent avoir deux points communs : elles sont alors *sécantes*.

Ces positions sont caractérisées par des relations de grandeur entre les rayons et la distance des centres des deux circonférences.

Théorème.

230. *Lorsque deux circonférences sont extérieures, la distance des centres est plus grande que la somme des rayons.*

On doit avoir : $OO' > R + r$ (fig. 131).

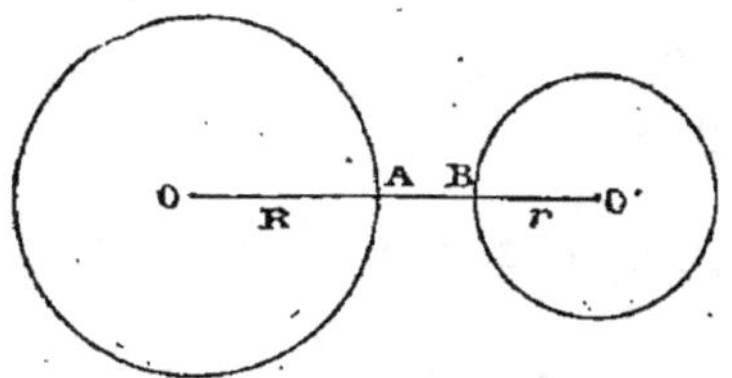
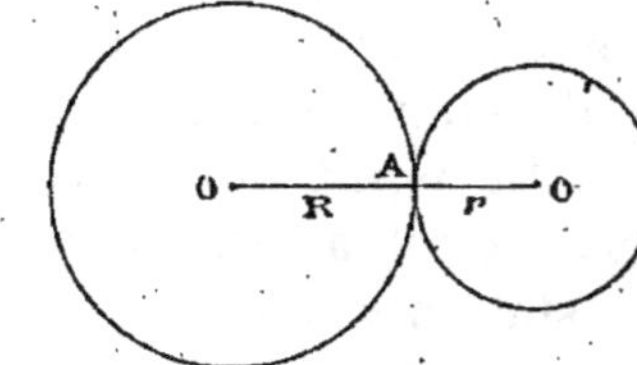

Fig. 131.   Fig. 132.

En effet, $OO' = OA + AB + BO' = R + r + AB$,
d'où $OO' > R + r$.   C. q. f. d.

Théorème.

231. *Lorsque deux circonférences sont tangentes extérieurement, la distance des centres est égale à la somme des rayons.*

On doit avoir : $OO' = R + r$ (fig. 132).

Cela est évident, puisque le point A est sur la ligne des centres, et que :

$$OO' = OA + O'A = R + r. \qquad C.\ q.\ f.\ d.$$

Théorème.

232. *Lorsque deux circonférences se coupent, la distance des centres est plus petite que la somme des rayons et plus grande que leur différence.*

On doit avoir :

$$OO' < R + r \text{ (fig. 133)}$$

et

$$OO' > R - r.$$

En effet, menons les rayons OA, O'A; le triangle OAO' donne :

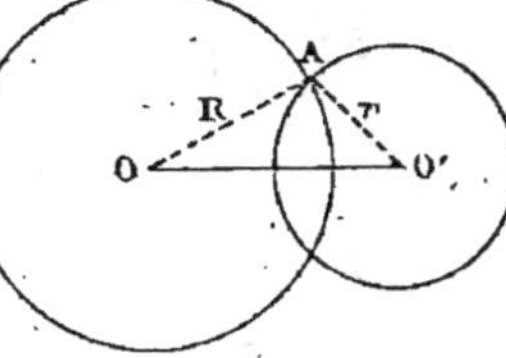

Fig. 133.

$$OO' < OA + O'A \text{ ou } OO' < R + r,$$

et

$$OO' > OA - O'A \text{ ou } OO' > R - r \text{ (86)}.$$

$$C.\ q.\ f.\ d.$$

Théorème.

233. *Quand deux circonférences sont tangentes intérieurement, la distance des centres est égale à la différence des rayons.*

On doit avoir

$$OO' = R - r \quad \text{(fig. 134)}.$$

En effet, le point A étant sur la ligne des centres, le centre O' est situé entre O et A, et l'on a :

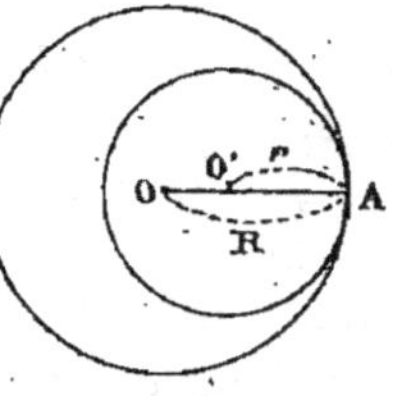

Fig. 134.

$$OO' = OA - O'A = R - r. \qquad C.\ q.\ f.\ d.$$

Théorème.

234. *Lorsque deux circonférences sont intérieures, la distance des centres est plus petite que la différence des rayons.*

On doit avoir : $OO' < R - r$ (fig. 135).

En effet, $OO' = OB - O'B = R - O'B.$

Au lieu de retrancher O'B, retranchons O'A $= r$, le second reste, $R - r$, deviendra plus grand que le premier, $R - O'B$ ou OO'.

$$\text{Donc}: \quad OO' < R - r.$$

C. q. f. d.

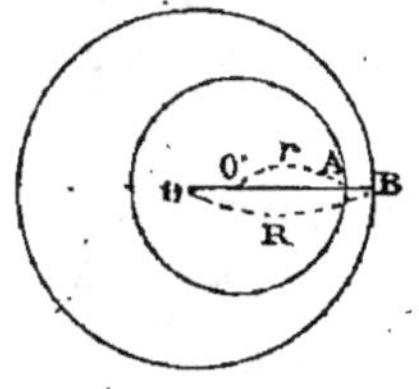

Fig. 135.

235. **REMARQUE I.** — Les réciproques des cinq propositions précédentes sont vraies et se démontrent aisément.

EXEMPLE. Si la distance des centres de deux circonférences est plus grande que la somme des rayons, les deux circonférences sont extérieures.

En effet, si les deux circonférences étaient tangentes extérieurement, la distance des centres serait égale à la somme des rayons, ce qui est contraire à l'hypothèse. Si elles étaient sécantes, la distance des centres serait plus petite que la somme des rayons, ce qui est encore contraire à l'hypothèse. Si elles étaient tangentes intérieurement, la distance des centres serait égale à la différence des rayons, ce qui est toujours contraire à l'hypothèse. Enfin, si elles étaient intérieures l'une à l'autre, la distance des centres serait plus petite que la différence des rayons, ce qui est toujours contraire à l'hypothèse.

Les deux circonférences ne pouvant être ni tangentes extérieurement, ni sécantes, ni tangentes intérieurement, ni intérieures l'une à l'autre, devront occuper la cinquième position, c'est-à-dire être extérieures l'une à l'autre.

236. **REMARQUE II.** — Deux circonférences qui ont le même centre sont dites *concentriques* (fig. 136).

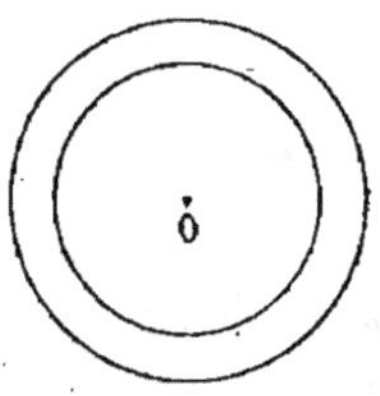

Fig. 136.

L'espace compris entre les deux circonférences est une *couronne*. On en trouve un exemple dans un anneau plat, dans les rondelles qu'on place avant l'écrou dans les boulons à bois.

237. Remarque III. — Deux circonférences intérieures, de centre différent, sont *excentriques* (fig. 135). On remarque l'excentrique dans les pistons des machines à vapeur pour régler la marche du tiroir.

EXERCICES

115. Décrire, avec un rayon donné, une circonférence qui en coupe une autre en deux points donnés.

116. Étant donnés deux points, en trouver un troisième qui soit à une distance donnée du premier et à une autre distance donnée du deuxième.

117. Quel est le lieu géométrique des centres de toutes les circonférences tangentes à une circonférence donnée, en un point donné?

118. Décrire une circonférence d'un rayon donné et tangente à une droite donnée et à une circonférence donnée.

119. Décrire, des sommets d'un triangle comme centres, trois circonférences tangentes entre elles.

120. Inscrire entre deux circonférences données une droite de longueur donnée et parallèle à une droite donnée.

121. Par l'un des points d'intersection de deux circonférences qui se coupent, mener une sécante commune, telle que les deux cordes déterminées soient égales entre elles.

122. Décrire, avec un rayon donné, une circonférence qui passe par un point donné et dont la plus courte distance à une circonférence donnée soit d'une longueur donnée.

Conseils : 1° *Les élèves devront s'habituer, par de nombreux essais, à tracer convenablement une circonférence sur le tableau noir.*

2° *Remarquer que, dans presque toutes les démonstrations des théorèmes relatifs à la circonférence, il faut mener les rayons des circonférences aboutissant aux points considérés.*

3°. *Les théorèmes relatifs à un même cercle ou à deux cercles égaux sont généralement démontrés avec deux cercles; il sera bon de refaire ces démonstrations en n'employant qu'un cercle.*

CHAPITRE XII

Mesures des angles.

238. Lorsque deux grandeurs A et B de même espèce sont telles que la grandeur A est la somme de 3 grandeurs égales à B, on dit que le nombre 3, par lequel il faut multiplier la seconde grandeur pour obtenir la première, est le *rapport* des deux grandeurs A et B.

Lorsque deux grandeurs C et D de même espèce sont telles que la grandeur C égale la somme de 3 grandeurs égales au quart de D, on dit que le nombre $\frac{3}{4}$, par lequel il faut multiplier D pour obtenir C, est le *rapport* des deux grandeurs C et D.

On appelle donc rapport de deux grandeurs de même espèce le nombre entier ou fractionnaire par lequel il faut multiplier la seconde grandeur pour obtenir la première.

239. On appelle *mesure* d'une grandeur le rapport de cette grandeur à une autre grandeur type de même espèce choisie une fois pour toutes et qu'on appelle l'*unité de mesure* des grandeurs de cette espèce.

Ainsi, le segment de droite AB étant égal à la somme de 3 longueurs égales au centimètre CD, si l'on prend le centimètre pour unité de mesure de longueur, la mesure de AB sera exprimée par le nombre 3 (fig. 137).

Un centimètre valant 10 millimètres, il est manifeste que le même segment de droite AB égale la somme de

30 longueurs égales à 1 millimètre ; si donc on prend le millimètre pour unité de mesure de longueur, la mesure de AB sera exprimée par le nombre 30.

Dans la pratique, au lieu de dire : la mesure de AB est 3, lorsqu'on prend le centimètre pour unité, ou :

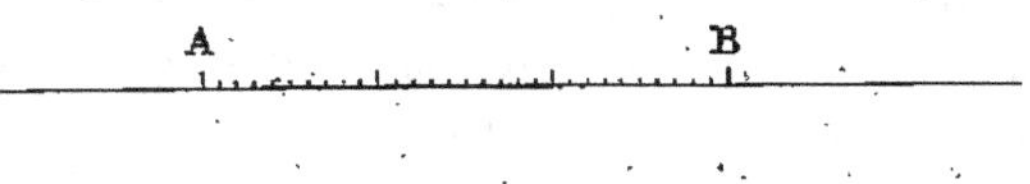

Fig. 137.

la mesure de AB est 30, lorsqu'on prend le millimètre pour unité, il est d'usage de dire : la mesure de AB est 3 centimètres, ou : la mesure de AB est 30 millimètres ; c'est-à-dire qu'on fait suivre du nom de l'unité choisie le nombre qui exprime le rapport de la grandeur à l'unité de grandeur.

240. Considérons les deux longueurs AB et CD (fig. 138), telles que AB soit égale à la somme de 5 lon-

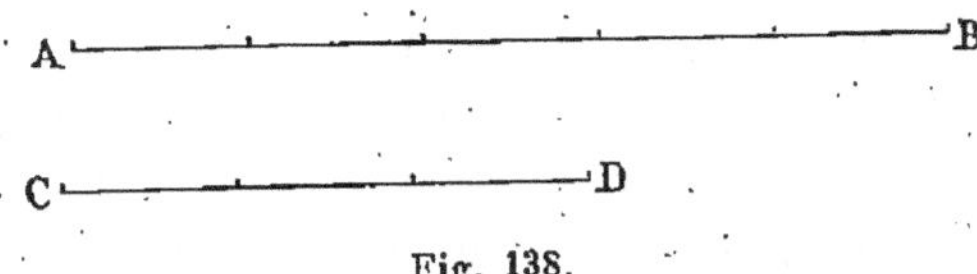

Fig. 138.

gueurs égales à 1 centimètre, et CD, à la somme de 3 de ces mêmes longueurs : les mesures de AB et CD sont, d'après ce qui précède, respectivement exprimées par les nombres 5 et 3, lorsqu'on prend le centimètre pour unité. Le centimètre représentant le tiers de la longueur CD, et la longueur AB étant égale à la somme de 5 longueurs égales à 1 centimètre, on peut dire que la longueur AB est égale à la somme de 5 longueurs égales au tiers de CD ; le nombre $\frac{5}{3}$, par lequel il faut multiplier CD pour obtenir AB, est, par définition, le rapport de AB à CD. Mais ce rapport $\frac{5}{3}$ exprime le quotient de la division de la mesure de AB par la mesure de CD. On peut donc dire :

Le rapport de deux grandeurs de même espèce est égal au quotient des nombres qui expriment la mesure de ces grandeurs (les deux grandeurs étant mesurées avec la même unité).

241. Il résulte de là qu'au rapport de deux grandeurs A et B, on peut substituer le rapport des nombres exprimant la mesure de ces grandeurs. Dans ce qui va suivre, on supposera toujours que cette substitution a été faite, c'est-à-dire que, lorsqu'on parlera du rapport de deux grandeurs, il faudra entendre qu'il s'agit du rapport des nombres exprimant la mesure de ces grandeurs. Au moyen de cette convention, il sera possible d'indiquer le rapport de deux grandeurs A et B sous la forme du quotient de la première par la seconde, c'est-à-dire sous la forme $\frac{A}{B}$.

242. D'après la définition, donnée plus haut, de la mesure d'une grandeur en général, on voit que mesurer un angle, c'est chercher le rapport de cet angle à un autre angle pris pour unité. Dans la pratique, on ramène la mesure d'un angle à la mesure d'un arc. On simplifie ainsi les opérations géométriques à effectuer sur les angles, en même temps que les moyens employés pour évaluer ces grandeurs.

La substitution de la mesure des arcs à celle des angles se justifie par les deux théorèmes suivants :

Théorème.

243. *Dans un même cercle ou dans des cercles égaux :*
1° Deux angles au centre égaux interceptent sur la circonférence des arcs égaux ;

2° *Des arcs égaux sont interceptés par des angles au centre égaux.*

1° *Hypothèse* : Soient les cercles égaux O et O' et les angles au centre égaux AOB, A'O'B' (fig. 139).

Conclusion : arc AB = arc A'B'.

En effet, menons les cordes AB et A'B'. Les deux triangles AOB, A'O'B' sont égaux comme ayant un angle égal compris entre deux côtés égaux chacun à chacun ; les troisièmes côtés sont donc égaux, et AB

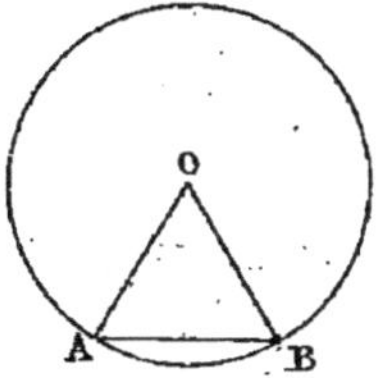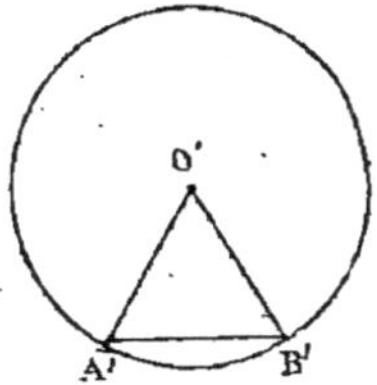

Fig. 139.

= A'B'. Or ces droites sont les cordes des arcs AB et A'B' ; donc les arcs qu'elles sous-tendent sont aussi égaux (206) ; donc : arc AB = arc A'B'.

2° *Hypothèse* : Soient les arcs égaux AB, A'B'.

Conclusion : AOB = A'O'B'.

En effet, menons les cordes AB, A'B' ; elles sont égales (205) et les triangles AOB, A'O'B' sont égaux comme ayant les trois côtés égaux chacun à chacun. Donc, aux côtés égaux AB, A'B' sont opposés des angles égaux AOB, A'O'B'.   *C. q. f. d.*

Théorème.

244. *Dans un même cercle ou dans des cercles égaux, le rapport de deux angles au centre est le même que le rapport des arcs qu'ils interceptent sur la circonférence.*

Hypothèse : Soient les deux angles au centre inégaux

AOB, DCE dans lès cercles égaux O et C (fig. 140).

Conclusion : $\dfrac{AOB}{DCE} = \dfrac{\text{arc AB}}{\text{arc DE}}$.

En effet, supposons qu'un arc AF soit exactement contenu un certain nombre de fois dans chacun des arcs AB et DE, 3 fois dans AB et 4 fois dans DE. Si l'on

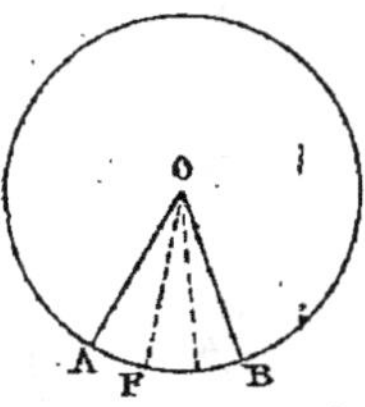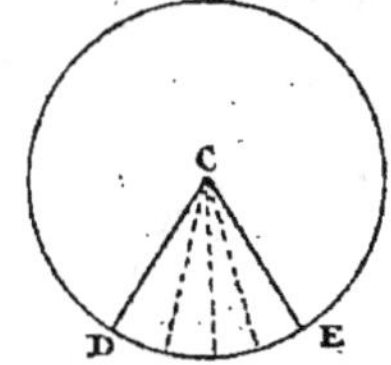

Fig. 140.

prend l'arc AF pour unité d'arc, les mesures des arcs AB et DE sont exprimées par les nombre 3 et 4, et l'on a :

$$\frac{\text{arc AB}}{\text{arc DE}} = \frac{3}{4}. \quad (240)$$

Joignons les centres O et C à tous les points de division des arcs ; nous formons des angles au centre, qui sont tous égaux entre eux comme interceptant des arcs égaux dans des cercles égaux (243).

Si l'on prend l'angle AOF comme unité d'angle, et qu'avec cette unité on mesure les angles AOB, DCE, on trouve les nombres 3 et 4 ; le rapport des angles est donc aussi $\dfrac{3}{4}$ et $\dfrac{AOB}{DCE} = \dfrac{3}{4}$.

On a alors deux quantités $\dfrac{AOB}{DCE}$ et $\dfrac{\text{arc AB}}{\text{arc DE}}$, qui sont égales à une troisième, $\dfrac{3}{4}$, donc :

$$\frac{AOB}{DCE} = \frac{\text{arc AB}}{\text{arc DE}}. \qquad C. q. f. d.$$

L'arc AF est la *commune mesure* des deux arcs AB et DE.

Théorème.

245. *Un angle au centre a la même mesure que l'arc compris entre ses côtés, pourvu qu'on prenne pour unité d'arc l'arc intercepté par l'unité d'angle.*

Hypothèse : Soit AOB (fig. 141), l'angle au centre à mesurer.

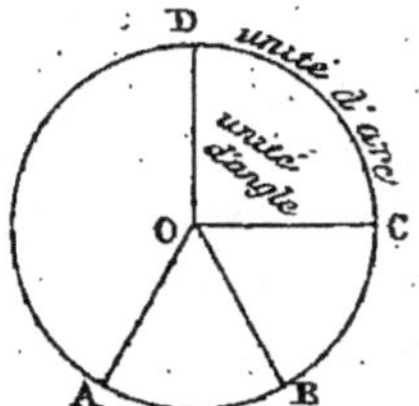

Fig. 141.

Conclusion : Cette mesure est la même que celle de l'arc AB, intercepté par les côtés de l'angle.

En effet, construisons un angle COD, unité d'angle, qui intercepte l'arc CD, unité d'arc. On a (244) :

$$\frac{AOB}{COD} = \frac{\text{arc } AB}{\text{arc } CD} \quad \text{ou} \quad \frac{AOB}{\text{unité d'angle}} = \frac{\text{arc } AB}{\text{unité d'arc}} \cdot$$

Mais $\dfrac{AOB}{\text{unité d'angle}}$ exprime la mesure de l'angle AOB,

et $\dfrac{\text{arc } AB}{\text{unité d'arc}}$ exprime la mesure de l'arc AB.

Donc le nombre qui exprime la valeur de l'angle AOB est égal au nombre exprimant la valeur de l'arc AB.

La mesure de l'angle sera donc la même que celle de l'arc, *à condition qu'on prenne pour unité d'angle l'angle qui intercepte l'unité d'arc.*

Donc, pour mesurer un angle, il suffit de mesurer l'arc compris entre ses côtés et décrit de son sommet comme centre, avec un rayon quelconque.

246. Pour mesurer plus facilement les arcs d'une circonférence, on a divisé cette circonférence en 360 parties égales appelées degrés (°), chaque degré, en 60 parties égales appelées minutes ('), chaque minute en 60 parties égales appelées secondes ("). On adopte, en général, le degré pour unité d'arc. Il en résulte qu'un arc d'un nombre déterminé de degrés, de minutes et de secondes est intercepté par un angle au centre du même nombre de degrés, de minutes, de secondes. Par exemple, un angle au centre, qui intercepte un arc de 1°, est un angle de 1°; un angle au centre, qui intercepte un arc de 15° 20′ 30″, est un angle de 15° 20′ 30″; un angle au centre est de 40° 25′ 3″, s'il intercepte un arc de 40° 25′ 3″.

247. Remarque I. — Si l'on prend l'angle droit pour unité d'angle, l'unité d'arc est le quart de la circonférence, qu'on nomme *quadrant*. Le quart de la circonférence valant 90°, on peut dire qu'un angle droit vaut 90°. Par suite, la somme des angles d'un triangle vaut 180°; la somme des deux angles aigus d'un triangle rectangle vaut 90°; l'un des angles aigus d'un triangle équilatéral vaut 60°.

248. Remarque II. — Deux arcs ayant même mesure en degrés, minutes et secondes ne sont pas généralement égaux; pour qu'il y ait égalité, il faut que ces arcs appartiennent à une même circonférence ou à des circonférences égales; mais les angles au centre qui interceptent ces arcs sont toujours égaux.

Dans la pratique, on mesure les arcs et, par suite, les angles au moyen du *rapporteur*. Nous en parlerons plus loin.

DÉMONSTRATION PRATIQUE DE LA MESURE D'UN ANGLE AU CENTRE PAR LA MESURE D'UN ARC

249. Considérons, sur une horloge, la petite aiguille et supposons-la placée sur midi (XII). Au bout d'une heure, elle sera sur la division marquée I. Elle s'est déplacée d'un angle qui est le 12ᵉ de quatre droits, et la pointe a parcouru un arc égal au 12ᵉ de la circonférence.

Deux heures plus tard, l'aiguille est sur la division III. Elle s'est déplacée d'un angle total qui est le quart de quatre droits, et la pointe a parcouru un arc égal au quart de la circonférence. Le second angle et le second arc sont donc triples du premier angle et du premier arc.

Si donc le premier angle et l'arc correspondant sont pris respectivement pour unités d'angle et d'arc, les valeurs du second angle et du second arc seront toutes les deux exprimées par le même nombre 3; ce qui prouve que, pour mesurer des angles au centre, on peut mesurer les arcs qu'ils interceptent.

Comme d'ailleurs on aurait remarqué la même chose sur le cadran d'une montre marchant en même temps que l'horloge, on voit qu'il est indifférent que l'arc soit décrit avec une ouverture de compas plus ou moins grande.

C'est ce qui fait que des rapporteurs de tailles différentes donnent le même nombre pour la valeur d'un même angle.

250. Les géographes, les marins, font une application constante de la division de la circonférence pour indiquer la position d'un point sur le globe terrestre au moyen de la *longitude* et de la *latitude* de ce point.

1° On détermine la distance en degrés, minutes et secondes qui sépare ce point d'un méridien déterminé (en France, celui de Paris), cette distance étant comptée sur la circonférence du cercle parallèle au plan de l'équateur passant par le point considéré. C'est la *longitude*; elle est *orientale* ou *occidentale*, suivant qu'elle est comptée à l'*est* ou à l'*ouest* du méridien initial.

2° La *latitude* est la distance qui sépare le point considéré de l'équateur, cette distance étant comptée sur le méridien qui passe par le point. La latitude est *boréale* ou *australe*, suivant que le point est dans l'*hémisphère boréal* ou dans l'*hémisphère austral*.

On trouve encore l'application de la division de la circonférence dans les *limbes* gradués sur un certain nombre d'instruments. Nous avons cité le rapporteur; mentionnons encore la boussole, le graphomètre, le pantomètre.

251. Remarque. — Il ne faut pas confondre les minutes géométriques avec les minutes horaires tracées sur un cadran. Les premières sont au nombre de $60 \times 360 = 21600$, tandis qu'il n'y a que 60 minutes horaires sur le cadran. Ces dernières divisions sont donc, sur une même circonférence, 360 fois plus grandes que les autres.

Théorème.

252. *Un angle inscrit a même mesure que la moitié de l'arc compris entre ses côtés.*

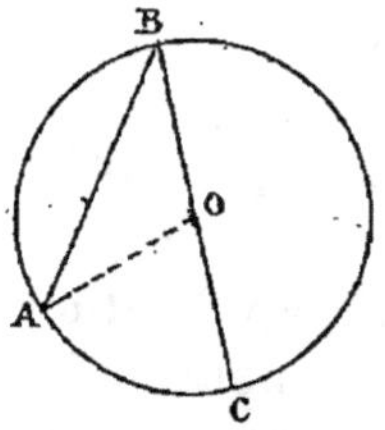

On peut distinguer 4 cas :

1° *L'un des côtés de l'angle passe par le centre.*

Hypothèse : Soit l'angle inscrit ABC (fig. 142).

Conclusion : On aura :

$$\text{mesure } \hat{B} = \text{mesure } \frac{\text{arc AC}}{2}.$$

Fig. 142.

En effet, menons le rayon AO; l'angle AOC, extérieur au triangle ABO, est égal à $\hat{B} + \hat{A}$ (142).

Or le triangle ABO étant isocèle, on a :

$$\hat{A} = \hat{B}; \quad \text{d'où} \quad AOC = \hat{B} + \hat{B} = 2\hat{B},$$

et $\quad \hat{B} = \dfrac{AOC}{2};$ d'où : mes. $\hat{B} = $ mes. $\dfrac{AOC}{2}.$

Mais AOC est un angle au centre, qui a même mesure que l'arc AC (245); donc :

$$\text{mes. } \hat{B} = \text{mes. } \frac{\text{arc AC}}{2}.$$

2° *Le centre de la circonférence est à l'intérieur de l'angle.*

Hypothèse : Soit l'angle inscrit ABC (fig. 143).

Conclusion : mes. $\hat{B} = $ mes. $\dfrac{\text{arc AC}}{2}.$

En effet, menons le diamètre BD.

On a : $ABC = ABD + DBC$,

d'où

$$\text{mes. } ABC = \text{mes. } ABD + \text{mes. } DBC.$$

Or (1°) $\text{mes. } ABD = \text{mes. } \dfrac{\text{arc } AD}{2}$,

$\text{mes. } DBC = \text{mes. } \dfrac{\text{arc } DC}{2}$,

d'où $\text{mes. } ABC = \text{mes. } \dfrac{\text{arc } AD}{2} + \text{mes. } \dfrac{\text{arc } DC}{2}$

$$= \text{mes. } \frac{\text{arc } AD + \text{arc } DC}{2} = \text{mes. } \frac{\text{arc } AC}{2},$$

car la somme des mesures de deux grandeurs de même

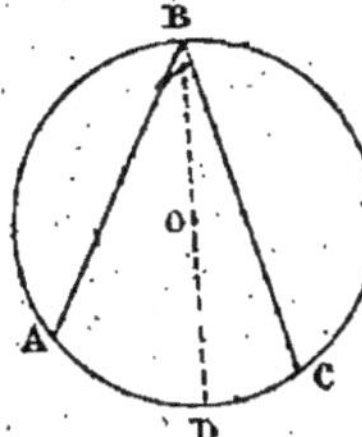

Fig. 143.

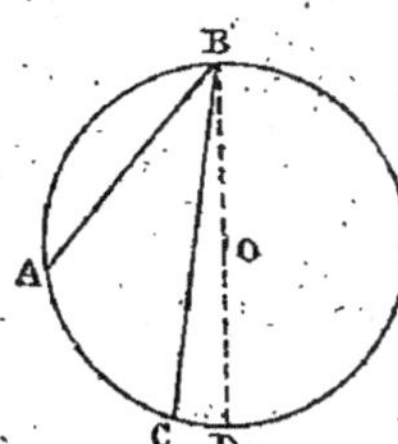

Fig. 144.

espèce est évidemment égale à la mesure de la somme de ces grandeurs.

3° *Le centre de la circonférence est en dehors de l'angle.*

Hypothèse : Soit l'angle inscrit ABC (fig. 144).

Conclusion : $\text{mes. } \hat{B} = \text{mes. } \dfrac{\text{arc } AC}{2}$.

En effet, menons le diamètre BD; nous aurons :

$$ABC = ABD - CBD,$$

d'où $\text{mes. } ABC = \text{mes. } ABD - \text{mes. } CBD.$

Or (1°) $\text{mes. } ABD = \text{mes. } \dfrac{\text{arc } AD}{2}$,

$\text{mes. } CBD = \text{mes. } \dfrac{\text{arc } CD}{2}$, d'où   mes. $ABC = $ mes. $\dfrac{\text{arc } AD}{2} - $ mes. $\dfrac{\text{arc } CD}{2}$

$$= \text{mes. } \frac{\text{arc } AD - \text{arc } CD}{2} = \text{mes. } \frac{\text{arc } AC}{2},$$

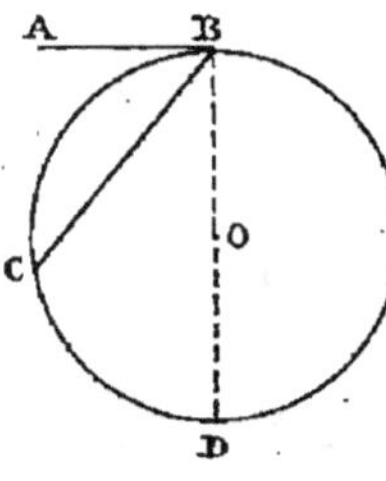

Fig. 145.

car la différence des mesures de deux grandeurs de même espèce est évidemment égale à la mesure de la différence de ces grandeurs.

4° *L'angle est formé par une tangente et une corde.*

Hypothèse : Soit l'angle inscrit ABC (fig. 145).

Conclusion : mes. $\hat{B} = $ mes. $\dfrac{\text{arc } CB}{2}$.

En effet, menons le diamètre BD ; nous aurons :

$$ABC = ABD - CBD ;$$

d'où

$$\text{mes. } ABC = \text{mes. } ABD - \text{mes. } CBD.$$

Or   mes. $ABD = $ mes. $\dfrac{\text{arc } BCD}{2}$,

mes. $CBD = $ mes. $\dfrac{\text{arc } CD}{2}$,

d'où :   mes. $ABC = $ mes. $\dfrac{\text{arc } BCD}{2} - $ mes. $\dfrac{\text{arc } CD}{2}$

$$= \text{mes. } \frac{\text{arc } BCD - \text{arc } CD}{2} = \text{mes. } \frac{\text{arc } BC}{2}.$$

C. q. f. d.

253. **Corollaire I.** — *Tous les angles inscrits dans le même segment sont égaux.*

En effet, ils ont tous même mesure que la moitié du même arc.

254. **Corollaire II.** — *Tout angle inscrit dans un demi-cercle est droit.*

L'angle ABC (fig. 146), est droit, puisqu'il a même mesure que la moitié d'une demi-circonférence.

255. **Corollaire III.** — *Tout angle inscrit dans un*

segment plus grand qu'un demi-cercle est aigu; tout angle inscrit dans un segment plus petit qu'un demi-cercle est obtus.

En effet, 1° l'angle ABC (fig. 147) a même mesure que la moitié de l'arc ADC, plus petit qu'une demi-circonférence; il est donc plus petit qu'un angle droit; il est aigu.

2° L'angle ADC (fig. 147) a même mesure que la

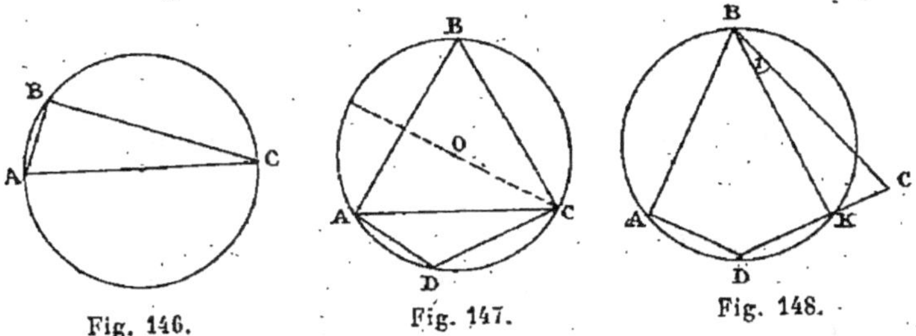

Fig. 146. Fig. 147. Fig. 148.

moitié de l'arc ABC, plus grand qu'une demi-circonférence; il est donc plus grand qu'un angle droit; il est obtus.

256. **Corollaire IV.** — *Les angles opposés d'un quadrilatère inscrit sont supplémentaires.*

Hypothèse: Soit le quadrilatère inscrit ABCD (fig. 147).

Conclusion : $\hat{B} + \hat{D} = 2$ droits.

En effet,

$$\text{mes. } \hat{B} = \text{mes. } \frac{\text{arc ADC}}{2} \quad \text{et mes. } \hat{D} = \text{mes. } \frac{\text{arc ABC}}{2};$$

donc

$$\text{mes. } \hat{B} + \text{mes. } \hat{D} = \text{mes. } \frac{\text{arc ADC} + \text{arc ABC}}{2}$$

$$= \text{mes. } \frac{\text{circonférence}}{2}.$$

Les deux angles $\hat{B}$ et $\hat{D}$, ayant ensemble une mesure égale à 180°, sont supplémentaires.

Il en est de même des angles BAD et BCD.

257. La réciproque de ce corollaire est vraie.

Hypothèse : Soit le quadrilatère ABCD (fig. 148), dans lequel on donne $\hat{A} + \hat{C} = 2$ dr.

Conclusion : Ce quadrilatère est inscriptible.

En effet, faisons passer une circonférence par les trois points B, A, et D. Si cette circonférence ne passait pas par le point C, elle couperait le côté DC, en K par exemple.

On aurait (256) $\hat{A} + BKD = 2$ dr. Mais déjà on a par hypothèse $\hat{A} + \hat{C} = 2$ dr.,

d'où $\hat{A} + BKD = \hat{A} + \hat{C}$ ou $BKD = \hat{C}$,

ce qui est impossible, puisque BKD, extérieur au triangle BKC, est égal à $\hat{C} + \hat{B}_1$. Donc la circonférence doit passer par le point C et le quadrilatère est inscriptible. D'où, *la condition nécessaire et suffisante pour qu'un quadrilatère soit inscriptible est qu'il ait deux angles opposés supplémentaires.*

Théorème.

258. *L'angle formé par deux cordes qui se coupent dans un cercle a même mesure que la demi-somme des arcs compris entre ses côtés et leurs prolongements.*

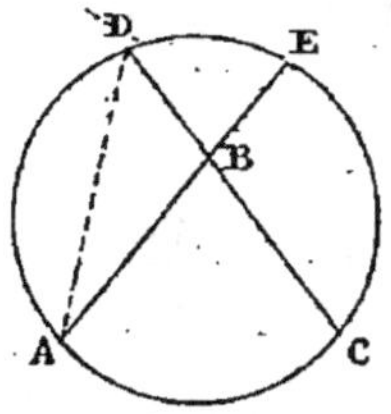

Hypothèse : Soit l'angle ABC (fig. 149).

Conclusion :

Fig. 149.

$$\text{mes. } ABC = \text{mes. } \frac{\text{arc } AC + \text{arc } DE}{2}.$$

En effet, menons AD; l'angle ABC est extérieur au triangle ABD; donc (142) :

$$ABC = \hat{D} + \hat{A} \text{ et mes. } ABC = \text{mes. } \hat{D} + \text{mes. } \hat{A}.$$

Or

$$\text{mes. } \hat{D} = \text{mes. } \frac{\text{arc } AC}{2}, \quad \text{mes. } \hat{A} = \text{mes. } \frac{\text{arc } DE}{2},$$

d'où :

$$\text{mes. } ABC = \text{mes. } \frac{\text{arc } AC}{2} + \text{mes. } \frac{\text{arc } DE}{2} = \text{mes. } \frac{\text{arc } AC + \text{arc } DE}{2}.$$

$$C. q. f. d.$$

Théorème.

259. *L'angle formé par deux sécantes qui se coupent en dehors d'un cercle a même mesure que la demi-différence des arcs compris entre ses côtés.*

Hypothèse : Soit l'angle ABC (fig. 150).

Conclusion : mes. ABC $=$ mes. $\dfrac{\text{arc AC} - \text{arc DE}}{2}$.

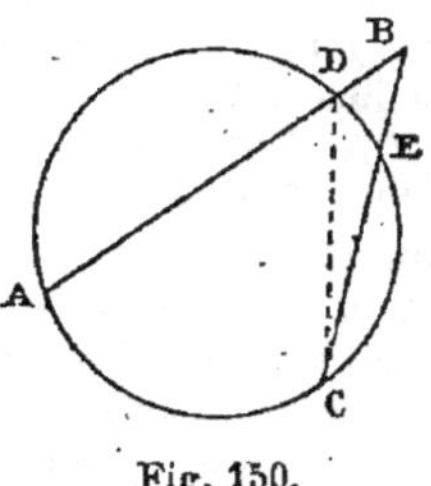

Fig. 150.

En effet, menons CD; l'angle ADC est extérieur au triangle BCD; donc (142) :

$$ADC = \hat{B} + \hat{C},$$

d'où

$$\hat{B} = ADC - \hat{C}$$

et

$$\text{mes. } \hat{B} = \text{mes. } ADC - \text{mes. } \hat{C}.$$

Or (252)

$$\text{mes. } ADC = \text{mes. } \frac{\text{arc AC}}{2} \text{ et mes. } \hat{C} = \text{mes. } \frac{\text{arc DE}}{2},$$

d'où

$$\text{mes. } \hat{B} = \text{mes. } \frac{\text{arc AC}}{2} - \text{mes. } \frac{\text{arc DE}}{2} = \text{mes. } \frac{\text{arc AC} - \text{arc DE}}{2}.$$

$$C. q. f. d.$$

EXERCICES

123. Toute sécante menée par le point de contact de deux circonférences tangentes détermine des arcs opposés d'un même nombre de degrés.

124. Si deux sécantes se croisent au point de contact de deux circonférences tangentes, les cordes qui joignent leurs extrémités sont parallèles.

125. Si deux circonférences se coupent, et si, par l'un des points d'intersection, on mène une sécante mobile autour de ce point, la

somme des arcs situés d'un même côté de cette sécante est constante quant au nombre des degrés. Discussion.

126. Si, du milieu de l'arc sous-tendu par une corde AB, on mène deux autres cordes CD et CE coupant la première et si l'on joint leurs extrémités, on forme un quadrilatère DEGF qui est inscriptible.

127. Un trapèze isocèle est inscriptible.

128. Tout parallélogramme inscrit dans un cercle est rectangle.

129. Si un polygone convexe inscrit dans un cercle a un nombre pair de côtés, la somme de ses angles de rang pair égale la somme des angles de rang impair.

130. Si d'un point de la circonférence circonscrite à un triangle on abaisse des perpendiculaires sur ses côtés, les pieds de ces perpendiculaires sont en ligne droite.

131. Si trois points A, B et C divisent une circonférence en trois parties égales, la distance d'un point quelconque M de l'arc AB au point C est égale à la somme des distances du même point M aux deux points A et B.

132. Quelle heure est-il, lorsque la petite aiguille d'une pendule se trouve entre 2 heures et 3 heures et que l'angle des deux aiguilles est de 60 degrés ?

133. Les pieds des perpendiculaires menées des sommets d'un triangle sur les côtés opposés sont les sommets d'un second triangle, dont les angles ont pour bissectrices les hauteurs du premier.

134. Lorsque les côtés d'un angle coupent deux circonférences, les cordes des arcs qu'ils interceptent sur l'une des courbes, étant indéfiniment prolongées, font un quadrilatère inscriptible avec les cordes des arcs interceptés sur l'autre.

***

CONSEILS : *Bien remarquer qu'un angle n'est pas égal à un arc; c'est seulement la mesure de l'angle qui est égale à celle de l'arc.*

Il faudra donc soigneusement éviter de dire qu'un angle a *pour* mesure un arc, expression vicieuse par laquelle les élèves remplacent souvent l'expression correcte : un angle a *même mesure* qu'un arc.

CHAPITRE XIII

Problèmes et constructions graphiques.

260. Instruments. — Les principaux instruments nécessaires pour les constructions graphiques sont : la *règle*, le *compas*, l'*équerre*, le *rapporteur*.

261. Règle. — La règle est une pièce allongée en bois ou en fer, présentant des arêtes vives et en ligne droite. Elle est à section rectangulaire (règle plate du dessinateur, règle de l'ajusteur) ou à section carrée

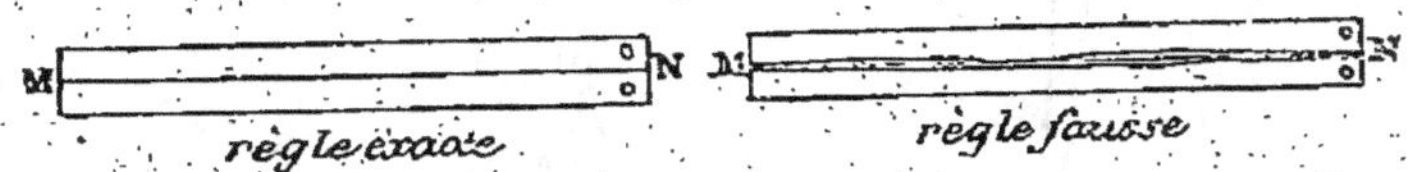

Fig. 151.

(règle de l'écolier). Elle sert à mener des lignes droites.

Avant de se servir d'une règle, il faut la vérifier, c'est-à-dire s'assurer que ses arêtes sont des lignes droites. Pour cela, on marque deux points M et N sur le papier et l'on trace la ligne MN (fig. 151) en suivant l'un des bords de la règle avec un crayon finement taillé ; puis, laissant la même face appuyée contre le papier, on retourne la règle, bout à bout de manière que l'extrémité qui était en N vienne en M et que le même bord de la règle passe par les deux points marqués ; on trace une nouvelle ligne le long de ce même bord. Si la règle est bonne, les deux traits coïncident exactement ; autrement, la règle est fausse. A l'atelier, on vérifie une règle en s'assurant que le rayon visuel qui passe par les deux extrémités A et B passe aussi par tous les points de la règle (fig. 152).

Fig. 152.

A défaut de règle droite, une bande de papier bien pliée peut servir à tracer une ligne droite.

262. Compas. — Le *compas* est formé de deux branches en métal, articulées entre elles à une extrémité et terminées chacune, à l'autre extrémité, par une pointe.

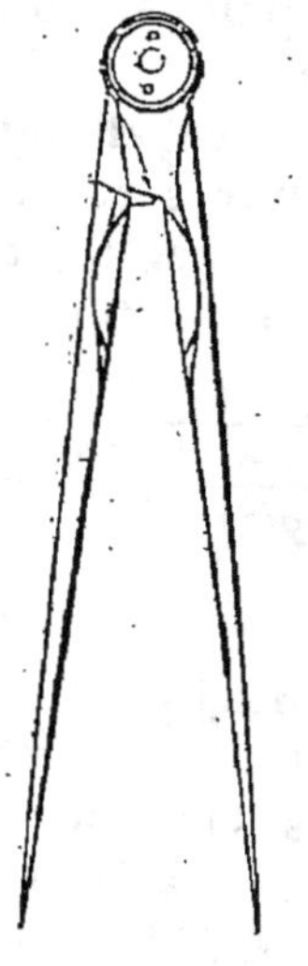

Fig. 153.

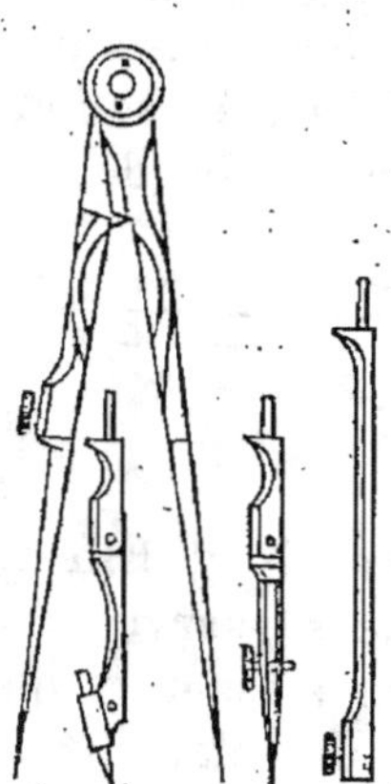

Fig. 154.

Le compas à pointes fixes ou à pointes sèches (fig. 153) sert à prendre et à porter une longueur égale à une longueur donnée.

On peut d'ailleurs, pour le même usage, employer une simple bande de papier sur laquelle on indique, par deux points ou par deux échancrures, la longueur de la ligne à transporter.

Un autre compas (fig. 154), qui sert à tracer des circonférences ou des arcs de cercle, a plusieurs pièces de rechange : une pointe sèche, un porte-crayon, un tire-ligne, une rallonge.

263. Pour les grandes circonférences, on emploie le compas à verge. C'est une règle en bois (fig. 155), portant à l'une des extrémités

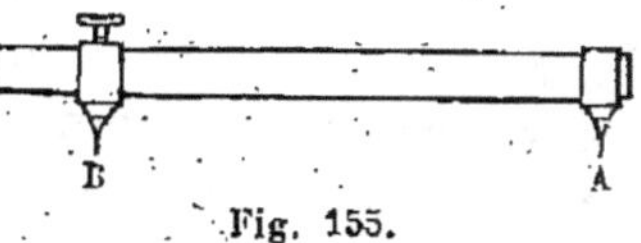

Fig. 155.

une pointe fixe et, à l'autre, une pointe mobile qu'on fixe avec une vis de pression.

Dans les classes, pour le tableau noir, on fait usage d'un grand compas en bois, dont une branche porte une pointe en fer et l'autre un gros porte-crayon, dans lequel on fixe un morceau de craie. On peut d'ailleurs remplacer ces instruments par une corde, soit pour prendre des longueurs, soit pour tracer des circonférences. Dans ce cas, on peut fixer une des extrémités au moyen d'un clou et l'on munit l'autre extrémité d'un morceau de craie.

C'est à peu près cette disposition qui est adoptée par

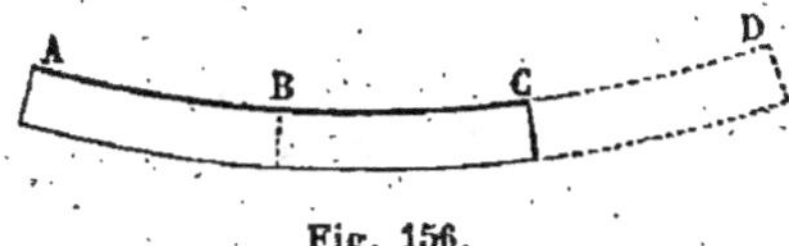

Fig. 156.

les jardiniers, avec cette différence que les deux extrémités portent de petits piquets dont l'un est fixé au centre de la circonférence à mener et l'autre est destiné à tracer la circonférence sur le sol.

Quand on emploie une corde, il faut avoir soin de la tendre suffisamment et uniformément.

Les potiers, les tourneurs tracent des circonférences sur les objets qu'ils fabriquent, en appliquant une pointe sur l'objet pendant qu'il tourne autour de son centre ou de son axe.

Pour tracer un arc, sur le bord d'une pièce, bois, fer

ou pierre, on se sert d'une planche ABC (fig. 156) sciée suivant un arc de cercle. On pose la planche sur la pièce et l'on trace une courbe le long du bord ABC. Pour prolonger cet arc sur l'objet, on applique le bord ABC de la planche sur une partie de la courbe tracée, de telle sorte que le point A vienne en B; on trace alors le prolongement de l'arc ABC, en menant la pointe traçante suivant l'excès CD de la planche, et ainsi de suite.

264. **Équerre.** — L'*équerre* est un instrument qui sert à mener des perpendiculaires ou des parallèles à des droites données.

Elle est employée suivant différentes formes. Ainsi,

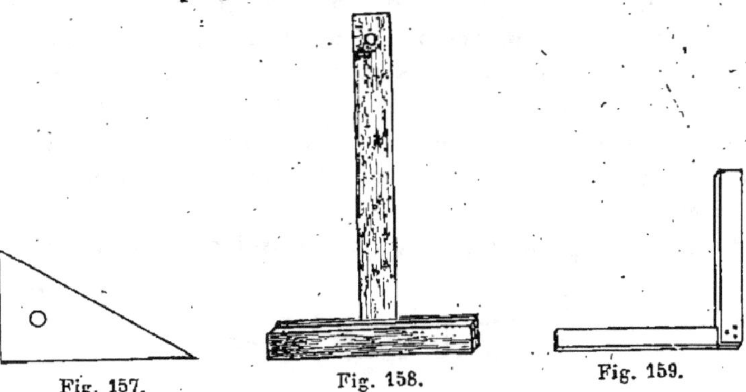

Fig. 157. Fig. 158. Fig. 159.

l'*équerre du dessinateur* est une petite planchette en bois en forme de triangle rectangle (fig. 157). Elle porte un trou, appelé *œil*, qui en facilite le maniement.

Les dessinateurs se servent encore du *té*, ou T, ou double équerre. La tête du té est munie d'une saillie, qui permet de faire glisser l'instrument le long de la planchette à dessin (fig. 158).

L'*équerre de l'atelier* se compose de deux règles en bois (fig. 159) ou en fer (fig. 160), assemblées à angle droit. L'une des branches est souvent munie d'une saillie (fig. 159), qui permet de faire glisser l'équerre le long de la pièce de bois ou de fer.

265. Pour vérifier une équerre, c'est-à-dire pour s'assurer que les deux plus petits côtés sont réellement perpendiculaires l'un sur l'autre, on trace une droite BC ; on applique l'un des côtés de l'angle droit de l'équerre

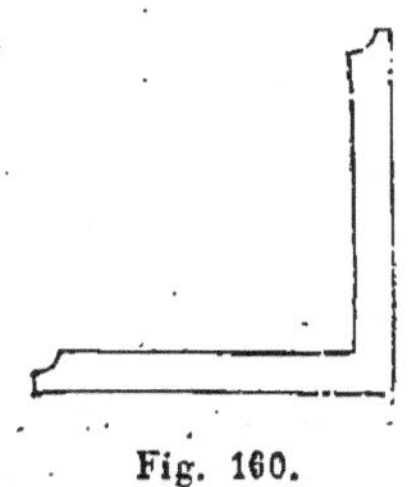

Fig. 160.

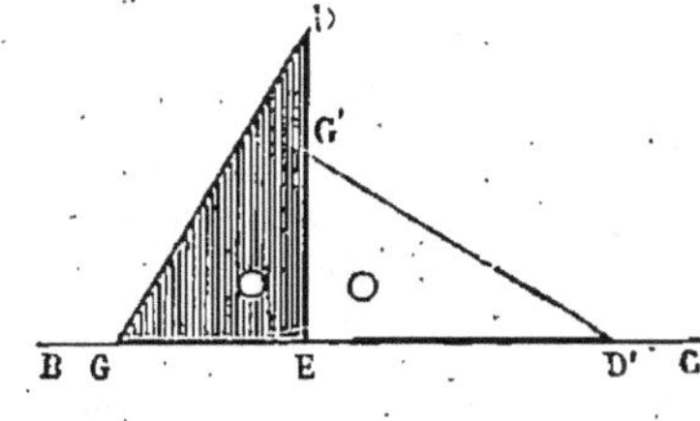

Fig. 161.

sur cette droite, en GE, par exemple (fig. 161), et l'on trace une droite le long de l'autre côté de l'angle droit. On retourne l'équerre dans la position ED'G' et l'on trace une seconde droite suivant EG'. Si l'équerre est bonne, ces deux droites coïncident comme perpendiculaires à la même droite BC et au même point E.

266. *Autres procédés.* — 1° On applique sur une droite BC (fig. 162) l'un des côtés GE de l'équerre ; on

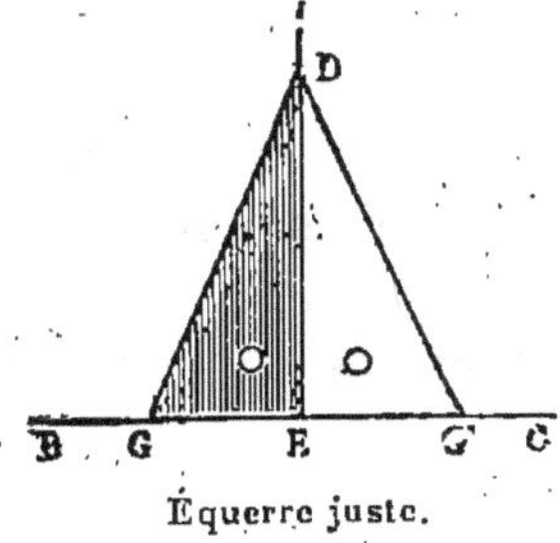
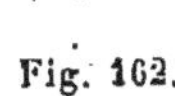

Équerre juste.

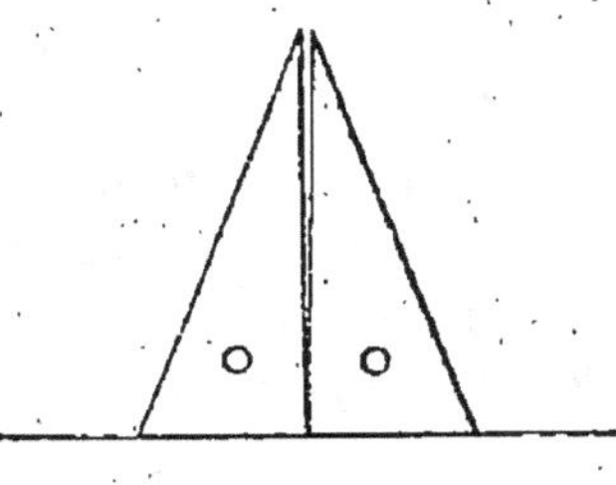

Équerre fausse.

Fig. 162.

trace une droite suivant le bord DE. On retourne l'instrument autour de DE en DEG', de telle sorte que le bord EG coïncide toujours avec la ligne BC, et l'on trace une nouvelle ligne suivant DE. Si elle coïncide avec la première, l'équerre est juste ; dans le cas contraire, elle est fausse.

2° On décrit une demi-circonférence avec un rayon quelconque CA (fig. 163), et l'on inscrit un angle droit ADB dans cette demi-circonférence. On applique ensuite

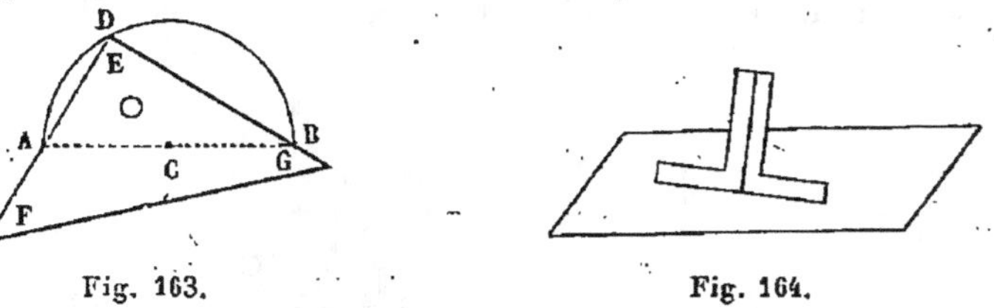

Fig. 163.

Fig. 164.

le grand angle de l'équerre FEG sur l'angle ADC, de manière que le côté EG coïncide avec DB, le sommet E étant au point D.

Si le côté EF de l'équerre coïncide avec la ligne DA, l'équerre est juste; dans le cas contraire, elle est fausse.

Cette méthode peut être employée avantageusement pour construire une équerre juste en carton.

A l'atelier, on vérifie une équerre en la dressant sur un marbre à côté d'une équerre juste; les deux côtés, relevés, doivent coïncider (fig. 164).

Si cette équerre juste fait défaut, on construit deux équerres identiques qu'on vérifie ensemble, comme il vient d'être dit.

On place ensuite les deux équerres l'une sur l'autre et elles doivent encore coïncider. Alors elles sont justes toutes les deux.

267. **Rapporteur.** — Le *rapporteur* (fig. 165) est un

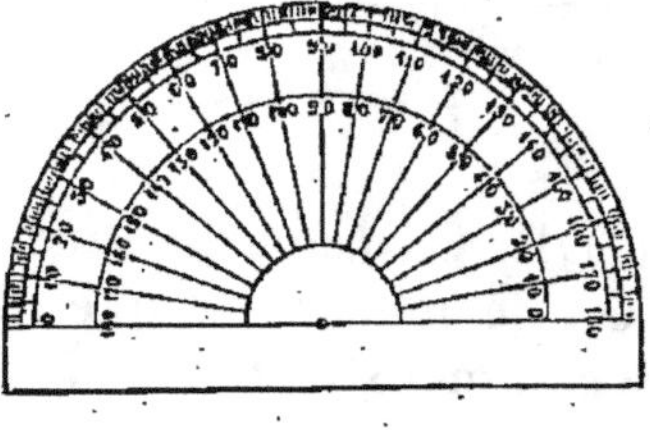
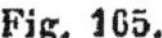

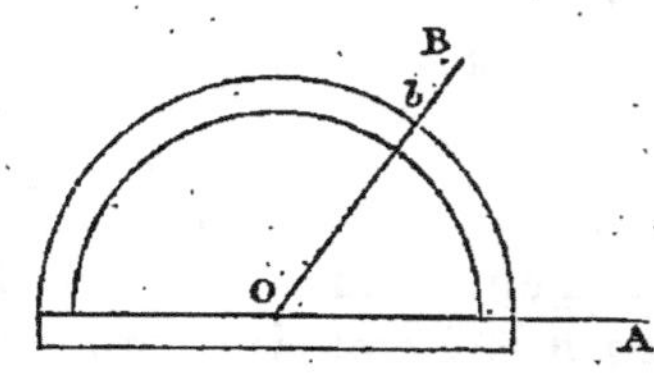

Fig. 165.

Fig. 166.

demi-cercle en corne transparente entièrement plein, ou en métal et alors évidé au milieu, dont le bord circulaire ou *limbe* est divisé en 180 degrés. La division est double, et l'on peut compter les degrés à partir de chaque extrémité de l'arc. Quand le diamètre est suffisamment grand, chaque degré est lui-même divisé en demi-degrés. La ligne 0-180, qui passe par le centre, s'appelle *ligne de foi*.

Le rapporteur sert à mesurer les angles. Pour cela, on place le centre de l'instrument au sommet O de l'angle AOB par exemple (fig. 166) et son diamètre sur le côté OA; on lit alors sur le bord de l'instrument la division *b* par laquelle

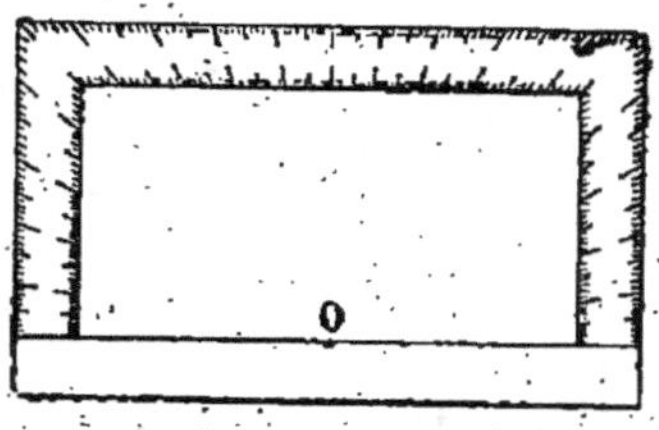

Fig. 167.

passe le second côté OB, en ayant soin de prendre la graduation dont le zéro se trouve sur la ligne OA.

Le rapporteur sert aussi à construire un angle d'un nombre de degrés donné.

268. Le rapporteur a quelquefois la forme d'un rectangle en métal évidé, dont la hauteur est moitié de la base (fig. 167). Les divisions marquées sur les côtés convergent vers le centre O du rapporteur.

Ce rapporteur, employé comme le précédent, présente sur le premier cet avantage qu'il peut servir d'équerre.

269. **Problème.** — *Mener une ligne droite par deux points donnés.*

1° Au dessin. — Soient les deux points A et B (fig. 168). On place la règle de façon qu'une de ses arêtes passe par les deux points; ensuite on fait glisser le long de cette arête une pointe à tracer, crayon ou tire-ligne.

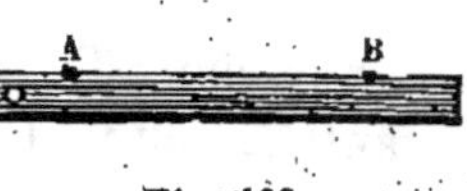

Fig. 168.

2° A l'atelier. — Lorsque la droite n'est pas très longue, on opère comme précédemment. Les charpentiers, scieurs de long, etc., se servent d'une corde imprégnée d'une matière colorante : blanc de Meudon, ocre, etc.; ils tendent cette corde entre les deux points donnés, puis l'un d'eux la soulève un peu et la laisse retomber brusquement. Par suite du choc, la corde dépose sur la pièce de bois une empreinte colorée qui indique la direction de la droite (fig. 169).

Les maçons, les jardiniers se servent d'un cordeau

Fig. 169.

qu'ils tendent simplement entre les deux points donnés.

270. On appelle *commune mesure* de deux lignes une autre ligne exactement contenue dans l'une et dans l'autre un certain nombre de fois, et *plus grande commune mesure*, la plus grande ligne contenue exactement dans chacune des deux premières.

271. Problème. — *Trouver la plus grande commune mesure de deux lignes droites.*

Soit à trouver la plus grande commune mesure des deux lignes AB et CD (fig. 170).

Il est évident que la plus grande commune mesure ne

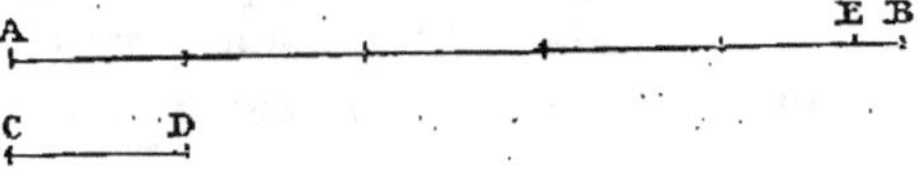

Fig. 170.

peut être plus grande que CD, puisqu'elle doit être contenue dans CD; mais elle peut lui être égale. Si, en portant CD sur AB autant de fois qu'il est possible, on trouve qu'elle y est contenue 5 fois exactement par exemple, cette ligne CD sera la plus grande commune mesure cherchée.

Supposons que la ligne CD ne soit pas contenue un nombre exact de fois dans AB, mais 5 fois plus un reste EB. On portera le reste EB sur CD autant de fois qu'il sera possible; si EB est contenu un nombre exact de fois dans CD, 4 fois par exemple, EB sera la plus grande commune mesure demandée.

En effet : AB $= 5$ CD $+$ EB; mais CD $= 4$ EB, donc :

$$AB = 5 \times 4 \times EB + EB = 20\ EB + EB = 21\ EB.$$

Donc EB est contenu 4 fois exactement dans CB et 21 fois exactement dans AB; c'est donc la plus grande commune mesure cherchée.

Si EB n'avait pas été contenu un nombre exact de fois dans CD et qu'on eût obtenu un nouveau reste, on aurait porté ce reste sur EB, et, si l'on avait obtenu encore un reste, on l'aurait porté sur le précédent, et ainsi de suite, jusqu'à ce qu'on eût trouvé un reste contenu exactement dans le précédent. Ce dernier reste serait la plus grande commune mesure des deux droites données.

Dans la pratique, on se contente de mesurer les droites avec le mètre et ses subdivisions ; si l'on trouve AB $= 90$ millimètres et CD $= 17$ millimètres, le millimètre est la plus grande commune mesure entre les deux droites.

TRACÉ DES PERPENDICULAIRES

Problème.

272. *Par un point pris sur une droite, mener la perpendiculaire à cette droite.*

1° AU DESSIN. — *a) Avec la règle et le compas.* — Soit le point C sur la droite AB (fig. 171). Du point C comme centre, avec une ouverture de compas quelconque, décrivons, de part et d'autre du point C, deux arcs de cercle coupant AB aux points D, E. Des deux points D, E comme centres, avec une ouverture de compas plus grande que CE, décrivons deux autres arcs de cercle du même côté de AB. Ces arcs se coupent,

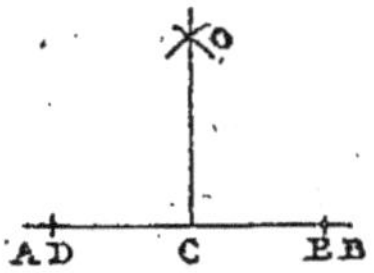

Fig. 171.

puisque la distance de leurs centres est plus petite que la somme des rayons (232) et plus grande que leur différence, qui est nulle. Soit O le point d'intersection. On mène, avec la règle, CO qui est perpendiculaire à DE et en son milieu, puisque les deux points O et C sont également distants des extrémités D et E (117). Donc CO est la perpendiculaire demandée.

b) Avec le rapporteur. — On met le diamètre de l'instrument sur la droite AB, de manière que le centre se trouve au point C. On marque ensuite, sur le papier, le point O où passe la division marquée 90; on enlève le rapporteur et l'on mène la droite CO, qui est perpendiculaire à AB, puisqu'elle fait avec cette droite deux angles valant chacun 90°.

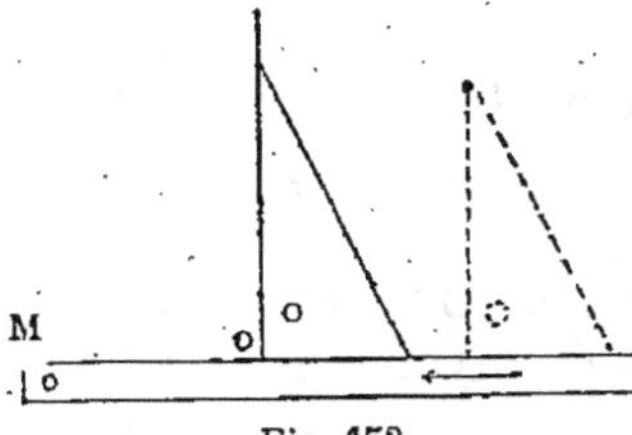

Fig. 172.

c) Avec la règle et l'équerre. — Soit la droite MN et le point O (fig. 172). Plaçons une règle le long de la droite et appliquons un des côtés de l'angle droit d'une équerre contre l'arête de la règle.

Faisons glisser l'équerre le long de cette arête, jusqu'à ce que l'autre côté de l'angle droit de l'équerre passe au point donné O. Traçons un trait le long de ce côté, et nous aurons la perpendiculaire demandée.

2° A L'ATELIER. — A l'atelier, on fait usage de la règle et de l'équerre, et l'on procède comme il vient d'être dit.

Problème.

273. *D'un point pris hors d'une droite, mener la perpendiculaire à cette droite.*

1° AU DESSIN. — *a) Avec la règle et le compas.* — Soit le point O hors de la droite MN (fig. 173).

Du point O comme centre, avec une ouverture de compas suffisamment grande, décrivons un arc de cercle qui coupe MN en deux points A et B. De ces points comme centres, avec une ouverture de compas plus 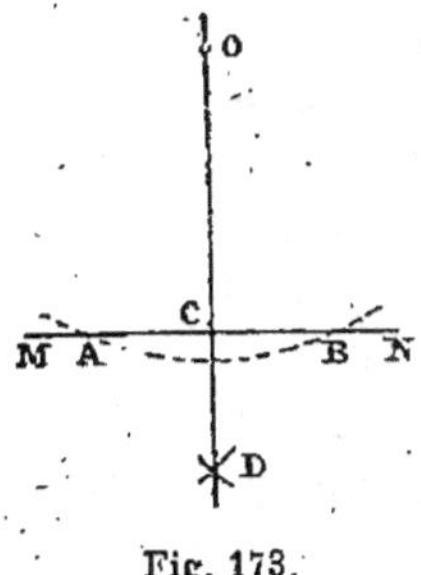grande que la moitié de AB, décrivons, au-dessous de MN, deux arcs de cercle. Ils se couperont en D, puisque la distance des centres est plus petite que la somme des rayons et plus grande que leur différence (232). Avec la règle, menons OD qui est perpendiculaire à AB et en son milieu (117), et, par suite, perpendiculaire à MN.

Fig. 173.

b) avec la règle et l'équerre. — Plaçons une règle sur MN (fig. 174); appliquons un des côtés de l'angle droit d'une équerre contre cette règle et faisons glisser l'équerre le long de la règle, jusqu'à ce que l'autre côté

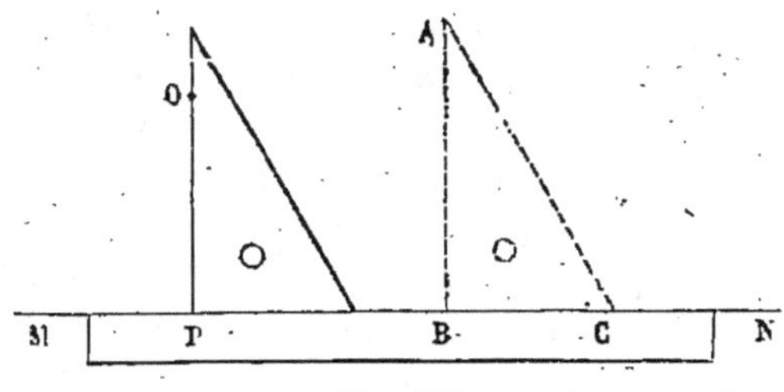

Fig. 174.

de l'angle droit passe par le point O. La droite tracée le long de ce côté est évidemment la perpendiculaire demandée.

2° A L'ATELIER. — On fait usage de la règle et de l'équerre et l'on procède comme il vient d'être dit.

Problème.

274. *Mener la perpendiculaire à l'extrémité d'une droite qu'on ne peut prolonger.*

D'un point O, pris arbitrairement en dehors de AB,

comme centre (fig. 175) avec une ouverture de compas égale à la distance OB, décrivons une circonférence qui coupe la ligne AB en K. Tirons le diamètre KOH et joignons BH. Cette ligne BH est la perpendiculaire demandée. En effet, l'angle ABH est inscrit dans une demi-circonférence ; donc il est droit.

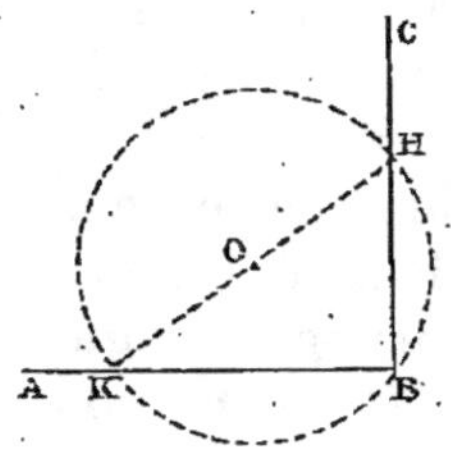

Fig. 175.

275. Cette construction peut être employée par les menuisiers pour rogner, sans équerre, une pièce de bois droite, perpendiculairement à ses arêtes, de façon à perdre le moins de bois possible.

Problème.

276. Diviser une droite en deux parties égales ou mener la perpendiculaire à une droite, et en son milieu.

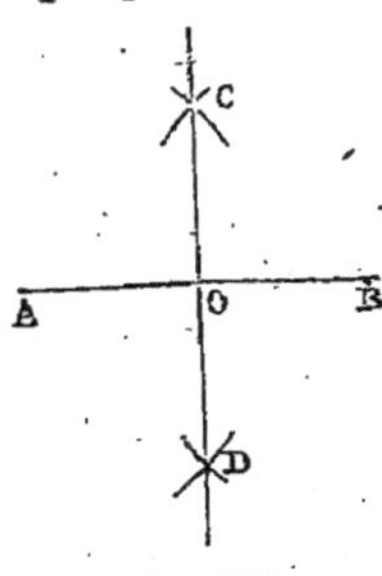

Fig. 176.

Soit la droite AB (fig. 176). Du point A comme centre, et avec une ouverture de compas plus grande que la moitié de AB, décrivons un arc de cercle de chaque côté de AB ; du point B et avec le même rayon, décrivons deux autres arcs de cercle, qui coupent les premiers en C et D. Avec la règle, menons CD ; elle partage AB en deux parties égales et est perpendiculaire à cette droite, car chacun des points C et D est également distant des extrémités A et B de la droite AB (117).

277. REMARQUE. — En partageant AO et OB en deux parties égales, puis chaque partie en deux parties égales et ainsi de suite, on diviserait AB en quatre, huit, seize, etc., parties égales.

278. Le tracé des perpendiculaires reçoit de nombreuses et fréquentes applications : en charpente et en

menuiserie, pour le sciage d'une pièce de bois à dresser *carrément*, pour la confection des tenons et mortaises; en serrurerie, on l'emploie de même qu'en menuiserie et, en outre, pour indiquer la direction de la lime; les tailleurs de pierres, pour les mêmes usages que les menuisiers; les relieurs, pour rogner les feuilles suivant une droite perpendiculaire au pli de la feuille; les architectes, pour indiquer les axes de leurs feuilles à dessin; les maçons, pour les fondations des bâtiments, etc.

279. Pour diviser une droite en deux parties égales, par exemple pour tracer une droite suivant le milieu de la largeur d'une planche (fig. 177), les ouvriers procèdent par tâtonnement au moyen du compas en fer. Pour cela, ils prennent une ouverture de compas sensiblement égale à la moitié de la largeur, et ils font glisser une branche du compas le long d'un bord AB de la planche pendant que l'autre branche trace un trait EF sur la planche. Ils font la même chose, avec la même ouverture de compas, sur l'autre bord CD de la planche et l'on obtient une autre droite GH. Ces deux droites étant très près l'une de l'autre, ils prennent facilement et à l'œil le milieu

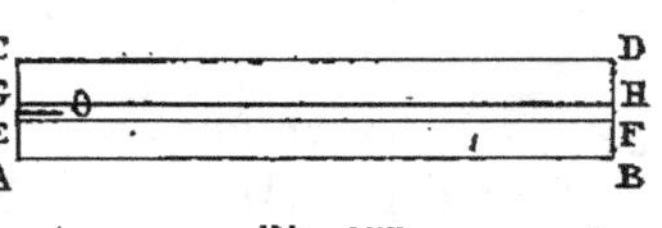

Fig. 177.

O de la distance qui les sépare. Ils vérifient d'ailleurs que le point O est bien le milieu de la droite AC.

On peut encore mesurer exactement la longueur AC avec le double décimètre, prendre la moitié de cette longueur, la porter sur AC à partir du point A et marquer le point O.

Problème.

280. *Trouver la moyenne arithmétique entre deux droites données.*

La moyenne arithmétique entre deux droites est une droite égale à la demi-somme des deux droites données.

Soient les deux droites m et n (fig. 178).

Sur une droite indéfinie AX, portons une longueur AB $= m$ et, à la suite, une longueur BC $= n$. Prenons

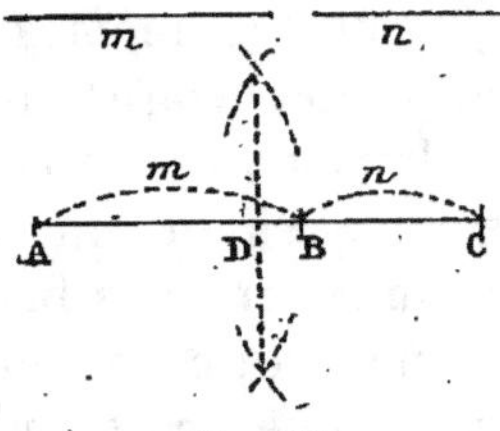

Fig. 178.

le milieu D de la droite AC. Chacune des moitiés AD, DC de la droite AC est la moyenne arithmétique entre les deux droites données.

En effet,

$$AD = DC = \frac{AC}{2} = \frac{AB + BC}{2} = \frac{m + n}{2}.$$

Problème.

281. *Diviser un arc ou un angle en deux parties égales.*
1° Soit l'arc AB (fig. 179). Menons la corde AB et la

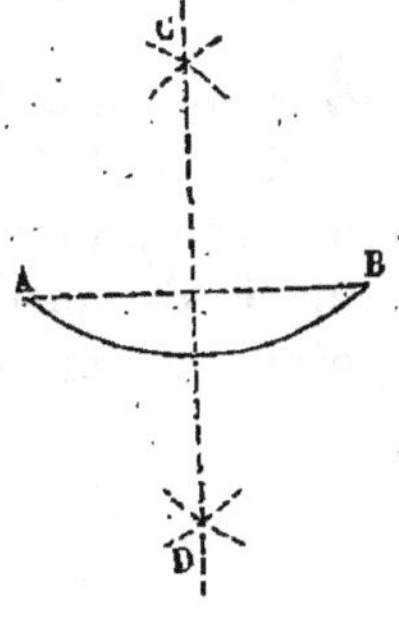

Fig. 179.

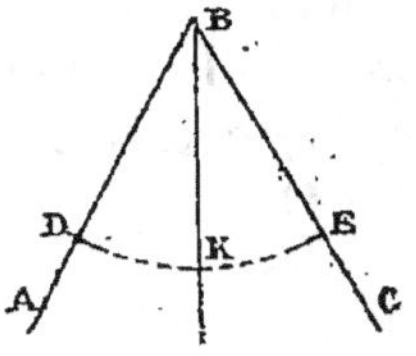

Fig. 180.

perpendiculaire CD à cette corde et en son milieu (276). Cette droite passe par le centre de l'arc (210) et divise cet arc en deux parties égales (208).

2º Soit l'angle ABC (fig. 180). Du sommet B, comme centre, décrivons un arc de cercle qui coupe les côtés de l'angle en D et E, puis prenons le milieu K de cet arc (1º) et joignons BK. C'est la bissectrice de l'angle ABC. En effet, les deux angles au centre ABK, KBC sont égaux comme interceptant des arcs égaux (243).

282. REMARQUE. — En utilisant la remarque 277, on pourrait partager un arc et, par suite, un angle, en quatre, huit, seize, etc., parties égales.

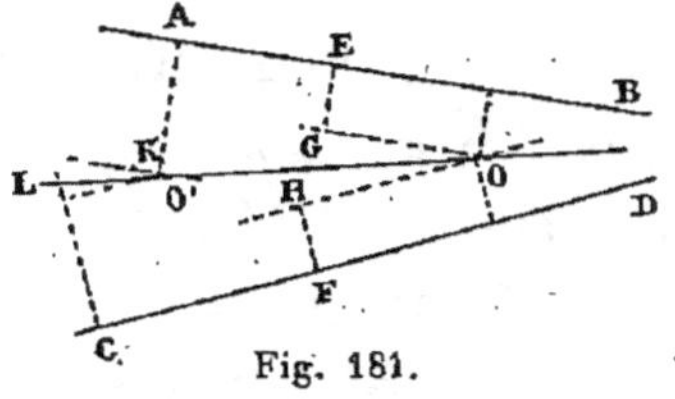

Fig. 181.

283. On peut encore mener la bissectrice d'un angle, lorsque les côtés de cet angle ne se rencontrent pas dans les limites du dessin.

Soient les deux droites concourantes AB, CD (fig. 181). En un point quelconque E de AB, menons la perpendiculaire EG à AB ; et, par le point G, menons la parallèle GO à AB. D'un point quelconque F de CD, menons la perpendiculaire FH à CD, de telle sorte que FH = EG, et, du point H, menons HO parallèle à CD. Les deux droites GO et HO se coupent en un point O, qui appartient à la bissectrice demandée. En effet, si du point O on mène les perpendiculaires aux côtés AB, CD, ces perpendiculaires, étant respectivement égales aux droites GE et HF comme parallèles comprises entre parallèles, sont égales entre elles. Donc le point O est sur la bissectrice de l'angle (119).

On détermine de la même façon un second point O' de cette bissectrice.

La bissectrice demandée est donc OO'.

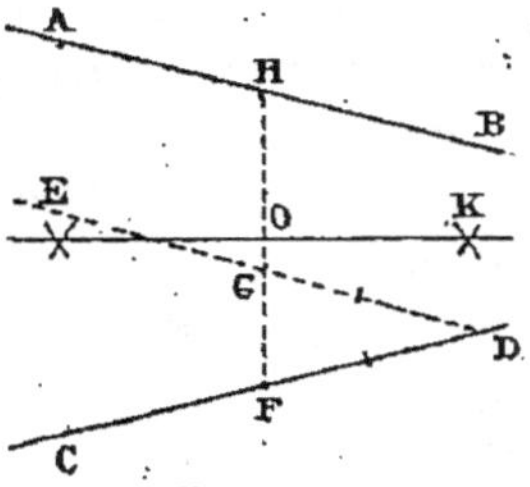

Fig. 182.

284. *Autre procédé.* — Soient les deux droites concourantes AB et CD (fig. 182). En un point quelconque D de CD, menons DE paral-

lèle à AB et prenons, à partir du point D, deux longueurs égales quelconques, DF et DG, sur DC et sur DE.

Joignons FG et prolongeons jusqu'à la rencontre de AB en H. La perpendiculaire OK à FH et en son milieu est la bissectrice demandée.

En effet, le triangle FDG est isocèle, puisque, par construction, DF $=$ DG; donc $\widehat{DFG} = \widehat{DGF}$ (99); mais $\widehat{DGF} = \widehat{BHF}$ comme angles correspondants formés par les parallèles AB, DE coupées par la sécante FH; donc $\widehat{DFH} = \widehat{BHF}$. Alors le triangle qu'on obtiendrait en prolongeant AB et CD jusqu'à leur rencontre serait isocèle, et la perpendiculaire à la base et en son milieu passe par le sommet et partage l'angle du sommet en deux parties égales.

PARTAGER UN ANGLE EN TROIS PARTIES ÉGALES.

285. On se sert pour cela d'un instrument appelé *trisecteur*. Pour construire un trisecteur, on emploie une planchette mince en bois ou en carton, ou même une simple carte de visite.

En un point A d'une droite MN (fig. 183), on mène AD perpendiculaire à MN; puis, de part et d'autre du point A, on prend sur MN deux longueurs égales AO, AC. Du point O comme centre, avec OA pour rayon, on décrit une demi-circonférence AEB. On mène une parallèle GF à AC, une parallèle HK à DA jusqu'à la demi-circonférence; on découpe le bois ou le carton suivant le contour CGFDHKEBC; on marque, par une légère encoche, les points A et O, et le trisecteur est construit.

Soit l'angle CQR à partager en trois parties égales. On place l'instrument sur l'angle, de façon que la ligne AD passe par le sommet Q, que le point C soit sur l'un des côtés, et que l'autre côté de l'angle soit tangent à la demi-circonférence. On marque dans l'angle les points A et O ; enfin on enlève l'instrument et l'on joint le sommet Q aux deux points marqués. Ces deux droites partagent l'angle en trois parties égales.

En effet, par construction, les droites AC, AO étant égales, les obliques QC, QO sont aussi égales ; le triangle CQO est isocèle et AQ est bissectrice de l'angle CQO (101).

De plus, QR étant tangent en T à la demi-circonférence, les triangles rectangles QOA, QOT sont égaux

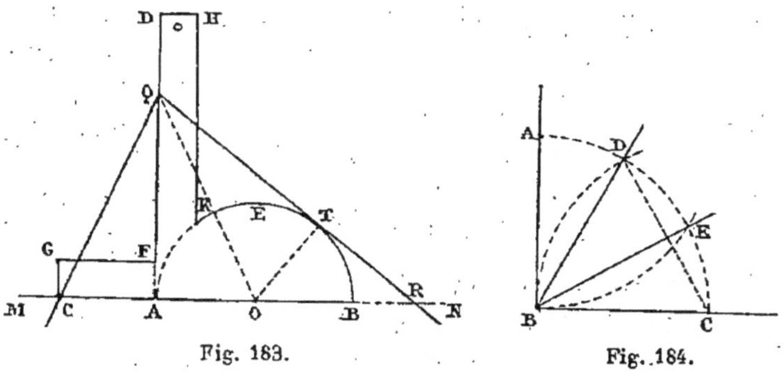

Fig. 183.   Fig. 184.

comme ayant l'hypoténuse commune et un autre côté égal $(OA = OT)$; donc $\widehat{AQO} = \widehat{OQT}$. Comme on a déjà $\widehat{CQA} = \widehat{AQO}$, on en déduit :

$$\widehat{CQA} = \widehat{AQO} = \widehat{OQT}. \qquad C.\ q.\ f.\ d.$$

286. Dans le cas particulier où l'angle à partager est droit, on peut se dispenser du trisecteur.

Soit à diviser l'angle droit ABC en trois parties égales (fig. 184).

Du point B comme centre, avec un rayon quelconque, décrivons un arc de cercle qui coupe les côtés de l'angle aux points A et C, puis, des points C et A comme centres et avec le même rayon que précédemment, décrivons des arcs de cercle coupant le premier aux deux points D et E. Menons les droites BD et BE qui partagent l'angle donné en trois parties égales.

En effet, menons CD; le triangle BDC étant équilatéral par construction, l'angle DBC vaut 60°; par suite, l'angle ABD vaut 30°. On verrait de même que EBC = 30°. Donc l'angle DBE vaut aussi 30°. Les trois angles obtenus, valant chacun 30°, sont égaux.

287. Pour diviser un angle quelconque en un nombre quelconque de parties égales autres que 2, 4, 8..., on mesure l'angle avec le rapporteur. On le divise par le nombre donné et l'on a la valeur de chacune des divisions de l'angle. On construit alors avec le rapporteur une série d'angles adjacents égaux au résultat obtenu (289).

TRACÉ DES ANGLES

Problème.

288. *Construire en un point d'une droite donnée un angle égal à un angle donné.*

1° AU DESSIN. — Soit l'angle A et le point B sur la droite MN (fig. 185).

Du point A comme centre, et avec un rayon quelconque, décrivons l'arc CD compris entre les côtés de

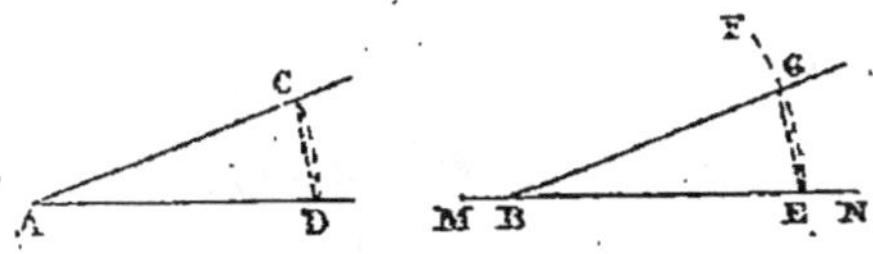

Fig. 185.

l'angle; du point B, avec le même rayon, décrivons l'arc indéfini EF et prenons, avec le compas et à partir du point E, une corde EG égale à la corde CD; menons BG et nous obtenons l'angle EBG égal à l'angle donné.

En effet, on a : CD = EG; d'où : arc CD = arc EG.

Les angles au centre $\hat{B}$ et $\hat{A}$, interceptant des arcs égaux sur des circonférences de même rayon, sont égaux.

2° A L'ATELIER. — On emploie un instrument appelé *sauterelle* ou *fausse équerre* (fig. 186), formé de deux règles réunies à leurs extrémités par une charnière, comme les branches d'un compas.

On applique l'instrument sur l'angle donné, de façon que les bords intérieurs ou extérieurs des règles, sui-

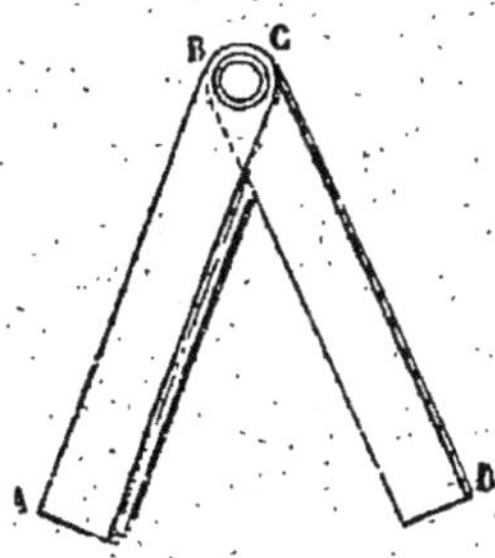

Fig. 186.

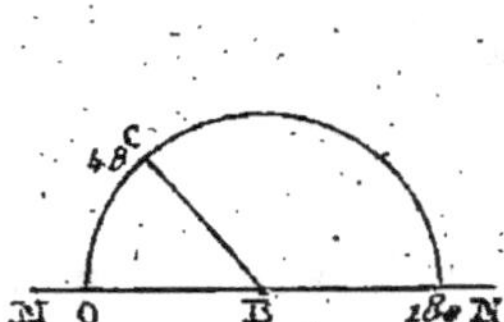

Fig. 187.

vant les cas, coïncident avec les côtés de l'angle donné. On enlève l'instrument, on applique une des règles sur la droite donnée, de façon que le point donné soit au sommet de l'angle de la fausse équerre. On trace ensuite une ligne le long de l'autre règle.

289. REMARQUE. — Si l'angle est donné en degrés (48° par exemple), on place le centre d'un rapporteur au point donné, la ligne 0 — 180 coïncidant avec la droite donnée (fig. 187). On marque sur le papier un point C correspondant à la valeur de l'angle donné. Joignant CB, on a en CBM l'angle demandé, car il a même mesure que l'angle donné.

TRACÉ DES PARALLÈLES

Problème.

290. *Par un point donné, hors d'une droite, mener la parallèle à cette droite.*

1° AU DESSIN. — *a) Avec la règle et l'équerre.* — Soit le point C et la droite AB (fig. 188). Appliquons l'un

des côtés MN d'une équerre sur AB et plaçons une règle
contre un autre côté MP de l'équerre. Faisons ensuite
glisser l'équerre le long de la règle, jusqu'à ce que le
côté MN passe par le point C
et traçons alors une ligne CD le
long de M'N'. C'est la parallèle
demandée.

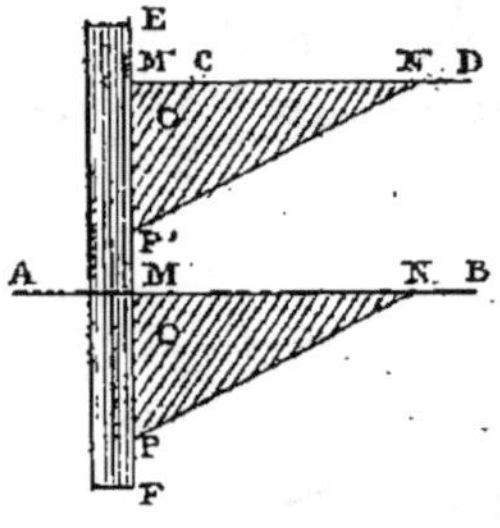

Fig. 188.

En effet, les angles égaux NMP,
N'M'P' sont correspondants par
rapport aux droites AB et CD
et à la sécante MM'. Donc AB et
CD sont parallèles.

Ce procédé, rapide et très
exact, a l'avantage de ne pas nécessiter une équerre
juste; il suffit que ses côtés soient rectilignes.

b) Avec la règle et le compas. — Du point C comme
centre (fig. 189), avec une ouverture de compas suffisamment grande, décrivons un arc de cercle qui coupe
la droite AB en un point N. Du point N comme centre,
avec la même ouverture de compas, décrivons un second

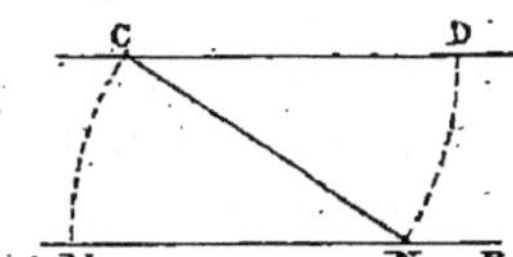

Fig. 189.

Fig. 190.

arc de cercle qui coupera la droite donnée en M. Portons ensuite sur le premier arc, à partir du point N, une
distance DN égale à MC et traçons CD; cette droite CD
est la parallèle demandée.

En effet, les deux angles au centre MNC et NCD,
qui interceptent des arcs égaux dans des cercles de
mêmes rayons, sont égaux; de l'égalité de ces deux
angles alternes-internes, il résulte que CD est parallèle à AB (132).

Si la parallèle demandée doit être très longue, on

abaisse sur AB la perpendiculaire CM (fig. 190) avec la règle et le compas ou la règle et l'équerre; puis, on élève le plus loin possible, en N par exemple, une seconde perpendiculaire sur AB; on prend ND égale à CM et l'on joint par une droite C et D. Cette droite CD est la parallèle demandée.

En effet, la figure CDNM est un parallélogramme, puisque CM et DN sont égales et parallèles (157).

c) *Avec la règle et le rapporteur.* — On place l'instrument de manière que son diamètre coïncide avec la droite AB donnée (fig. 191), le point C se trouvant sur la graduation. On lit sur le rapporteur le numéro correspondant au point C, 39 par exemple, et l'on marque un point au n° 39 de l'autre graduation en D. On enlève l'instrument, on mène

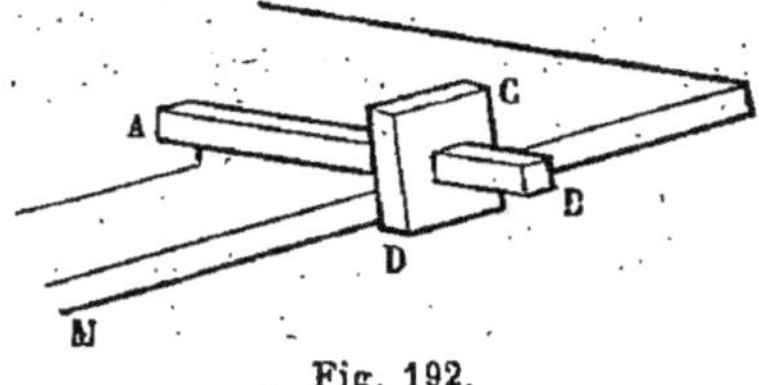

Fig. 191.

CD qui est parallèle à AB : car les deux droites CD et AB interceptent sur la circonférence des arcs égaux (223).

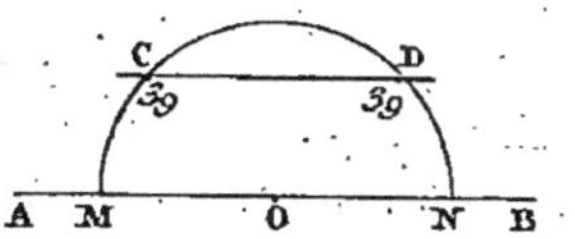

Pour la même raison, on aurait pu, d'un point O sur AB, décrire une demi-circonférence passant par le point C et coupant la droite en M et en N, puis porter en DN un arc égal à CM et joindre les deux points C et D.

2° A L'ATELIER. — En général, les parallèles qu'on a à mener doivent être tracées parallèlement à l'un des bords d'une pièce de bois ou de fer. On se sert alors d'un instrument appelé trusquin.

Fig. 192.

Il se compose essentiellement d'une tige droite BA, munie d'une pointe A, et glissant à frottement dur dans une autre pièce plane CD, disposée perpendiculairement à la tige. Nous donnons figure 192 le trusquin des menuisiers. Si l'on fait glisser la pièce plane le long d'une table (menuiserie) ou sur un marbre (serrurerie), la pointe tracera une droite qui aura tous ses points à égale distance du bord M de la table ou de la surface du marbre, et, par conséquent, sera parallèle à l'un ou à l'autre.

Lorsque la parallèle à mener est perpendiculaire au bord dressé de la pièce, on utilise l'équerre à saillie ou à onglet (fig. 159). On fait glisser le côté portant l'onglet sur le bord de la pièce, jusqu'à ce que l'autre côté de l'équerre passe par le point donné. La droite tracée le long de ce côté est la parallèle demandée.

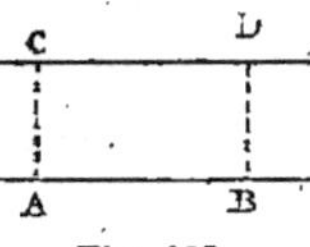

Fig. 193.

Au dessin, on peut pour le même usage remplacer l'équerre à onglet par le té.

REMARQUE. — Si la droite donnée est quelconque, en deux de ses points on mène des perpendiculaires égales et l'on joint les extrémités (fig. 193).

CONSTRUCTION DES TRIANGLES

Problème.

291. *Construire un triangle, connaissant un côté et les deux angles adjacents à ce côté.*

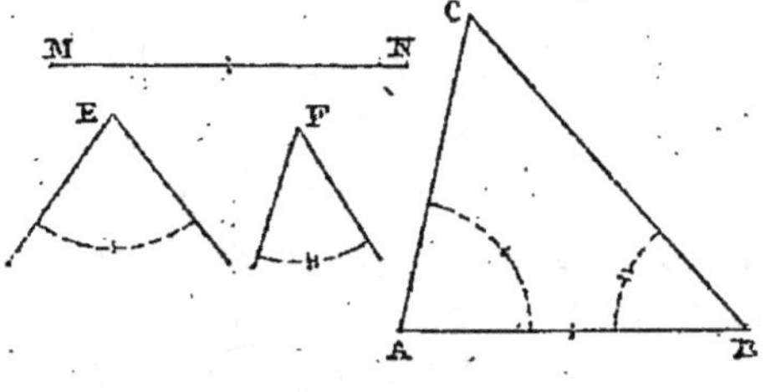

Fig. 194.

Soient MN le côté, E et F les deux angles donnés (fig. 194). Sur une droite indéfinie, prenons, avec le compas, une longueur AB = MN. Construisons en A un angle CAB = E et en B un angle CBA = F.

Le triangle ABC est le triangle demandé.

Problème.

292. *Construire un triangle, connaissant un côté, un angle adjacent et un autre angle.*

Soient MN le côté, $\hat{E}$ l'angle adjacent et $\hat{F}$ l'autre angle (fig. 195).

Après avoir pris une droite AB = MN et avoir cons-

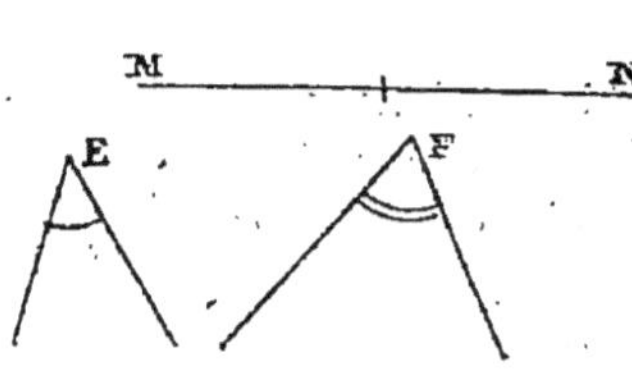
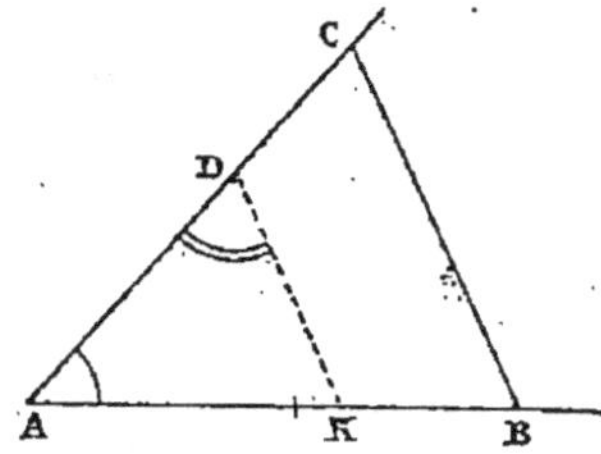

Fig. 195.

truit l'angle A égal à $\hat{E}$, en un point quelconque D de AC, on fait avec DA un angle ADK égal à $\hat{F}$; du point B, on mène BC parallèle à DK et l'on a le triangle demandé, car $\widehat{BCA} = \widehat{KDA}$ comme correspondants.

Problème.

293. *Construire un triangle, connaissant deux côtés et l'angle opposé à l'un d'eux.*

Soient MN, PQ les côtés et $\hat{E}$ l'angle donné (fig. 196).

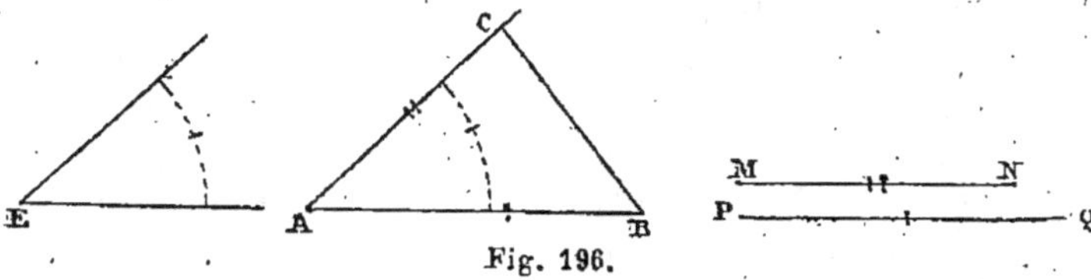

Fig. 196.

Sur une droite indéfinie, prenons une longueur AB

$= PQ$. Construisons en A un angle $CAB = \hat{E}$, et prenons $AC = MN$, puis menons BC. Le triangle ABC est le triangle demandé.

Problème.

294. *Construire un triangle, connaissant deux côtés et l'angle opposé à l'un d'eux.*

Soient a et b les deux côtés donnés et M l'angle opposé au premier (fig. 197). Faisons un angle A égal à l'angle

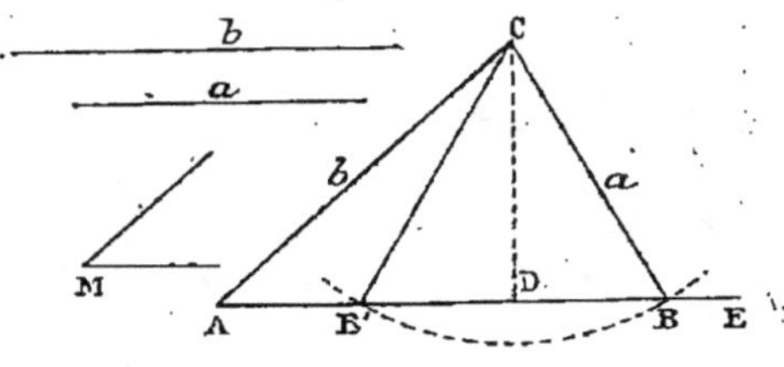

Fig. 197.

donné M ; sur l'un des côtés, prenons une longueur AC égale à b, et du point C comme centre, avec une ouverture de compas égale à a, décrivons un arc de cercle qui coupe la droite AB en un point B. Joignons CB. Le triangle ACB est le triangle demandé.

Discussion.

Le problème n'est pas toujours possible, car il faut, pour qu'on puisse construire le triangle, que l'arc de cercle décrit du point C comme centre rencontre le côté AE à droite du point A.

1° Considérons d'abord le cas où l'angle donné est aigu, comme dans la figure précédente. Menons du point C la perpendiculaire CD sur AE ; il est évident que, pour que l'arc de cercle rencontre la droite AE, il faut que le rayon a soit au moins égal à CD.

Si a est plus petit que b, mais plus grand que CD,

l'arc de cercle coupera la ligne en deux points, B et B', et l'on aura deux triangles, ACB et ACB', qui répondront à la question. Dans ce cas, le problème admet deux solutions.

Si a est égal à la perpendiculaire CD, l'arc de cercle ne fera que toucher la ligne AE au point D, et l'on aura un seul triangle, ADC, qui sera rectangle.

Si a est égal à b, le second point d'intersection B' coïncide avec le point A ; le second triangle disparaît et le triangle ACB est isocèle.

Si a est plus grand que b, l'arc de cercle coupera encore la ligne AE, mais en un seul point à droite du point A, et l'on n'aura qu'un seul triangle, car l'arc de cercle rencontrerait le prolongement de AE à gauche du point A, et le triangle formé ne répondrait plus à la question.

2° Considérons le cas où l'angle donné est obtus. Il est évident qu'il faut alors que le côté opposé a soit plus grand que b. Dans ce cas, l'arc de cercle, décrit du point C comme centre avec a pour rayon, coupe la ligne AE en un seul point, à droite du point A, et l'on a une seule solution.

3° Si l'angle A est droit, il faut aussi que le côté a soit plus grand que b pour que le problème soit possible. Dans ce cas, il y a deux triangles rectangles identiques répondant à la question.

RÉSUMÉ DE LA DISCUSSION

Désignons par H la perpendiculaire CD.

1° M aigu
- $a <$ H. . . . . . . pas de solution.
- $a =$ H. . . . . . . 1 solution (le triangle est rectangle).
- $a >$ H
  - $a < b$. . 2 solutions.
  - $a = b$. . 1 solution (le triangle est isocèle).
  - $a > b$. . 1 solution.

$$2^\circ \text{ M droit ou obtus} \begin{cases} a > b. & . & 1 \text{ solution} \\ a = b. & . & \text{pas de solution.} \\ a < b. & . & \text{pas de solution.} \end{cases}$$

Problème.

295. *Construire un triangle, connaissant ses trois côtés.*
Soient MN, PQ, RS les trois côtés donnés (fig. 198).
Prenons, sur une droite indéfinie, une longueur AB
= MN. Du point A comme centre, avec un rayon égal
à PQ, décrivons un arc de cercle; du point B comme

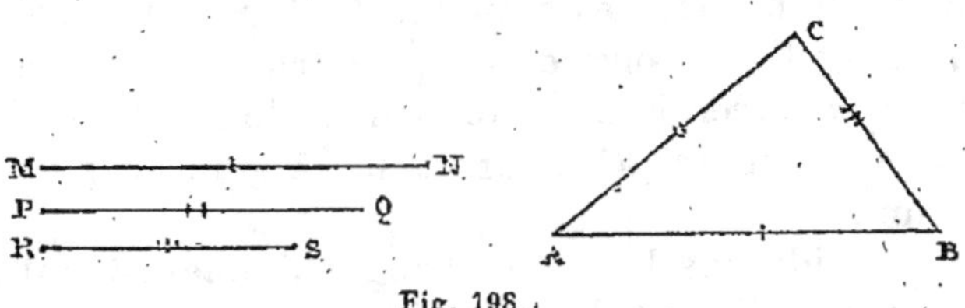

Fig. 198.

centre, avec un rayon égal à RS, décrivons un autre
arc de cercle qui coupe le premier en C. Menons CA,
CB, et nous avons en ABC le triangle demandé.

296. Remarque 1. — Pour que le problème soit possible, il faut que les deux arcs se coupent, c'est-à-dire
que la distance des centres soit plus petite que la somme
des rayons et plus grande que leur différence (231-235).
On doit donc avoir :

$$\text{MN} < \text{PQ} + \text{RS} \text{ et } \text{MN} > \text{PQ} - \text{RS} \text{ ou } \text{MN} > \text{RS} - \text{PQ}$$

selon les cas. Remarquons que les deux dernières inéga-
lités peuvent s'écrire PQ < MN + RS et RS < MN + PQ;
Ce qui nous permet d'affirmer que, pour que trois portions de droite puissent être considérées comme les trois
côtés d'un triangle, il faut que l'une quelconque d'entre
elles soit inférieure à la somme des deux autres.

Dans le cas où les trois côtés seraient égaux, le triangle
obtenu serait équilatéral.

CONSTRUCTION DES QUADRILATÈRES.

Problème.

297. *Construire un carré, connaissant son côté.*

1° AU DESSIN. — Soit *ab* le côté donné (fig. 199).

Traçons un angle droit BAC; du point A comme centre, avec un rayon égal à *ab*, décrivons un arc de cercle qui coupe AB et AC aux points B et C. De ces points B et C, avec le même rayon *ab*, décrivons deux arcs de cercle qui se coupent en D. Menons BD et CD et le quadrilatère ABDC sera le carré demandé.

En effet, les quatre côtés sont égaux à *ab* par cons-

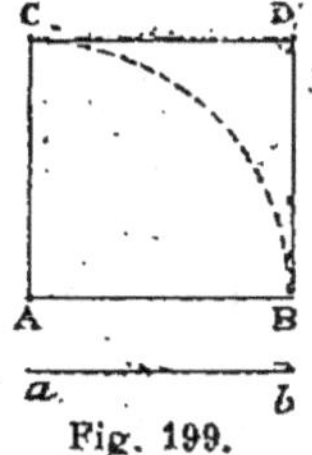

Fig. 199.

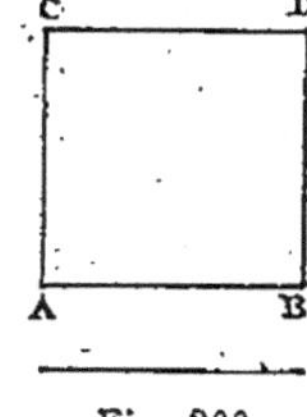

Fig. 200.

truction; la figure est dès lors un parallélogramme (157) et ses angles opposés sont égaux; donc :

$$\hat{D} = \hat{A} = 1 \text{ droit.}$$

Les deux angles $\hat{B}$ et $\hat{C}$ valent alors ensemble deux droits, et, comme ils sont égaux, chacun d'eux est droit. Le quadrilatère, ayant ses côtés égaux et ses angles droits, est un carré.

2° A L'ATELIER. — Prenons (fig. 200) une droite AB égale au côté donné *ab*, et, des points A et B, menons avec l'équerre les perpendiculaires AC et BD à AB, et, avec le compas, portons sur ces perpendiculaires des longueurs AC, BD égales à *ab*. Menons CD; le quadrilatère ABDC est le carré demandé.

En effet, les droites AC et BD étant, par construction, égales et parallèles, la figure est un parallélogramme (157); mais les angles $\hat{A}$ et $\hat{B}$ étant droits, cette figure est un rectangle; enfin c'est un carré, puisque $AC = AB = BD$ par construction.

On peut aussi se servir de ce procédé pour construire un carré sur le papier.

Problème.

298. *Construire un carré, connaissant sa diagonale.*

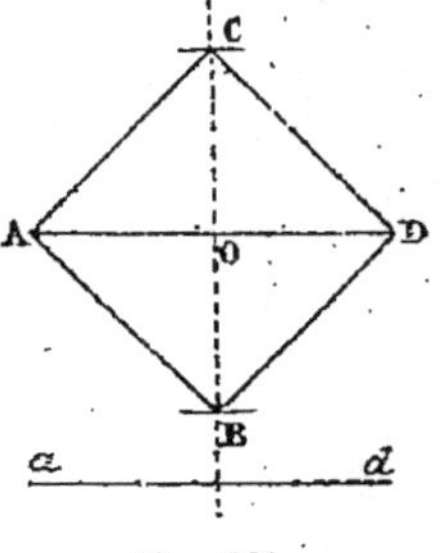
Fig. 201.

Soit *ad* la diagonale donnée (fig. 201).

Au milieu O d'une droite $AD = ad$, menons la perpendiculaire BC à AD et, de part et d'autre du point O, prenons, sur cette droite, des longueurs OB, OC égales à OA, moitié de la diagonale donnée. Menons AB, BD, DC, AC, et nous aurons le carré demandé.

En effet, le quadrilatère ABDC est un carré, puisque ses diagonales sont égales, perpendiculaires entre elles et se coupent en leur milieu (170).

Problème.

299. *Construire un losange, connaissant ses deux diagonales.*

Soient *ac* et *bd* les deux diagonales données (fig. 202).

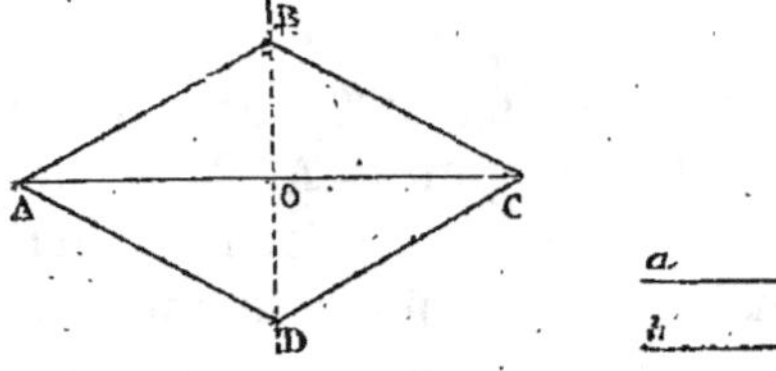
Fig. 202.

Au milieu O d'une droite AC égale à *ac*, menons la

perpendiculaire BD à AC et prenons, sur cette droite, de part et d'autre du point O, des longueurs OB, OD égales à la moitié de l'autre diagonale *bd*. Menons AB, BC, CD, AD, et nous aurons le losange demandé.

En effet, le quadrilatère ABCD est un losange, puisque ses diagonales sont perpendiculaires entre elles et se coupent en leur milieu (167).

Problème.

300. *Construire un rectangle, connaissant deux côtés consécutifs.*

Soient *ab* et *ac* les deux côtés donnés (fig. 203).

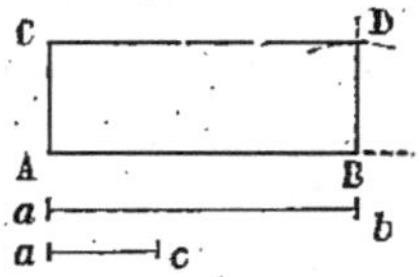

Appliquant à ce problème les constructions et les démonstrations données à propos du carré, on obtient le rectangle ABDC qui répond à la question.

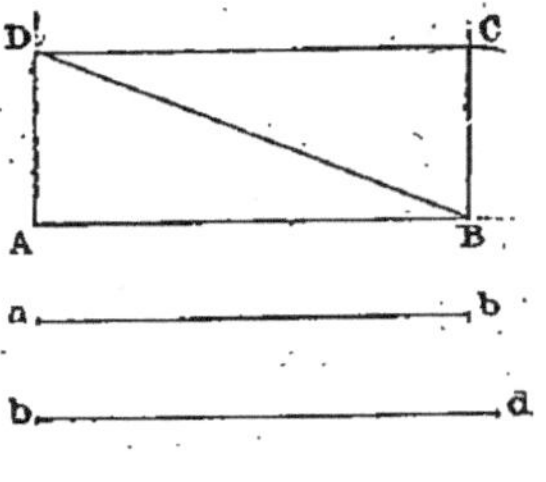

Fig. 203.

Problème.

301. *Construire un rectangle, connaissant un côté et la diagonale.*

Soient *ab* le côté et *bd* la diagonale donnés (fig. 204).

Sur une droite indéfinie, prenons une longueur AB égale à *ab*, puis menons au point A la perpendiculaire AD à AB, et du point B comme centre, avec *bd* pour rayon, décrivons un arc de cercle qui coupe AD en D. Joignons AD : nous sommes ramenés au cas précédent.

Fig. 204.

Problème.

302. *Construire un parallélogramme, connaissant deux côtés consécutifs et l'angle qu'ils comprennent.*

Soient *ab*, *ac* les côtés et *a* l'angle donné (fig. 205). Sur une droite indéfinie, prenons une longueur AB égale au côté *ab*; faisons en A, avec AB, un angle BAC égal à l'angle *a* et prenons AC égal à *ac*.

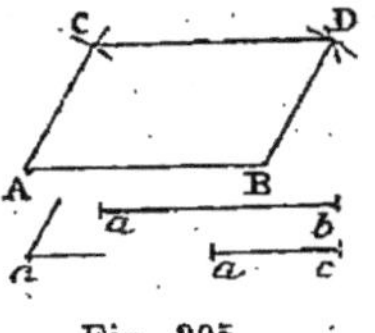

Fig. 205.

Des points B et C comme centres, avec des rayons respectivement égaux à *ac* et à *ab*, décrivons deux arcs de cercle qui se coupent en D. Menons BD et CD et nous aurons le parallélogramme demandé.

En effet, le quadrilatère ABDC est un parallélogramme comme ayant ses côtés opposés égaux deux à deux (157).

REMARQUE. — On aurait pu aussi, des points B et C, mener les droites BD et CD respectivement parallèles à AC et à AB. Le quadrilatère aurait encore été un parallélogramme, comme ayant ses côtés opposés parallèles deux à deux.

Problème.

303. *Construire un parallélogramme, connaissant deux côtés et une diagonale.*

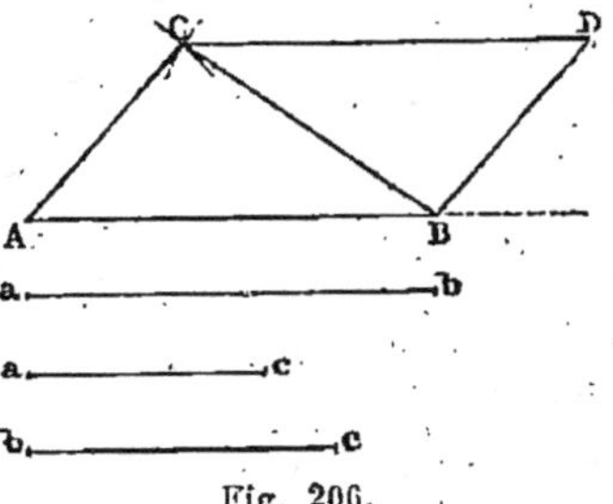

Fig. 206.

Soient *bc* la diagonale et *ab*, *ac* les côtés donnés (fig. 206).

Avec les droites, *ab*, *ac* et *bc*, construisons le triangle ABC (295), et, des points B et C, menons les droites BD, CD respectivement parallèles aux côtés AC et AB. Nous aurons ainsi en ABDC le parallélogramme demandé, car ses côtés sont parallèles deux à deux.

Problème.

304. *Construire un trapèze symétrique quelconque.*

Sur une droite quelconque AB comme diamètre (fig. 207), décrivons une demi-circonférence et menons une corde quelconque CD parallèle à AB. Joignons AC et BD; le trapèze ABDC est *symétrique*.

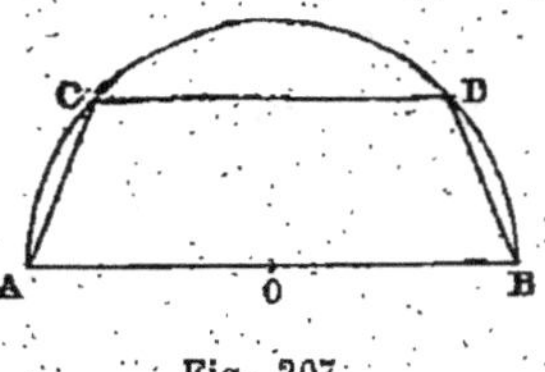

Fig. 207.

En effet, les arcs AC et BD étant égaux (223), les cordes qui les sous-tendent sont aussi égales (205).

Problème.

305. *Construire un trapèze symétrique, connaissant les deux bases et la hauteur.*

Soient *ab* et *cd* les deux bases et *mp* la hauteur donnée (fig. 208).

Au milieu M d'une droite AB égale à *ab*, menons MP perpendiculaire à AB, et prenons sur cette droite une longueur MP égale à la hauteur donnée. Par le point P, menons DC parallèle à AB et prenons sur DC, de

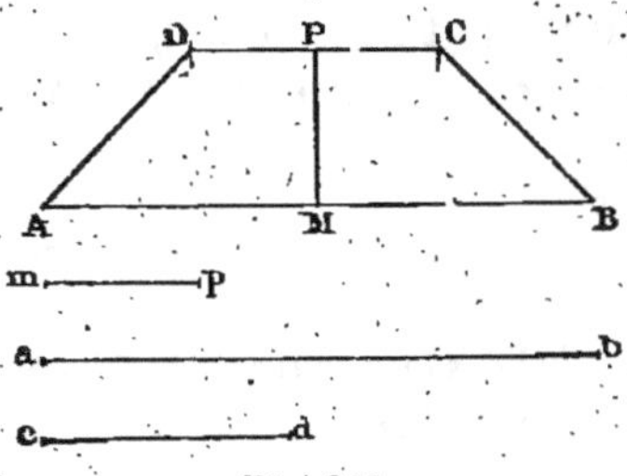

Fig. 208.

part et d'autre du point P, des longueurs PD, PC égales à la moitié de l'autre base *cd*. Menons AD, BC et nous obtenons le trapèze symétrique demandé.

En effet, si nous faisons tourner le quadrilatère MPCB autour de MP pour le rabattre sur MPDA, les points B et C viendront respectivement en A et en D, et l'on aura : BC = AD. Le quadrilatère ABCD est donc le trapèze symétrique demandé.

Problème.

306. *Construire un trapèze, connaissant les longueurs des quatre côtés.*

Soient *ab*, *cd* les deux bases et *ad*, *bc* les côtés non parallèles (fig. 209).

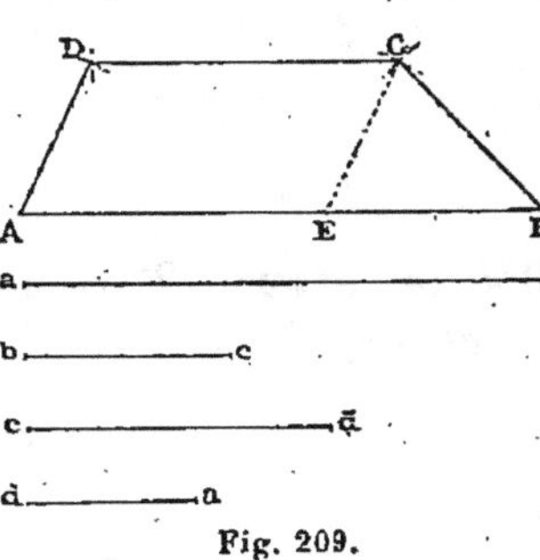

Fig. 209.

Supposons le problème résolu, et soit ABCD le trapèze demandé. Par le point C, menons CE parallèle à AD ; la figure AECD est un parallélogramme, et l'on a :

$$CE = AD = ad, \quad AE = DC,$$

d'où :

$$BE = BA - AE = BA - CD = ab - cd.$$

Connaissant les trois côtés du triangle BCE, on peut le construire (295). On achèvera le problème en construisant ensuite un parallélogramme sur les deux droites AE et EC, qui sont connues en grandeur et en position.

Problème.

307. *Construire un quadrilatère, connaissant les quatre côtés et l'angle compris entre deux côtés consécutifs.*

Soient *ab*, *bc*, *cd*, *da* les côtés, et $\hat{A}$ l'angle donné compris entre les côtés *ab*, *ad* (fig. 210).

Si l'on suppose le problème résolu et qu'on imagine la diagonale BD, on voit que le quadrilatère ABCD se compose des deux triangles BAD et BCD.

On construira d'abord le premier, dans lequel on connaît deux côtés et l'angle compris (293) ; puis le second, dans lequel on connaît les trois côtés (295).

Le problème admet évidemment deux solutions.

En effet, au côté *ab*, on peut opposer soit le côté *cd*, comme sur la figure 210, soit le côté *bc*.

Problème.

308. *Construire un quadrilatère, connaissant les quatre côtés et une diagonale.*

Soient *ac* la diagonale et *ab*, *bc*, *cd*, *da* les quatre côtés donnés (fig. 211).

Supposons le problème résolu. Nous voyons que le

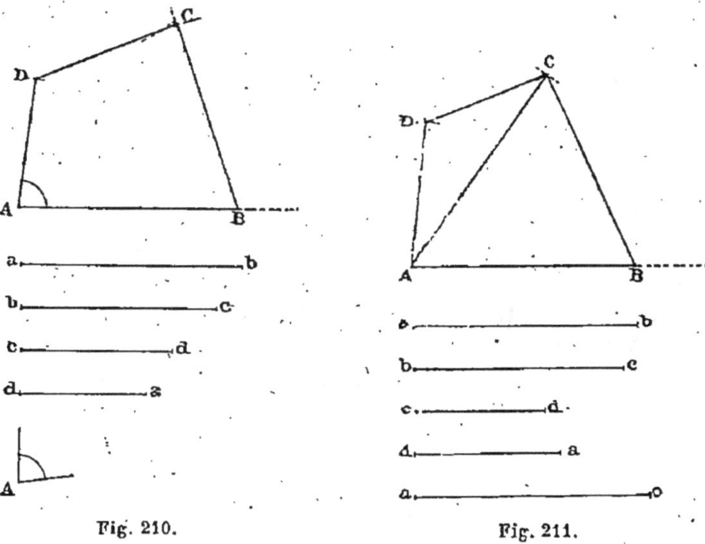

Fig. 210.   Fig. 211.

quadrilatère demandé se compose des deux triangles ABC, ADC que nous pouvons facilement construire successivement, puisque nous en connaissons les trois côtés (295).

Si la diagonale donnée est inférieure à la somme de deux quelconques des côtés donnés et supérieure à leur différence, on peut avec les données construire six quadrilatères symétriques deux à deux, suivant qu'on oppose à *ab* l'un ou l'autre des trois autres côtés.

Problème.

309. *Trouver le centre et le rayon d'une circonférence tracée ou d'un arc.*

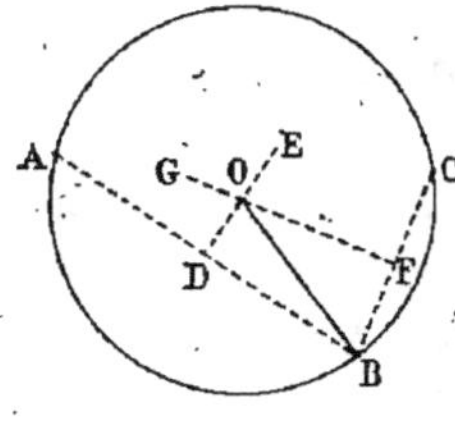

Fig. 212.

Il suffit de prendre trois points quelconques A, B, C, sur la circonférence ou sur l'arc, de mener AB et BC (fig. 212), d'élever à chacune de ces droites et en son milieu les perpendiculaires DE, FG qui se coupent en O : ce point est le centre de la circonférence ou de l'arc, et OB en est le rayon.

Problème.

310. *Inscrire un cercle dans un triangle.*

Un cercle est *inscrit* dans un triangle lorsqu'il est tangent aux trois côtés de ce triangle.

Soit ABC le triangle donné (fig. 213).

Supposons le problème résolu et soit O le centre du cercle cherché. Les droites qui joignent ce point aux

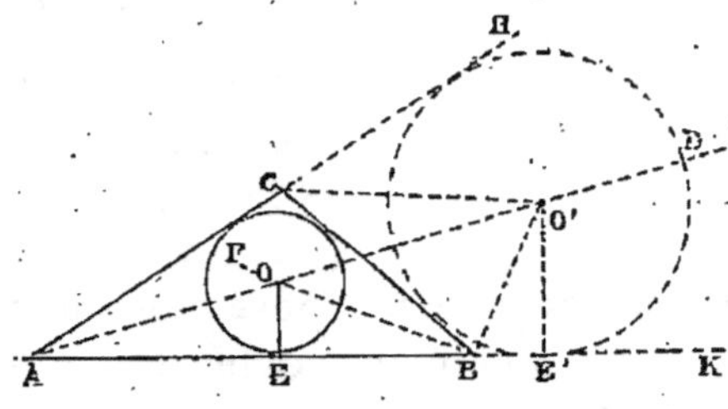

Fig. 213.

trois points de tangence sont égales comme rayons d'une circonférence et respectivement perpendiculaires aux trois côtés du triangle.

Le point O étant à égale distance des côtés AB, AC, est sur la bissectrice AD de l'angle de ces côtés; de même, le point O est sur la bissectrice BF de l'angle ABC. D'où, *construction* : Menons les bissectrices des angles A et B du triangle donné ; leur intersection O est le centre de la circonférence cherchée et la perpendiculaire OE, menée du point O sur AB, en est le rayon. La circonférence décrite du point O comme centre, avec QE pour rayon, sera tangente aux trois côtés du triangle et sera, par suite, la circonférence inscrite, demandée.

311. REMARQUE I. — Le triangle ABC dont les trois côtés sont tangents à la circonférence de centre O est dit *circonscrit* à cette circonférence.

312. REMARQUE II. — Si l'on prolonge les côtés AB, AC du triangle (fig. 213), et qu'on mène les bissectrices des angles extérieurs CBK, BCH du triangle donné, ces bissectrices se rencontreront en un point O′ qui, étant à égale distance des côtés AK, AH, BC, distance mesurée par la perpendiculaire O′E′ à AK, sera aussi sur la bissectrice AD de l'angle BAC.

La circonférence décrite du point O′ comme centre, avec O′E′ pour rayon, sera aussi tangente aux droites AK, AH et BC. Cette circonférence, tangente à l'un des côtés du triangle et aux prolongements des deux autres, est extérieure au triangle et s'appelle, pour cette raison, circonférence *ex-inscrite* au triangle.

Il est évident qu'on peut en mener deux autres ; si bien qu'il y a quatre circonférences différentes tangentes à trois droites qui se coupent deux à deux.

CONSTRUCTION DES TANGENTES

Problème.

313. *Par un point donné dans le plan d'une circonférence, mener une tangente à cette circonférence.*

1° *Le point est à l'intérieur de la circonférence.*

Le problème est impossible, car toute droite passant

par le point donné coupera la circonférence en deux points et sera sécante.

2° *Le point est sur la circonférence.*

Soit le point A donné sur la circonférence O (fig. 214).

Supposons le problème résolu, et soit AC la tangente demandée. Menons le rayon OA; nous savons que ce rayon est perpendiculaire à la tangente. La construction de la tangente demandée est dès lors évidente :

Construction. — On mène le rayon OA qui aboutit au

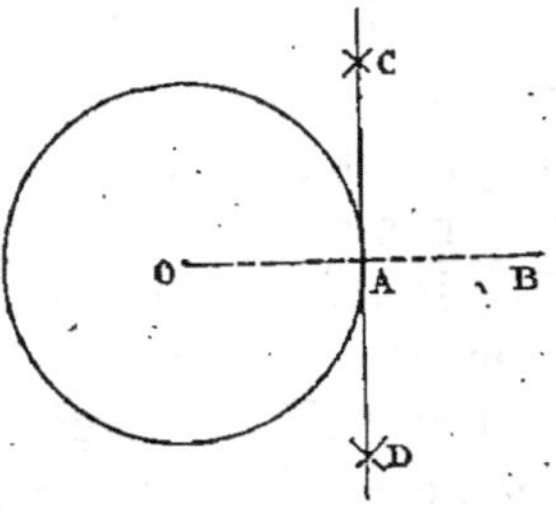

Fig. 214.

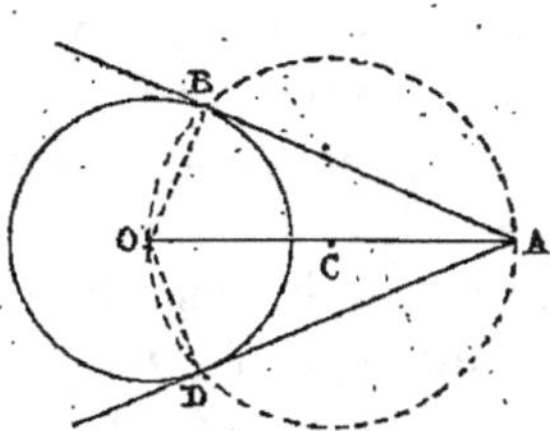

Fig. 215.

point donné, et, en ce point, on mène la perpendiculaire CAD à ce rayon : cette perpendiculaire est la tangente demandée.

Le problème n'admet qu'une solution :

3° *Le point est hors de la circonférence.*

Soit le point A (fig. 215). Supposons le problème résolu, et soit AB la tangente à la circonférence O et passant par le point A. Menons le rayon OB : le triangle OBA est rectangle et la circonférence décrite du milieu C de OA comme centre avec la moitié de cette droite pour rayon passe par le point B. Comme nous pouvons toujours décrire cette circonférence, il est facile d'obtenir le point B et, par suite, la tangente AB. D'où :

Construction. — Joignons le point donné au centre de la circonférence donnée et sur cette droite AO, comme diamètre, décrivons la circonférence qui coupe la première aux points B et D. Menons ensuite les droites

AB, AD : ces deux droites sont tangentes à la circonférence.

Le problème admet deux solutions.

314. Corollaire I. — *Les tangentes à un cercle, issues d'un même point, sont égales.*

En effet, les triangles rectangles OBA, ODA sont égaux, comme ayant l'hypoténuse commune et un autre côté égal, OB = OD ; donc AB = AD (fig. 215).

315. Corollaire II. — *La droite qui joint le point de concours des deux tangentes au centre du cercle est bissectrice de l'angle des tangentes.*

En effet, de l'égalité des triangles OBA, ODA, on déduit : angle OAB = angle OAD (fig. 215).

316. — La tangente au cercle trouve de nombreuses applications dans les arts pour les raccordements de droites par des arcs de cercle, pour la construction des moulures (323). Elle est aussi fréquemment utilisée en mécanique. Au moment où une corde quitte la gorge d'une poulie, le treuil des puits et ses modifications, le cabestan, etc., cette corde est dirigée suivant la tangente à la circonférence de contact. Dans la fronde, quand la pierre s'échappe de la corde, elle suit la direction de la tangente à la circonférence qu'elle décrivait avant d'être lancée.

Problème.

317. *Mener une tangente commune à deux circonférences.*

Soient les deux circonférences O et O' (fig. 216).

En admettant qu'elles aient une tangente commune, cette tangente peut être : 1° *extérieure*, si elle laisse les deux cercles du même côté ; 2° *intérieure*, si elle sépare les deux cercles.

1° *Tangente commune extérieure.*

Supposons le problème résolu et soit EE' la tangente commune demandée. Menons les rayons EO, E'O' ; ils sont parallèles comme étant perpendiculaires à la même

droite EE' (123). Menons O'C parallèle à EE'. La figure
CEE'O' est un parallélogramme, puisqu'elle a les côtés
opposés parallèles (151); dès lors

$$CE = O'E' \quad \text{et} \quad OC = OE - O'E'.$$

De plus les angles opposés du parallélogramme CEE'O'

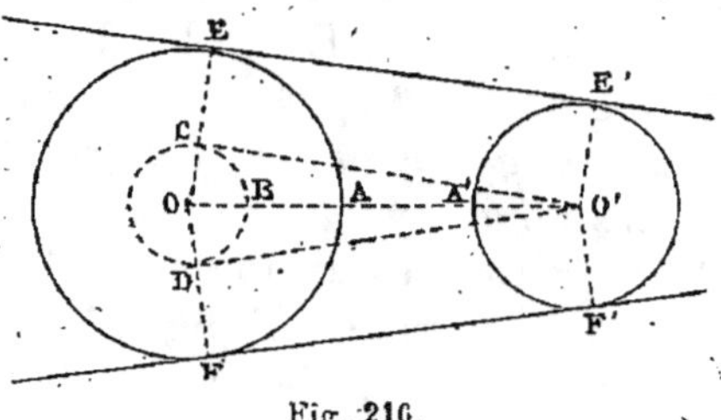

Fig. 216.

sont égaux (152) et $\hat{C} = \hat{E}' = 1$ droit; donc O'C est perpendiculaire à OE.

D'où la construction suivante :

Du point O comme centre, avec un rayon OB égal à la
différence OA — O'A' des rayons, on décrit une circonférence. Du point O', on mène la tangente O'C à cette
circonférence. Le rayon OC prolongé rencontre la circonférence de rayon OA en E. Du point O', on mène le
rayon O'E' parallèle à OE et l'on joint EE', qui est la
tangente commune de-
mandée.

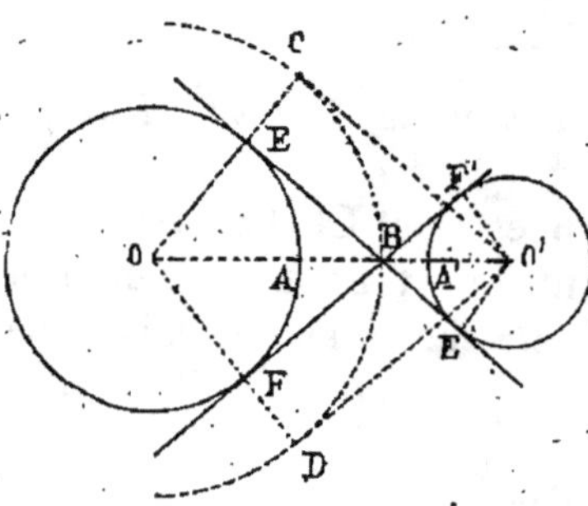

Fig. 217.

Comme du point O' on
peut mener deux tan-
gentes à la circonférence
OB, on obtient ainsi une
seconde tangente com-
mune FF'.

2° *Tangente commune
intérieure.*

Supposons le pro-
blème résolu, et soit EE' la tangente commune demandée (fig. 217). Menons les rayons OE, O'E'; ils sont

parallèles comme étant perpendiculaires à la même droite EE'. La parallèle O'C à EE' rencontre OE en C et forme le parallélogramme CEE'O', puisque, ses côtés opposés sont parallèles, et CE = O'E'. D'où OC = OE + O'E'.

De plus, les angles opposés du parallélogramme CEE'O' sont égaux (152), et $\hat{C} = \hat{E}' = 1$ droit; donc O'C est perpendiculaire à OC.

D'où la construction suivante :

Du point O comme centre, avec un rayon OB égal à la somme OA + O'A' des rayons, on décrit une circonférence. Du point O', on mène la tangente O'C à cette circonférence. Le rayon OC rencontre la circonférence de rayon OA en E. Du point O', on mène le rayon O'E' parallèle à OE, et l'on mène EE', qui est la tangente commune demandée.

De même que précédemment, on a une seconde tangente commune FF'.

Discussion.

La construction précédente nous montre que le problème sera possible toutes les fois que nous pourrons du point O' mener des tangentes à l'une ou à l'autre des circonférences auxiliaires décrites soit avec un rayon égal à la différence des rayons donnés, soit avec un rayon égal à la somme des mêmes rayons.

Donc : 1° Quand les deux circonférences données seront extérieures l'une à l'autre, la distance de leurs centres étant plus grande que la somme des rayons et *a fortiori* plus grande que la différence des mêmes rayons, le centre O' sera donc situé à l'extérieur des deux circonférences auxiliaires et l'on pourra mener deux tangentes à chacune de ces circonférences; donc, en ce cas, on aura quatre solutions (deux tangentes intérieures et deux tangentes extérieures).

2° Quand les deux circonférences données seront

tangentes extérieurement, la distance de leurs centres sera égale à la somme des rayons et, par conséquent, plus grande que leur différence; le centre O' sera donc situé sur la grande circonférence auxiliaire et en dehors de la petite circonférence auxiliaire. On ne pourra donc mener qu'une seule tangente à la grande, et deux tangentes à la petite; par suite le problème n'aura plus que trois solutions (une tangente intérieure et deux tangentes extérieures).

3° Quand les deux circonférences données seront sécantes, la distance de leurs centres sera plus petite que la somme des rayons et plus grande que leur différence; le centre O' sera donc situé à l'intérieur de la grande circonférence auxiliaire et à l'extérieur de la petite; par suite, on ne pourra plus mener de tangente à la grande circonférence, tandis qu'on pourra encore mener deux tangentes à la petite. Dès lors, on ne pourra plus mener que deux tangentes extérieures, et le problème n'aura plus que deux solutions.

4° Quand les deux circonférences données seront tangentes intérieurement, la distance des centres sera égale à la différence des rayons, et le centre O' sera

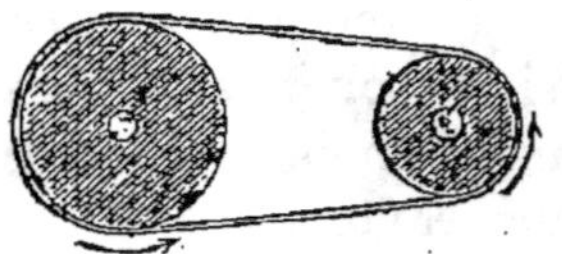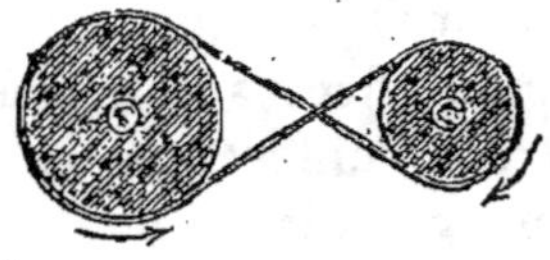

Fig. 218.

situé sur la petite circonférence auxiliaire; donc on ne pourra plus mener qu'une seule tangente à cette petite circonférence. Par suite, le problème n'aura plus qu'une seule solution (une tangente extérieure).

5° Enfin, si les deux circonférences sont intérieures l'une à l'autre, la distance de leurs centres est plus petite que la différence des rayons; donc le point O' est situé à l'intérieur de la petite circonférence auxiliaire;

donc on ne pourra plus lui mener de tangente. Le problème sera impossible.

En résumé,

Si les deux circonférences sont :

Extérieures,   4 solutions.
Tangentes extérieurement,   3 solutions.
Sécantes,   2 solutions.
Tangentes intérieurement,   1 solution.
Intérieures,   Pas de solution
                                   possible.

318. On trouve une application des tangentes communes à deux cercles dans les *courroies sans fin* qui servent, dans les ateliers, à communiquer le mouvement de rotation d'une roue à une autre (fig. 218).

La *courroie* est *extérieure*, si les deux roues tournent dans le même sens ; elle est *intérieure*, ou à brins croisés, si les roues tournent en sens inverse.

La *moufle*, si fréquemment employée par les entrepre-

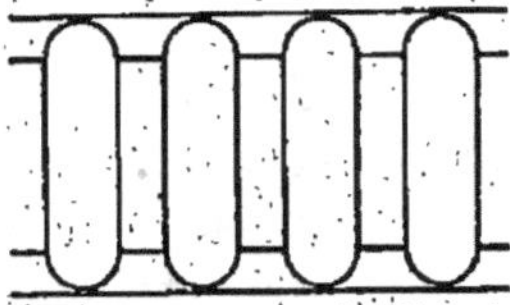

Fig. 219.

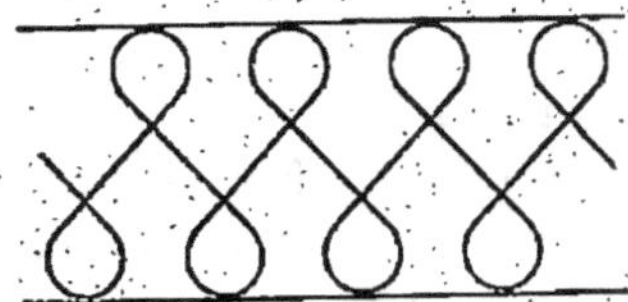

Fig. 220.

neurs pour élever ou descendre des fardeaux, est aussi une application des tangentes communes à deux cercles.

Dans les figures 219 et 220, qui représentent des fragments de grilles, on a des exemples simples de l'application des tangentes communes à deux cercles.

Problème.

319. *Décrire sur une portion de droite donnée un segment capable d'un angle donné.*

On dit qu'un *segment de cercle* est *capable d'un angle donné* C, lorsque tous les angles qui y sont inscrits sont égaux à l'angle C.

Soient la portion de droite AB et l'angle C donnés (fig. 221). Supposons le problème résolu : soit AMB le segment demandé dont O est le centre, c'est-à-dire un segment tel que tous les angles AMB qui y sont inscrits soient égaux à l'angle donné C. Nous savons, d'une part, que le centre O de la circonférence à laquelle appartient ce segment est sur la perpendiculaire élevée à AB et en son milieu E ; d'autre part, si nous menons BD, tan-

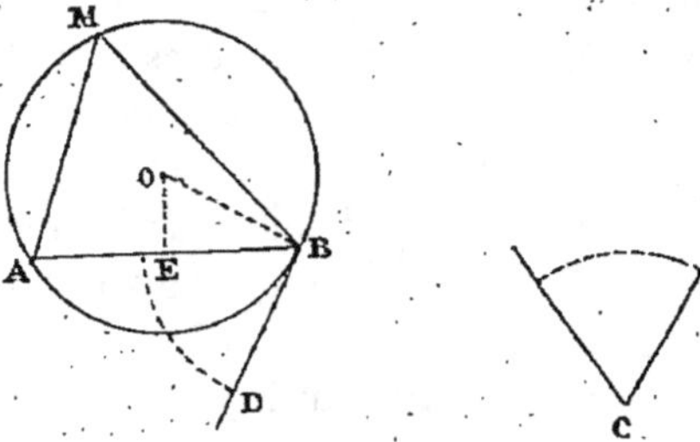

Fig. 221.

gente en B à cette circonférence, l'angle ABD a même mesure que AMB et, par suite, est égal à l'angle donné C ; et la perpendiculaire élevée en B à BD passe par le centre de la circonférence. D'où la construction suivante : A l'une des extrémités B de AB, construisons avec AB un angle $\widehat{ABD}$ égal à $\hat{C}$, et menons la perpendiculaire BO sur BD, puis la perpendiculaire OE sur AB et en son milieu. Du point de rencontre O, comme centre, avec OB pour rayon, décrivons une circonférence. Le segment de cercle AMB est le segment demandé.

On dit encore que de tous les points du segment AMB on voit la portion de droite AB sous un angle égal à l'angle donné C.

320. Remarque I. — On aurait pu décrire le segment AMB au-dessous de AB ; de sorte qu'on peut toujours

décrire, sur une portion de droite donnée, deux segments capables d'un angle donné ; ces segments et leurs centres sont symétriques par rapport à la portion de droite AB.

321. REMARQUE II. — De tous les points de l'arc AMB et de son symétrique par rapport à AB, on voit la portion de droite AB sous un angle égal à l'angle C ; de tous les points situés à l'intérieur de ces arcs, on voit AB sous des angles plus grands que l'angle C ; de tous les points situés à l'extérieur de ces arcs, on voit AB sous des angles plus petits que l'angle C ; on peut donc dire que ces deux arcs représentent le lieu géométrique des points d'un plan d'où l'on voit une portion de droite de ce plan sous des angles égaux à un angle donné.

322. REMARQUE III. — Si l'on applique la construction précédente au cas où l'angle donné est droit, il est facile de voir que le centre de l'arc AMB et celui de l'arc symétrique coïncident avec le milieu E de la portion de droite AB : donc, le lieu géométrique des points d'un plan d'où l'on voit une portion de droite de ce plan sous un angle droit est la circonférence décrite sur cette portion de droite comme diamètre.

CHAPITRE XIV

Applications. — Raccordements. — Moulures.

323. Deux lignes *se raccordent* lorsque, placées bout à bout, l'une semble être la continuation de l'autre. Lorsque deux lignes ne peuvent être disposées bout à bout, on peut généralement les raccorder par une courbe.

324. On applique dans les questions de raccordement les deux principes suivants :

1º Une droite se raccorde à un arc de cercle, quand le centre de l'arc se trouve sur la perpendiculaire à la droite menée au point de contact, c'est-à-dire quand la droite est tangente à l'arc.

2º Deux arcs de cercle se raccordent, lorsque leurs centres et le point de contact sont sur une même ligne droite, c'est-à-dire quand les deux arcs sont tangents entre eux.

Dans ce cas, les deux arcs admettent une tangente commune au point de raccord. La perpendiculaire à cette tangente au point de contact coïncide avec les rayons des cercles aboutissant en ce point.

325. Lorsque deux courbes ont un point commun sans admettre en ce point une tangente commune, elles forment un *jarret*.

Problème.

326. *Raccorder deux droites par un arc de cercle qui touche l'une d'elles en un point donné*

1° Les droites sont parallèles.

Soient les parallèles AB, CD et le point B sur AB (fig. 222).

Du point B, menons la perpendiculaire BD commune aux deux parallèles et, sur BD comme diamètre, décrivons une demi-circonférence, qui sera tangente aux deux droites et les raccordera.

On emploie cette construction pour le tracé des *arcades à plein cintre* qu'on trouve en architecture.

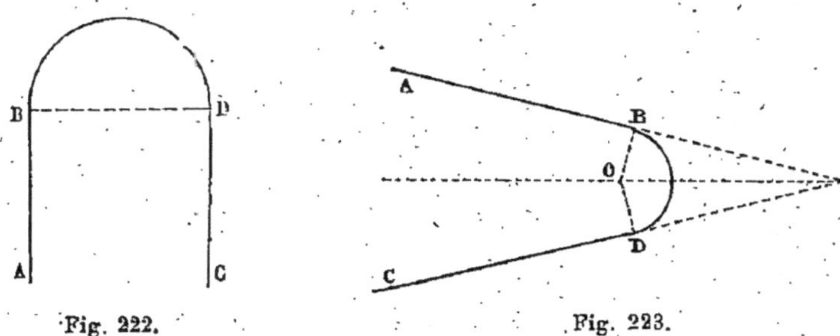

Fig. 222. Fig. 223.

2° Les droites sont non parallèles ou concourantes (fig. 223).

Déterminons la bissectrice de l'angle des droites, que nous supposons prolongées jusqu'à leur point d'intersection, et, du point B, menons BO perpendiculaire à AB; BO rencontre la bissectrice en un point O, qui est le centre de l'arc tangent aux deux droites.

Remarque. — On trouve une application pratique de ce raccordement dans la poulie simple.

Problème.

Comme exemple de raccordement de deux courbes, nous allons résoudre le problème suivant :

327. *Raccorder deux arcs de cercle de rayons donnés par un arc de cercle de rayon également donné.*

Soient R et *r* les rayons des arcs donnés, O et O'

leurs centres, et R' le rayon de l'arc de cercle devant raccorder les deux premiers (fig. 224).

Supposons le problème résolu : soit O'' le centre de l'arc cherché.

On a $OO'' = R' - R$, $O'O'' = R' - r$, puisque le point de contact A et les centres O, O'' sont en ligne droite, ainsi que le second point de contact B et les centres O' et O'' (227).

Donc, pour résoudre le problème, il suffira de décrire, des points O et O', des arcs de cercle avec des

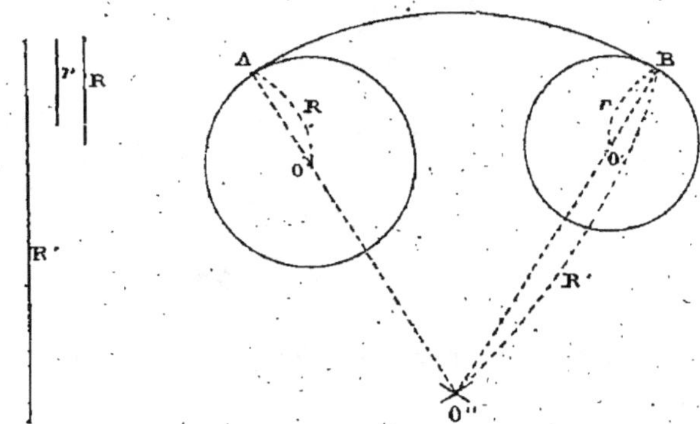

Fig. 224.

rayons respectivement égaux à $R' - R$ et $R' - r$. Ces arcs se rencontrent en un point O'', qui est le centre de l'arc cherché. Menant $O''O$, $O''O'$ et prolongeant, on a, en A et B, les deux points de contact.

Le problème admet évidemment d'autres solutions suivant la position de l'arc raccordant, par rapport aux centres O et O'.

Ce problème peut s'énoncer sous la forme suivante :

Mener une circonférence de rayon donné, qui soit tangente à deux circonférences données.

On trouve une application de plusieurs circonférences tangentes dans les engrenages. La roue O'' entraîne dans son mouvement, et dans le même sens qu'elle, les deux roues O et O'. Il est facile de voir que, si la circonférence O″ était tangente extérieurement, le mouvement communiqué serait de même sens pour les deux roues O et O′, mais en sens inverse de celui de O″.

Problème.

328. *Raccorder, par un arc de cercle, une droite donnée et un arc donné en un point A sur cet arc.*

Soient C le centre de l'arc donné (fig. 225) et BE la droite.

Menons le rayon CA et prolongeons. Le centre cherché sera sur ce rayon. Comme il doit se trouver à égale distance de la droite BE et de la circonférence C, c'est-à-dire à égale distance de BE et de la tangente AB à la circonférence C menée au point A, il sera sur la bissectrice de l'angle ABE formé par cette tangente et par BE.

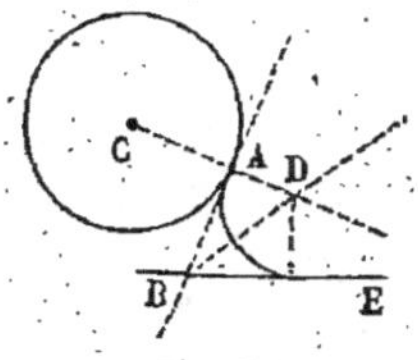

Fig. 225.

L'intersection D de cette bissectrice et du rayon CA prolongé sera donc le centre de l'arc demandé.

Il suffira donc de décrire cet arc du point D avec DA pour rayon.

On trouve une disposition sensiblement analogue dans le *cric*, dans l'appareil qui fait mouvoir les vannes d'une écluse. Les circonférences C et D sont alors des roues dentées, et la droite BE est une crémaillère.

Problème.

329. *Tracer un arc rampant.*

Quand une *arcade* est destinée à soutenir une *rampe*, on lui donne pour profil une courbe appelée *arc rampant*, formée de deux arcs de cercle se raccordant entre eux, d'une part, et, d'autre part, avec deux montants verticaux ou *pieds-droits*.

Soient AB et CD (fig. 226) les pieds-droits de l'arcade. Menons la droite AC parallèle à la rampe; c'est

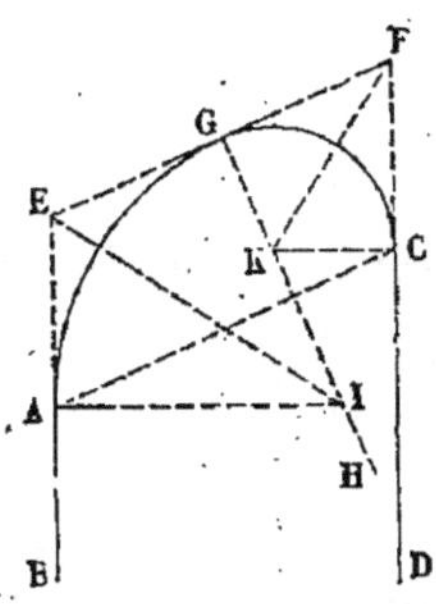

Fig. 226.

l'ouverture de l'arcade. Prolongeons, au-dessus de AC, les droites AB et CD des longueurs AE et CF égales à la moitié de AC, et joignons EF. Menons les bissectrices des angles E et F; puis du point G, milieu de EF, menons GH perpendiculaire à EF.

Cette droite rencontre les bissectrices des angles E et F aux points I et K, qui sont les centres des arcs de cercle cherchés.

En effet, le point I, étant sur la bissectrice de l'angle E, est à égale distance des côtés BE, EF de cet angle. De plus, la perpendiculaire, menée du point I à BE, passe par le point A, car les triangles rectangles IAE, IGE sont égaux comme ayant l'hypoténuse EI commune et un autre côté égal, IG = IA. Donc EG = EA. L'arc de cercle décrit du point I comme centre, avec IA pour rayon, sera tangent à AB au point A et à EF au point G. On montrerait de même que l'arc de cercle décrit du point K avec KC pour rayon sera tangent à DC en C et à EF en G. Ces deux arcs se raccordent donc entre eux en G et aux deux droites aux points A et C. La courbe AGC est donc l'arc rampant demandé.

Problème.

330. *Construire l'anse de panier à trois centres.*

Pour certains ponts, il est impossible de construire la voûte des arches en plein cintre; on construit alors une voûte surbaissée, dont le profil est donné par une courbe appelée *anse de panier*. Nous allons indiquer le tracé de l'anse de panier à trois centres.

Soient AB la largeur de l'arche (fig. 227), CD la hau-

teur ou la *montée* de la voûte, CD étant perpendiculaire
à AB et en son milieu. Sur AB comme diamètre, décrivons une demi-circonférence qui coupe CD en G.

Des points A et B comme centres, avec AC pour
rayon, décrivons des arcs
de cercle qui coupent la
demi-circonférence en F et
en E. Menons les cordes
AF, FG, GE, BE, puis
par le point D les paral-
lèles DM et DN à GE et
à GF; enfin, des points M
et N, menons les parallè-
les ML et NL aux rayons
EC et FC. Ces parallèles

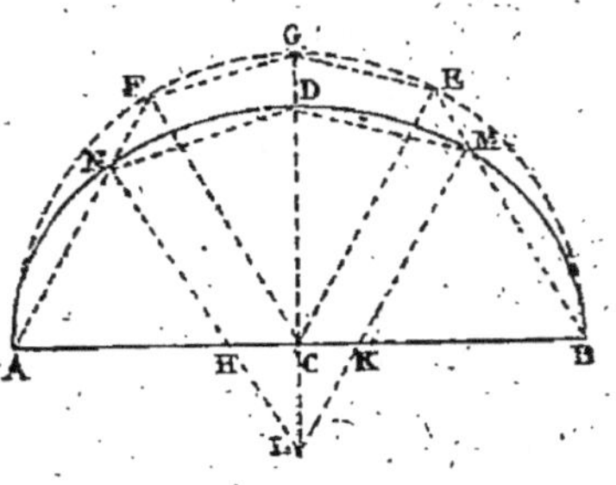

Fig. 227.

se rencontrent en L sur le prolongement de DC et coupent le diamètre AB aux points K et H.

Des points H et K comme centres, décrivons les arcs
de cercle AN et BM; puis, du point L, décrivons l'arc
NDM.

La courbe ANDMB est l'anse de panier demandée,
c'est-à-dire une courbe formée par le raccordement de
trois arcs de centres différents.

En effet, les triangles AFC et BEC sont équilatéraux
d'après la construction. Le triangle ANH a ses angles
respectivement égaux à ceux du triangle équilatéral
AFC; il est donc équiangle et, par suite, équilatéral;
donc HN = HA. De même, KM = KB. D'autre part,
le triangle LDN a ses angles respectivement égaux à
ceux du triangle CFG; ce dernier étant isocèle, le premier l'est aussi, et LN = LD; de même LM = LD :
donc LN = LD = LM. Alors, l'arc de cercle de centre
H et de rayon HA passera au point N; il se raccordera
avec l'arc de cercle de centre L et de rayon LN, puisque
le point de contact N se trouve sur la ligne des centres
HL. Pour la même raison, ce dernier arc se raccordera
avec l'arc BM.

10

Problème.

331. Construire une ovale.

L'*ovale* ou *fausse ellipse* est une courbe formée par le raccordement de quatre arcs de circonférence égaux deux à deux.

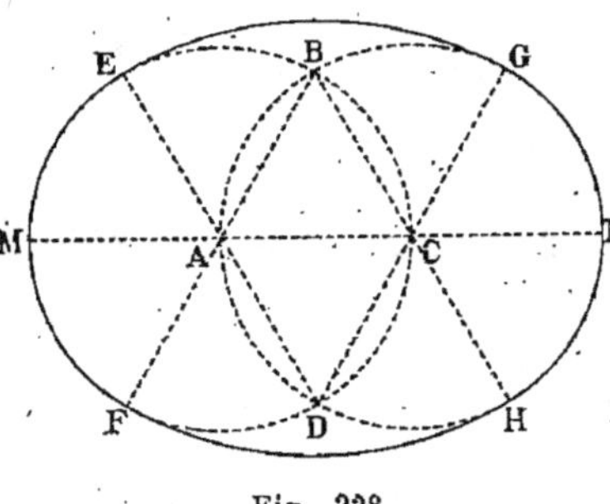

Fig. 228.

Pour tracer une ovale ayant la portion de droite MN pour plus grand axe de symétrie, on divise MN en trois parties égales par les points A et C (fig. 228). De A et de C, avec AM pour rayon, on décrit deux circonférences qui se coupent en B et D. Les points A,B,C,D sont les centres des quatre arcs qui formeront l'ovale, et les droites AE, AF, CG, CH donnent les limites de ces arcs. De D comme centre, on décrit l'arc EG; de B comme centre, on décrit l'arc FH et l'on complète la courbe au moyen des arcs FME, GNH appartenant aux deux circonférences précédemment décrites.

Problème.

332. Construire une ove.

L'*ove* est une courbe fermée formée par le raccordement de

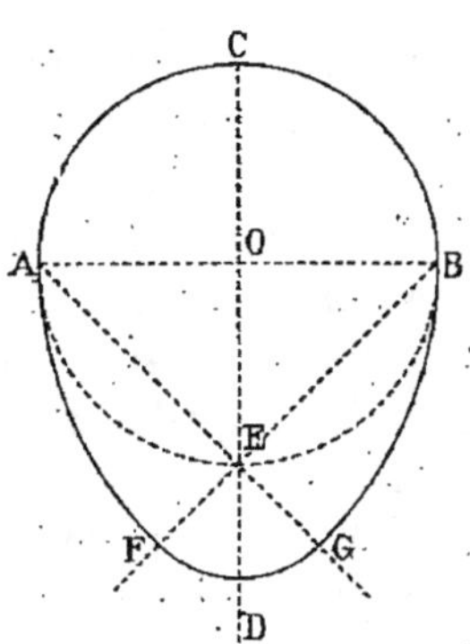

Fig. 229.

quatre arcs de circonférence. Pour tracer une ove, on mène la perpendiculaire COD à une droite quelconque AB et en son milieu O (fig. 229). De O comme centre, et avec AO pour rayon, on décrit la circonférence qui coupe CD en E; on mène les droites illimitées AE, BE. De A comme centre, on décrit l'arc BG ; de B comme centre on décrit l'arc AF ; de E comme centre, on décrit l'arc FG et l'on complète la courbe au moyen de la demi-circonférence ACB précédemment tracée. Cette courbe rappelle le profil d'un œuf, et aussi le profil d'un ornement d'architecture portant le même nom que la courbe et fréquemment employé dans la décoration des corniches.

MOULURES

333. Les moulures sont des ornements saillants qu'on trouve en architecture.

Dans un certain nombre d'entre elles, la *baguette*

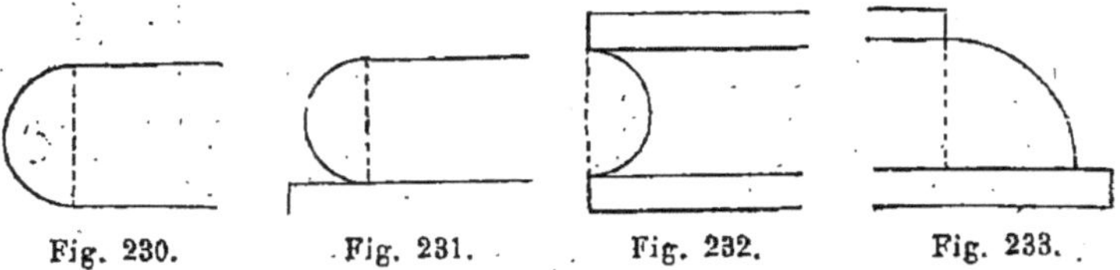

Fig. 230.   Fig. 231.   Fig. 232.   Fig. 233.

(fig. 230), le *tore* (fig. 231), la *gorge* (fig. 232), le *quart de rond droit* (fig. 233), le *quart de rond renversé* (fig. 234), le *cavet* (fig. 235), le *cavet renversé* (fig. 236),

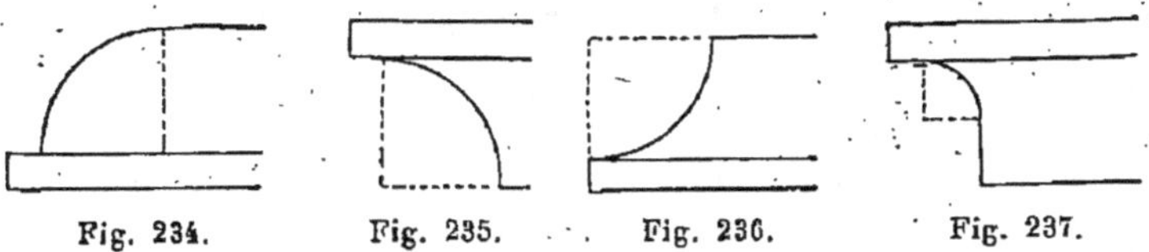

Fig. 234.   Fig. 235.   Fig. 236.   Fig. 237.

le *congé* ou *petit cavet* (fig. 237), on trouve des exemples de circonférences tangentes à des droites.

Les suivantes présentent des circonférences tangentes entre elles :

Les arcs sont tangents extérieurement dans le *talon droit* (fig. 238), le *talon renversé* (fig. 239), la *doucine* (fig. 240) et la *doucine renversée* (fig. 241). Au contraire,

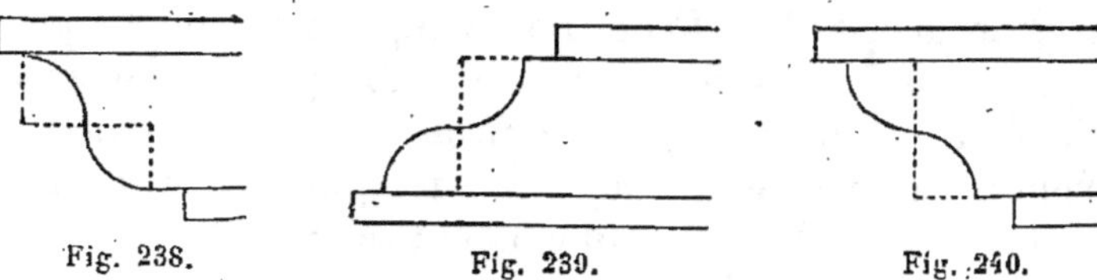

Fig. 238. Fig. 239. Fig. 240.

les arcs sont tangents intérieurement dans la *scotie* (fig. 242) et la *scotie renversée* (fig. 243).

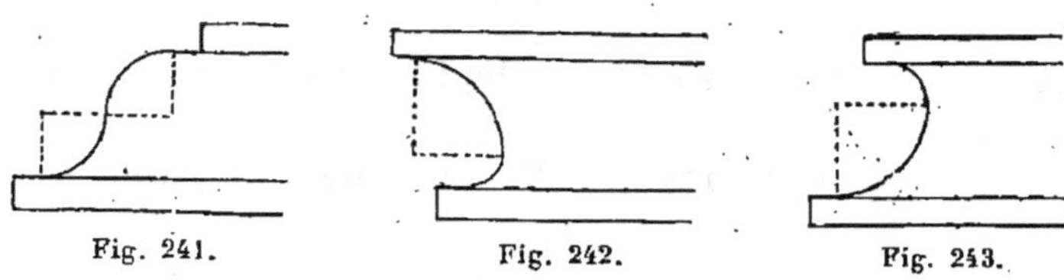

Fig. 241. Fig. 242. Fig. 243.

Les figures indiquant suffisamment la construction de ces moulures, nous nous dispenserons d'en donner l'explication.

EXERCICES GRAPHIQUES

135. Construire avec la règle et le compas un angle de 90°, de 45°, de 135°.

136. Construire avec la règle et le compas un angle de 60°, de 120°, de 30°, de 15°.

137. Construire un triangle isocèle, connaissant la base et l'angle du sommet.

138. Existe-t-il dans le plan de tout triangle un point d'où l'on voie les trois côtés sous le même angle ?

139. Mener par deux points donnés deux droites parallèles qui forment un losange avec deux autres parallèles données.

140. Les perpendiculaires abaissées du milieu de chaque côté d'un quadrilatère inscrit sur le côté opposé passent par un même point.

141. Construire un triangle équilatéral de hauteur donnée.

142. Construire un triangle, connaissant deux côtés et la médiane relative à l'un d'eux.

143. Construire un triangle, connaissant les trois médianes.

144. Construire un triangle, connaissant deux hauteurs et le côté correspondant à l'une d'elles.

145. Construire un triangle, connaissant un côté, un angle adjacent à ce côté et la somme ou la différence des deux autres côtés.

146. Construire un triangle dans lequel on connaît une des trois hauteurs, un angle et sa bissectrice.

147. Le diamètre du cercle inscrit dans un triangle rectangle est égal à l'excès de la somme des deux côtés de l'angle droit sur l'hypoténuse.

148. Construire un triangle rectangle, connaissant un côté de l'angle droit et le rayon du cercle inscrit.

149. Construire un triangle dont le périmètre, un angle et la hauteur issue du sommet de cet angle sont donnés.

150. Par un point donné dans le plan d'un angle donné, mener une droite qui, en coupant les deux côtés de l'angle, détermine un triangle ayant un périmètre donné.

151. Une équerre se déplace de manière que les sommets de ses angles aigus parcourent deux axes rectangulaires; quel est le lieu du sommet de l'angle droit?

152. Quel est le lieu géométrique, des milieux des cordes interceptées par une circonférence sur toutes les sécantes qu'on peut mener par un point donné?

153. Si AB est le diamètre d'un cercle, on prend sur la circonférence un point quelconque C; on mène la droite AC, et sur CA, de part et d'autre du point C, on prend les longueurs CD et CD' égales à la corde CB. Trouver le lieu décrit par les points D et D' quand le point C parcourt la circonférence donnée.

154. Quel est le lieu des points d'un plan tels que les pieds des perpendiculaires menées de chacun d'eux aux trois côtés d'un triangle de ce plan soient en ligne droite?

155. Chacun des segments déterminés sur les côtés d'un triangle par les points de contact de la circonférence inscrite est égal au demi-périmètre du triangle diminué du côté opposé au sommet d'où part ce segment.

N. B. — Voir à la fin du volume des exercices de récapitulation sur les chapitres de IX à XIV.

CHAPITRE XV

Du plan et de la ligne droite dans l'espace.

334. Un *plan* est une surface telle qu'une droite qui passe par deux de ses points, pris à volonté, y est contenue tout entière. On considère comme un axiome l'existence d'une telle surface.

Ainsi les menuisiers reconnaissent qu'une planche rabotée est bien plane, en appliquant sur cette planche, et dans tous les sens, le bord d'une règle droite et regardant à chaque fois si la règle coïncide partout avec la planche.

Une feuille de papier bien unie, parfaitement tendue en tous sens et aussi mince que possible, peut nous donner l'idée d'un plan.

335. Le plan a une étendue illimitée, mais, pour faciliter les démonstrations et fixer les idées, on n'en considère qu'une portion limitée à laquelle on donne généralement la forme d'un parallélogramme, et l'on désigne cette positions de plan par une lettre placée à l'un des sommets du parallélogramme ou par deux lettres placées à deux sommets opposés (fig. 244).

336. D'après la définition du plan, une droite AB peut avoir trois positions différentes par rapport à un plan et n'en peut avoir que trois :

1° La droite et le plan ont deux points communs : la droite est alors tout entière contenue dans le plan ;

2º La droite et le plan n'ont qu'un point commun : on dit que la droite et le plan se *coupent*; le point commun s'appelle le *pied* de la droite dans le plan (fig. 244);

3º La droite et le plan n'ont aucun point commun : on dit que la droite et le plan sont *parallèles*.

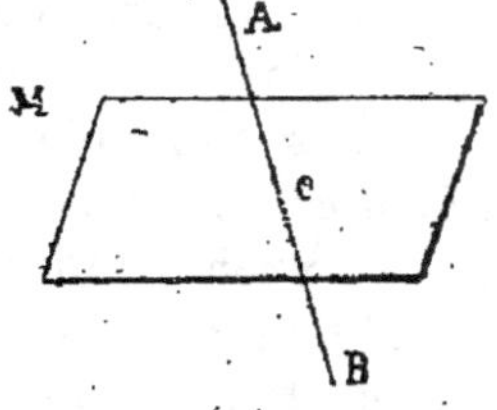
Fig. 244.

337. Il est évident que par une droite il passe une infinité de plans; d'abord on peut faire coïncider une droite d'un plan avec la droite donnée et l'on aura bien ainsi un plan passant par cette droite; puis en faisant tourner le plan autour de la droite donnée, on aura dans chacune des positions occupées un nouveau plan passant par la droite donnée.

Théorème.

338. *Deux droites qui se coupent déterminent un plan.*

Autrement dit : *Par deux droites qui se coupent :*

1º *On peut faire passer un plan;*

2º *On n'en peut faire passer qu'un.*

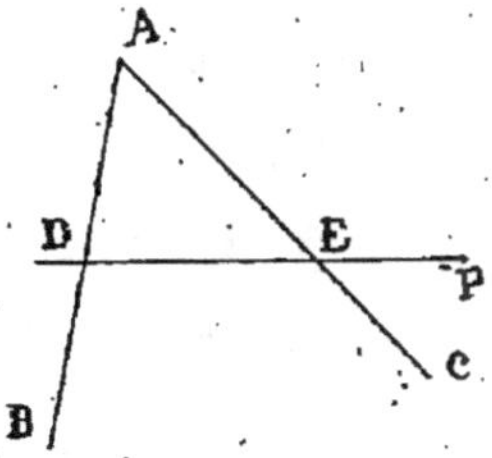

Hypothèse : On donne deux droites concourantes AB, AC (fig. 245).

Conclusions : 1º Par ces droites, on peut faire passer un plan.

Fig. 245.

En effet, par AB, faisons passer un plan; puis faisons-le tourner autour de AB comme charnière jusqu'à ce qu'il rencontre le point C. La droite AC, ayant deux de ses points A et C dans ce plan, y est contenue tout entière.

Donc on peut mener un plan par AB et AC.

2º On n'en peut mener qu'un.

Supposons que par AB et AC on puisse faire passer un second plan : soit P un point de ce deuxième plan.

Par le point P, menons une droite qui rencontre AB et AC en D et E. Cette rencontre aura lieu, puisque P, AB, AC sont supposés dans le même plan.

Mais alors les points D et E, situés sur les droites AB, AC, du second plan, sont aussi dans le premier plan; la droite PED et, par suite, le point P sont donc aussi dans ce premier plan.

On démontrerait de même que tout autre point du second plan se trouve dans le premier.

Dès lors les deux plans, ayant tous leurs points communs, coïncident.

On se rend d'ailleurs aisément compte que si, après avoir fait passer un plan par les droites AB et AC, on le dérange de la position qu'il occupe, par exemple en continuant à le faire tourner autour de AB comme charnière, ce plan cessera de contenir le point C, et, par suite, la droite AC.

Les deux droites concourantes AB, AC déterminent donc un plan, et un seul.

339. Corollaire I. — *Une droite et un point, hors de cette droite, déterminent un plan.*

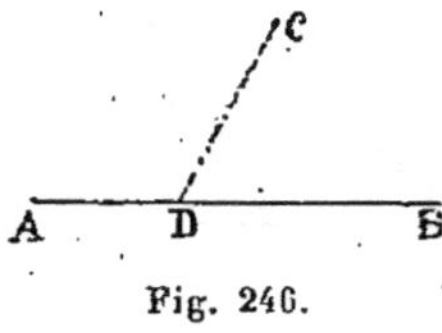

Fig. 246.

En effet, si l'on joint le point donné C (fig. 246) à un point quelconque D de la droite AB, on obtient deux droites concourantes AB, CD, et l'on est ramené au théorème précédent.

Une porte pouvant tourner autour de ses gonds et fixée par le pène nous donne l'image d'un plan passant par une droite et un point.

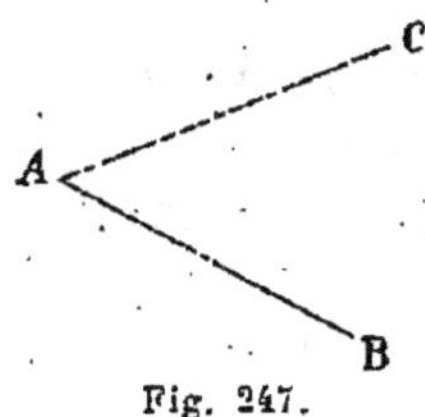

Fig. 247.

340. Corollaire II. — *Trois points non en ligne droite déterminent un plan.*

En effet, en joignant l'un des points, A par exemple (fig. 247), aux deux autres B et C, on obtient deux droites qui se coupent AB, CD, et l'on est ramené au théorème précédent.

341. Corollaire III. — *Deux droites parallèles déterminent un plan.*

Soient les parallèles AB, CD (fig. 248). Par définition (122), elles sont dans un même plan. Tout plan contenant ces droites passera par AB et par le point C. Or une droite et un point extérieur à cette droite ne déterminent qu'un plan (339).

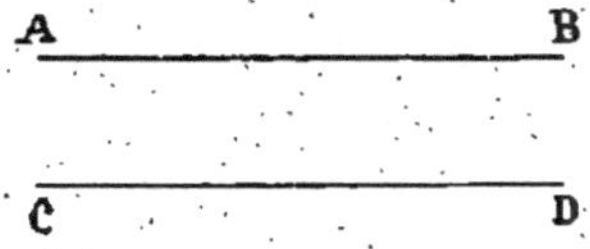

Fig. 248.

342. Il résulte de là que, si une droite se meut en s'appuyant sur deux droites concourantes ou sur deux droites parallèles, elle engendrera un plan.

Les tuiliers utilisent ce principe dans la fabrication des tuiles plates et des briques. On emplit de terre glaise une caisse rectangulaire et l'on fait glisser soit sur deux bords consécutifs, soit sur deux bords parallèles, une règle droite qui détermine une surface plane à la partie supérieure du moule.

Les maçons font de même avec le bord de la truelle pour égaliser le mortier entre deux briques.

On emploie le même procédé pour aplanir les faces des tas de cailloux sur les routes, des tas de sable, pour niveler une mesure pleine de blé.

Les charpentiers, les scieurs de long font mouvoir leur scie suivant deux droites parallèles ou concourantes tracées sur deux faces opposées; la section faite par la scie est une surface plane.

Les tailleurs de pierre en font aussi l'application en traçant, sur le bloc à tailler, deux droites parallèles ou concourantes et en enlevant ensuite au ciseau la matière située en dehors du plan de ces droites.

343. Positions relatives de deux plans. — Deux plans peuvent avoir trois positions l'un par rapport à l'autre :

  GÉOMÉTRIE

1° Deux plans *coïncident*, s'ils ont au moins trois points communs non situés en ligne droite;

2° Si deux plans distincts ont un ou plusieurs points communs, on dit que ces deux plans se *coupent* et l'on démontre que leur *intersection*, c'est-à-dire le lieu géométrique de tous leurs points communs, est une *ligne droite* (344);

3° Si deux plans distincts n'ont aucun point commun, on dit que ces deux plans sont *parallèles*.

Théorème.

344. *L'intersection de deux plans est une ligne droite.*

Hypothèse : On a deux plans M et P qui se coupent suivant AB (fig. 249).

Conclusion : AB est une ligne droite.

En effet, si trois points A, B, C de cette intersection n'étaient pas en ligne droite, les deux plans, ayant ces trois points communs, coïncideraient (340), ce qui serait contraire à l'hypothèse.

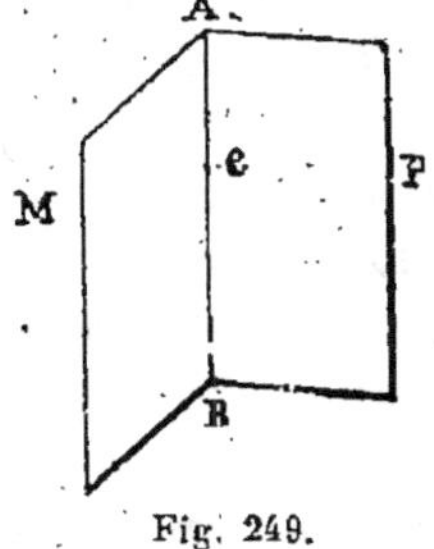

Fig. 249.

345. Le pli d'une feuille de papier peut être considéré comme l'intersection de deux plans, et c'est une ligne droite. Quand on trace avec la règle et le crayon une droite sur le papier, cette droite peut être considérée comme l'intersection du plan du papier avec le plan engendré par le crayon.

346. La représentation, en perspective, des corps à arêtes rectilignes exige un usage constant de ce théorème.

Supposons une droite AB vue d'un point O au travers d'une vitre fixe M (fig. 250). Le point O et la droite AB déterminent un plan OAB coupant le plan M de la vitre suivant la droite *ab*, qui est appelée la *perspective* de AB. On trouverait de même les perspectives de toutes les arêtes rectilignes du corps et, par suite, la perspective de ce corps.

Inversement, si entre un point lumineux O et un plan opaque M est interposée une droite matérielle AB

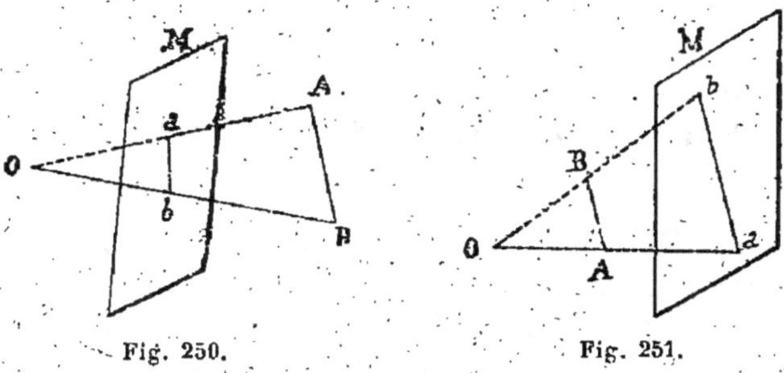

Fig. 250. Fig. 251.

(fig. 251), le point O et la droite AB déterminent un plan OAB qui coupe le plan M suivant une droite ab.

La droite AB interceptant les rayons lumineux qui partent du point O, la ligne ab ne sera pas éclairée et paraîtra obscure sur le plan M. Cette droite ab s'appelle l'*ombre portée* par AB sur le plan M.

On obtiendrait de même les ombres portées, sur un plan, par toutes les arêtes rectilignes d'un corps et, par suite, l'ombre portée par ce corps sur le plan considéré.

347. Dans les travaux d'atelier on utilise fréquemment aussi ce théorème : ainsi l'arête d'une règle dressée est l'intersection de deux faces planes adjacentes ; de même, en posant les charnières d'une fenêtre ou d'une porte, les ouvriers ont soin que les articulations de ces charnières soient en ligne droite.

CHAPITRE XVI

Perpendiculaires et obliques au plan.

348. Une droite est dite *perpendiculaire à un plan*, lorsqu'elle est perpendiculaire à toutes les droites qui passent par son pied dans ce plan. On dit aussi que le plan est perpendiculaire à la droite.

Lorsqu'une droite rencontre un plan sans lui être perpendiculaire, on dit que cette droite est *oblique* au plan.

Théorème.

349. *Lorsqu'une droite est perpendiculaire à deux droites passant par son pied dans un plan, elle est perpendiculaire à ce plan.*

Hypothèse : On donne une droite AB perpendiculaire à deux droites BC, BD passant par son pied B dans le plan MP (fig. 252).

Conclusion : AB est perpendiculaire au plan MP.

En effet, démontrons que AB est aussi perpendiculaire à une troisième droite quelconque BI du plan MP passant par le pied B. Menons dans le plan MP une droite rencontrant BD, BI,

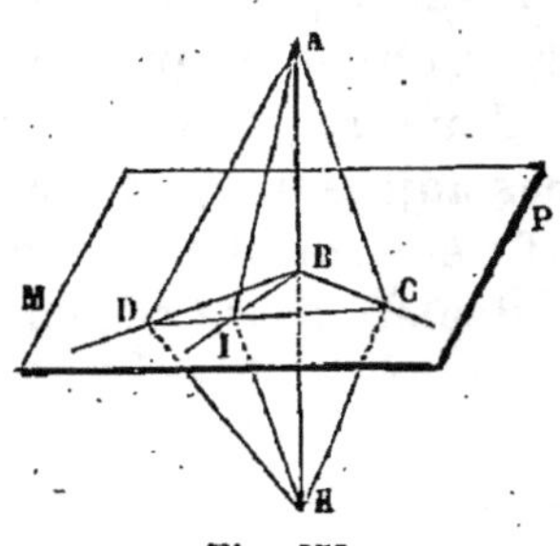

Fig. 252.

BC aux points D, I, C; soit la droite DC. Prolongeons, de l'autre côté du plan, AB d'une longueur BK = AB et joignons les points D, I, C, aux points A et K.

Les deux triangles ADC, KDC sont égaux, comme ayant les trois côtés égaux, chacun à chacun, savoir : CD commun, CA = CK comme obliques s'écartant également du pied de la perpendiculaire CB dans le plan ACK ; DA = DK comme obliques s'écartant également du pied de la perpendiculaire BD dans le plan ADK ; donc les angles ACD, KCD sont égaux.

Alors les triangles ACI, KCI sont égaux, comme ayant un angle égal compris entre deux côtés égaux, chacun à chacun, savoir : CI commun, CA = CK, angle KCI = ACI ; donc : AI = IK.

Il en résulte que le triangle AIK est isocèle et la droite IB, qui joint le sommet I au milieu B de la base AK, est perpendiculaire à la base AK. Inversement AK ou AB est perpendiculaire sur BI.

On démontrerait de même que AB est perpendiculaire à toute autre droite passant par son pied dans le plan MN. Donc AB est perpendiculaire à ce plan (348).

C. q. f. d.

350. *Application*. — Ce théorème nous montre que si, par la droite AB, on mène deux plans différents et si, au point C (fig. 253), on mène dans chacun des plans les perpendiculaires CD et CE à AB, le plan ECD sera perpendiculaire à AB. Les charpentiers, menuisiers, tailleurs de pierres, serruriers, utilisent cette propriété pour couper d'équerre une pièce de bois, de pierre, de fer. Ils aplanissent deux faces adjacentes, et, leur intersection étant une droite, en un point C de cette arête ils mènent dans chaque face la perpendiculaire à cette arête. Le plan qui coupe la pièce suivant ces deux perpendiculaires est perpendiculaire à l'arête AB.

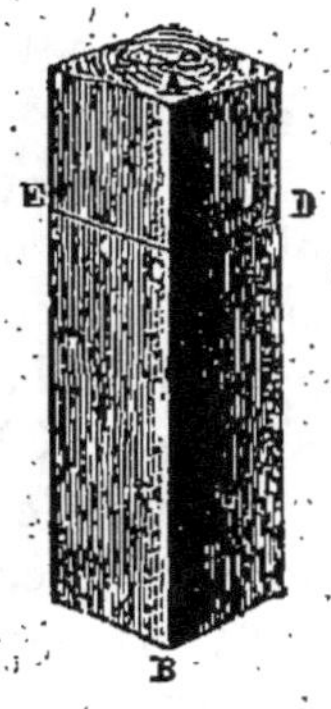

Fig. 253.

On voit donc que, par un point donné sur une droite, on peut toujours mener un plan perpendiculaire à cette droite. Nous allons d'ailleurs le démontrer directement, et faire voir qu'on n'en peut mener qu'un.

Théorème.

351. *Par un point pris sur une droite on peut toujours mener un plan perpendiculaire à cette droite, et l'on n'en peut mener qu'un.*

Hypothèse : On a une droite AB et un point C sur cette droite (fig. 254).

Conclusions : 1° On peut toujours mener par le point C un plan perpendiculaire à AB; 2° on n'en peut mener qu'un seul.

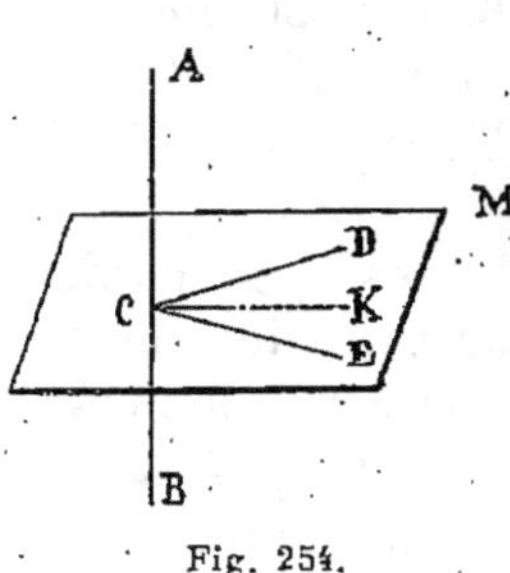

Fig. 254.

En effet : 1° Imaginons deux plans passant par AB. Menons par le point C, à la droite AB, la perpendiculaire CD dans l'un et la perpendiculaire CE dans l'autre. Ces deux droites concourantes déterminent un plan (338) et ce plan M est perpendiculaire à AB, puisque AB est perpendiculaire à deux droites qui passent par son pied dans ce plan (349).

2° Supposons qu'il passe par le point C un second plan P perpendiculaire à AB; ce second plan P sera coupé par le plan ACD suivant une intersection CK perpendiculaire à AB; mais CD est perpendiculaire à AB; donc CK coïncide avec CD. On démontrerait de même que le plan P est coupé par le plan ACE suivant une droite coïncidant avec CE. Donc, tout plan mené par C perpendiculairement à AB, contenant les droites CD et CE, coïncide avec le plan M; par conséquent, par le point C de la droite AB on ne peut faire passer qu'un seul plan perpendiculaire à cette droite.   *C. q. f. d.*

352. REMARQUE. — Il résulte de la démonstration précédente que, par un point pris sur une droite de l'espace, on peut mener une infinité de perpendiculaires à

cette droite, car, par cette droite, on peut faire passer une infinité de plans, et dans chacun d'eux on peut mener, par le point commun, la perpendiculaire à la droite.

353. Le lieu géométrique des perpendiculaires à une droite, élevées en un point de cette droite, est le plan perpendiculaire à la droite en ce point.

En effet, deux quelconques de ces perpendiculaires déterminent un plan; ce plan est perpendiculaire à la droite, et, comme par un point d'une droite on ne peut mener qu'un plan perpendiculaire à cette droite, il en résulte que toutes les perpendiculaires à la droite menées par le même point sont contenues dans le même plan perpendiculaire en ce point à la droite. Et, réciproquement, toute droite de ce plan passant par le point d'intersection de la droite donnée et du plan est perpendiculaire à la droite donnée, d'après la définition de la droite perpendiculaire au plan.

Théorème.

354. *Par un point pris hors d'une droite, on peut toujours mener un plan perpendiculaire à cette droite, et l'on n'en peut mener qu'un.*

Hypothèse : On a une droite AB et un point D en dehors de cette droite (fig. 255).

Conclusions : 1° On peut toujours, par le point D, mener un plan perpendiculaire à AB.

En effet, imaginons un plan passant par le point D et la droite AB; et, dans ce plan, menons DC perpendiculaire à AB. Par la droite AB, faisons passer un second plan quelconque et menons, dans ce plan, la perpendiculaire CE à AB. Les deux droites concourantes CD et CE déterminent un

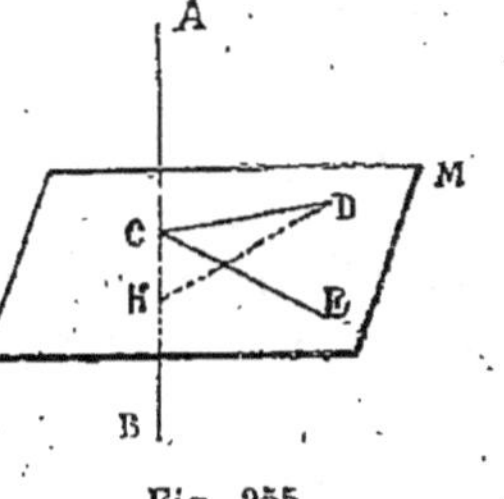

Fig. 255.

plan M qui est perpendiculaire à AB, car cette droite est perpendiculaire à deux droites qui passent par son pied dans ce plan (349).

2° On n'en peut mener qu'un.

En effet, supposons qu'il passe par le point D un second plan P, perpendiculaire à AB: ce plan P sera coupé par le plan ACD suivant une intersection DH perpendiculaire à AB; mais DC est perpendiculaire à AB; donc DH coïncide avec DC et tout plan P, mené par D perpendiculairement à AB, passe par le point C; or, par C on ne peut mener qu'un plan perpendiculaire à AB; par conséquent, par le point D, pris en dehors de AB, on ne peut mener qu'un seul plan perpendiculaire à AB.

355. Remarque. — Si un point et une droite sont donnés dans l'espace, on ne pourra mener qu'une seule perpendiculaire du point sur la droite, car par le point et la droite on ne peut mener qu'un seul plan, et, dans ce plan, on ne peut mener qu'une seule perpendiculaire à cette droite.

Théorème.

356. *Par un point pris dans un plan,*

1° *On peut mener une perpendiculaire à ce plan;*

2° *On n'en peut mener qu'une.*

1° *Hypothèse* : On a un point A dans un plan M (fig. 256).

Conclusion : On peut toujours, par le point A, mener une perpendiculaire au plan M.

En effet, soit le point A dans le plan M. Prenons dans l'espace une droite quelconque A'B'. Par le point A', on peut toujours mener un plan perpendiculaire à A'B' (fig. 257) (351); menons ce plan et faisons glisser l'ensemble de cette figure sur le plan M, de manière que le plan M' coïncide avec le plan M et que le point A' soit sur le point A. La droite A'B' prendra une position AB, et, comme elle n'a pas cessé d'être perpendiculaire sur le plan M′, elle le sera encore sur le plan M coïncidant avec le plan M′. Donc, par un point A d'un plan M, on peut toujours mener une perpendiculaire à ce plan.

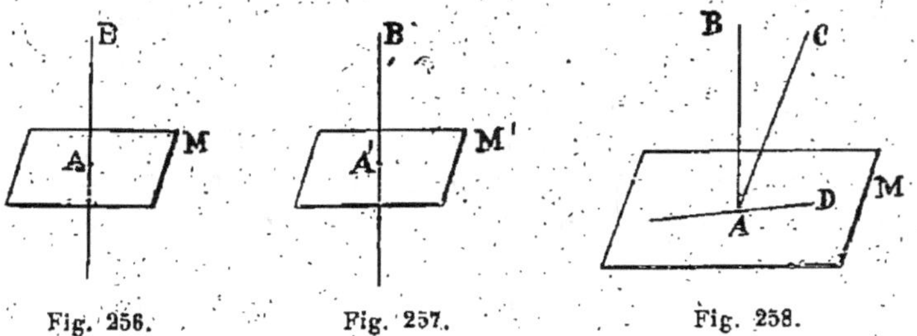

Fig. 256.   Fig. 257.   Fig. 258.

2° *Hypothèse* : On a la droite AB perpendiculaire au plan M (fig. 258).

Conclusion : C'est la seule perpendiculaire au plan M passant par A.

En effet, supposons qu'une autre droite AC soit aussi perpendiculaire au plan M. Les deux droites concourantes AB, AC déterminent un plan qui coupe le plan M suivant une droite AD.

Or AB perpendiculaire au plan M l'est à AD (348); si AC était perpendiculaire au plan M, elle le serait aussi à AD. On aurait donc dans le plan ABCD, et au même point A, deux perpendiculaires AB, AC à la même droite AD, ce qui est impossible. Donc AC n'est pas perpendiculaire au plan M.   C. q. f. d.

Théorème.

357. *Par un point hors d'un plan,*

1° *On peut mener une perpendiculaire à ce plan;*

2° *On n'en peut mener qu'une.*

1° *Hypothèse* : On a un point A hors d'un plan M (fig. 259).

Conclusion : On peut toujours mener par le point A une perpendiculaire au plan M.

En effet, prenons dans l'espace une droite quelconque

A'B'. Par un point quelconque de A'B', soit B' par exemple, nous pouvons toujours mener un plan perpendiculaire à A'B'; menons ce plan (fig. 260) et faisons glisser l'ensemble de cette figure sur le plan M, de manière que les plans M' et M coïncident et que A'B' passe par le point A; cette ligne prendra alors la position AB, et, comme A'B' n'a pas cessé d'être perpendiculaire au plan M', elle le sera aussi au plan M qui coïncide avec le plan M'. Donc par un point A, pris en

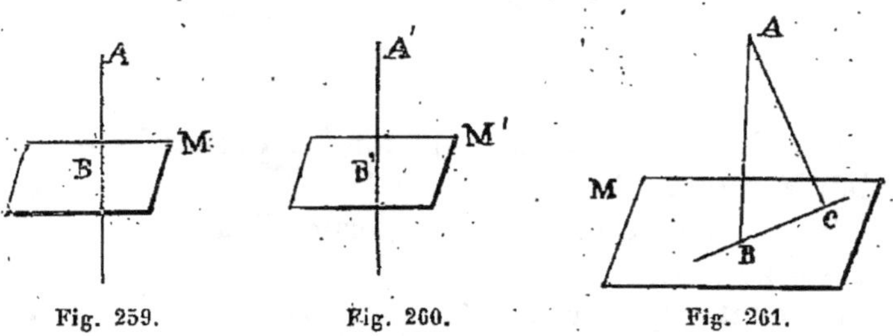

Fig. 259.   Fig. 260.   Fig. 261.

dehors d'un plan M, on peut toujours mener une perpendiculaire à ce plan.   *C. q. f. d.*

2° *Hypothèse* : AB est perpendiculaire au plan M. (fig. 261).

Conclusion : Elle est la seule passant par le point A.

En effet, supposons qu'une autre droite AC soit aussi perpendiculaire au plan M. Les deux droites AB, AC déterminent un plan qui coupe le plan M suivant une droite BC.

Or AB, perpendiculaire au plan M, l'est à BC (348); si AC est perpendiculaire au plan M, elle l'est aussi à BC. On aurait donc, dans le plan BAC et du même point A deux perpendiculaires AB, AC à une même droite BC, ce qui est impossible. Donc AC n'est pas perpendiculaire au plan M.   *C. q. f. d.*

358. *Application*. — Pour mener par un point donné la perpendiculaire à un plan, on peut, à l'atelier, utiliser l'équerre à trois branches perpendiculaires entre elles (fig. 262).

On applique deux de ces branches AO, BO sur le plan et l'on fait glisser l'équerre jusqu'à ce que l'autre branche OC passe par le point donné (fig. 263).

On peut facilement construire une équerre à trois branches par le pliage d'une feuille de papier.

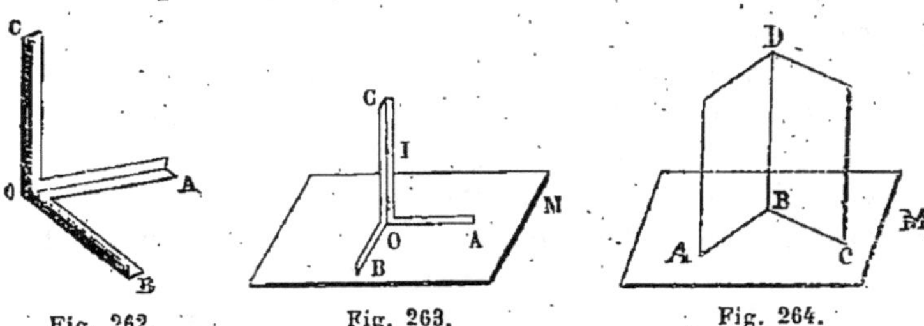

Fig. 262.   Fig. 263.   Fig. 264.

La feuille étant pliée suivant la droite ABC (fig. 264), on fait un second pli suivant BD, de telle sorte que AB s'applique exactement sur BC. Alors BD est perpendiculaire aux deux droites AB et BC.

Si donc on ouvre légèrement la feuille pliée, BD constitue avec les droites AB et BC une équerre à trois branches; et, si l'on applique la feuille sur un plan M, de manière que AB et BC soient dans le plan, la droite BD est perpendiculaire en B au plan M.

359. Lorsque le point est donné dans le plan, on peut employer deux équerres de corde (542), COA, COB (fig. 265) de manière que les deux brins OC coïncident.

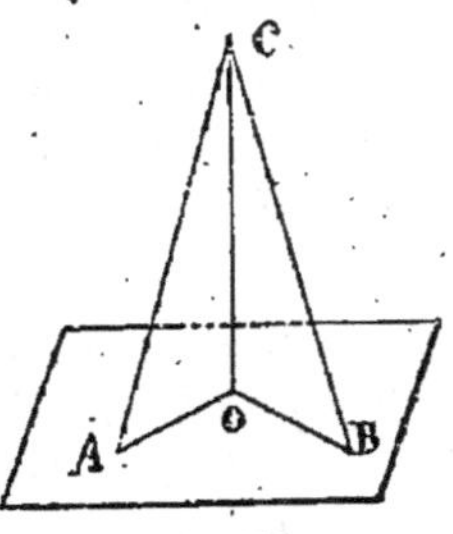

Fig. 265.

Si le plan donné est horizontal, la direction du fil à plomb, qui passera par le point donné, sera perpendiculaire à ce plan.

Nous verrons un autre procédé (n° 364).

Théorème.

360. *Si d'un point pris hors d'un plan on mène à ce plan la perpendiculaire et différentes obliques,*

1° La perpendiculaire est plus courte que toute oblique;

2° Deux obliques dont les pieds s'écartent également du pied de la perpendiculaire sont égales;

3° De deux obliques dont les pieds s'écartent inégalement du pied de la perpendiculaire, celle dont le pied s'en écarte le plus est la plus grande.

1° *Hypothèse* : On a mené d'un point A, hors du plan M, la perpendiculaire AB et l'oblique AC à ce plan (fig. 266).

Conclusion : On a : $AB < AC$.

En effet, les deux droites concourantes AB, AC, déterminent un plan qui coupe le plan M suivant la droite BC. Or AB étant perpendiculaire au plan M est perpendiculaire à BC qui passe par son pied dans ce plan.

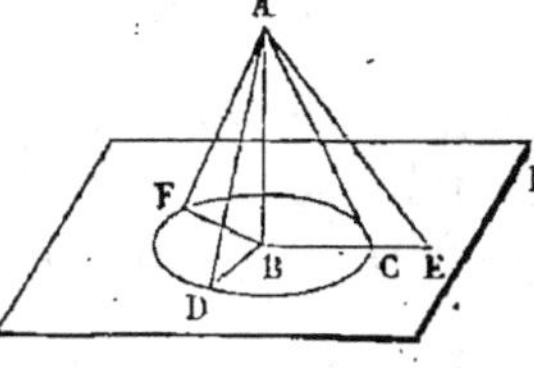

Fig. 266.

Donc, dans le plan ABC on a, du point A, la perpendiculaire AB et l'oblique AC à BC; par suite AB est plus courte que AC (107).

2° *Hypothèse* : On a deux obliques AF et AC telles que $BF = BC$ (fig. 266).

Conclusion : $AF = AC$.

En effet, les deux triangles rectangles ABF, ABC sont égaux comme ayant un angle droit compris entre deux côtés égaux chacun à chacun, donc : $AF = AC$.

3° *Hypothèse* : On a deux obliques AE, AD, telles que l'on ait : $BE > BD$.

Conclusion : On a aussi : $AE > AD$.

En effet, prenons sur BE une longueur $BC = BD$ et menons AC; on a (2°) $AC = AD$.

Mais dans le plan ABE on a aussi (107) $AE > AC$; donc $AE > AD$.   *C. q. f. d.*

361. *Réciproquement.* — 1° *La droite la plus courte qu'on puisse mener d'un point à un plan est perpendiculaire à ce plan;*

2° *Si d'un point hors d'un plan on mène à ce plan des*

obliques égales, leurs pieds s'écartent également du pied de la perpendiculaire.

3° *Si, du même point, on mène à un plan deux obliques inégales, la plus grande est celle dont le pied s'écarte le plus du pied de la perpendiculaire.*

Ces réciproques découlent immédiatement de chaque partie du théorème.

362. REMARQUE. — La perpendiculaire menée d'un point sur un plan, étant la droite la plus courte qu'on puisse mener de ce point au plan, la partie de cette perpendiculaire comprise entre le point et le plan a été prise pour mesure de la distance du point au plan.

363. Corollaire I. — *Si d'un point A, hors d'un plan M, on mène des obliques égales AC, AD, AF, à ce plan, les pieds de ces obliques sont sur une circonférence qui a pour centre le pied B de la perpendiculaire menée du point A sur le plan.*

En effet, les pieds des obliques égales s'écartent également du pied de la perpendiculaire.

Donc, pour mener d'un point A la perpendiculaire sur un plan, on prendra sur le plan trois points C, D, F (fig. 267) également éloignés du point A; le centre du cercle passant par ces trois points sera le pied B de la perpendiculaire AB.

364. Dans la pratique, on se sert d'un fil fortement tendu ou mieux d'une tige de fer AC plus longue que la distance du point au plan (fig. 267). On fixe l'extrémité A au point donné,

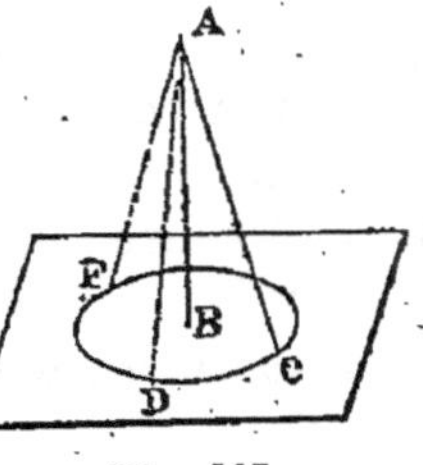

Fig. 267.

et, avec l'autre extrémité, on marque trois points C, D, F, sur le plan.

Il ne reste plus qu'à déterminer le centre B de la circonférence passant par les points C, D, F et à le joindre au point A.

Théorème.

365. *Si, du pied de la perpendiculaire à un plan, on mène la perpendiculaire à une droite quelconque tracée dans ce plan et qu'on joigne le pied de cette perpendiculaire à un point quelconque de la perpendiculaire au plan, la droite obtenue est perpendiculaire à la droite tracée dans le plan.* (Théorème des trois perpendiculaires.)

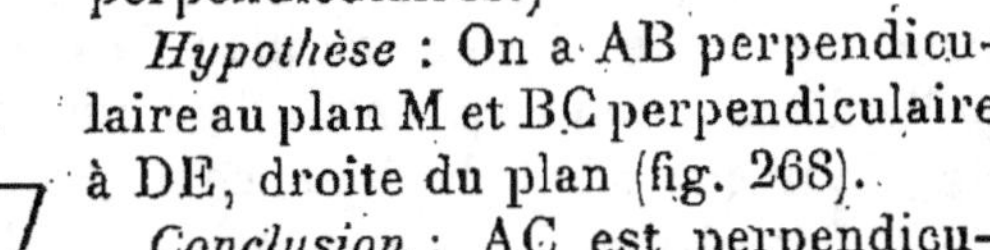

Hypothèse : On a AB perpendiculaire au plan M et BC perpendiculaire à DE, droite du plan (fig. 268).

Conclusion : AC est perpendiculaire à DE.

Fig. 268.

En effet, prenons CD = CE et menons BD, BE. Ces droites sont égales comme obliques s'écartant également du pied de la perpendiculaire BC (107). Menons AD, AE : ces droites sont aussi égales comme obliques s'écartant également du pied de la perpendiculaire AB (360), puisque BD = BE.

Dès lors, le triangle DAE est isocèle, et la droite AC, qui joint le sommet A au milieu de la base DE, est perpendiculaire à cette base (101).   *C. q. f. d.*

Ce théorème s'appelle *théorème des trois perpendiculaires* à cause des perpendiculaires AB, BC, AC.

366. REMARQUE. — La droite DE, étant perpendiculaire aux droites BC et AC du plan BCA, est perpendiculaire à ce plan (349) et, réciproquement, le plan est perpendiculaire à la droite.

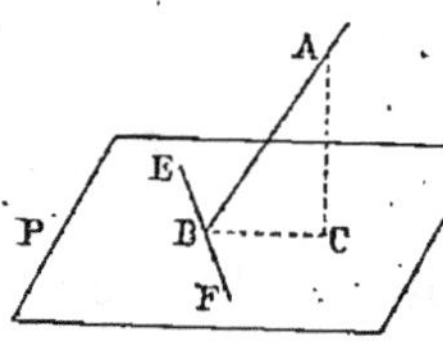

367. Corollaire. — *Une droite qui rencontre un plan est toujours perpendiculaire à une droite passant par son pied dans ce plan.*

Fig. 269.

Soit B le pied de la droite AB dans le plan P (fig. 269); d'un point quelconque A de AB, menons AC perpendiculaire au plan, joignons les pieds B et C de ces droites et menons, dans P, la droite EF perpendiculaire à BC : cette droite est perpendiculaire à AB, et réciproquement (365).

Théorème.

368. *Deux droites perpendiculaires à un même plan sont parallèles.*

Hypothèse : On a deux droites AB, CD perpendiculaires au plan M (fig. 270).

Conclusion : AB et CD sont parallèles.

En effet, joignons BD. Les droites AB et CD, étant perpendiculaires au plan M, sont perpendiculaires à la droite BD qui passe par leur pied dans le plan (13). Il suffit donc de démontrer que ces droites AB et CD sont dans un même plan. Par le point D menons, dans le plan M, DE perpendiculaire à BD et joignons le point D à un point quelconque A de AB; AD est perpendiculaire à DE, d'après le théorème des trois perpendiculaires (365). Or DE, étant

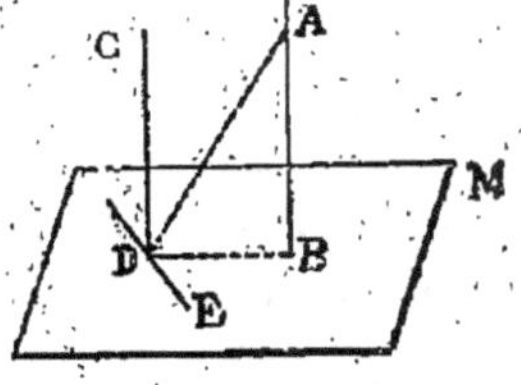

Fig. 270.

perpendiculaire à deux droites DA et DB du plan ADB, est perpendiculaire à ce plan; de même, DE, étant perpendiculaire à deux droites DA et DC du plan ADC, est perpendiculaire à ce plan.

Les deux plans ADB et ADC, étant perpendiculaires à une même droite DE et en un même point D de cette droite, coïncident.

Alors les droites AB et CD étant dans un même plan ABCD et perpendiculaires à la même droite BD, sont parallèles.

Ce théorème montre qu'il existe des droites parallèles dans l'espace.   *C. q. f. d.*

Théorème.

369. *Lorsque deux droites sont parallèles, tout plan perpendiculaire à l'une l'est aussi à l'autre.*

Hypothèse : On a deux parallèles AB, CD et un plan M perpendiculaire à AB (fig. 271).

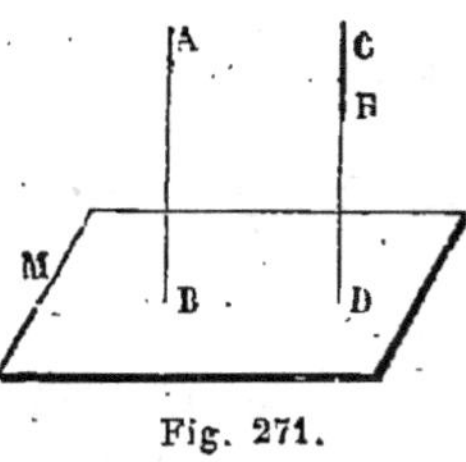

Fig. 271.

Conclusion : Le plan M est aussi perpendiculaire à CD.

En effet, si d'un point quelconque H, pris sur CD, on mène la perpendiculaire au plan M, cette droite sera parallèle à AB d'après le théorème précédent; elle se confondra donc avec CD, car d'un point on ne peut mener qu'une parallèle à une droite. Donc CD est perpendiculaire au plan M et, réciproquement, le plan M est perpendiculaire à CD.   *C. q. f. d.*

Le dessus d'une table, d'un établi, par rapport aux pieds; les pieds, par rapport à la table, sont des applications des deux théorèmes précédents.

En rapprochant les deux théorèmes qui précèdent, nous voyons que la condition nécessaire et suffisante pour que deux droites de l'espace soient parallèles est qu'elles soient perpendiculaires à un même plan.

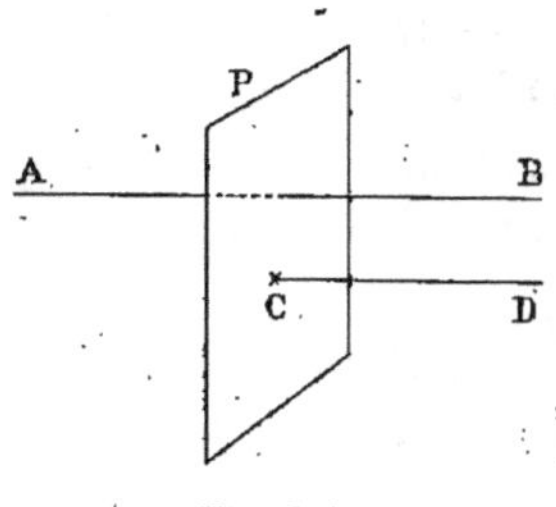

Fig. 272.

370. **Corollaire I.** — *Par un point de l'espace, on ne peut mener qu'une parallèle à une droite donnée.*

Par C (fig. 272), on ne peut mener qu'une parallèle à AB.

En effet, de C menons le plan P perpendiculaire à AB, et dans P, menons CD perpendiculaire à ce plan : CD est parallèle à AB. C'est d'ailleurs la seule, parce que par C on ne peut mener qu'une perpendiculaire à P.

371. Corollaire II. — *Deux droites, parallèles à une même troisième, sont parallèles entre elles.*

Hypothèse : AB et CD sont respectivement parallèles à XY (fig. 273).

Conclusion : AB est parallèle à CD.

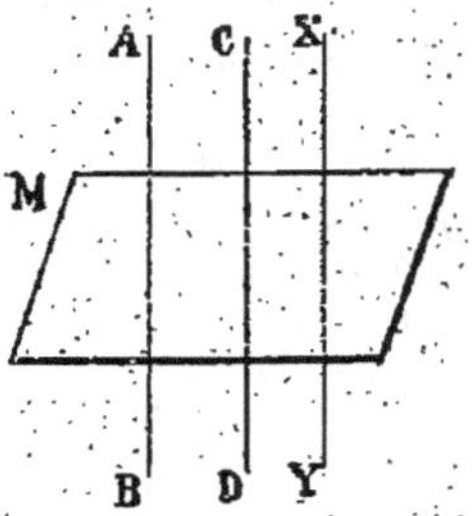

En effet, menons un plan M perpendiculaire à XY ; il le sera aussi à ses deux parallèles AB, CD (369).

Dès lors, ces deux droites AB, CD, étant perpendiculaires à un même plan, sont parallèles (368).

C. q. f. d.

Fig. 273.

Application : Les tuyaux aboutissant aux becs de gaz dans une grande salle sont parallèles à l'arête des murs et parallèles entre eux.

EXERCICES

156. Le lieu géométrique des points de l'espace également distants de deux points fixes donnés est le plan perpendiculaire à la portion de droite qui joint ces deux points et en son milieu.

157. Le lieu géométrique des points de l'espace dont la différence des carrés des distances à deux points fixes donnés a une valeur donnée est un plan perpendiculaire à la droite qui joint ces deux points.

158. Le lieu géométrique des pieds des obliques égales issues d'un même point à un même plan est une circonférence ayant pour centre le pied de la perpendiculaire abaissée de ce point sur le plan.

159. Quel est le lieu géométrique des points d'un plan, d'où l'on voit sous un angle droit une portion de droite donnée hors de ce plan ?

160. Quel est le lieu géométrique des points de l'espace également distants de trois points donnés, non en ligne droite ?

161. Mener, par un point de l'espace, une droite qui rencontre deux droites quelconques non situées dans un même plan.

162. Étant donnés une droite située dans un plan et deux points en dehors de ce plan, trouver sur la droite un point situé à égale distance des deux points donnés.

163. Étant donnés trois points non en ligne droite et en dehors d'un plan donné, trouver, dans ce plan, un point à égale distance des trois points donnés.

164. Toute droite qui fait des angles égaux avec trois droites passant par son pied dans un plan est perpendiculaire à ce plan.

165. Calculer la surface d'un cercle dont le centre est à $0^m,60$ d'un point de l'espace, sachant que ce point de l'espace est lui-même à $0^m,75$ de la circonférence de ce cercle.

166. Un plan M tourne autour d'une droite fixe XY (une girouette autour de son axe); d'un point fixe O on abaisse des perpendiculaires sur le plan mobile en ses diverses positions. Quel est le lieu géométrique de ces perpendiculaires ?

CONSEILS : *Les débuts de l'étude de la géométrie dans l'espace sont pénibles par suite de la difficulté qu'éprouvent les élèves à se figurer, dans l'espace, les lignes d'un dessin. Pour vaincre ces premières difficultés, les élèves feront bien de matérialiser leurs figures avec des feuilles de papier qui représenteront les plans, et des crayons, porte-plumes, règles qui figureront les lignes.*

Un crayon, traversant une feuille de papier représentera assez exactement l'intersection d'une droite et d'un plan.

CHAPITRE XVII

Droites et plans parallèles.

372. Définition. — Une droite et un plan sont *parallèles* lorsqu'ils ne se rencontrent pas.

Théorème.

373. *Lorsqu'une droite située hors d'un plan est parallèle à une autre droite située dans ce plan, elle est parallèle au plan.*

Hypothèse : On a AB parallèle à une droite CD du plan M (fig. 274).

Conclusion : AB est parallèle au plan M.

En effet, les parallèles AB, CD déterminent un plan ABCD, qui coupe le plan M suivant CD. Si AB n'était pas parallèle au plan M, elle le rencontrerait en un point situé dans le plan ABCD et, par suite, sur CD. Alors AB ne serait plus parallèle à CD, ce qui serait contraire à l'hypothèse. Donc AB est parallèle au plan M.

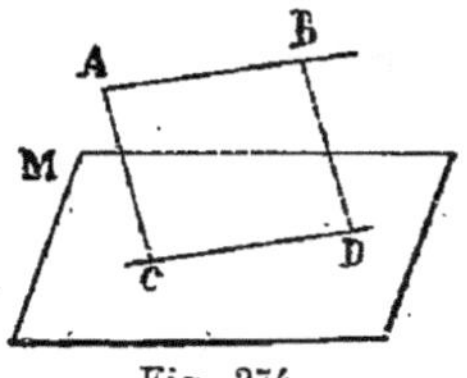

Fig. 274.

La réciproque : Lorsqu'une droite est parallèle à un plan, elle est parallèle à toute droite de ce plan, *n'est pas vraie.*

374. Corollaire. — Par un point situé hors d'un plan, il passe une infinité de droites parallèles à ce plan.

Théorème.

375. *Si par une droite, parallèle à un plan, on mène un plan qui coupe le premier, l'intersection des deux plans est parallèle à la droite donnée.*

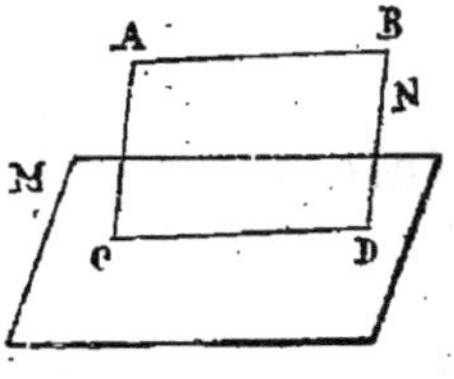

Fig. 275.

Hypothèse : On a un plan N qui passe par AB, droite parallèle au plan M (fig. 275).

Conclusion : L'intersection CD de M et N est parallèle à AB.

En effet, les droites AB, CD sont dans le même plan N. Si AB n'était pas parallèle à CD, elle la rencontrerait; mais alors elle rencontrerait le plan, ce qui est impossible, puisqu'elle lui est parallèle. Donc AB et CD sont parallèles.

Théorème.

376. *Lorsqu'une droite est parallèle à un plan, et que par un point du plan on mène la parallèle à cette droite, cette parallèle est tout entière contenue dans le plan.*

Hypothèse : On a une droite AB parallèle à un plan M et par un point C du plan on mène CD parallèle à AB (fig. 276).

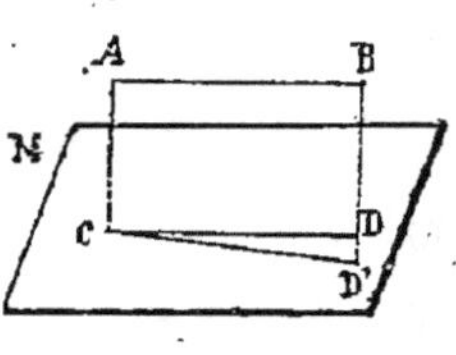

Fig. 276.

Conclusion : La droite CD est tout entière dans le plan M.

En effet, si CD n'était pas dans le plan M, le plan déterminé par les deux droites parallèles AB et CD couperait le plan M suivant une intersection CD′, qui d'après le théorème précédent serait aussi parallèle à AB. On aurait donc deux droites, CD et CD′ partant d'un même point C, qui seraient parallèles à AB, ce qui est impossible (124); donc CD doit être tout entière dans le plan M　　　　　　　*C. q. f. d.*

Théorème.

377. *Une droite parallèle à la fois à deux plans qui se coupent est parallèle à leur intersection.*

Hypothèse : On a une droite AB parallèle à la fois aux deux plans M et N qui se coupent (fig. 277).

Conclusion : AB est parallèle à l'intersection CD.

En effet, si d'un point quelconque de CD on mène une parallèle à AB, cette parallèle, d'après le théorème précédent, sera tout

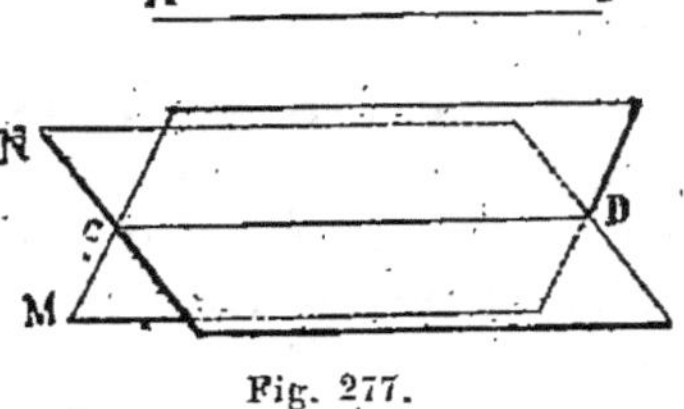

Fig. 277.

entière dans les deux plans M et N ; donc elle coïncidera avec CD et, par suite, CD sera parallèle à AB.

C. q. f. d.

Théorème.

378. *Si deux plans qui se coupent contiennent deux droites parallèles, leur intersection est parallèle à ces droites.*

Hypothèse : On a deux droites AB et CD parallèles, situées chacune dans un plan, et ces deux plans se coupent (fig. 278).

Conclusion : L'intersection LT de ces deux plans est parallèle à chacune des droites AB et CD.

En effet, la droite AB, étant parallèle à CD, est parallèle au plan M (373) ; étant parallèle au

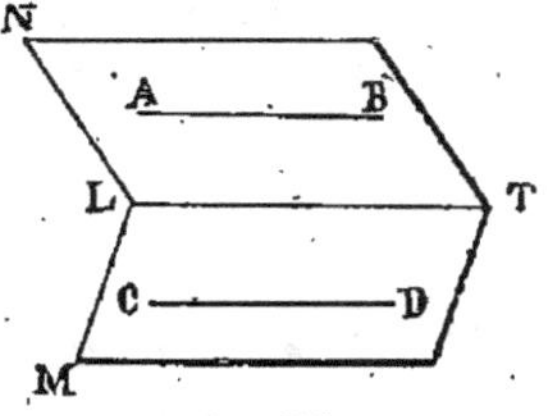

Fig. 278.

plan M, son plan N coupera le plan M suivant une parallèle à AB (375). Donc AB est parallèle à LT. On démontrerait de même que CD est parallèle à LT.

C. q. f. d.

Théorème.

379. *Les portions de parallèles comprises entre une droite et un plan parallèles sont égales.*

Hypothèse : On a une droite AB parallèle à un plan M et deux droites parallèles CD et EF, comprises entre AB et le plan M.

Conclusion : CD = EF (fig. 279).

En effet, faisons passer un plan par les deux parallèles CD et EF. Ce plan contient la droite AB et coupe le plan M suivant DF parallèle à AB (375).

La figure CEFD est donc un parallélogramme et, par suite, CD = EF.   *C. q. f. d.*

380. **Corollaire.** — *Une droite et un plan parallèles sont partout également distants.*

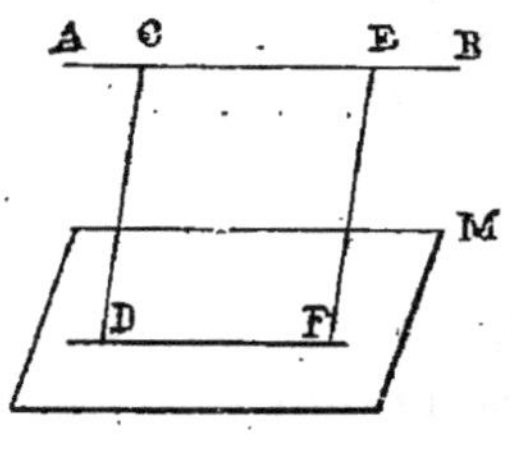

Fig. 279.

En effet, si sur la droite AB (fig. 279) nous prenons deux points quelconques, et que nous menions par ces deux points des perpendiculaires au plan M, ces perpendiculaires seront égales comme parallèles comprises entre une droite et un plan parallèles. Mais ces perpendiculaires mesurent les distances des différents points de AB au plan M; donc la droite et le plan sont partout également distants.

Théorème.

381. *Si deux droites ne sont pas dans un même plan, on peut toujours par l'une d'elles mener un plan parallèle à l'autre, et l'on n'en peut mener qu'un.*

Hypothèse : On a deux droites AB et CD (fig. 280).

Conclusions : 1° Par la droite CD on peut faire passer un plan parallèle à AB.

En effet, par un point quelconque C de CD, on peut

mener CE parallèle à AB; les deux droites concourantes CD et CE déterminent un plan M parallèle à AB, puisque AB est parallèle à une droite CE contenue dans ce plan (375).

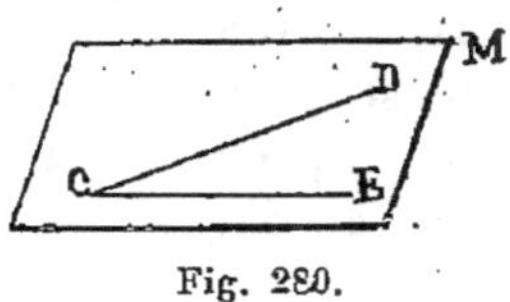

2º On n'en peut faire passer qu'un.

En effet, si nous imaginons un second plan N parallèle à AB et contenant la droite CD, et si, par AB et le point C, nous faisons

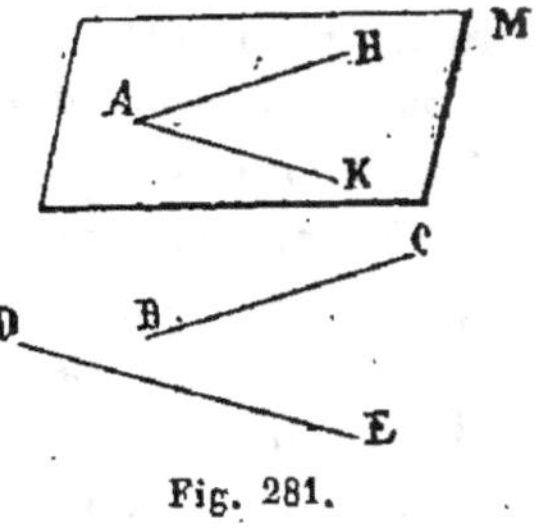

Fig. 280.

sons passer un plan, ce plan coupera le plan N suivant une intersection parallèle à AB (375). Mais par le point C on ne peut mener qu'une seule parallèle à AB; donc cette intersection devra coïncider avec CE et, par suite, le plan N devra coïncider avec le plan M (338). *C. q. f. d.*

Théorème.

382. *Par un point donné, on peut mener un plan parallèle à deux droites données, non parallèles, et l'on n'en peut mener qu'un.*

Hypothèse : On a un point A et deux droites BC et DE non parallèles (fig. 281).

Conclusions : 1º On peut par le point A mener un plan parallèle à BC et à DE.

En effet, par le point A, on peut mener la parallèle AH à BC et la parallèle AK à DE. Ces deux droites concourantes déterminent un plan M parallèle à chacune des droites BC et DE, car elles sont toutes deux parallèles à une droite située dans le plan M (373).

Fig. 281.

2º On n'en peut mener qu'un.

En effet, si l'on imagine un second plan N passant par le point A et parallèle à BC et à DE, et si, par BC et le point A, on fait passer un plan, ce plan coupera le plan N suivant une intersection parallèle à BC. Donc cette intersection devra coïncider avec AH du plan M.

D'autre part, si, par DE et le point A, on fait passer un autre plan, ce nouveau plan devra couper le plan N suivant une intersection parallèle à DE ; donc cette intersection devra coïncider avec AK. Les deux plans N et M, ayant deux droites concourantes communes, coïncideront.

PLANS PARALLÈLES

383. Définition. — Deux plans sont parallèles lorsqu'ils n'ont aucun point commun.

Théorème.

384. *Deux plans, perpendiculaires à une même droite, sont parallèles.*

Hypothèse : On a deux plans perpendiculaires à une même droite.

Conclusion : Ces plans sont parallèles.

En effet, si ces plans n'étaient pas parallèles, ils se rencontreraient, et d'un point de leur intersection on pourrait mener deux plans perpendiculaires à une même droite, ce qui est impossible (354).

385. *Applications.* — Une table et le plancher sur lequel elle repose sont deux plans parallèles, comme étant tous deux perpendiculaires aux pieds de la table.

Les deux faces d'une meule de moulin sont aussi parallèles, comme étant perpendiculaires à l'axe de rotation.

Théorème.

386. *Les intersections de deux plans parallèles par un troisième sont parallèles.*

Hypothèse : On a deux plans parallèles M et N coupés par le plan P (fig. 282).

Conclusion : Les intersections AB, CD du plan P avec M et N sont parallèles.

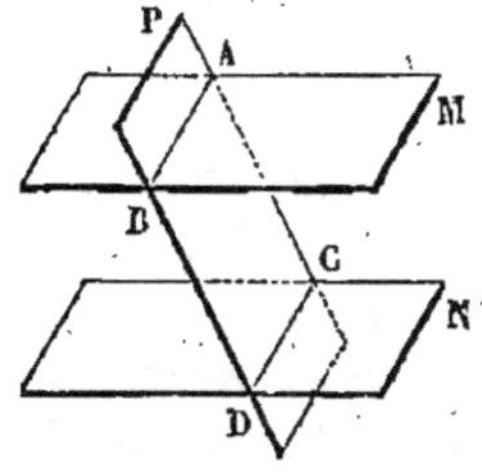
Fig. 282.

En effet, les droites AB, CD sont dans le même plan P; elles ne peuvent se rencontrer, car autrement les deux plans M et N se rencontreraient aussi; ce qui serait contraire à l'hypothèse. Donc AB et CD sont parallèles.

On trouve un exemple de ce théorème dans les intersections du plafond et du plancher d'un appartement par un mur vertical.

Théorème.

387. *Lorsque deux plans sont parallèles, toute droite perpendiculaire à l'un est aussi perpendiculaire à l'autre.*

Hypothèse : On a deux plans M et N parallèles et une droite AB perpendiculaire au plan M (fig. 283).

Conclusion : La droite AB est perpendiculaire au plan N.

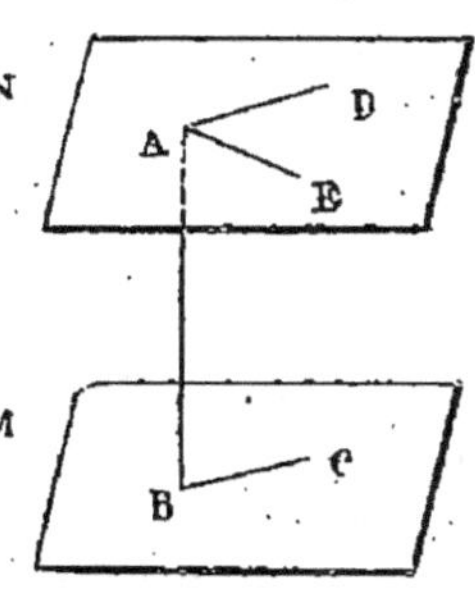
Fig. 283.

En effet, menons par le point A, dans le plan N, une droite AD quelconque et faisons passer un plan par les deux droites AB et AD; ce plan coupera le plan M suivant BC parallèle à AD (386). Mais, de ce que la droite AB est perpendiculaire au plan M, elle sera aussi perpendiculaire à BC qui passe par son pied dans ce plan, et, par suite, deviendra perpendiculaire à AD qui est parallèle à BC.

On démontrerait de même que AB est perpendiculaire à une autre droite AE passant par son pied dans le plan N. Donc AB, étant perpendiculaire à deux droites, AD, AE du plan N, est perpendiculaire au plan N (349).

C. q. f. d.

388 REMARQUE. — En rapprochant ce théorème du théorème 384, on voit que *la condition nécessaire et suffisante pour que deux plans soient parallèles est qu'ils soient perpendiculaires à une même droite.*

389. Corollaire I. — *Par un point pris hors d'un plan, on ne peut mener qu'un plan parallèle au plan donné.*

En effet, si du point donné on mène la perpendiculaire au plan donné et qu'on mène le plan perpendiculaire à cette droite, au point donné, on obtient un plan parallèle au plan donné; et c'est le seul; car, par un point d'une droite, on ne peut mener qu'un plan perpendiculaire à cette droite.

390. Corollaire. — *Deux plans parallèles à un troisième sont parallèles entre eux.*

En effet, si l'on mène une perpendiculaire au troisième, elle sera perpendiculaire à chacun des deux premiers; par suite, ces deux premiers, étant perpendiculaires à la même droite, sont parallèles (384).

Théorème.

391. *Les portions de parallèles, comprises entre deux plans parallèles, sont égales.*

Hypothèse : On a deux droites parallèles AB, CD, comprises entre deux plans parallèles M et N (fig. 284).

Conclusion : AB = CD.

En effet, les droites parallèles AB et CD déterminent un plan qui coupe les plans M et N suivant deux droites AC, BD qui sont parallèles (386). La figure ABCD est alors un parallélogramme; donc (152)

$$AB = CD. \qquad\qquad C.\ q.\ f.\ d.$$

Comme application, citons les pieds en croix d'une table pliante, d'un pliant.

392. Corollaire. — *Deux plans parallèles sont partout également distants.*

En effet, si de deux points quelconques A et B (fig. 285), pris dans le plan M, on mène des perpendiculaires AC,

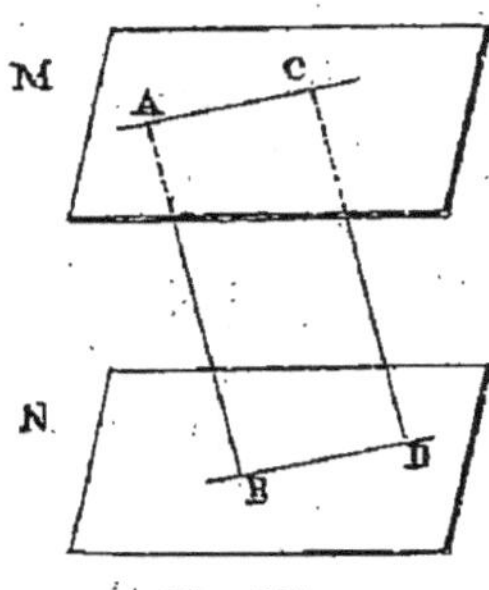

Fig. 284.

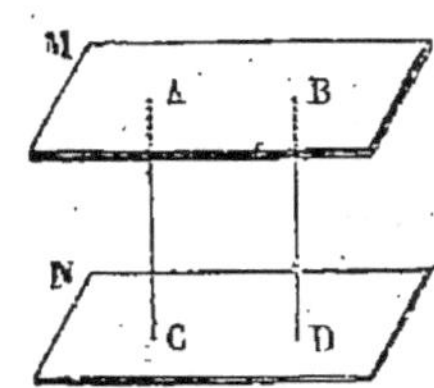

Fig. 285.

BD, au plan N, elles seront perpendiculaires au plan M (387) et parallèles (369); donc (391) elles seront égales.

393. Il résulte des n°s 387 et 391 que, si une droite de longueur invariable se meut parallèlement à elle-même pendant qu'une de ses extrémités s'appuie sur un plan, l'autre extrémité décrit un plan parallèle au premier.

La machine à *raboter* ou à *planer* les métaux repose sur ce principe. L'extrémité libre du burin décrit sur la pièce à aplanir un plan parallèle à celui que décrit le chariot.

On l'applique encore dans la *scie à recéper*, employée pour couper les *pieux* ou *pilots* à une même distance du niveau de l'eau. La partie supérieure de la monture se mouvant dans un plan horizontal, les extrémités inférieures des montants décrivent un plan parallèle au premier, c'est-à-dire un plan horizontal.

Théorème.

394. *Lorsque deux angles, non situés dans le même plan, ont leurs côtés parallèles :*

1° Ces angles sont égaux, si leurs côtés sont respectivement dirigés dans le même sens ou en sens contraires;

2° Ils sont supplémentaires, si deux côtés sont dirigés dans un sens et les deux autres en sens contraires;

3° Leurs plans sont parallèles.

Hypothèse : On a deux angles $\hat{A}$ et $\hat{B}$ non dans le même plan et tels que les côtés AC, AD de l'un sont parallèles aux côtés BE, BF de l'autre (fig. 286).

Conclusions : 1° $\widehat{CAD} = \widehat{EBF}$ et $\widehat{CAD} = \widehat{E'BF'}$.

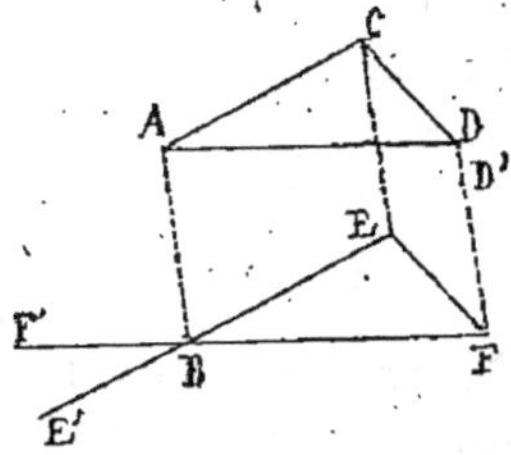

Fig. 286.

En effet, prenons AC = BE, AD = BF et menons AB, CE, DF, CD, EF.

Nous allons démontrer que les triangles ACD, BEF sont égaux.

Considérons le quadrilatère ABEC; c'est un parallélogramme, puisqu'il a deux côtés opposés AC, BE égaux et parallèles, d'où AB = CE et AB est parallèle à CE.

Pour la même raison, ABFD est un parallélogramme; d'où AB = DF et AB est parallèle à DF.

On en conclut : CE = DF et CE est parallèle à DF; donc CEFD est un parallélogramme et ses côtés opposés CD, EF sont égaux.

Les triangles ACD, BEF, ayant leurs côtés égaux, chacun à chacun, sont égaux et CAD = EBF.

En outre $\widehat{E'BF'} = \widehat{EBF}$ comme opposés par le sommet; mais $\widehat{CAD} = \widehat{EBF}$ par démonstration;

donc $\widehat{CAD} = \widehat{E'BF'}$.

2° $\widehat{CAD} + \widehat{EBF'} = 2$ droits.

En effet, $\widehat{EBF} + \widehat{EBF'} = 2$ droits;

mais $\widehat{CAD} = \widehat{EBF}$,

donc $\qquad \widehat{CAD} + \widehat{EBF'} = 2$ droits.

3° *Les plans des angles sont parallèles.*

En effet, si le plan ADC n'était pas parallèle au plan BEF, on pourrait toujours, par le point A, lui mener un plan parallèle. Ce plan rencontrerait DF ou son prolongement en un point D', et l'on aurait alors :

$$AB = D'F,$$

ce qui est absurde, puisqu'on a déjà :

$$AB = DF.$$

Donc les plans ACD, BEF sont parallèles.

395. *Application.* — Les angles supérieurs et inférieurs d'un paravent sont égaux deux à deux et leurs plans sont parallèles.

396. Remarque. — Lorsque deux droites de l'espace X et Y ne se rencontrent pas, on appelle angle de ces droites l'angle APB, formé en menant par un point P de l'espace la parallèle à chacune de ces droites (fig. 287).

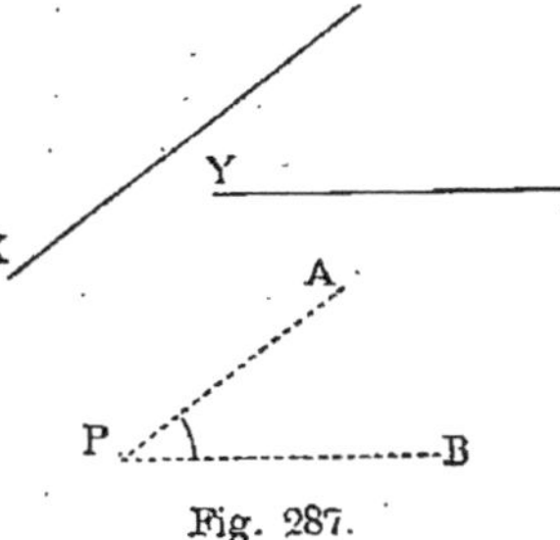

Fig. 287.

EXERCICES

167. Quel est le lieu géométrique des droites parallèles à un plan menées par un point extérieur à ce plan ?

168. Trouver le lieu des parallèles menées à une droite par les points d'une autre droite qui n'est pas dans le même plan que la première.

169. Par un point donné, mener une droite parallèle à un plan donné.

170. Par un point donné, mener un plan parallèle à un plan donné.

171. Lorsqu'un plan et une ligne droite sont perpendiculaires à la même droite, ils sont parallèles.

172. Trouver le lieu géométrique des points également distants de deux plans parallèles.

173. Mener une droite parallèle à une droite donnée, de manière qu'elle rencontre deux droites non situées dans un même plan.

174. Le lieu géométrique des milieux des portions de droite comprises · entre deux plans parallèles est un plan · parallèle à ceux-ci.

175. Le lieu géométrique des milieux des portions de droite comprises entre deux droites de l'espace est un plan parallèle à ces droites.

176. Trouver le lieu géométrique des points qui partagent dans un rapport donné les portions de droite comprises entre deux droites données.

177. Construire la perpendiculaire commune à deux droites de l'espace : plus courte distance de ces droites.

CHAPITRE XVIII

Des angles dièdres.

DÉFINITIONS

397. Angle dièdre. — On appelle *angle dièdre*, ou simplement *dièdre*, la figure formée par deux plans qui se coupent et sont limités à leur intersection commune. Un livre ouvert peut donner l'idée d'un dièdre; de même deux feuillets consécutifs d'un paravent, deux murs qui se rencontrent.

398. Éléments d'un dièdre. — Les deux plans DBC, ABC, qui se coupent, sont les *faces* du dièdre; leur intersection BC est *l'arête* du dièdre (fig. 288).

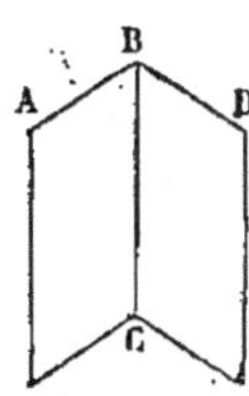

Fig. 288.

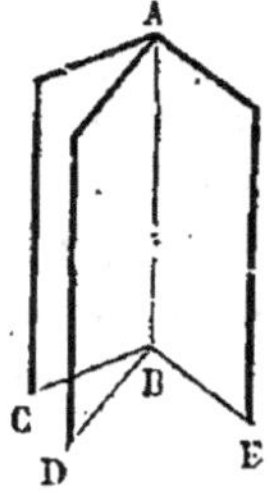

Fig. 289.

399. Désignation d'un dièdre. — Un dièdre isolé se désigne par son arête; le dièdre précédent se nomme dièdre BC. Lorsque plusieurs dièdres ont même arête (fig. 289), on désigne chacun d'eux par quatre lettres dont les deux de l'arête et les autres prises dans chacune des faces, les deux lettres de l'arête se plaçant au milieu. Ainsi l'on dira : les dièdres CABD, CABE, DABE.

400. Dièdres adjacents. — Deux dièdres sont *adjacents* lorsqu'ils ont même arête, une face commune et qu'ils sont situés de part et d'autre de cette face. Tels sont les dièdres CABD, EABD (fig. 289).

401. Dièdres opposés par l'arête. — Ce sont deux dièdres tels que les faces de l'un sont les prolongements des faces de l'autre. Ex. : les dièdres DABE et CABF (fig. 290).

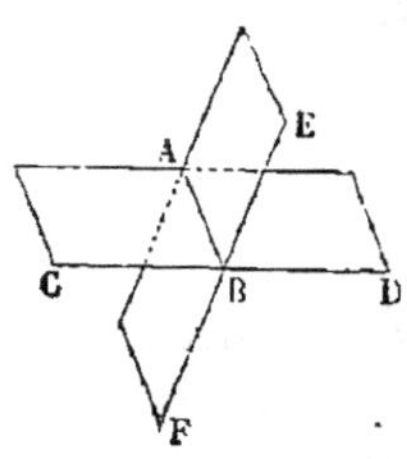

Fig. 290.

402. Plan perpendiculaire à un autre. — Un plan P est *perpendiculaire* à un autre plan MN, lorsqu'il forme avec cet autre deux dièdres adjacents égaux MABP, NABP. Ces dièdres sont dits *dièdres droits*; par exemple, le plafond d'une chambre et l'un des murs. Dans le cas contraire, le premier plan est *oblique* au second : ex. : le plan Q est oblique à MN (fig. 291).

Théorème.

403. *Par une droite située dans un plan, on peut mener un plan perpendiculaire au premier, et un seul.*

Hypothèse : AB est une droite du plan MN (fig. 291).

Conclusion : Par AB on peut mener un plan, et un seul, perpendiculaire à MN.

En effet, imaginons un plan Q coïncidant avec MN et pouvant tourner autour de AB comme charnière, dans le sens indiqué par la flèche. Dès que le plan Q cesse de coïncider avec le plan MN, il forme avec ce dernier deux angles dièdres, dont l'un, celui de gauche, croît à mesure que Q accomplit son mouvement de rotation, tandis que l'autre, celui de droite, décroît dans le même temps. On conçoit qu'il y a une position du plan Q et une seule, la position P, pour laquelle les deux dièdres formés sont égaux.   C. q. f. d.

404. Dièdre aigu, dièdre obtus. — Un *dièdre aigu* est un dièdre plus petit qu'un dièdre droit. Ex. : le dièdre QABN (fig. 291). Un *dièdre obtus* est un dièdre plus grand qu'un dièdre droit. Ex. : le dièdre QABM (fig. 291).

405. Bissecteur d'un dièdre. — Un plan est *bissecteur* d'un dièdre, lorsqu'il partage ce dièdre en deux dièdres égaux.

406. Dièdres complémentaires, dièdres supplémentaires. — Lorsque la somme de deux angles dièdres est égale

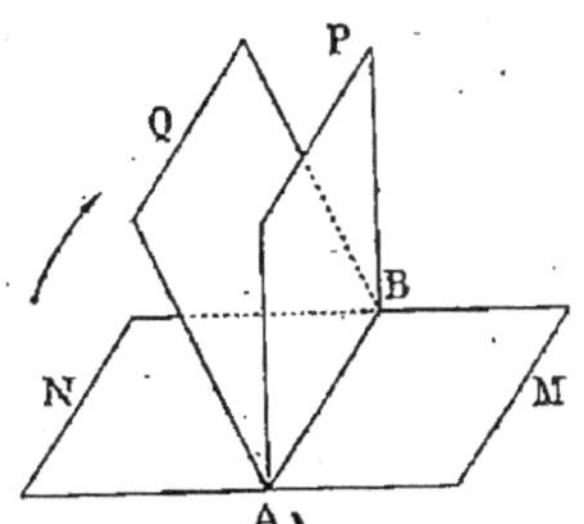

Fig. 291.

à un dièdre droit, l'un quelconque de ces angles est dit le *complément* de l'autre, et les deux angles sont appelés angles *complémentaires*.

Lorsque la somme de deux angles dièdres est égale à la somme de deux angles dièdres droits, l'un quelconque de ces dièdres est dit le *supplément* de l'autre, et les deux angles sont appelés *angles supplémentaires*.

407. — On démontre, comme en géométrie plane :

1º Que deux angles dièdres adjacents, dont les faces extérieures sont dans un même plan, sont supplémentaires, et réciproquement;

2º Que lorsqu'un plan est perpendiculaire sur un autre, réciproquement cet autre est perpendiculaire sur le premier;

3º Que la somme de tous les angles dièdres consécutifs, formés autour d'une même arête et d'un même côté d'un plan qui contient cette arête, est égale à deux angles dièdres droits;

4º Que la somme de tous les angles dièdres consécutifs formés autour d'une même arête est égale à quatre angles dièdres droits;

5º Que deux angles dièdres opposés par l'arête sont égaux ;

6º Que les plans bissecteurs de deux angles dièdres opposés par l'arête sont le prolongement l'un de l'autre.

Il est à remarquer que la théorie des angles dièdres présente une analogie complète avec celle des angles de la géométrie plane.

Théorème.

408. *Si par deux points de l'arête d'un dièdre on trace des perpendiculaires à cette arête dans chacune des faces du dièdre, on forme des angles rectilignes égaux.*

Hypothèse : F et K sont deux points de l'arête du dièdre BC, et EF et HK, FG et KL sont des perpendi-

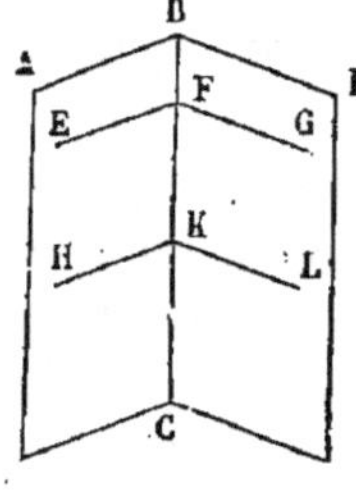
Fig. 292.

culaires à cette arête, les premières dans la face AC, les secondes dans la face DC (fig. 292).

Conclusion : les angles EFG et HKL sont égaux.

Les angles EFG et HKL sont égaux, car leurs côtés sont parallèles, comme étant perpendiculaires dans un même plan à une même droite, et ces côtés sont dirigés dans le même sens.

409. **Angle plan ou rectiligne d'un dièdre.** — On appelle *angle plan*, ou *rectiligne*, d'un dièdre l'angle formé par deux perpendiculaires menées en un même point de l'arête de ce dièdre et dans chacune des faces. Ainsi l'angle EFG (fig. 292), formé par les perpendiculaires au même point F de l'arête BC, l'une FE dans la face ABC, l'autre FG dans la face DBC, est l'angle rectiligne correspondant au dièdre BC. *Cet angle est d'ailleurs constant*, d'après le théorème précédent.

410. REMARQUE. — Le plan EFG, étant perpendiculaire à l'arête BC, on peut aussi obtenir l'angle recti-

ligne d'un dièdre en coupant ce dièdre par un plan perpendiculaire à l'arête.

Théorème.

411. *Si deux angles dièdres sont égaux, leurs angles rectilignes le sont aussi, et réciproquement.*

1° *Hypothèse* : On a deux dièdres égaux AB, A'B' (fig. 293).

Conclusion : Leurs rectilignes EFG, E'F'G' sont égaux.

En effet, faisons glisser le dièdre A'B' sur le dièdre AB, de façon que les faces D'A'B' et DAB coïncident, l'arête A'B' étant sur AB et le point F' en F.

Les plans C'A'B', CAB coïncideront, puisque les dièdres sont égaux.

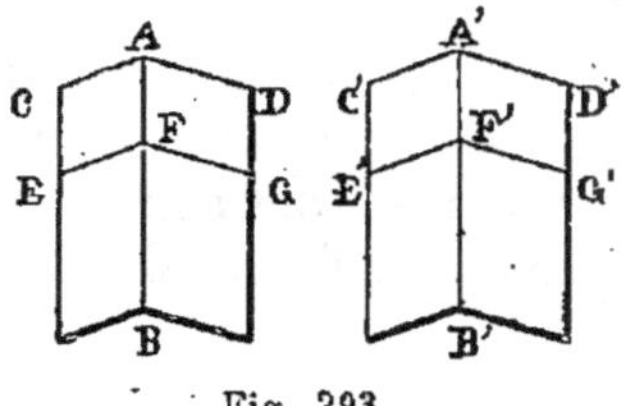

Fig. 293.

Or les droites F'G', FG coïncident comme perpendiculaires en un même point d'une même droite et dans le même plan; de même E'F' coïncide avec EF. Les deux angles E'F'G', EFG coïncident donc et sont égaux.

2° *Hypothèse* : Les angles rectilignes EFG, E'F'G' des dièdres AB, A'B' sont égaux (fig. 293).

Conclusion : Ces dièdres sont égaux.

En effet, faisons glisser le dièdre A'B' sur le dièdre AB, de façon que l'angle E'F'G' s'applique sur son égal EFG. La droite F'A', perpendiculaire au plan E'F'G', coïncide avec FA perpendiculaire au plan EFG. Dès lors les faces C'A'B', CAB ont deux droites communes, E'F', EF d'une part, F'A', FA d'autre part; donc elles coïncident. Les faces D'A'B', DAB coïncident aussi pour la même raison, et les deux dièdres AB, A'B' sont égaux.   *C. q. f. d.*

412. **Corollaire.** — *A un angle dièdre droit correspond un angle rectiligne droit, et réciproquement.*

1° *Hypothèse* : Le plan ADE est perpendiculaire au plan MN (fig. 294).

Conclusion. L'angle rectiligne AOB est droit.

En effet, prolongeons BO en OC. Les deux dièdres ADEN, ADEM étant égaux comme droits, leurs rectilignes le sont aussi (411); par suite, AO est perpendiculaire sur OB, et AOB est un angle droit.

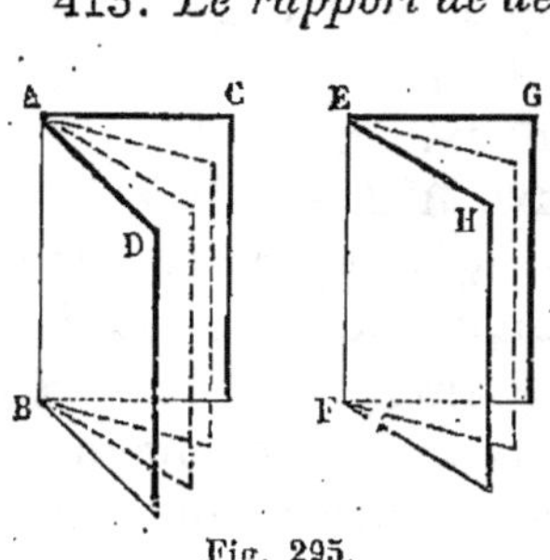

Fig. 294.

2° *Hypothèse* : Le rectiligne AOB du dièdre ADEN est droit (fig. 294).

Conclusion : Ce dièdre est également droit.

En effet, les deux angles rectilignes AOB, AOC étant égaux comme droits, les dièdres correspondants sont aussi égaux; par suite, le plan ADE est perpendiculaire sur MN et le dièdre ADEN est droit.

C. q. f. d.

MESURE DE L'ANGLE DIÈDRE

Théorème.

413. *Le rapport de deux angles dièdres est égal au rapport de leurs angles rectilignes.*

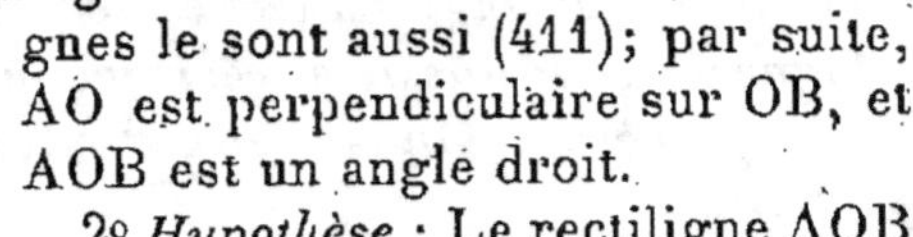

Hypothèse : On a deux dièdres AB, EF dont les rectilignes sont CAD et GEH (fig. 295).

Conclusion :

$$\frac{\text{Dièdre AB}}{\text{Dièdre EF}} = \frac{\widehat{\text{CAD}}}{\widehat{\text{GEH}}}.$$

Fig. 295.

En effet, supposons que les angles CAD, GEH aient une commune mesure contenue trois fois dans CAD et deux fois dans GEH. Prenant cette commune mesure pour unité de mesure d'angle rectiligne, on a :

$$\frac{CAD}{GEH} = \frac{3}{2}. \tag{1}$$

Menons les droites qui partagent les angles rectilignes en parties égales, et faisons passer des plans par ces droites et les arêtes AB, EF des dièdres. Le dièdre AB est décomposé en trois petits dièdres, et le dièdre EF en deux petits dièdres. Or tous ces petits dièdres sont égaux entre eux comme ayant des angles rectilignes égaux. Si donc on prend l'un de ces petits dièdres comme unité de mesure de dièdre, on aura :

$$\frac{\text{Dièdre AB}}{\text{Dièdre EF}} = \frac{3}{2}. \tag{2}$$

Des égalités (1) et (2) on tire :

$$\frac{\text{Dièdre AB}}{\text{Dièdre EF}} = \frac{\widehat{CAD}}{\widehat{GEH}} \qquad C.\ q.\ f.\ d.$$

Théorème.

414. *Le nombre qui exprime la mesure d'un angle dièdre est le même que celui qui exprime la mesure de son rectiligne, pourvu qu'on prenne pour unité d'angle dièdre le dièdre qui a pour rectiligne l'unité d'angle rectiligne.*

Hypothèse : On a à mesurer le dièdre AB, dont le rectiligne est l'angle CAD (fig. 296).

Conclusion : La mesure du dièdre AB est la même que celle de l'angle CAD.

En effet, construisons un dièdre droit EF (unité de dièdre) dont le rectiligne est l'angle GEH (unité d'angle rectiligne).

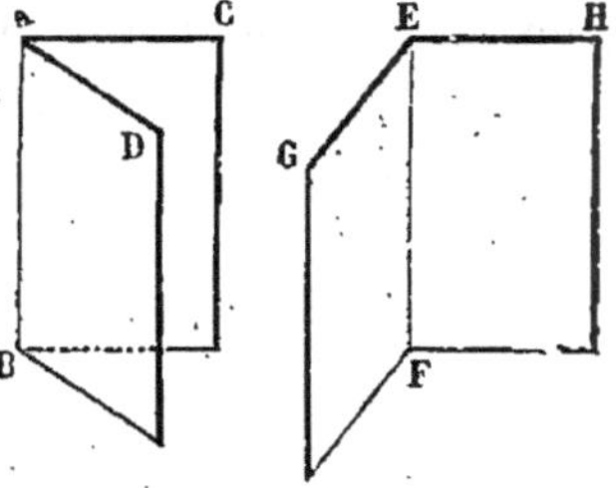

Fig. 296.

On a :

$$\frac{\text{dièdre AB}}{\text{dièdre EF}} = \frac{\widehat{CAD}}{\widehat{GEH}},$$

ou $$\dfrac{\text{dièdre AB}}{\text{unité de dièdre}} = \dfrac{\widehat{\text{CAD}}}{\text{unité d'angle rectiligne}} ;$$

ce qui montre que le nombre qui exprime la valeur du dièdre AB est égal au nombre qui exprime la valeur de son rectiligne $\widehat{\text{CAD}}$.   *C. q. f. d.*

Dans le langage ordinaire, on abrège cet énoncé en disant qu'*Un angle dièdre a même mesure que son angle rectiligne*.

Il résulte de là que, pour mesurer un angle dièdre, on peut mesurer son rectiligne, et, par suite, qu'un angle dièdre peut être évalué en degrés, minutes et secondes comme un angle rectiligne. On fait cette mesure au moyen de la fausse équerre (fig. 186).

EXERCICES

178. Comment mesure-t-on l'angle de deux murs qui se rencontrent ?

179. Si deux angles dièdres adjacents sont supplémentaires, leurs faces non communes sont comprises dans le même plan.

180. Deux angles dièdres, qui ont leurs arêtes parallèles, sont égaux ou supplémentaires, si leurs faces sont parallèles ou perpendiculaires chacune à chacune.

CHAPITRE XIX

Plans perpendiculaires entre eux.
Projections.

Théorème.

415. *Lorsqu'une droite est perpendiculaire à un plan, tout plan passant par cette droite est perpendiculaire au premier.*

Hypothèse : On a un plan P passant par la droite AB perpendiculaire au plan M (fig. 297).

Conclusion : Le plan P est perpendiculaire au plan M.

En effet, soit CD l'intersection
des plans P et M. Menons, dans
le plan M, la droite BE perpendiculaire à CD. La droite AB,
perpendiculaire au plan M, est
perpendiculaire à CD et à BE qui
passent par son pied B dans ce
plan.

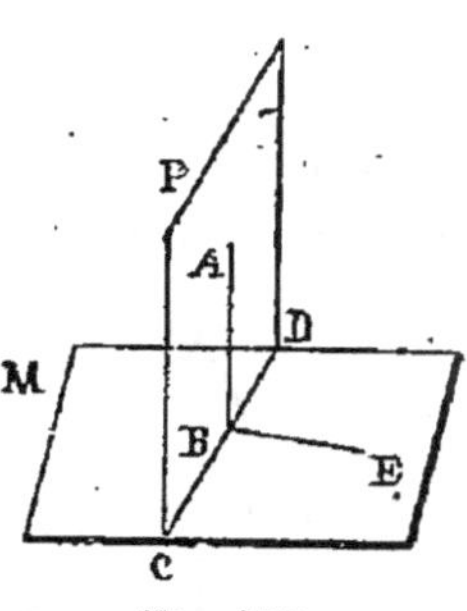

Fig. 207.

Donc 1° $\widehat{ABE}$ est l'angle rectiligne du dièdre PCDE ;
2° cet angle rectiligne est droit (348). Le dièdre correspondant est donc droit aussi et le plan P est perpendiculaire au plan M (412).   *C. q. f. d.*

Théorème.

416. *Lorsque deux plans sont perpendiculaires l'un à*

l'autre, toute droite menée dans l'un, perpendiculairement à l'intersection, est perpendiculaire à l'autre.

Hypothèse : Les plans P et M, perpendiculaires entre eux, se coupent suivant CD, et la droite AB du plan P est perpendiculaire à CD (fig. 298).

Conclusion : AB est perpendiculaire au plan M.

En effet, menons, dans le plan M, BE perpendiculaire à CD. L'angle ABE est le rectiligne du dièdre droit ACDE ; ce rectiligne est droit aussi (412) et AB est perpendiculaire à BE. La droite AB, étant perpendiculaire à deux droites CD, BE passant par son pied B dans le plan M, est perpendiculaire à ce plan.   *C. q. f. d.*

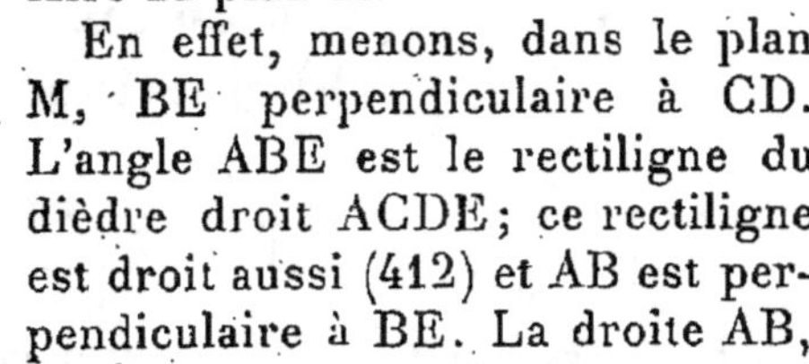

Fig. 298.

Théorème.

417. *Lorsque deux plans sont perpendiculaires l'un à l'autre, toute droite menée d'un point de l'un perpendiculairement à l'autre est contenue tout entière dans le premier.*

Hypothèse : Les plans P et M, perpendiculaires entre eux, se coupent suivant CD, et du point A, pris dans le plan P, on a mené AB perpendiculaire au plan M. (fig. 299).

Conclusion : AB est tout entière dans le plan P.

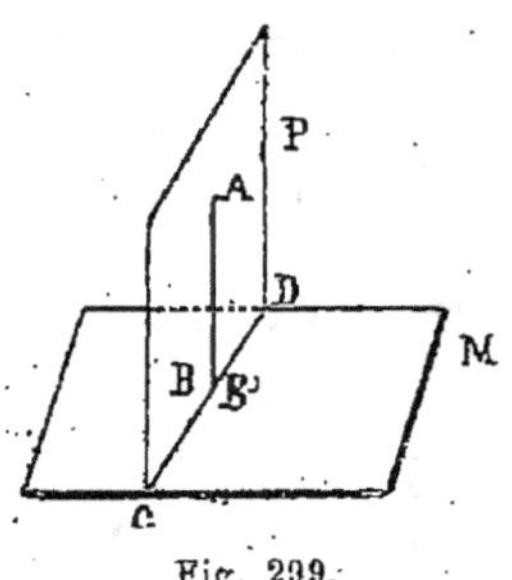

Fig. 299.

En effet, du point A menons AB' perpendiculaire à CD. D'après le théorème précédent, AB' sera aussi perpendiculaire au plan M. Comme, du même point A, on ne peut mener qu'une perpendiculaire au plan M (357) ; les droites AB et AB' coïncideront, et, comme AB' est dans le plan P, AB sera aussi dans ce plan.   *C. q. f. d.*

418. **Corollaire.** — *Par une droite oblique à un plan, il passe un plan, et un seul, perpendiculaire au premier.*

Hypothèse : AB est une droite oblique au plan P (fig. 300).

Conclusion : Par AB on peut mener un plan perpendiculaire à P, et un seul.

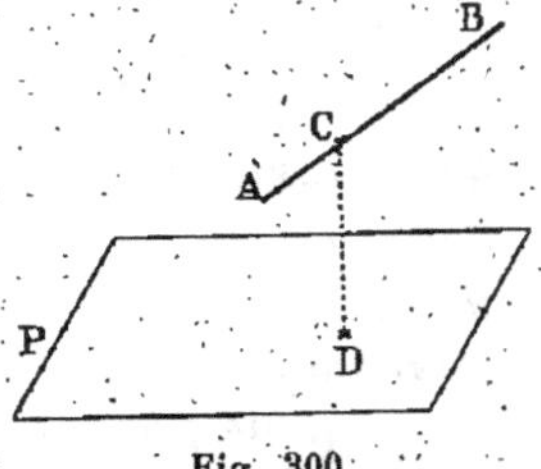

Fig. 300.

1° D'un point quelconque C de AB, menons CD perpendiculaire à P. Les deux droites AB et CD déterminent un plan Q; ce plan est perpendiculaire à P, puisqu'il contient une droite CD perpendiculaire à P. Donc par AB on peut mener un plan perpendiculaire au plan P.

2° Soit Q' un second plan contenant AB et perpendiculaire au plan P. D'un point quelconque C de AB, menons la perpendiculaire à P ; cette droite CD est entièrement contenue dans Q' (417). Les deux plans Q et Q', ayant en commun AB et CD, coïncident ; et par AB on ne peut mener qu'un plan perpendiculaire au plan P.

Théorème.

419. *Lorsque deux plans qui se coupent sont perpendiculaires à un troisième plan, leur intersection est perpendiculaire à ce troisième plan.*

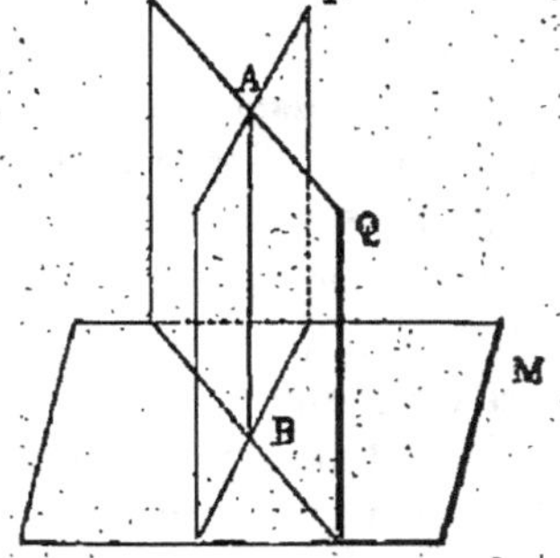

Fig. 301.

Hypothèse : Les deux plans P et Q, qui se coupent suivant AB, sont perpendiculaires au plan M (fig. 301).

Conclusion : AB est aussi perpendiculaire au plan M.

En effet, du point A imaginons une droite perpendiculaire au plan M. Le point A étant dans le plan P, la perpendiculaire en question sera tout entière dans ce plan (417); de même, le point A étant dans le plan Q, la perpendiculaire sera tout entière dans le plan Q. Cette perpendiculaire, appartenant aux deux plans P et Q, coïncidera avec leur intersection qui alors est perpendiculaire au plan M. *C. q. f. d.*

420. Corollaire. — *Lorsqu'un plan est perpendiculaire à deux autres plans, il est perpendiculaire à leur intersection.*

Application. Plans horizontaux, plans verticaux.

On appelle *plans horizontaux* des plans qui suivent la direction de l'eau tranquille considérée dans une petite étendue, une terrine par exemple.

Toute droite d'un plan horizontal est une droite horizontale.

Donc les intersections de plusieurs plans horizontaux par un autre plan sont des *horizontales de ce plan*.

On nomme *plan vertical* un plan perpendiculaire à un plan horizontal : les murailles des édifices, les portes, les volets sont des plans verticaux.

421. Il résulte des théorèmes précédents que :

1° *Tout plan mené par une verticale est un plan vertical.*

2° *L'intersection de deux plans verticaux est une verticale.* Ex. : l'intersection de deux murs.

3° *Deux plans horizontaux sont parallèles.*

Une droite verticale, étant perpendiculaire à un plan horizontal, va nous permettre de constater l'horizontalité d'un plan.

L'instrument fréquemment employé à cet usage est le niveau de maçon, dont il a été parlé en géométrie plane (111) à propos des obliques.

On le place verticalement sur le plan considéré et l'on observe si le fil à plomb couvre la ligne de foi tracée sur le milieu de la traverse.

Dans ce cas, le plan est évidemment horizontal, la traverse étant, par construction, parallèle au plan.

Dans le cas contraire, pour rendre horizontal le plan considéré, on relève la partie basse du plan ou l'on baisse la partie trop élevée, de façon à amener la coïncidence parfaite entre le fil à plomb et la ligne de foi.

Pour vérifier le niveau de maçon, on fait d'abord une première observation, de telle sorte que le fil à plomb passe par la ligne de foi, puis on retourne le niveau. Si le fil à plomb passe encore par la ligne de foi, le niveau est juste; dans le cas contraire, il est faux, et alors on doit le rectifier, soit en changeant la ligne de foi, soit en corrigeant la base.

DES PROJECTIONS

422. On appelle *projection d'un point* de l'espace sur un plan le pied de la perpendiculaire abaissée de ce point sur le plan.

423. On appelle *projection d'une ligne* sur un plan, le lieu géométrique des pieds des perpendiculaires abaissées des différents points de cette ligne sur le plan. Ce plan est appelé *plan de projection*.

Théorème.

424. *La projection sur un plan d'une droite non perpendiculaire à ce plan est une ligne droite.*

Hypothèse : On a une droite AB et un plan M (fig. 302).

Conclusion : La projection de AB sur le plan M est une ligne droite.

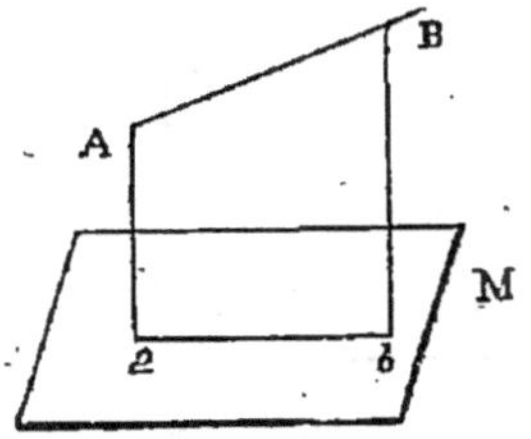

En effet, si du point A de AB nous abaissons la perpendiculaire

Fig. 302.

Aa sur le plan, les deux droites Aa et AB déterminent un plan perpendiculaire au plan M, puisqu'il contient Aa (415). De plus, ce plan coupe le plan M suivant ab.

Si, d'un autre point de la droite AB, nous menons au plan une nouvelle perpendiculaire B*b*, elle sera dans le plan BA*a* (417) et la projection *b* du point B appartiendra à l'intersection des deux plans. On démontrerait de même que la projection de tout autre point de AB appartient aussi à cette intersection; par conséquent, *ab* est le lieu géométrique des pieds des perpendiculaires abaissées des différents points de la droite AB sur le plan M.   *C. q. f. d.*

425. **Corollaire I.** — *La projection d'une portion de droite sur un plan parallèle à cette droite est parallèle à la droite et lui est égale.*

426. **Corollaire II.** — *Les projections sur un même plan de deux droites parallèles sont parallèles.*

En effet, ces projections sont les intersections de deux plans parallèles par un troisième.

Théorème.

427. *Si une droite est oblique à un plan, l'angle qu'elle fait avec sa projection sur ce plan est le plus petit des angles que cette ligne fait avec toutes les droites qu'on peut mener par son pied dans ce plan.*

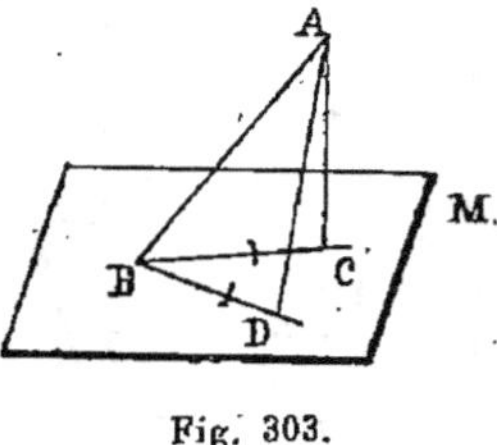

Fig. 303.

Hypothèse : On a une droite AB oblique à un plan M (fig. 303).

Conclusion : L'angle qu'elle fait avec sa projection sur le plan M est plus petit que l'angle qu'elle fait avec une autre droite quelconque passant par son pied dans le plan M.

En effet, d'un point quelconque A de l'oblique AB, abaissons la perpendiculaire AC sur le plan M; la droite BC, qui joint les pieds B et C des deux droites AB et AC, est la projection de AB sur ce plan. Menons par le point B, dans le plan M, une autre droite BD quelconque; prenons sur cette ligne une longueur BD égale à BC et joignons AD. Les deux triangles ABC et ABD ont : AB commun, BD égal à BC par construction et AD plus grand que AC, puisque, AC étant perpendiculaire au plan, AD lui est oblique. Ces deux triangles ont donc deux côtés égaux et le 3e côté AD de l'un plus grand que le 3e côté AC de l'autre; donc l'angle ABD, opposé à AD de l'un, est plus grand que l'angle ABC, opposé à AC de l'autre.   C. q. f. d.

428. Corollaire. — *Le plus grand angle qu'une droite oblique à un plan fasse avec les différentes directions de*

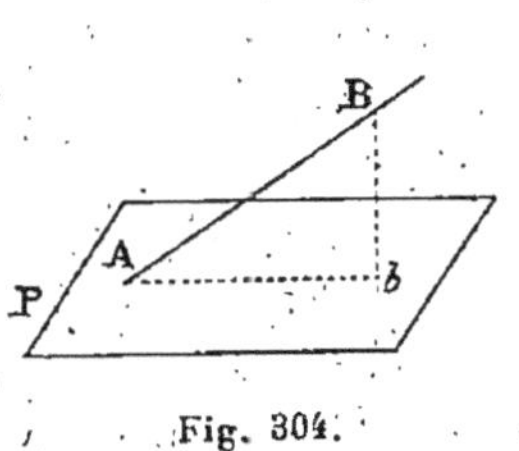

Fig. 304.

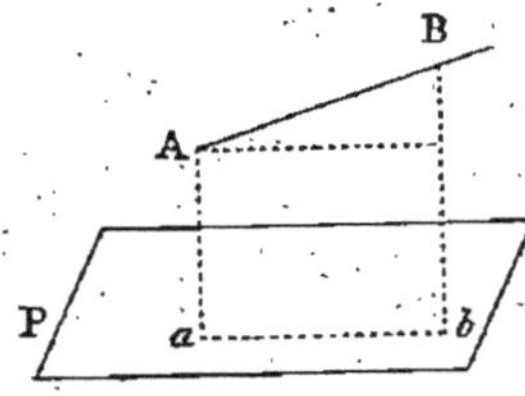

Fig. 305.

ce plan passant par son pied est l'angle obtus qu'elle fait avec sa projection sur le plan.

429. Remarque. — On appelle *angle d'une droite et d'un plan* l'angle aigu formé par cette droite avec sa projection sur le plan. (Cette définition ne s'applique pas au cas où la droite est perpendiculaire au plan). L'angle d'une droite et d'un plan s'appelle encore l'*inclinaison* de la droite sur le plan.

430. On appelle *pente d'une droite AB par rapport à un plan P*, le rapport $\dfrac{Bb}{Ab}$ (fig. 304) ou $\dfrac{Bb - Aa}{ab}$ (fig. 305), A*b* et *ab* étant les projections de la portion de droite AB sur le plan P.

431. On appelle *ligne de plus grande pente* d'un plan,

par rapport à un autre qui le coupe, une direction du premier plan faisant avec le second un angle maximum.

Théorème.

432. *La droite d'un plan qui fait le plus grand angle possible avec un second plan qui coupe le premier est perpendiculaire à l'intersection des deux plans.*

Soit Q un plan coupant le plan P suivant AB et soit CD une droite du plan Q perpendiculaire à AB. Je dis que l'angle de CD avec le plan P est plus grand que l'angle formé avec le plan P par toute autre droite CE du plan Q passant par C (fig. 306).

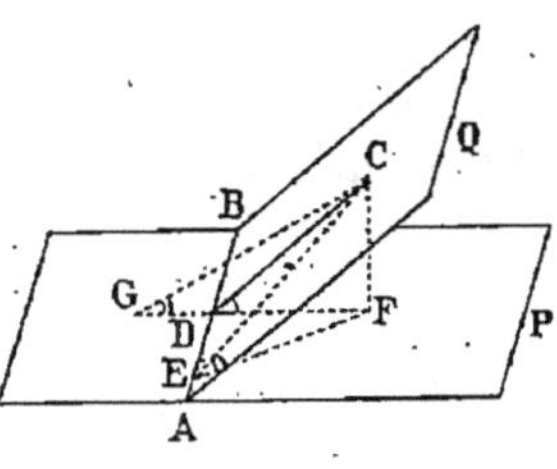

Fig. 306.

En effet, si de C nous menons la perpendiculaire CF sur P, l'angle de CD avec P est (429), par définition, l'angle CDF; et l'angle de CE avec P est l'angle CEF. Remarquons que CE oblique à AB est plus grande que CD perpendiculaire à AB; donc EF est plus grande que DF. Sur FD, prenons FG = EF et joignons G et C : le triangle rectangle CGF est égal au triangle CEF, et, par suite, l'angle CGF est égal à l'angle CEF. Mais l'angle CDF extérieur au triangle CGD est plus grand que l'angle intérieur non adjacent CGF : donc

$$\widehat{CDF} > \widehat{CEF}. \qquad \textit{C. q. f. d.}$$

433. **Corollaire.** — Cet angle maximum est le rectiligne du dièdre aigu des deux plans donnés, car FD est perpendiculaire sur AB [réciproque du théorème des trois perpendiculaires] (fig. 306).

434. **Définition.** — La direction CD est *la ligne de plus grande pente du plan Q par rapport au plan P.* C'est suivant cette direction que se meut un mobile pesant abandonné à lui-même sur Q, supposé parfaite-

ment poli, P étant horizontal. C'est suivant la ligne de plus grande pente que se produit l'écoulement des eaux sauvages, lorsqu'aucun obstacle ne s'y oppose.

***

EXERCICES

181. Par deux points donnés sur un plan, faire passer un plan perpendiculaire au premier.

182. Par deux points donnés hors d'un plan, faire passer un plan perpendiculaire au premier.

183. Si deux plans, perpendiculaires à un troisième, passent par deux lignes droites parallèles, non perpendiculaires à ce troisième plan, ils sont eux-mêmes parallèles.

184. Quel est le lieu géométrique des points également distants de deux plans qui se coupent ?

185. Les projections de deux droites parallèles sur le même plan sont parallèles.

186. Si un angle droit a l'un de ses côtés parallèle à un plan, la projection de cet angle droit sur le plan est un angle droit.

187. L'angle d'une droite et d'un plan est égal au complément de l'angle aigu formé par la droite et la perpendiculaire au plan menée par un point de cette droite.

188. Si une ligne droite est perpendiculaire à un plan, la projection de cette ligne sur un plan quelconque est perpendiculaire à l'intersection des deux plans.

189. Une ligne droite est également inclinée sur deux plans qui se coupent, lorsqu'elle les rencontre en des points également distants de leur intersection. La réciproque est vraie.

CHAPITRE XX

Notions sur les angles trièdres.

435. On appelle *angle solide* ou *angle polyèdre* la figure formée par des plans qui se coupent suivant des droites concourant à un même point, ces plans étant limités à leurs intersections, et ces intersections étant limitées d'un côté à leur point commun. Le point S (fig. 307) commun à tous les plans est le *sommet* de l'angle solide et les droites SA, SB, SC, etc., sont les *arêtes*. Les dièdres formés par les faces sont les angles *dièdres* de l'angle solide, et les angles rectilignes formés

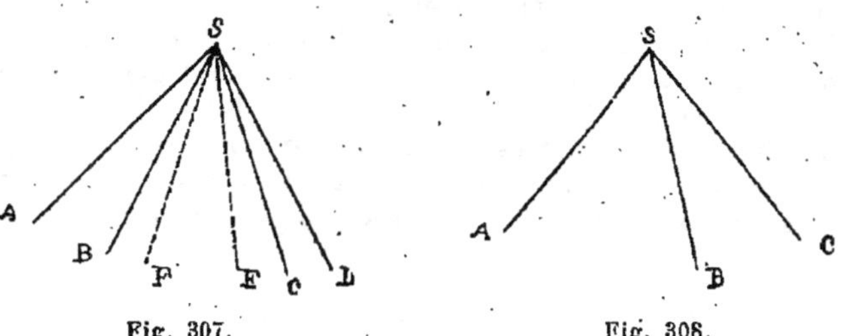

Fig. 307. Fig. 308.

par deux arêtes consécutives sont les *faces* ou les *angles plans* de l'angle solide.

436. **Trièdre.** — Un trièdre (fig. 308) est un angle solide, à trois faces; c'est le plus simple des angles polyèdres. Un angle trièdre comprend six éléments angulaires déterminés : les trois faces ASB, ASC, BSC, et les trois dièdres SA, SB, SC formés par les faces.

On désigne un angle trièdre en nommant d'abord la

lettre du sommet, puis la lettre placée sur chaque arête.
Le trièdre (fig. 308) s'énonce SABC.

Un angle polyèdre quelconque s'énonce de la même façon ; ainsi l'on dit : l'angle polyèdre SABCDEF (fig. 307).

On trouve l'angle trièdre dans l'encoignure formée par la rencontre d'un plancher ou d'un plafond et de deux murs.

Généralement, dans ce cas, les trois faces sont des angles droits, et le trièdre est dit *trirectangle*. Dans d'autres cas, les faces peuvent être des angles aigus ou obtus.

On trouve un exemple d'angle polyèdre dans les clochers en flèche.

Théorème.

437. *Dans tout trièdre une face quelconque est plus petite que la somme des deux autres et plus grande que leur différence.*

Pour démontrer la première partie du théorème, il suffit de prouver que la plus grande face est moindre que la somme des deux autres.

Hypothèse : ASC est la plus grande face (fig. 309).

Conclusion : ASC $<$ ASB $+$ BSC.

En effet, menons dans ASC la droite SD faisant avec SC un angle égal à BSC. Coupons les trois droites SA, SD, SC par une droite quelconque ADC et prenons sur l'arête SB une longueur SE $=$ SD. Les deux triangles SEC, SDC sont égaux ; par suite, CE $=$ CD et, dans le triangle ACE un côté quelconque étant supérieur à la différence des deux autres, on a AE $>$ AD. Les deux triangles ASE, ASD sont donc

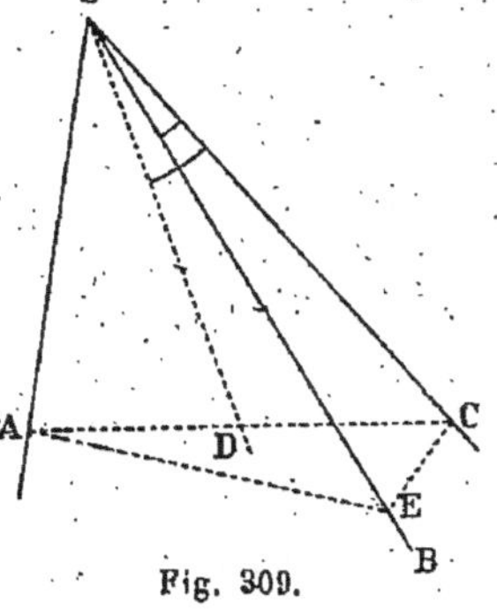

Fig. 309.

tels qu'ils ont deux côtés égaux chacun à chacun ; mais

le troisième côté du premier est plus grand que le troisième côté du second; donc l'angle ASE est plus grand que l'angle ASD. Si à chacun des membres de l'inégalité

$$ASD < ASE$$

nous ajoutons les quantités égales DSC et ESC, nous obtenons l'inégalité de même sens

$$ASD + DSC < ASE + ESC$$

ou

$$ASC < ASB + BSC \qquad C.\ q.\ f.\ d.$$

De cette propriété, il est facile de déduire qu'une face quelconque est plus grande que la différence des deux autres. On a, en effet, en retranchant BSC à chacun des deux membres de l'inégalité précédente :

$$ASC - BSC < ASB.$$

Théorème.

438. *La somme des faces d'un angle trièdre est moindre que quatre angles droits.*

Hypothèse : SABC est un trièdre (fig. 310).

Conclusion : ASB + BSC + ASC < 4 dr.

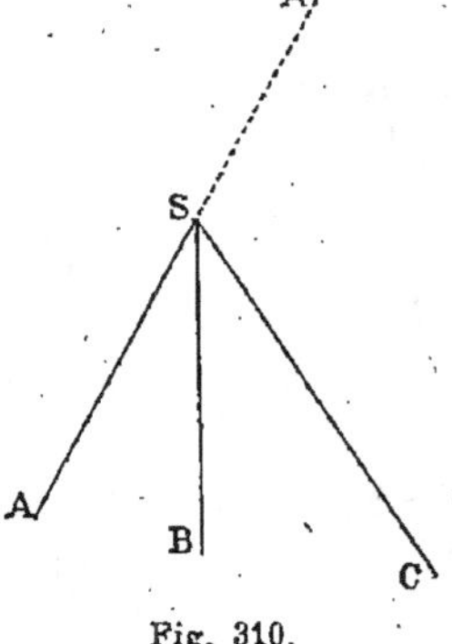

Fig. 310.

En effet, prolongeons l'arête SA en SA' : le trièdre SBCA' auquel nous appliquons le théorème précédent nous permet d'écrire :

$$BSC < CSA' + BSA'.$$

Ajoutons à chacun des membres de cette inégalité la quantité ASB + ASC; nous obtenons l'inégalité de même sens :

$$ASB + ASC + BSC < CSA' + BSA' + ASB + ASC.$$

Mais remarquons que ASC + CSA' = 2 dr. et que ASB + BSA' = 2 dr. Donc :

$$ASB + ASC + BSC < 4 \, dr. \quad C. \, q. \, f \, d.$$

439. REMARQUE I. — On démontre que le théorème est vrai pour un angle polyèdre convexe quelconque.

440. REMARQUE II. — Les deux théorèmes précédents montrent que, pour former un angle trièdre avec trois faces données, deux conditions sont nécessaires; il faut : 1° que la plus grande face soit moindre que la somme des deux autres; 2° que la somme des trois faces soit inférieure à quatre angles droits.

TRIÈDRES SYMÉTRIQUES

441. Si l'on prolonge au delà du sommet les trois arêtes d'un trièdre SABC (fig. 311), on formera un nou-

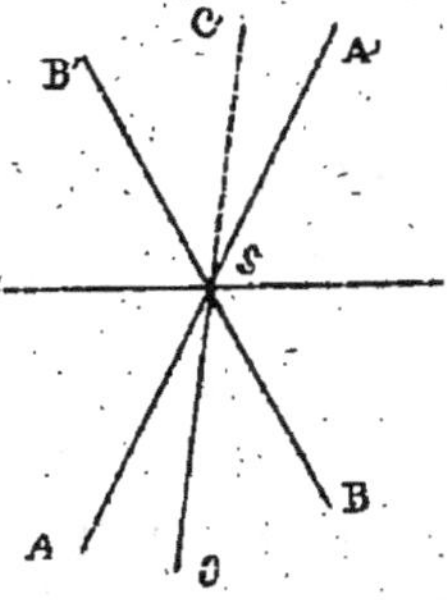

Fig. 311.

veau trièdre SA'B'C' dont les faces sont respectivement égales à celles du premier comme angles opposés par le sommet et dont les angles dièdres sont aussi égaux à ceux du premier, comme dièdres opposés par l'arête.

Ces deux trièdres sont donc composés des mêmes éléments, et cependant, en général, ils ne peuvent être superposés, parce que ces éléments sont disposés en ordre inverse.

En effet, si nous faisons tourner le trièdre SA'B'C' autour de la bissectrice de l'angle ASB', de manière à rabattre le plan SA'B' sur le plan SAB, les deux angles plans A'SB' et ASB coïncideront, mais l'arête SB' sera sur SA et l'arête SA' sur SB; or les deux dièdres SB' et SA ne sont pas nécessairement égaux et, par conséquent, la face B'SC' ne se placera pas nécessairement dans le plan de la face ASC, et les deux trièdres ne coïncideront généralement pas.

On a donné le nom de trièdres *symétriques* à ces deux trièdres qui, formés des mêmes éléments disposés en ordre inverse, ne peuvent être, en général, superposés.

Théorème.

442. *Lorsque deux dièdres d'un trièdre sont égaux, les faces opposées à ces dièdres sont égales, et réciproquement.*

Hypothèse : On donne le trièdre SABC dans lequel dièdre SA = dièdre SB (fig. 312).

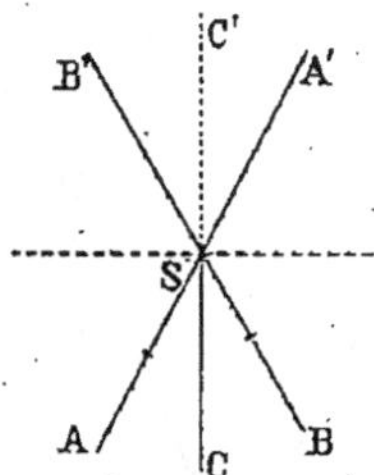

Fig. 312.

Conclusion : face ASC = face BSC.

En effet, considérons le trièdre SA'B'C' symétrique du trièdre donné et faisons tourner le trièdre SA'B'C' autour de la bissectrice de l'angle ASB', comme précédemment, jusqu'à ce que la face A'SB' coïncide avec la face ASB ; le dièdre SB' étant égal au dièdre SB et par suite au dièdre SA, la face B'SC' s'appliquera dans le plan de la face ASC et l'arête SC' sera quelque part dans ce plan. Pour une raison analogue, la face A'SC' s'appliquera dans le plan de la face BSC et l'arête SC' sera quelque part dans ce plan. L'arête SC' devant se trouver à la fois dans les plans des deux faces ASC, BSC se trouve à leur intersection SC et les deux trièdres coïncident. Mais la face B'SC' qui coïncide avec la face ASC est égale à la face BSC comme angles opposés par le sommet : donc

$$ASC = BSC \qquad C. \ q. \ f. \ d.$$

Réciproquement : *Hypothèse* : on donne le trièdre SABC, dans lequel on a face ASC = face BSC (fig. 313).

Conclusion : dièdre SA = dièdre SB.

En effet, construisons le symétrique SA'B'C' du trièdre donné et rabattons-le sur celui-ci de manière à faire

coïncider les faces égales A'SC' et BSC. Le dièdre SC'
étant égal au dièdre SC, la face B'SC'
s'appliquera dans le plan de la face
ASC et, comme ces deux faces sont
égales, elles coïncideront; dès lors
les deux trièdres coïncident. Mais le
dièdre qui coïncide avec le dièdre
SA est le dièdre SB', qui est égal au
dièdre SB. Donc :

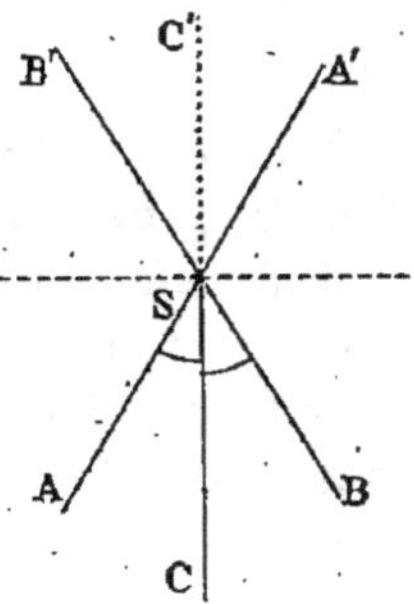

Fig. 313.

$$\text{dièdre } SA = \text{dièdre } SB.$$

C. q. f. d.

443. Corollaire. — *Si les trois
faces d'un trièdre sont égales, les trois dièdres sont égaux,
et réciproquement.*

Théorème.

444. *Dans tout dièdre, au plus grand dièdre est opposée
la plus grande face, et réciproquement.*

Hypothèse : On donne le trièdre SABC, dans lequel on
a : dièdre SC > dièdre SA (fig. 314).

Conclusion : face ASB > face BSC.

En effet, suivant l'arête SC et à l'intérieur du trièdre,
menons un plan formant avec la
face ASC un dièdre ASCD égal
au dièdre SA; ce plan coupe la
face ASB suivant SD.

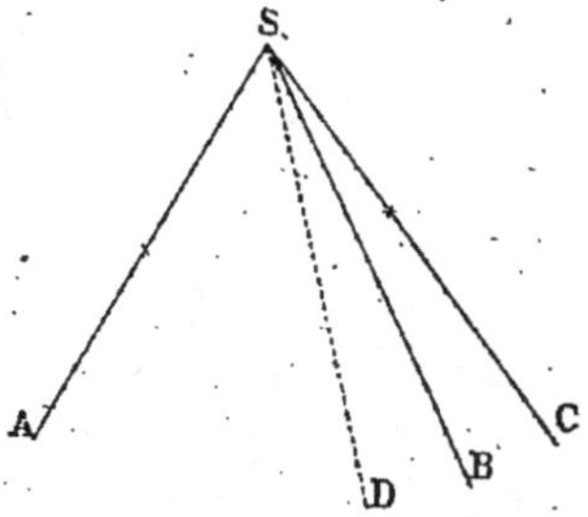

Le trièdre SBCD nous donne
(437) :

$$BSC < BSD + CSD.$$

Le trièdre SADC nous donne
(442) :

$$\text{face } ASD = \text{face } CSD.$$

Fig. 314.

Si donc nous remplaçons CSD par son égale ASD
dans l'inégalité précédente, nous obtenons :

$$\text{BSC} < \text{BSD} + \text{ASD}$$

ou
$$\text{BSC} < \text{ASB}. \qquad C. \, q. \, f. \, d.$$

Réciproquement. *Hypothèse* : On donne le trièdre SABC (fig. 314), dans lequel on a : face ASB > face BSC.

Conclusion : dièdre SC > dièdre SA.

En effet, si le dièdre SC était égal au dièdre SA, les deux faces ASB et BSC seraient égales (442), ce qui est contraire à l'hypothèse. Si le dièdre SC était plus petit que le dièdre SA, la face BSC serait plus grande que la face ASB (444), ce qui est contraire à l'hypothèse. Le dièdre SC ne pouvant être ni égal, ni inférieur au dièdre SA, lui est nécessairement supérieur.

ÉGALITÉ DES ANGLES TRIÈDRES

Théorème.

445. *Deux trièdres sont égaux, lorsqu'ils ont une face égale adjacente à deux angles dièdres égaux chacun à chacun et disposés de la même manière.*

Hypothèse : On donne deux angles trièdres, S et S', dans lesquels on a (fig. 315) :

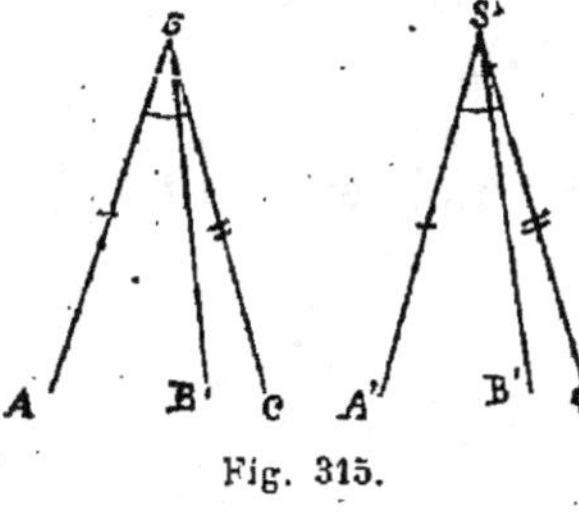

$$\text{face ASC} = \text{face A'S'C'}$$
$$\text{dièdre SA} = \text{dièdre S'A'}$$
$$\text{dièdre SC} = \text{dièdre S'C'}$$

Fig. 315.

Conclusion : Trièdre S = Trièdre S'.

En effet, faisons glisser le trièdre S' sur le trièdre S, de manière que la face A'S'C' coïncide avec son égale ASC, l'arête S'A' sur SA et l'arête S'C' sur SC. De ce que le dièdre S'A' est égal au dièdre SA, la face A'S'B' s'appliquera sur la face ASB, et l'arête S'B' sera tout entière dans le plan de ASB ; de même, le dièdre S'C' étant égal au dièdre SC, la face B'S'C' s'appliquera sur la face BSC, et l'arête S'B' sera aussi tout entière dans le plan de BSC; l'arête S'B' devant être à la fois dans les deux plans ASB et BSC coïncidera avec leur intersection : les deux trièdres, coïncidant alors dans toutes leurs parties, sont égaux. *C. q. f. d.*

Théorème.

446. *Deux angles trièdres sont égaux, lorsqu'ils ont un angle dièdre égal compris entre deux faces égales chacune à chacune et disposées de la même manière.*

Hypothèse : On donne deux trièdres S et S', dans lesquels on a : (fig. 316)

dièdre SB = dièdre S'B'
face ASB = face A'S'B'
face BSC = face B'S'C'

Conclusion :
Trièdre S = Trièdre S'.

En effet, faisons glisser le trièdre S' sur le trièdre S, de manière que la face A'S'B'

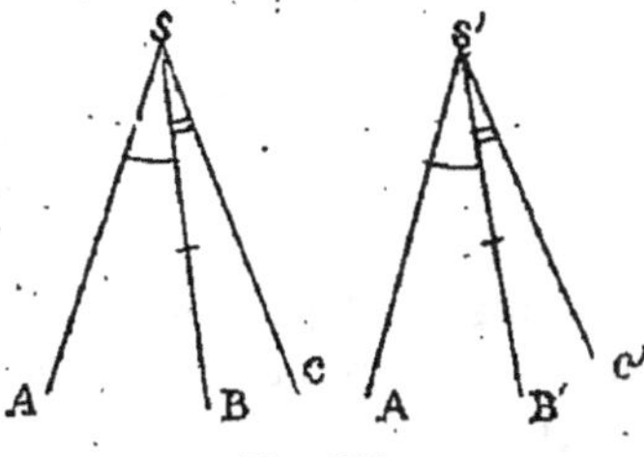

Fig. 316.

coïncide avec la face ASB. De ce que le dièdre S'B' est égal au dièdre SB, la face B'S'C' s'appliquera sur la face BSC, et, comme ces deux faces sont égales par hypothèse, elles coïncideront dans toute leur étendue et, par conséquent, l'arête S'C' coïncidera avec l'arête SC. D'ailleurs l'arête S'A' coïncide déjà avec l'arête SA. Donc la face A'S'C' coïncidera avec la face ASC. Les deux trièdres, coïncidant dans toutes leurs parties, sont égaux. *C. q. f. d.*

Théorème.

447. *Deux trièdres, qui ont leurs trois faces égales chacune à chacune et semblablement disposées, sont égaux.*

Hypothèse : Soient les deux trièdres SABC et S'A'B'C'

qui ont leurs trois faces égales chacune à chacune et semblablement disposées (fig. 317).

Conclusion : Ces trièdres sont égaux.

En effet, par un point A quelconque de l'arête SA, menons AB perpendiculaire à SA dans le plan SAB et AC perpendiculaire à SA dans le plan ASC et joignons BC. De même, prenons S'A' égal à SA et, par le point A',

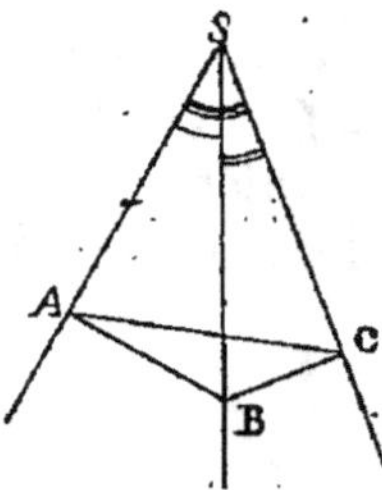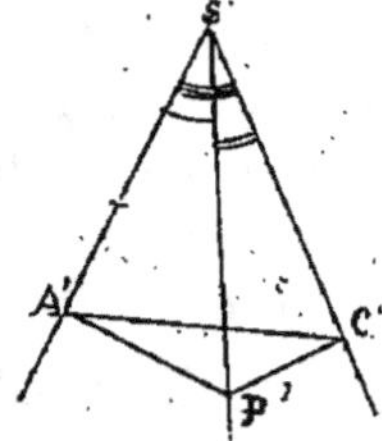

Fig. 317.

menons A'B' perpendiculaire à S'A' dans le plan S'A'B' et A'C' perpendiculaire à S'A' dans le plan A'S'C', et joignons B'C'.

Les deux triangles rectangles SAB et S'A'B' sont égaux comme ayant un côté égal adjacent à deux angles égaux chacun à chacun (SA = S'A'; SAB = S'A'B'; ASB = A'S'B'); d'où l'on tire :

$$AB = A'B' \text{ et } SB = S'B'.$$

De même, les deux triangles rectangles ASC et A'S'C' sont égaux pour la même raison (SA = S'A'; SAC = S'A'C'; ASC = A'S'C') et l'on a :

$$AC = A'C' \text{ et } SC = S'C'.$$

Les deux triangles SBC et S'B'C' sont donc égaux comme ayant un angle égal compris entre deux côtés égaux chacun à chacun (BSC = B'S'C'; SB = S'B'; SC = S'C'); d'où l'on tire : BC = B'C'.

Alors, les deux triangles ABC et A'B'C' sont égaux comme ayant leurs trois côtés égaux chacun à chacun et, par suite, l'angle BAC = B'A'C'.

Mais les angles BAC et B′A′C′ sont les angles recti-lignes des dièdres SA et S′A′; donc ces dièdres sont égaux et les trièdres sont égaux, comme ayant un dièdre égal compris entre deux faces égales chacune à chacune et semblablement disposées.   .   *C. q. f. d.*

448. REMARQUE. — Si l'on fait correspondre aux côtés et aux angles des triangles les faces et les dièdres des trièdres, les théorèmes qui précèdent montrent qu'il y a une très grande analogie entre la théorie des triangles et celle des trièdres; à chaque propriété des triangles correspond une propriété des trièdres. L'analogie n'est pourtant pas complète, parce que l'inverse n'a pas lieu : ainsi, tandis que nous n'avons trouvé que trois cas d'égalité des triangles, il en existe quatre pour les trièdres : les trois qui ont été précédemment démontrés et le suivant : *deux trièdres sont égaux lorsqu'ils ont leurs trois angles dièdres égaux chacun à chacun et semblablement disposés.*

EXERCICES

190. Quel est le lieu géométrique des points également distants des trois faces d'un angle trièdre?

191. Quel est le lieu géométrique des points également distants des trois arêtes d'un angle trièdre?

192. Les plans menés perpendiculairement aux faces d'un angle trièdre par les arêtes opposées à ces faces passent par une même droite.

193. Les plans menés par chacune des arêtes d'un angle trièdre et la bissectrice de la face opposée à cette arête passent par une même droite.

194. Toute section faite dans un angle trièdre rectangle par un plan perpendiculaire à l'une de ses arêtes est un triangle rectangle.

195. Le point de rencontre des hauteurs du triangle qu'on obtient en coupant un angle trièdre trirectangle par un plan est la projection du sommet de l'angle trièdre sur ce plan.

196. Si l'on coupe un angle trièdre trirectangle par un plan qui rencontre ses trois arêtes : 1° le triangle intercepté sur chacune des faces est moyen proportionnel entre sa projection sur le

plan sécant et la section que ce plan détermine dans l'angle trièdre; 2° le carré de cette section est égal à la somme des carrés de ses projections sur les faces de l'angle trièdre.

197. Couper un angle polyèdre à quatre faces par un plan tel que la section obtenue soit un parallélogramme.

198. Lieu des points de concours des médianes des triangles qu'on obtient en coupant un angle trièdre par des plans parallèles à un plan donné.

199. La somme des angles que les arêtes d'un angle trièdre font avec les faces qui leur sont opposées est moindre que la somme des trois faces, mais plus grande que la moitié de cette somme.

CHAPITRE XXI

Des polyèdres.

449. Polyèdre. — Un *polyèdre* est un solide limité de toutes parts par des polygones plans, appelés *faces du polyèdre*.

Les intersections des faces sont les *arêtes du polyèdre*; les points de rencontre des arêtes en sont les *sommets*, et les angles solides formés par les faces en sont les *angles*.

La droite joignant deux sommets non situés dans une même face se nomme *diagonale*.

La *surface* d'un polyèdre est la somme des surfaces de ses différentes faces.

Un polyèdre est dit *convexe*, lorsqu'il est entièrement situé d'un même côté du plan de l'une quelconque de ses faces.

Un polyèdre qui n'est pas convexe est dit *concave* ou *à angles rentrants*.

450. Polyèdres réguliers. — Un polyèdre est *régulier*, quand ses faces sont des polygones réguliers égaux et que ses angles solides sont égaux.

Il n'existe que cinq polyèdres réguliers convexes. Ce sont :

1° *Le tétraèdre régulier* (fig. 318) dont la surface, formée de quatre triangles

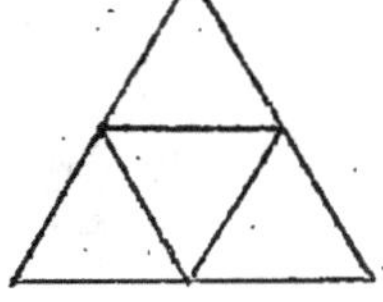

Fig. 318.   Fig. 319.

équilatéraux assemblés trois autour de chaque sommet, est représentée (fig. 319) développée sur un plan.

2° *L'hexaèdre régulier ou cube* (fig. 320) dont la surface, formée de six carrés assemblés trois par trois, est développée dans la fig. 321.

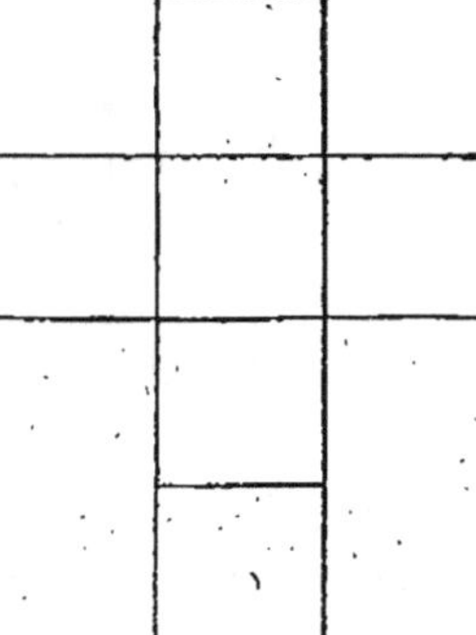

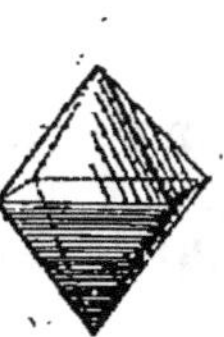

Fig. 320.

Fig. 321.

3° *L'octaèdre régulier* (fig. 322) dont la surface, formée

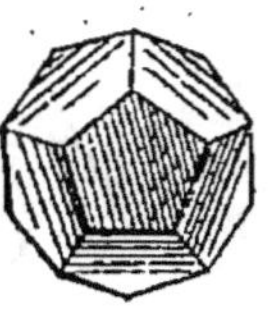

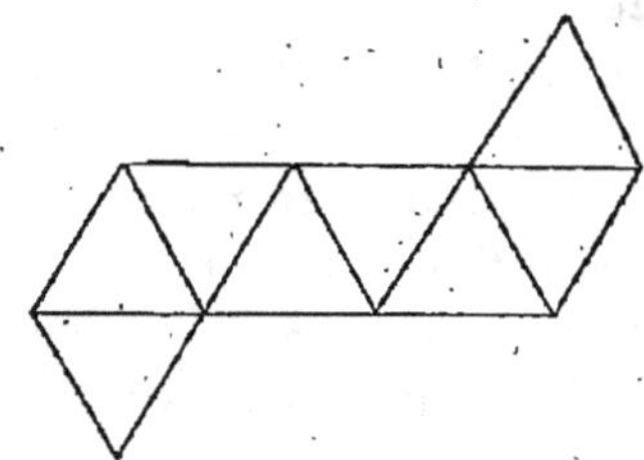

Fig. 322.

Fig. 323.

de huit triangles équilatéraux assemblés quatre par quatre, est développée dans la figure 323.

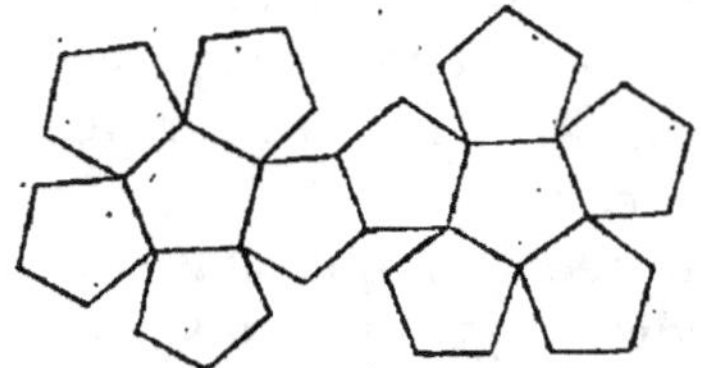

Fig. 324.

Fig. 325.

4° *Le dodécaèdre régulier* (fig. 324) dont la surface,

formée de douze pentagones réguliers assemblés trois
par trois, est développée dans la figure 325.

5° *L'icosaèdre régulier* (fig. 326) dont la surface, formée

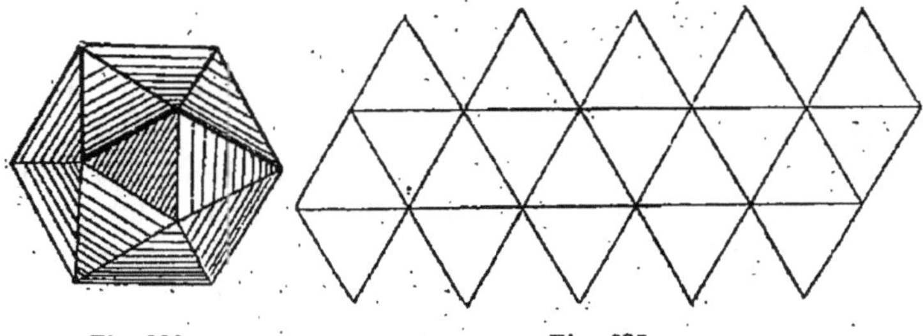

Fig. 326.   Fig. 327.

de vingt triangles équilatéraux assemblés cinq par cinq,
est développée dans la figure 327.

451. Entre les différentes formes de polyèdres, il y a
lieu de considérer particulièrement *le prisme* et *la
pyramide*.

PRISME

452. **Prisme**. — Un prisme est un polyèdre [dont
deux faces sont des polygones
égaux et parallèles et les
autres faces des parallélogrammes. Les deux polygones
égaux et parallèles ABCDE,
A'B'C'D'E' (fig. 328) sont les
bases du prisme; les parallélogrammes ABB'A', BCC'B',
CDD'C', EDD'E'AEE'A' en
sont les *faces latérales*. L'ensemble des faces latérales
constitue la *surface latérale*
du prisme. L'ensemble de la
surface latérale et des surfaces
des bases constitue la *surface totale du prisme*.

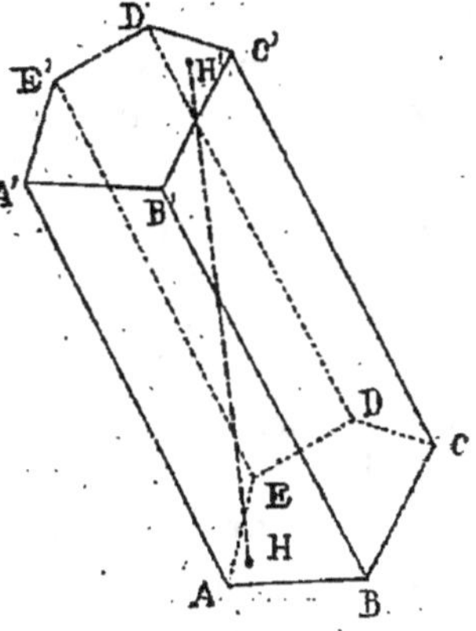

Fig. 328.

Les intersections AA', BB', CC', DD', EE' des faces latérales sont les *arêtes latérales*.

Enfin la *hauteur* d'un prisme est la distance des deux bases : Ex. : HH' (fig. 328).

On désigne souvent un prisme par deux sommets opposés pris dans chacune des bases. — Ainsi l'on dit le prisme AC'.

453. Prisme droit. Prisme oblique. — Un prisme

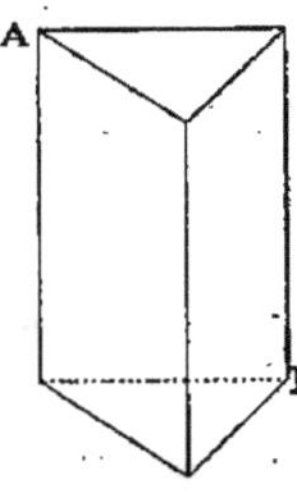

est *droit*, quand ses arêtes latérales sont perpendiculaires aux plans des bases (tel le prisme AB, fig. 329).

Il est *oblique* dans le cas contraire.

Quand le prisme est droit, les arêtes latérales mesurent la hauteur.

454. Prisme triangulaire, quadrangulaire, pentagonal, etc. — Un prisme est dit *triangulaire, quadrangulaire, pentagonal,* etc., quand ses bases

Fig. 329.

sont des triangles, des quadrilatères, des pentagones, etc.

455. Prisme régulier. — Un prisme est dit *régulier*, lorsque, étant droit, il a pour bases des polygones réguliers. Un prisme régulier n'est pas nécessairement un polyèdre régulier.

456. Le prisme est une forme de solide très répandue : le double décimètre, la règle du dessinateur en sont des exemples. — La construction en emploie une grande variété dans les pièces de charpente et les pierres taillées. La chimie nous montre des prismes formés de substances cristallisées. La nature présente parfois des amas considérables de roches basaltiques qui, par le refroidissement, se sont divisées en prismes presque réguliers, tantôt verticaux, comme la coulée du Pont Volant (Ardèche), tantôt horizontaux, comme sur le littoral de l'île Sainte-Hélène.

Citons encore les prismes de verre employés en optique, les alvéoles des gâteaux de cire construits par les abeilles.

457. Prisme tronqué ou tronc de prisme. — *Un prisme tronqué*, ou *tronc de prisme*, est la portion de prisme comprise entre une base et un plan non parallèle aux bases, coupant toutes les arêtes latérales.

458. Parallélipipède. — Entre les différentes formes de prismes, il y a lieu de considérer tout particulièrement le parallélipipède.

Un *parallélipipède* est un prisme dont les bases sont des parallélogrammes (fig. 330).

459. Parallélipipède droit, parallélipipède obli-

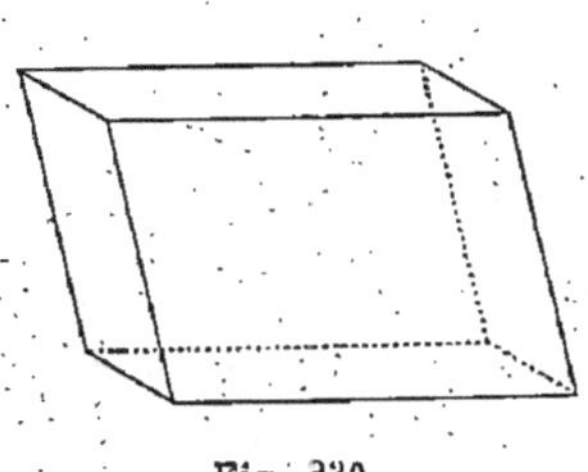

Fig. 330.

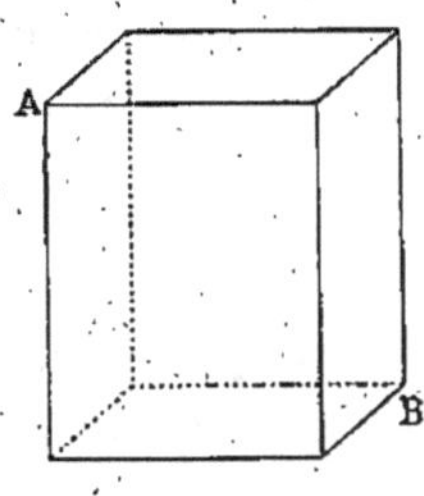

Fig. 331.

que. — Un parallélipipède est *droit*, lorsque ses arêtes latérales sont perpendiculaires aux plans des bases.

Il est *oblique* dans le cas contraire.

460. Parallélipipède rectangle. — On donne le nom de parallélipipède *rectangle* à un parallélipipède *droit* dont les bases sont des *rectangles* (tel est le parallélipipède AB, fig. 331).

Il résulte de là que, dans le parallélipipède oblique, toutes les faces peuvent être des parallélogrammes ; que, dans le parallélipipède droit non rectangle, les faces latérales sont des rectangles et les bases des parallélogrammes, enfin que, dans le parallélipipède rectangle, toutes les faces sont des rectangles.

Les trois arêtes, aboutissant à un même sommet d'un parallélipipède rectangle, sont ses *dimensions*. Dans le cas particulier où ces dimensions sont égales, on a un *cube*, Alors, toutes les faces sont des carrés.

On appelle *équarri*, ou *cube long*, un parallélipipède rectangle, dont les bases sont des carrés et les faces latérales des rectangles égaux. Ex. : une règle d'écolier, certains carreaux employés dans le carrelage des appartements.

Le parallélipipède rectangle est un polyèdre très répandu : les briques à bâtir, les briques de savon, les chambres des appartements, les caisses en bois, en carton, en fer blanc, les pierres taillées sur les quatre faces ont généralement cette forme. Le spath d'Islande cristallise en forme de parallélipipède oblique; les dés à jouer, les cristaux de sel marin sont des cubes.

PYRAMIDE

461. Pyramide. — On appelle *pyramide* le polyèdre compris entre un polygone et des triangles ayant pour bases les côtés de ce polygone et pour sommet commun un point situé hors du plan du polygone (fig. 332).

Le sommet S commun aux triangles est le *sommet* de la pyramide, le polygone ABCDE en est la *base* et l'ensemble des triangles SAB, SBC, SCD, etc., forme sa *surface latérale*. La *hauteur* SH d'une pyramide est la perpendiculaire abaissée du sommet sur le plan de la base. On énonce une pyramide en nommant d'abord le sommet, puis le polygone de base; ainsi on dira la pyramide SABCDE (fig. 332).

Une pyramide est *triangulaire*, *quadrangulaire*, etc., selon que la base est un triangle, un quadrilatère, etc.

462. Une pyramide est *régulière*, lorsque sa base est un polygone régulier et qu'en même temps le pied de sa hauteur est le centre du polygone de base.

Dans une pyramide régulière, les arêtes latérales sont égales, comme obliques dont les pieds s'écartent également du pied de la perpendiculaire.

Les faces latérales sont des triangles isocèles égaux, comme ayant leurs trois côtés égaux chacun à chacun.

La perpendiculaire abaissée du sommet sur l'un des côtés du polygone de base s'appelle l'*apothème* de la pyramide régulière (Ex. : SH, fig. 333).

463. Si l'on coupe une pyramide quelconque par un plan qui rencontre toutes les faces latérales, la portion

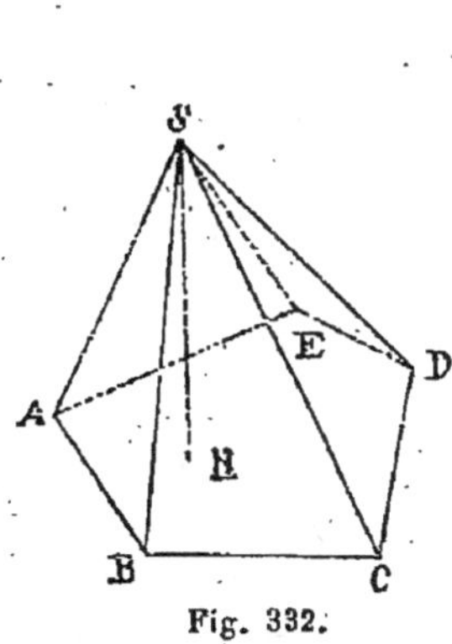

Fig. 332.

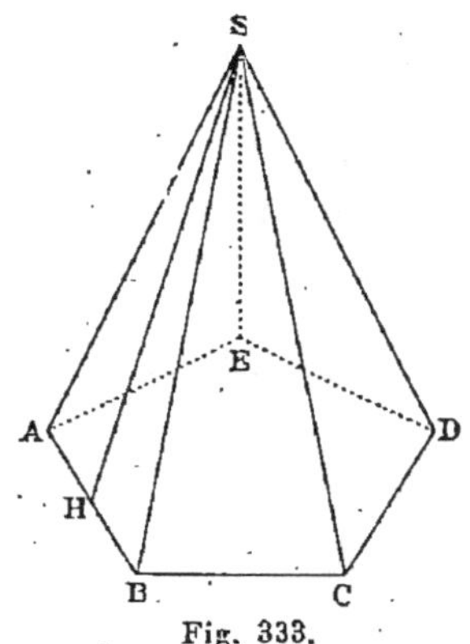

Fig. 333.

de ce polyèdre comprise entre la base et le plan sécant est appelée *pyramide tronquée* ou *tronc de pyramide*.

Les clochers en pierre ou en charpente, qui surmontent la plupart des églises, sont des pyramides régulières; les pyramides d'Égypte sont à base carrée. L'obélisque

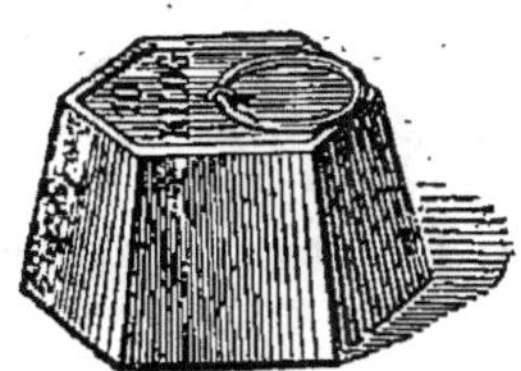

Fig. 334.

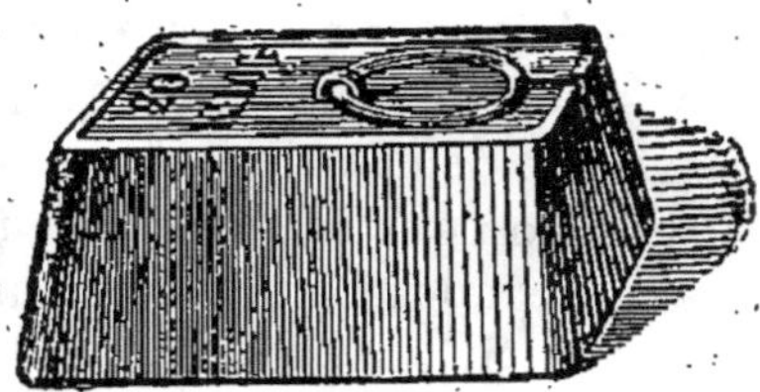

Fig. 335.

de Louqsor, sur la place de la Concorde, à Paris, est un tronc de pyramide à base carrée, surmonté d'une pyramide régulière.

Les poids en fonte affectent la forme de troncs de pyramides à bases hexagonales (fig. 334) ou à bases rectangulaires (fig. 335). La partie inférieure de beaucoup de réverbères a aussi la forme d'un tronc de pyramide.

Applications.

464. I. — *Construire un tétraèdre régulier ayant 4 centimètres d'arête.*

Sur une feuille de carton blanc, je construis un triangle équilatéral ABC de 4 centimètres de côté, puis les triangles équilatéraux ABE, ACD, BCF (fig. 336). Sui-

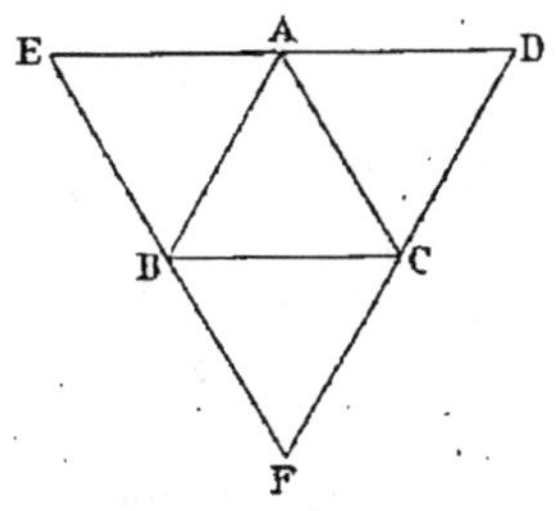

Fig. 336.

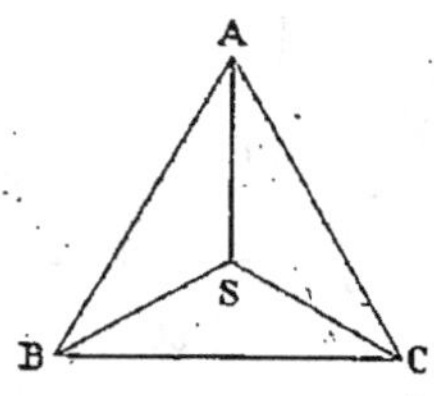

Fig. 337.

vant les droites AB, AC, BC je fais une légère incision ne dépassant pas la demi-épaisseur du carton; puis je fais tourner les triangles ABE, ACD, BCF autour de ces incisions, de manière à amener en un même point S les sommets D, E, F (fig. 337). J'obtiens ainsi le tétraèdre demandé. Je fixe les faces de ce tétraèdre dans la position que je viens de leur faire occuper, à l'aide de petites bandes de papier gommé étendues sur les arêtes SA, SB, SC.

465. II. — *Construire le développement d'un parallélipipède droit ayant 3 centimètres de hauteur et dont les bases sont des carrés de 1^{cm} 1/2 de côté.*

Ce développement se compose des 4 rectangles formant les 4 faces latérales du parallélipipède et des deux carrés formant les bases du solide. Sur une droite indéfinie, on prend les 4 longueurs AB, BC, CD, DE égales

.chacune à $1^{cm}\frac{1}{2}$; on construit le rectangle AEIK de
3 centimètres de hauteur; par les points B, C, D, on

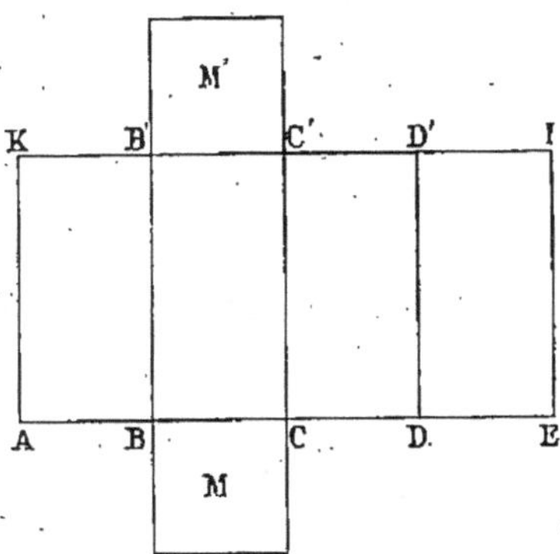

Fig. 338.

élève les perpendiculaires à AE; avec BC et B′C′ comme
côtés, et extérieurement au rectangle AEIK, on construit
les carrés M et M′ (fig. 338).

CHAPITRE XXII

Applications au dessin géométrique.

466. C'est sur les notions de géométrie dans l'espace étudiées dans les chapitres précédents que reposent les principes de la représentation des corps par la méthode dite *des projections*. Cette méthode permet de réunir, sur une *surface plane*, tous les éléments nécessaires pour faire connaître exactement la forme et les dimensions d'un solide et sa position dans l'espace. La connaissance de cette méthode est donc nécessaire, à la fois, aux architectes, aux ingénieurs qui conçoivent un projet et aux ouvriers chargés d'en exécuter les différentes parties.

467. On donne le nom de dessin *géométral* à la représentation d'un corps à trois dimensions par la méthode des projections.

Dans ce mode de représentation, purement conventionnel, on fait usage de deux plans HH', VV', se coupant à angle droit suivant la ligne LT (fig. 339). L'un de ces plans est appelé *plan horizontal* et l'autre *plan vertical*. Leur intersection LT est *la ligne de terre*.

468. **Représentation d'un point.** — Si M est un point de l'espace (fig. 340), le pied *m* de la perpendiculaire abaissée de M sur le plan horizontal HH' est appelé la *projection horizontale* de M, et le pied *m'* de la perpendiculaire abaissée de M sur le plan vertical VV' est appelé la *projection verticale* de M. La perpendiculaire

M*m* est la *projetante verticale* du point M, la perpendiculaire M*m'* est la *projetante horizontale* de M.

On comprend facilement que, si l'on connaît les deux projections *m* et *m'* d'un point M de l'espace, la position de ce point est rigoureusement déterminée, car ce point, se trouvant sur la perpendiculaire au plan horizontal menée par *m* et sur la perpendiculaire au plan vertical, menée par *m'*, ne peut occuper dans l'espace qu'une

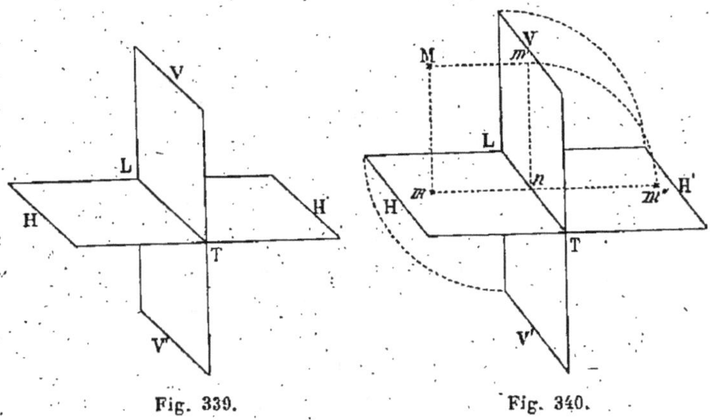

Fig. 339.   Fig. 340.

position déterminée par l'intersection de ces deux perpendiculaires.

469. Si, par les projetantes M*m* et M*m'* (fig. 340), on conduit un plan, ce plan sera perpendiculaire aux deux plans de projection et, par suite, à leur intersection, c'est-à-dire à la ligne de terre LT. De plus, le quadrilatère M *m n m'*, dans lequel *m'n* et *m n* sont les intersections de ce plan avec les plans de projection, sera un rectangle ; d'où l'on conclut :

1° *Que la distance M*m* du point M au plan horizontal est égale à la distance m'n qui sépare sa projection verticale de la ligne de terre.*

2° *Que la distance M*m'* du point M au plan vertical est égale à la distance mn qui sépare sa projection horizontale de la ligne de terre.*

*3° Si, des deux projections d'un point, on mène les per-
pendiculaires sur la ligne de terre, ces perpendiculaires
se rencontrent en un même point de la ligne de terre.*

470. Cela dit, si nous concevons maintenant que le plan
vertical VV' tourne autour de la ligne de terre pour se
rabattre sur le plan horizontal, de manière que la partie
supérieure LTV de ce plan s'applique sur la partie LTH'
du plan horizontal, et que la partie LTV' du premier plan
s'applique sur la partie LTH du plan horizontal, la projection verticale *m'*, de M, est entraînée dans ce mouvement et vient se placer, après rabatte-
ment, en un point *m''* situé sur le prolongement de la perpendiculaire *mn* à
la ligne de terre.

Ainsi, lorsqu'on rabat le plan vertical
sur le plan horizontal de manière à ne
plus avoir qu'un seul plan, les projections d'un point de l'espace sont deux
points situés sur une même perpendiculaire à la ligne de terre (fig. 341).

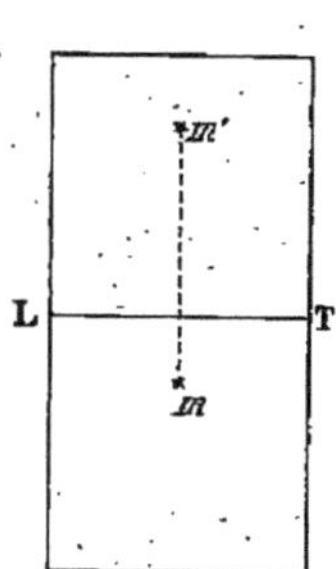

Fig. 341.

La position des deux points *m* et *m'*,
par rapport à la ligne de terre LT,
varie avec la position du point M de l'espace par rapport
aux plans de projection.

471. **Représentation d'une droite.** — Lorsqu'on
sait représenter un point de l'espace par ses projections
sur le plan horizontal et sur le plan vertical, on sait
aussi représenter une droite par ses projections.

En effet, la projection d'une droite sur un plan étant
la droite représentant le lieu géométrique des projections de ses divers points sur le plan, et une droite de
l'espace étant toujours déterminée quand on connaît
deux de ses points, il suffira, pour obtenir les projections
de la droite XY sur les deux plans de projection, de
construire les projections de deux points quelconques
A et B de cette droite.

Si *a* et *a'* sont les projections de A, *b* et *b'* les projections de B, la droite *ab* sera la projection horizontale de AB, et la droite *a' b'* en sera la projection verticale (fig. 342).

Le plan qui contient les perpendiculaires abaissées de A et de B sur le plan horizontal est appelé le *plan projetant vertical* de la droite; le plan qui contient les perpendiculaires abaissées de A et de B sur le plan vertical est appelé le *plan projetant horizontal* de la droite.

Ainsi, *la projection d'une droite sur l'un ou l'autre des*

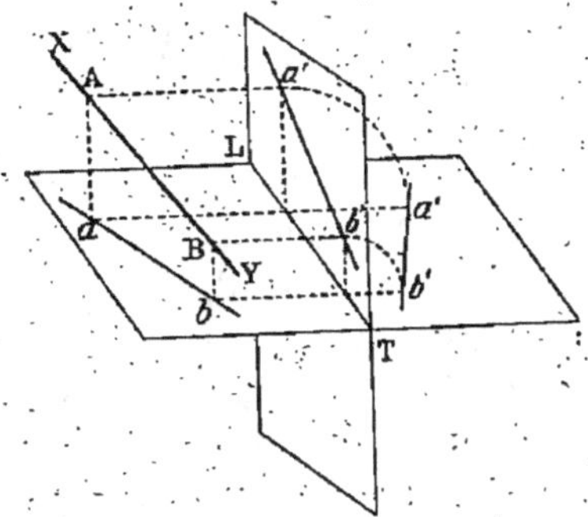

Fig. 342.

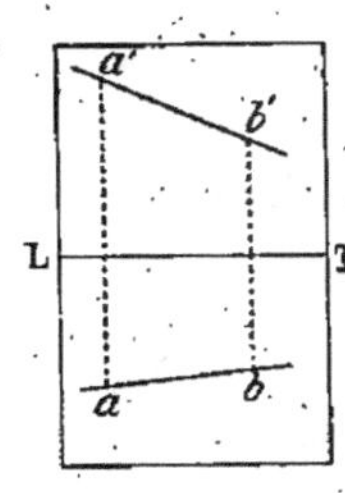

Fig. 343.

plans de projection est la droite qui joint les projections de deux de ses points sur le plan considéré.

Après le rabattement du plan vertical sur le plan horizontal, la droite se trouve représentée comme l'indique la figure 343.

472. La position des projections *ab*, *a' b'*, d'une droite, par rapport à la ligne de terre, dépend de la position de la droite par rapport aux plans de projection.

1° *Lorsqu'une portion de droite est parallèle à l'un des plans de projection, elle se projette en vraie grandeur sur le plan auquel elle est parallèle, et, sur l'autre, suivant une parallèle à la ligne de terre.*

2° *Lorsqu'une droite ou une portion de droite est perpendiculaire à l'un des plans de projection, sa projection sur ce plan est un point, et, sur l'autre, c'est une droite perpendiculaire à la ligne de terre.*

3° Quand une portion de droite est parallèle aux deux plans de projection, elle se projette sur ces deux plans parallèlement à la ligne de terre et en vraie grandeur.

4° Quand une droite est dans l'un des plans de projection, elle est elle-même sa projection sur ce plan, et, sur l'autre plan, elle se projette suivant la ligne de terre.

473. Vraie grandeur d'une portion de droite. — Lorsqu'on connaît les projections d'une portion de droite, il est facile de trouver la vraie grandeur de cette droite dans le cas où ni l'une ni l'autre des projections ne représente cette vraie grandeur.

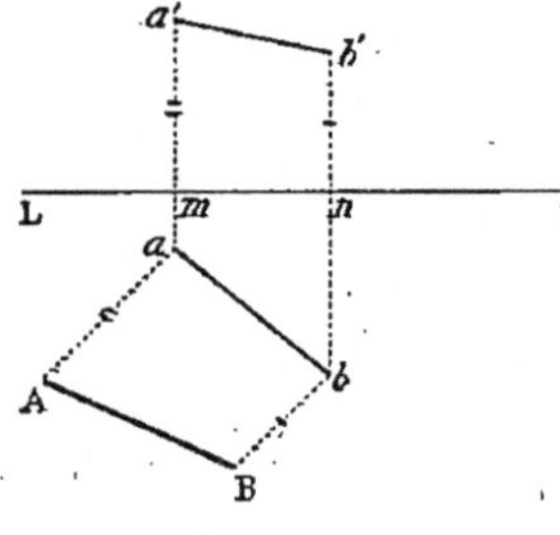

Fig. 344.

Il suffit, en effet, de remarquer que la portion de droite est l'un des côtés d'un trapèze rectangle, dans lequel sa projection horizontale est le côté adjacent aux deux angles droits, et les deux projetantes verticales de ses extrémités sont les deux bases. En construisant ce trapèze *ab* BA, on a en AB la vraie grandeur de la droite (fig. 344).

On pourrait faire la même construction en utilisant la projection verticale.

474. Traces d'une droite. — Lorsqu'on connaît les projections de deux points d'une droite, la position de cette droite dans l'espace est rigoureusement déterminée, parce qu'il est toujours possible de déterminer les deux points de la droite dont on connaît les projections.

Une droite est en particulier rigoureusement déterminée, lorsqu'on connaît les projections de ses deux *traces*, c'est-à-dire des deux points où elle rencontre les deux plans de projection.

Connaissant les projections d'une droite, il est facile de trouver les traces de cette droite.

En effet, la trace horizontale, étant le point où la droite perce le plan horizontal, est un point qui appartient au plan horizontal, et qui, par conséquent, doit se projeter verticalement sur la ligne de terre LT (fig. 345). Étant aussi un point de la droite, elle doit se projeter sur la projection verticale $a'b'$ de la droite; donc cette trace a pour projection verticale le point r', où $a'b'$ rencontre la ligne de terre et se trouve, par suite, quelque part sur la perpendiculaire tr' à LT; mais cette trace doit évidemment appartenir à la projection horizon-

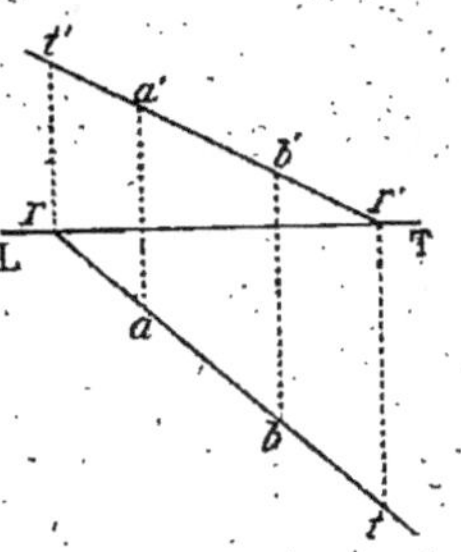
Fig. 345.

tale ab de la droite; elle est donc au point t où ab est rencontrée par la perpendiculaire tr' à la ligne de terre. — D'où la règle suivante :

Pour trouver la trace horizontale d'une droite, il suffit de prolonger la projection verticale jusqu'à sa rencontre avec la ligne de terre, d'élever en ce point la perpendiculaire à la ligne de terre, jusqu'à son intersection avec la projection horizontale; cette intersection est la trace hori- zontale de la droite considérée.

On procéderait d'une manière analogue pour trouver la trace verticale d'une droite.

Les deux règles précédentes montrent clairement que, lorsqu'on connaît les traces d'une droite, il est toujours facile d'en déduire les projections de cette droite.

Les explications qui précèdent sur les projections d'un point et d'une droite permettent de représenter les polyèdres simples limités par des faces planes.

475. Applications I. — *Construire les projections d'un prisme hexagonal régulier ayant 3 centimètres de hauteur et $1^{cm}\frac{1}{2}$ de côté de base, sachant qu'il repose sur* *le plan horizontal, qu'il a 2 faces parallèles au plan vertical et que le centre de sa base est à 2 centimètres de ce plan.*

Il est manifeste que la projection du prisme sur le plan horizontal coïncide avec la base de ce prisme. Cette projection horizontale est donc un hexagone régu-

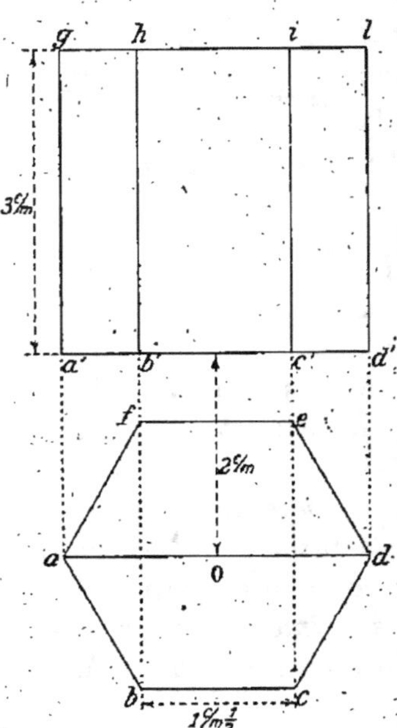

Fig. 346.

lier, dont le centre O est à 2 centimètres de la ligne de terre (fig. 346). Pour construire cet hexagone, il suffit de décrire de O comme centre une circonférence de $1^{cm}\frac{1}{2}$ de rayon et de porter successivement 6 fois le rayon comme corde sur cette circonférence, en prenant pour point de départ l'une des extrémités du diamètre parallèle à la ligne de terre. Les extrémités inférieures des arêtes latérales se projettent verticalement sur la ligne de terre en a', b', c', d'; comme ces arêtes latérales se projettent perpendiculairement à la ligne de terre et en vraie grandeur, on obtiendra la projection verticale du solide en menant par les points a', b', c', d' les perpendiculaires à la ligne de terre qu'on prend égales à 3 centimètres. La droite gl, passant par les extrémités de ces perpendiculaires, représente la projection de la base supérieure du prisme.

476. Comme on le voit dans cet exemple, la projection horizontale fait connaître la largeur et l'épaisseur de l'objet; la projection verticale fait connaître la largeur et la hauteur, de sorte que l'ensemble des deux projec-

tions fournit tous les éléments nécessaires pour reconstituer l'objet.

477. En dessin géométrique, la projection horizontale d'un objet est appelée *le plan* de cet objet; la projection verticale est appelée *l'élévation*.

478. Pour faire connaître la disposition intérieure d'un objet, il est parfois nécessaire de supposer cet objet coupé par un plan convenablement choisi; la projection sur ce plan de la section obtenue est appelée la *coupe* de l'objet.

EXERCICES GRAPHIQUES

200. Trouver les projections d'un cube de 3^{cm} d'arête reposant par l'une de ses faces sur le plan horizontal, le centre de cette face étant à 4^{cm} du plan vertical; on sait de plus que l'une des faces du cube fait un angle de 30° avec le plan vertical.

201. Construire les projections d'un tétraèdre régulier de 4^{cm} d'arête reposant sur le plan horizontal, l'un de ses sommets étant sur la ligne de terre et l'une de ses arêtes étant parallèle à cette ligne.

202. Même problème, en supposant que le tétraèdre repose par l'une de ses faces sur le plan vertical.

203. Construire les projections d'un octaèdre régulier de 3^{cm} d'arête, l'une des diagonales de ce solide étant perpendiculaire au plan horizontal et à 4^{cm} du plan vertical.

204. Construire les projections d'un parallélipipède oblique de 6^{cm} de haut reposant sur le plan horizontal par l'une de ses bases qui est un losange, dont les diagonales ont 3^{cm} et 5^{cm}, la plus grande diagonale étant parallèle à la ligne de terre et à 4^{cm} de cette ligne; on sait de plus que les arêtes latérales sont parallèles au plan vertical et font un angle de 45° avec le plan horizontal.

205. Construire les projections d'une pyramide hexagonale régulière reposant par sa base sur le plan horizontal, sachant que la hauteur de la pyramide a 6^{cm}, que le côté de sa base a 3^{cm}, que le centre de la base est à 5^{cm} du plan vertical et que deux des côtés de la base sont parallèles à ce plan.

206. Même question, en supposant que la pyramide repose sur le plan vertical. Même question, en supposant que la pyramide repose par sa pointe sur le plan horizontal ou sur le plan vertical.

CHAPITRE XXIII

Lignes proportionnelles.

Conseil : *Revoir, avant de commencer ce chapitre, les propriétés des rapports et des proportions étudiées en arithmétique.*

479. Nous avons vu (238) que le *rapport* de deux grandeurs de même espèce est le nombre par lequel il faut multiplier la seconde pour obtenir la première.

Lorsque les deux grandeurs sont évaluées en nombres, le rapport de la première à la seconde est le quotient du premier nombre par le second.

480. Lorsque le rapport de deux grandeurs de même espèce A et B est égal au rapport de deux autres grandeurs C et D de même espèce, on dit que les grandeurs A et B sont *proportionnelles* aux grandeurs C et D ; on indique ce fait au moyen de l'égalité $\dfrac{A}{B} = \dfrac{C}{D}$, qui est une proportion.

Par exemple, considérons le triangle ABC dans lequel on a joint par la droite DE les milieux des côtés AB et AC (fig. 347). Nous savons que $DE = \dfrac{BC}{2}$. Imaginons qu'on forme le triangle ABC′, dans lequel BC′ $= 3$BC ; le point E′ étant le milieu de AC′, la droite DE′ est manifestement le triple de DE. Le rapport des deux longueurs BC et BC′ est ici $\dfrac{1}{3}$; le rapport des deux longueurs DE et DE′ est aussi $\dfrac{1}{3}$. Les deux droites DE et

DE′ sont, par définition, proportionnelles aux deux droites BC et BC′.

481. Lorsque deux grandeurs A et B sont proportionnelles à deux autres grandeurs C et D, si a et b sont les nombres qu'on obtient en mesurant A et B avec une même unité quelconque, et si c et d sont les nombres

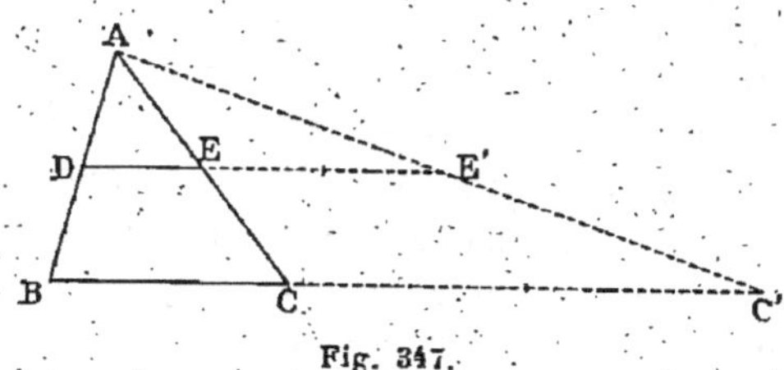

Fig. 347.

qu'on obtient en mesurant C et D avec une même unité, on a :

$$\frac{A}{B} = \frac{a}{b} \text{ et } \frac{C}{D} = \frac{c}{d},$$

car nous avons vu que le rapport de deux grandeurs est égal au quotient des nombres qui les mesurent; de sorte que la proportion $\frac{A}{B} = \frac{C}{D}$, dans laquelle figurent les quatre grandeurs considérées, entraîne la proportion $\frac{a}{b} = \frac{c}{d}$, dans laquelle figurent les nombres mesurant ces grandeurs.

482. Dans tout ce qui va suivre, chaque fois que nous écrirons que des grandeurs A, B, C, D, des longueurs, par exemple, sont proportionnelles, nous supposerons que ces longueurs sont remplacées par les nombres qui les mesurent; grâce à cette supposition, nous pourrons appliquer à la proportion $\frac{A}{B} = \frac{C}{D}$ toutes les propriétés des proportions démontrées en arithmétique.

483. Quatrième proportionnelle. — On appelle *quatrième proportionnelle* à trois segments de droite

un quatrième segment de droite, tel que le nombre qui le mesure est le quatrième terme d'une proportion dans laquelle les nombres qui mesurent les trois autres segments sont les trois premiers termes.

484. Troisième proportionnelle. — On appelle *troisième proportionnelle* à deux segments de droite un troisième segment, tel que le nombre qui le mesure est le quatrième terme d'une proportion dans laquelle le nombre qui mesure le premier segment est le premier terme, et le nombre qui mesure l'autre segment est la valeur commune des moyens de cette proportion.

485. Moyenne proportionnelle. — On appelle *moyenne proportionnelle* ou *moyenne géométrique* à deux portions de droite, une troisième portion de droite, telle que le nombre qui la mesure représente la valeur commune des moyens d'une proportion dans laquelle les nombres qui mesurent les deux autres portions de droite représentent les extrêmes.

Comme dans toute proportion le produit des extrêmes est égal à celui des moyens, on peut encore dire que la moyenne proportionnelle à deux portions de droite est une troisième portion de droite, telle que le carré du nombre qui la mesure est égal au produit des deux nombres qui mesurent les deux autres portions de droite.

Théorème.

486. *Sur une droite indéfinie XX' (fig. 348), il existe deux points M et M', tels que le rapport de leurs distances*

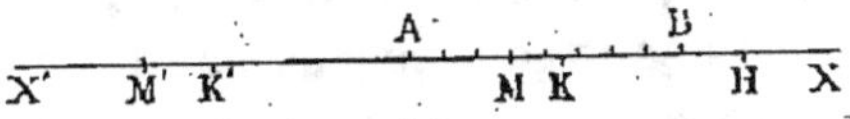

Fig. 348.

à deux points fixes A et B de la droite soit égal à un rapport donné $\dfrac{m}{n}$, *et il n'en existe que deux.*

Supposons que le rapport $\dfrac{m}{n}$ soit égal à $\dfrac{3}{5}$.

1° Nous pouvons toujours diviser la droite AB en $3 + 5 = 8$ parties égales. Prenons, à partir du point A, trois de ces parties. Nous obtenons ainsi un point M, tel qu'on a :

$$\frac{MA}{MB} = \frac{3}{5} = \frac{m}{n}.$$

Ce point M est le seul qui entre A et B donne :

$$\frac{MA}{MB} = \frac{m}{n}.$$

En effet, prenons entre A et B un autre point K *quelconque*. Si ce point partageait aussi AB dans le rapport donné, on aurait :

$$\frac{AK}{KB} = \frac{m}{n};$$

ce qui donnerait :

$$\frac{AK}{KB} = \frac{MA}{MB},$$

d'où :

$$\frac{AK + KB}{KB} = \frac{MA + MB}{MB}$$

où

$$\frac{AB}{KB} = \frac{AB}{MB}.$$

Les numérateurs étant égaux, les dénominateurs le seraient aussi; donc KB serait égal à MB, ce qui ne pourrait arriver que si le point K coïncidait avec le point M.

2° Nous pouvons aussi toujours diviser la droite AB en $5 - 3 = 2$ parties égales. Prenons, à gauche du point A, sur XX', trois de ces parties. Nous obtenons ainsi un point M', tel qu'on a :

$$\frac{M'A}{M'B} = \frac{3}{5} = \frac{m}{n}.$$

Ce point M' est le seul qui, à gauche du point A, donne :

$$\frac{M'A}{M'B} = \frac{m}{n}.$$

En effet, prenons, à gauche du point A, un autre point K' *quelconque*. Si ce point K' partageait aussi la droite AB dans le rapport donné, on aurait :

$$\frac{AK'}{K'B} = \frac{m}{n},$$

ce qui donnerait :

$$\frac{AK'}{K'B} = \frac{M'A}{M'B},$$

d'où :

$$\frac{AK'}{K'B - AK'} = \frac{M'A}{M'B - M'A}$$

ou

$$\frac{AK'}{AB} = \frac{M'A}{AB}.$$

Dans cette dernière proportion, les dénominateurs étant égaux, les numérateurs le seraient aussi; donc AK' serait égal à M'A; ce qui ne pourrait arriver qu'autant que le point K' coïnciderait avec le point M'.

De ce qui précède, il résulte qu'entre A et B et à gauche du point A, il n'existe que deux points qui répondent à la question. On voit d'ailleurs qu'à droite du point B, aucun autre point de XX' ne peut répondre à la question, car le rapport des distances d'un de ces points quelconques, H, par exemple, serait plus grand que l'unité et, *a fortiori*, plus grand que $\frac{2}{5}$ ou $\frac{m}{n}$.

487. Remarque I. — On dit que le point M divise la droite AB en deux segments *additifs* dans le rapport $\frac{m}{n}$, parce que la somme des segments MA et MB est égale à AB; et que le point M' divise AB en deux segments

soustractifs dans le rapport $\frac{m}{n}$, parce que la différence des segments M'B et M'A est égale à AB.

On dit aussi que les points M et M' sont *conjugués harmoniques* par rapport à A et B, et que les quatre points A, B, M, M' forment une *division harmonique*.

488. Remarque II. — Dans l'exemple choisi, le rapport $\frac{m}{n}$ étant inférieur à l'unité, le point M est évidemment à gauche du milieu du segment AB, de sorte que les deux points répondant à la question sont situés à gauche du milieu de AB. Si le rapport $\frac{m}{n}$ était supérieur à l'unité, le point M se trouverait entre le milieu de AB et B, et le point M' à droite de B; de sorte que, quelle que soit la valeur du rapport $\frac{m}{n}$, les deux points M et M' se trouvent toujours du même côté du milieu de AB, celui de A ou celui de B, selon que le rapport donné est inférieur ou supérieur à l'unité.

489. Remarque III. — Lorsque le rapport $\frac{m}{n}$ est égal à l'unité, le point M est alors au milieu de AB; mais il n'existe pas d'autre point sur XX', tel que le rapport de ses distances aux points A et B soit égal à 1; le point M' n'existe donc plus.

Théorème.

(THÉORÈME DE THALÈS)

490. *Toute parallèle à l'un des côtés d'un triangle divise les deux autres côtés en parties proportionnelles.*

Hypothèse : Soit le triangle ABC et la droite DE parallèle au côté AC (fig. 349).

Conclusion : $\dfrac{BD}{AD} = \dfrac{BE}{CE}$.

En effet, supposons qu'une commune mesure AF soit contenue deux fois dans AD et trois fois dans BD; si l'on prend AF pour unité de longueur, les longueurs de AD et de BD seront exprimées par les nombres 2 et 3, et l'on aura :

$$\frac{BD}{AD} = \frac{3}{2}.$$

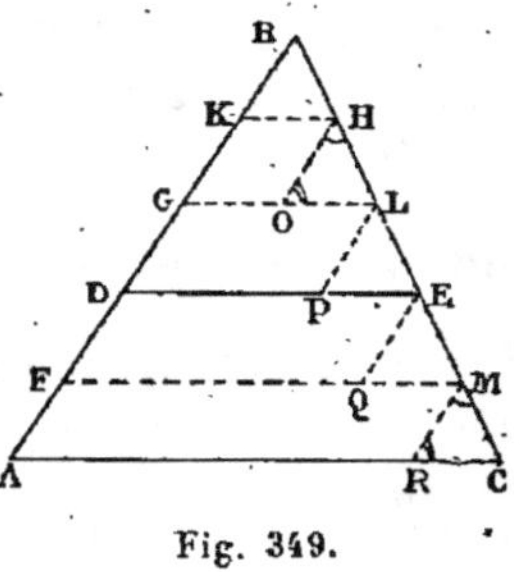

Fig. 349.

Par les points de division de AB, menons des parallèles à AC : elles partagent EC en deux parties, et BE en trois parties. Ces divisions sont égales entre elles, car si, par les points H, L, E..., on mène des parallèles à AB, on forme les triangles KBH, OHL... RMC qui sont égaux.

Démontrons, par exemple, l'égalité des triangles OHL et RMC. Ils ont un côté égal adjacent à deux angles égaux, chacun à chacun, savoir :

$$RM = AF = GK = OH;$$

les angles en H et en M égaux comme correspondants formés par les parallèles OH, RM et la sécante BC; les angles $\hat{R}$ et $\hat{O}$ égaux, comme ayant les côtés parallèles et dirigés dans le même sens. Donc, aux angles égaux R et O sont opposés les côtés égaux MC, HL.

Prenons MC comme unité de mesure : les lignes CE, BE sont exprimées par les nombres 2 et 3, et l'on a :

$$\frac{BE}{CE} = \frac{3}{2}.$$

Les deux quantités $\frac{BD}{AD}$ et $\frac{BE}{CE}$, étant égales l'une et l'autre à $\frac{3}{2}$, sont égales entre elles; d'où :

$$\frac{BD}{AD} = \frac{BE}{CE}.$$

491. Remarque. — Le théorème serait également vrai, si le point D avait été pris sur le prolongement de AB, soit au-dessus de B, soit au-dessous.

492. Corollaire I. — *Les côtés coupés sont aussi proportionnels à leurs segments,*

c'est-à-dire que :

$$(1) \quad \frac{BA}{BD} = \frac{BC}{BE} \quad \text{et} \quad (2) \quad \frac{BA}{AD} = \frac{BC}{CE} \quad \text{(fig. 349),}$$

car la figure montre que les deux premiers rapports sont égaux à $\frac{5}{3}$ et les deux derniers à $\frac{5}{2}$.

Si l'on change les moyens de place dans les proportions (1) et (2), il vient :

$$\frac{BA}{BC} = \frac{BD}{BE} \quad \text{et} \quad \frac{BA}{BC} = \frac{AD}{CE} \quad \text{(fig. 349).}$$

Le rapport $\frac{BA}{BC}$ étant commun, on en déduit :

$$\frac{BD}{BE} = \frac{AD}{CE} = \frac{BA}{BC}.$$

493. Corollaire II. — *Plusieurs parallèles interceptent sur deux droites qu'elles rencontrent des segments proportionnels.*

Hypothèse : Soient les deux droites AC, BD, coupées par les quatre parallèles AB, EF, GH, CD (fig. 350).

Conclusion : $\dfrac{AE}{BF} = \dfrac{EG}{FH} = \dfrac{GC}{HD}.$

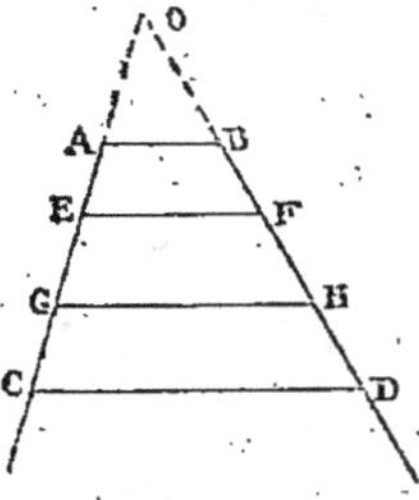

Fig. 350.

En effet, prolongeons AC et BD jusqu'à leur rencontre en O.

Le triangle OEF donne (492) :

$$\frac{OE}{OF} = \frac{AE}{BF}. \qquad (1)$$

On a, de même, dans le triangle OGH :

$$\frac{OE}{OF} = \frac{EG}{FH} = \frac{OG}{OH}. \qquad (2)$$

Enfin le triangle OCD donne :

$$\frac{OG}{OH} = \frac{GC}{HD}. \qquad (3)$$

Les trois suites de rapports égaux (1), (2), (3) ayant deux à deux un rapport commun, on tire enfin :

$$\frac{AE}{BF} = \frac{EG}{FH} = \frac{GC}{HD}. \qquad C. \; q. \; f. \; d.$$

Théorème réciproque.

494. *Toute droite qui partage deux côtés d'un triangle en parties proportionnelles est parallèle au troisième côté.*

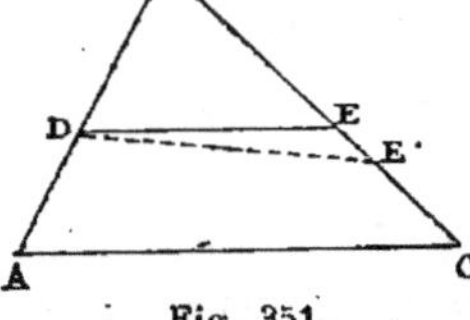

Fig. 351.

Hypothèse : Soit le triangle ABC et la droite DE, telle qu'on ait

$$\frac{BD}{AD} = \frac{BE}{CE} \quad \text{(fig. 351).}$$

Conclusion : DE est parallèle á AC.

En effet, si DE n'est pas parallèle à AC, menons DE′ parallèle à AC ; nous aurons alors :

$$\frac{BD}{AD} = \frac{BE'}{CE'},$$

c'est-à-dire que E′ divise BC en deux segments additifs dont le rapport est égal à $\dfrac{BD}{AD}$. Mais déjà le point E divise BC en deux segments additifs dont le rapport est égal à $\dfrac{BD}{AD}$; et, comme entre B et C il ne peut y avoir qu'un point jouissant de cette propriété, que par hypothèse ce point est le point E, il faut que E′ coïncide avec E ; DE′ étant parallèle à AC, il en est de même de DE.

APPLICATIONS GRAPHIQUES DU THÉORÈME
DE THALÈS

495. I. — *Trouver sur une droite indéfinie les deux points dont le rapport de leurs distances à deux points fixes de cette droite est égal au rapport de deux portions de droite données.*

Soient m et n les deux portions de droite données, A et B les deux points fixes de la droite indéfinie XY

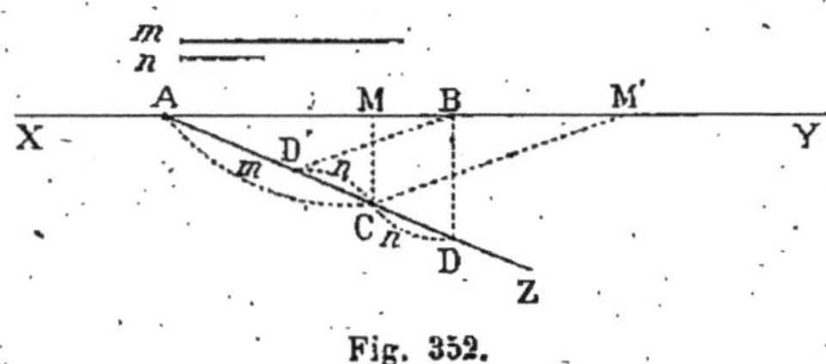

Fig. 352.

(fig. 352). Il s'agit de trouver les deux points M et M′ de cette droite, pour lesquels on a :

$$\frac{MA}{MB} = \frac{M'A}{M'B} = \frac{m}{n}.$$

Le rapport $\dfrac{m}{n}$ étant supérieur à l'unité, les deux points M et M′ sont à droite du milieu du segment AB, l'un entre ce milieu et B, l'autre à droite de B (351). Pour déterminer ces points, je mène par A une droite quelconque AZ, faisant avec XY un angle aigu, afin de donner moins d'étendue à la figure ; sur AZ, je prends les longueurs AC $= m$, CD $= n$; je joins D et B ; par C, je mène CM parallèle à BD ; M est un des points cherchés, car le triangle ABD donne $\dfrac{MA}{MB} = \dfrac{CA}{CD} = \dfrac{m}{n}$. Puis je prends CD′ $= n$; je joins D′ et B ; par C, je mène CM′ parallèle à BD′ ; M′ est l'autre point cherché, car dans le triangle ACM′ j'ai :

$$\frac{M'A}{M'B} = \frac{CA}{CD}, = \frac{m}{n}.$$

Si le rapport donné était inférieur à l'unité, les deux points cherchés seraient à gauche du milieu de AB et s'obtiendraient par une construction identique à la précédente; seulement, dans ce cas, le point D′ se trouverait sur le prolongement de la droite Z au delà du point A.

496. II. — *Diviser une portion de droite en parties proportionnelles à des longueurs données.*

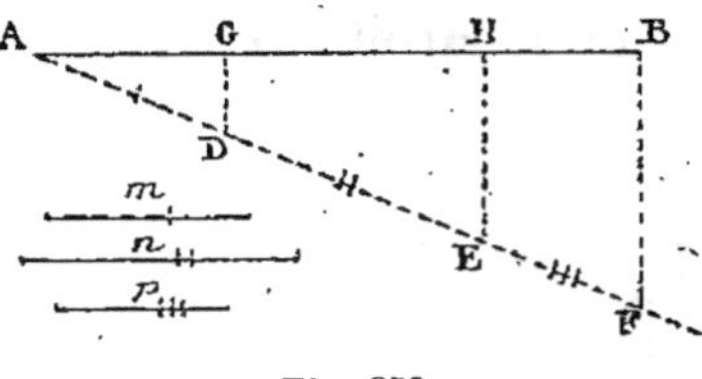

Fig. 353.

Soit à diviser la portion de droite AB en parties proportionnelles aux trois segments de droite m, n, p (fig. 353).

Par le point A, menons la droite indéfinie AC et portons successivement sur AC, et à partir du point A, des longueurs AD $= m$, DE $= n$, EF $= p$. Tirons FB et par les points E et D, menons deux parallèles à FB.

On a (493) :

$$\frac{AG}{AD} = \frac{GH}{DE} = \frac{HB}{FE},$$

ou

$$\frac{AG}{m} = \frac{GH}{n} = \frac{HB}{p}.$$

497. Remarque I. — Si nous avions à diviser la portion de droite AB en segments proportionnels aux nombres 2, 3, 5, par exemple, nous choisirions une portion de droite pour représenter le nombre 1; le nombre 2 serait représenté par une droite double de la portion de droite choisie; les nombres 3 et 5, par des droites respectivement triple et quintuple de cette même portion de droite, et la question serait ramenée à la précédente.

498. III. — *Diviser une portion de droite en un certain nombre de parties égales.*

Si, dans la question qui vient d'être résolue, les portions de droite données m, n, p étaient égales, les parties AG, GH, HB seraient évidemment égales. Nous avons donc là un moyen de diviser une portion de droite en un nombre quelconque de parties égales. Ainsi, pour diviser la portion de droite AB (fig. 354) en trois parties égales, par exemple, du point A nous mènerons une droite AC faisant un angle quelconque avec AB et nous porterons sur AC, à partir du point A, trois longueurs arbitraires égales, AD, DE,

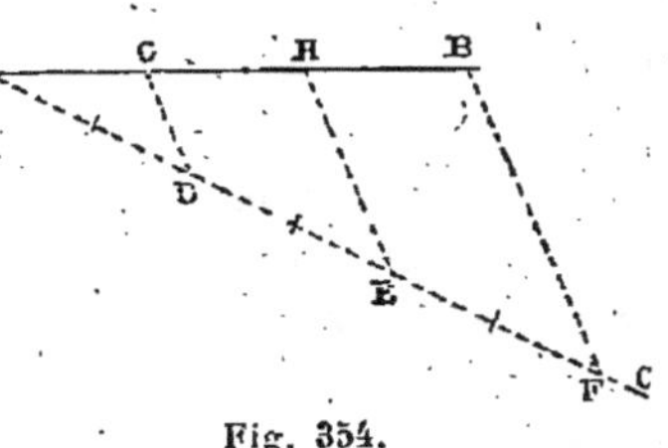

Fig. 354.

EF. Nous joindrons le dernier point obtenu F au point B et, par chacun des points de division de AC, nous mènerons la parallèle à BF. Ces droites diviseront AB en trois parties égales, car les deux droites AB et AF sont divisées par les parallèles en parties proportionnelles (493), et, les segments de l'une étant égaux, les segments de l'autre le sont aussi.

499. IV. — *Construire la quatrième proportionnelle à trois portions de droite données.*

Soit à construire la quatrième proportionnelle aux trois droites m, n, p (fig. 355).

Construisons un angle quelconque MAN. Sur AM, portons successivement deux longueurs AB $= m$ et BC $= n$; puis sur

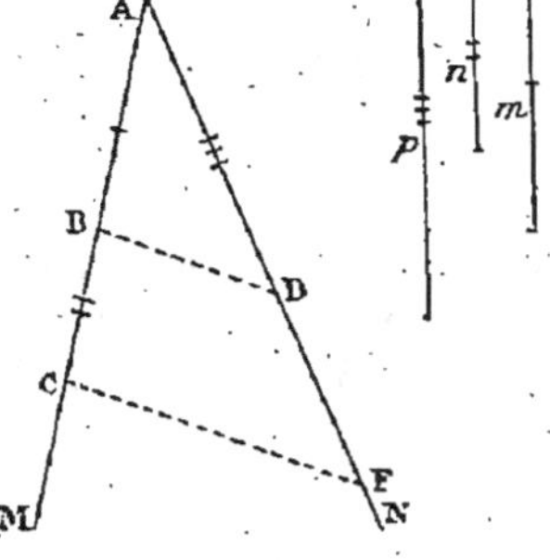

Fig. 355.

AN portons une longueur AD $= p$. Joignons BD, et du point C menons CF parallèle à BD; la droite DF est la quatrième proportionnelle demandée, car (490)

$$\frac{AB}{BC} = \frac{AD}{DF},$$

ou
$$\frac{m}{n} = \frac{p}{DF}.$$

500. Remarques. — I. Si m et n sont petites relativement à p, on porte l'une sur AM, l'autre sur AN.

501. II. On aurait pu aussi porter n sur AM à partir du point A; le point C se serait placé entre A et B et la figure aurait été moins grande.

Nota. — *Nous engageons les élèves à faire ces différentes constructions.*

502. Remarque III. — La construction précédente peut servir à trouver la troisième proportionnelle à deux portions de droite données, car la troisième proportionnelle à deux longueurs données est en réalité la quatrième proportionnelle à trois longueurs données dont deux sont égales.

503. Remarque IV. — La construction de la quatrième proportionnelle permet de trouver une portion de droite x, liée à trois autres portions de droite données m, n, p, par la relation :

$$\frac{m}{n} = \frac{p}{x} \quad \text{ou} \quad x = \frac{np}{m},$$

c'est-à-dire que nous savons construire la formule

$$x = \frac{np}{m},$$

dans laquelle m, n, p sont des portions de droite données. Nous pouvons même, par une série de constructions de quatrièmes proportionnelles, trouver une droite x liée à d'autres portions de droite a, b, c, d, e, f, g par la relation :

$$x = \frac{abcd}{efg}.$$

Théorème.

504. — *La bissectrice de l'un des angles d'un triangle partage le côté opposé en deux segments additifs proportionnels aux deux côtés adjacents du triangle.*

Hypothèse : soient le triangle ABC et la bissectrice AD de l'angle A (fig. 356).

Conclusion : $\dfrac{BD}{DC} = \dfrac{BA}{CA}$.

En effet, par le point C menons CE parallèle à la bissectrice AD et prolongeons BA jusqu'à la rencontre de cette ligne en E.

Dans le triangle EBC, la ligne AD étant parallèle à EC, on a (490) :

$$\dfrac{BD}{DC} = \dfrac{BA}{AE}.$$

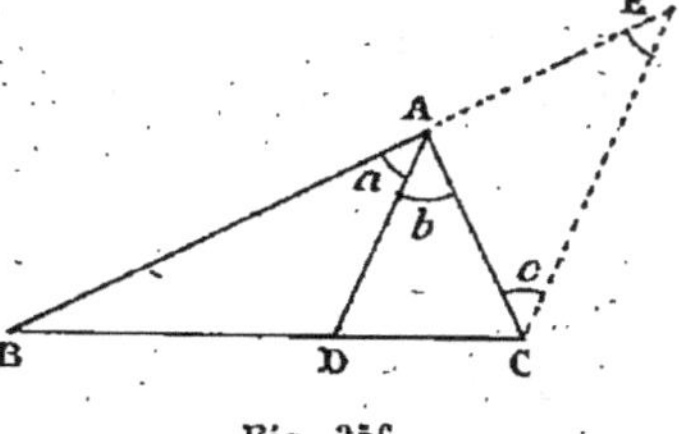

Fig. 356.

Mais $\hat{E} = \hat{a}$ comme angles correspondants formés par des parallèles, et $\hat{c} = \hat{b}$ comme alternes-internes ; d'ailleurs, par hypothèse $\hat{a} = \hat{b}$; donc $\hat{E} = \hat{c}$, et, par suite, AE = AC.

Remplaçant AE par sa valeur AC dans la proportion précédente, on a :

$$\dfrac{BD}{DC} = \dfrac{BA}{AC}. \qquad C. \; q. \; f. \; d.$$

Théorème réciproque.

505. *Si une droite, partant d'un sommet d'un triangle, partage le côté opposé en deux segments additifs proportionnels aux côtés adjacents, elle est bissectrice de l'angle du sommet.*

Hypothèse : Soit le triangle ABC (fig. 356), dans lequel on a :

$$\dfrac{BD}{DC} = \dfrac{BA}{AC}.$$

Conclusion : La droite AD est bissectrice de l'angle A.

En effet, supposons que AD ne soit pas bissectrice et soit AD' cette bissectrice. D'après le théorème précédent, le point D′ jouit de la propriété de diviser BC en deux segments additifs dont le rapport est égal à $\dfrac{AB}{AC}$; mais, comme le point D jouit déjà de cette propriété par hypothèse, qu'entre B et C, il n'y a qu'un point qui puisse en jouir, nécessairement D′ coïncide avec D; AD′ étant bissectrice de $\hat{A}$, il en est de même de AD.

C. q. f. d.

Théorème.

506. *La bissectrice de l'angle extérieur d'un triangle partage le côté opposé en deux segments soustractifs proportionnels aux deux côtés adjacents du triangle.*

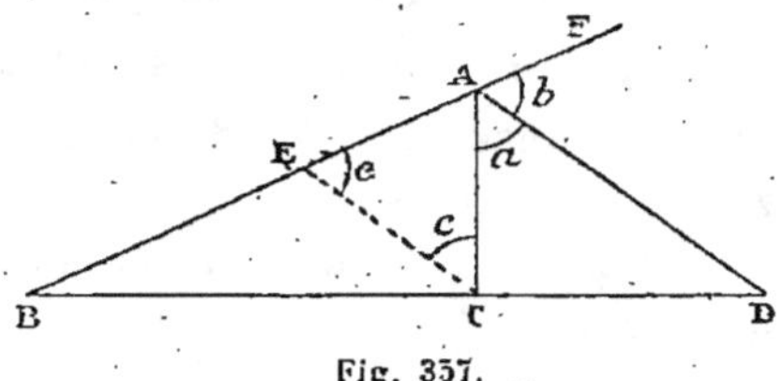

Fig. 357.

Hypothèse : Soit le triangle ABC et AD bissectrice de l'angle extérieur $\widehat{CAF}$ (fig. 357).

Conclusion : $\dfrac{BD}{CD} = \dfrac{BA}{AC}$.

En effet, par le point C menons CE parallèle à la bissectrice AD. Dans le triangle ABD, la droite CE étant parallèle à AD, on a (492) :

$$\frac{BD}{CD} = \frac{BA}{AE}.$$

Mais $\hat{b} = \hat{e}$ comme angles correspondants. De même $\hat{a} = \hat{c}$ comme alternes-internes; d'ailleurs, par hypothèse $\hat{b} = \hat{a}$; donc $\hat{e} = \hat{c}$ et, par suite, AE = AC. Remplaçant AE par sa valeur AC dans la proportion précédente, on a :

$$\frac{BD}{CD} = \frac{BA}{AC}.$$

C. q. f. d.

Théorème réciproque.

507. *Si une droite, partant de l'un des sommets d'un triangle, partage le côté opposé en deux segments soustractifs proportionnels aux deux côtés adjacents du triangle, elle est bissectrice de l'angle extérieur adjacent du triangle.*

Même démonstration que pour le théorème réciproque précédent.

EXERCICES NUMÉRIQUES ET EXERCICES GRAPHIQUES

207. Calculer la longueur de la quatrième proportionnelle à trois droites qui ont 35 m., 4 m. 90 et 1 m. 50.

208. Calculer la longueur de la moyenne proportionnelle à deux droites qui ont 6 m. 40 et 3 m. 60.

209. Calculer la longueur de la troisième proportionnelle à deux droites qui ont 8 m. 10 et 7 m. 20.

210. Les côtés d'un angle A sont coupés par deux parallèles BC et DE; on donne AB = 1 m. 50; AD = 3 m. 50 et AC = 2 m. 25; on demande de trouver la longueur de AE.

211. Démontrer que, si, par le milieu de l'un des côtés d'un triangle, on mène la parallèle à l'un des autres côtés, le troisième côté sera partagé en deux parties égales.

212. Les côtés d'un angle A sont coupés par trois droites parallèles aux points B, C et D pour le premier et E, F et G pour le deuxième. Sachant que AB = 11 m. 20, BC = 13 m. 40, CD = 12 m. 75 et AF = 16 m. 10, déterminer les longueurs de AE et AG.

213. Deux côtés d'un triangle ont 5 m. 25 et 6 m. 75. On prend sur le premier un point à 3 m. 20 du sommet et, par ce point, on veut mener la parallèle au troisième côté; à quelle distance du sommet sera l'intersection de cette parallèle avec le deuxième côté?

214. Les trois côtés d'un triangle ont 1 m. 50, 2 m. 25 et 3 m. 50. Déterminer les intersections des 3 bissectrices des angles intérieurs et des 3 bissectrices des angles extérieurs avec les côtés opposés. Généraliser la question en représentant par a, b, c les longueurs des trois côtés du triangle.

215. D'un point O, on mène quatre droites indéfinies : OA, OB, OC et OD, formant entre elles des angles de 45°. Démontrer que toute droite qui traversera le faisceau sera divisée harmoniquement par les quatre droites.

216. Étant donné une circonférence et un diamètre MN qu'on prolonge, on prend sur cette circonférence un point C quelconque, et l'on joint CM ; puis, de chaque côté de CM, on mène deux droites CA et CB faisant avec CM des angles égaux et rencontrant le diamètre en A et en B. Démontrer que, si le point C se meut sur la circonférence, le rapport des distances CA et CB est constant.

217. Trois points d'une division harmonique étant donnés, trouver le quatrième.

218. Le lieu géométrique des points d'un plan tel que le rapport de leurs distances à deux points fixes de ce plan soit égal à un rapport donné est la circonférence ayant pour diamètre la portion de droite comprise entre les deux points qui partagent, dans le rapport donné, la distance des deux points fixes. (Ce problème permet de résoudre les deux suivants.)

219. Trouver le lieu géométrique des points d'un plan d'où l'on voit sous des angles égaux deux segments additifs d'une portion de droite de ce plan.

220. Construire un triangle, connaissant un côté, la hauteur relative à ce côté et le rapport des deux autres côtés.

221. Par un point donné dans l'intérieur d'un angle, mener une droite qui soit divisée par ce point en deux segments proportionnels à deux portions de droite m et n.

222. Par un point donné à l'intérieur d'un angle, mener une droite qui soit divisée par ce point en deux segments soustractifs proportionnels à deux portions de droite données m et n.

223. Par un point donné à l'intérieur ou à l'extérieur d'un angle dont on ne peut pas prolonger les côtés, mener une droite qui passe par le point de concours de ces deux droites.

224. Construire deux portions de droite dont on connaît la somme, de telle façon qu'elles soient entre elles dans le rapport de m à n.

225. Construire deux portions de droite dont on connaît la différence, de telle façon qu'elles soient entre elles dans le rapport de m à n.

226. Inscrire entre deux parallèles données une droite de longueur donnée passant par un point donné.

227. Construire un triangle, connaissant deux côtés et la longueur de la bissectrice de leur angle.

228. Étant donné un arc AB dans une circonférence, trouver sur

cet arc un point D tel que le rapport des cordes DA et DB soit égal à un rapport donné $\frac{m}{n}$.

229. Trouver sur l'un des côtés d'un triangle les pieds des bissectrices des angles opposés, sans mener ces bissectrices.

230. Étant donné un triangle ABC, on considère une droite passant par l'un de ses sommets et extérieure à sa surface : prouver que la somme des distances des trois sommets du triangle à cette droite est le triple de la distance du centre de gravité du triangle à la même droite. — Examiner le cas où la droite est extérieure ou intérieure au triangle.

CHAPITRE XXIV

Des Polygones semblables.

508. On dit que deux polygones d'un même nombre de côtés sont semblables, lorsque leurs angles consécutifs pris dans le même sens circulaire sont égaux chacun à chacun et que les côtés adjacents, dans l'un et l'autre des polygones, à des angles respectivement égaux sont proportionnels. Aux angles respectivement égaux dans les deux polygones, on donne le nom *d'angles homologues*; aux côtés respectivement adjacents à ces angles, celui de *côtés homologues*, et aux sommets respectifs de ces angles, celui de *sommets homologues*.

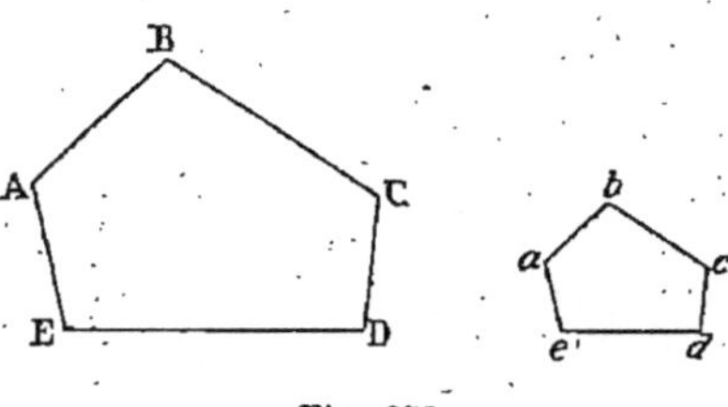

Fig. 358.

Dans deux figures semblables, le rapport constant de deux côtés homologues s'appelle *rapport de similitude*.

Les diagonales homologues de deux polygones semblables sont celles qui joignent deux sommets homologues.

Les deux polygones ABCDE, *abcde* (fig. 358) seront semblables, si l'on a en même temps :

$$\hat{A} = \hat{a}, \ \hat{B} = \hat{b}, \ \hat{C} = \hat{c}, \ \hat{D} = \hat{d}, \ \hat{E} = \hat{e}$$

et
$$\frac{AB}{ab} = \frac{BC}{bc} = \frac{CD}{cd} = \frac{DE}{de} = \frac{AE}{ae}.$$

Dans les triangles semblables, les côtés homologues sont opposés aux angles égaux.

I. — TRIANGLES SEMBLABLES

Théorème (*Théorème fondamental*).

509. *Toute parallèle à l'un des côtés d'un triangle détermine avec les deux autres côtés un second triangle semblable au premier.*

Hypothèse : Soit le triangle ABC et la parallèle DE à AC (fig. 359).

Conclusion : Le triangle DBE est semblable au triangle ABC.

En effet :

1° *Ils ont leurs angles respectivement égaux*, car $\hat{B}$ est commun,

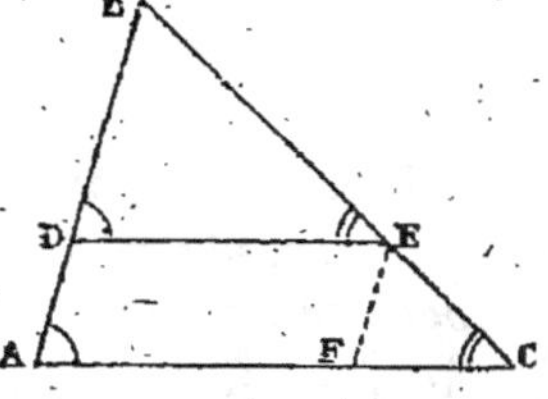

Fig. 359.

$\widehat{BDE} = \widehat{BAC}$ comme correspondants, $\widehat{BED} = \widehat{BCA}$ pour la même raison.

2° *Leurs côtés homologues sont proportionnels.*

La parallèle DE à AC donne :   (324).

$$\frac{BD}{BA} = \frac{BE}{BC}.\qquad(1)$$

Menant EF parallèle à BA, on a aussi :

$$\frac{BE}{BC} = \frac{AF}{AC}$$

ou

$$\frac{BE}{BC} = \frac{DE}{AC},\qquad(2)$$

puisque AF = DE, comme côtés opposés d'un parallélogramme.

Les deux proportions (1) et (2), ayant un rapport commun $\dfrac{BE}{BC}$, on a :

$$\frac{BD}{BA} = \frac{BE}{BC} = \frac{DE}{AC}.$$

Les triangles ayant leurs angles égaux et leurs côtés homologues proportionnels, sont semblables. *C. q. f. d.*

510. REMARQUE. — Le théorème est vrai lorsque la parallèle DE est menée extérieurement au triangle et ne rencontre que les prolongements de ses côtés.

CAS DE SIMILITUDE DES TRIANGLES

1er CAS. — Théorème.

511. *Deux triangles sont semblables, lorsqu'ils ont deux angles égaux, chacun à chacun.*

Hypothèse : Soient les triangles ABC, A'B'C', qui ont $\hat{A} = \hat{A}'$, $\hat{B} = \hat{B}'$ (fig. 360).

Conclusion : Ces triangles sont semblables.

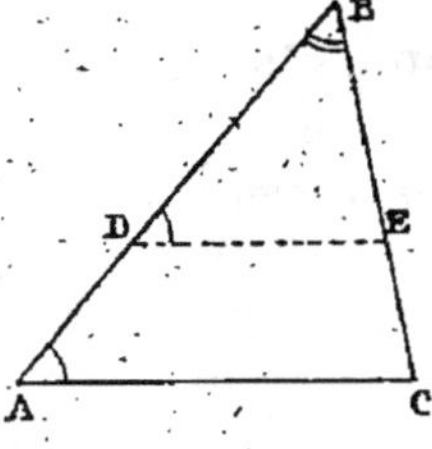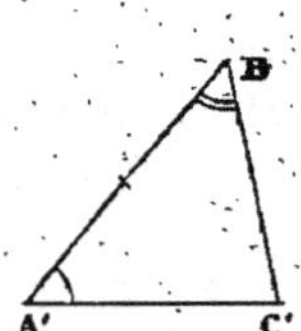

Fig. 360.

En effet, prenons sur AB une longueur BD = B'A' et menons DE parallèle à AC. Le triangle BDE est semblable au triangle ABC (509).

Il suffit de démontrer que le triangle A'B'C' est égal au triangle BDE. Or ces triangles ont un côté égal adjacent à deux angles égaux chacun à chacun, savoir : BD = A'B' par construction; $\hat{B} = \hat{B}'$ par hypothèse et $\hat{D} = \hat{A}'$, car $\hat{D} = \hat{A}$ comme angles correspondants et $\hat{A} = \hat{A}'$ par hypothèse.

Ces triangles sont donc égaux, et BDE étant semblable à ABC, son égal A′ B′ C′ le sera aussi.

.512. **Corollaire.** — *Deux triangles rectangles sont semblables, lorsqu'ils ont un angle aigu égal.*

2ᵉ Cas. — Théorème.

513. *Deux triangles sont semblables, lorsqu'ils ont un angle égal compris entre côtés homologues proportionnels.*

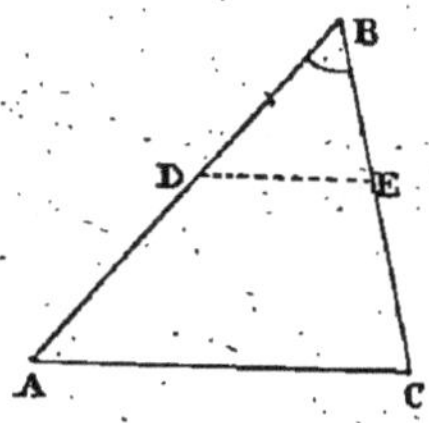
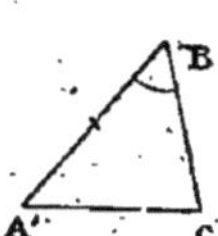

Fig. 361.

Hypothèse : Soient les triangles ABC et A′B′C′, qui ont :

$$\hat{B} = \hat{B}' \quad \text{et} \quad \frac{AB}{A'B'} = \frac{BC}{B'C'} \qquad \text{(fig. 361)}.$$

Conclusion : Ces triangles sont semblables.

En effet, prenons sur AB une longueur BD = A′B′ et menons DE parallèle à AC.

Le triangle BDE étant semblable au triangle ABC (509), il suffit de démontrer que le triangle A′B′C′ est égal au triangle BDE.

Or $\hat{B} = \hat{B}'$ par hypothèse, et DB = A′B′ par construction.

De plus, la parallèle DE à AC donne :

$$\frac{AB}{BD} = \frac{BC}{BE}$$

ou

$$\frac{AB}{A'B'} = \frac{BC}{BE},$$

puisque BD = A′B′.

On a aussi par hypothèse :

$$\frac{AB}{A'B'} = \frac{BC}{B'C'},$$

d'où

$$\frac{BC}{BE} = \frac{BC}{B'C'}$$

Les numérateurs étant égaux, les dénominateurs le sont aussi et $BE = B'C'$.

Les deux triangles BDE, A'B'C' sont donc égaux comme ayant un angle égal compris entre deux côtés égaux, chacun à chacun. Comme BDE est semblable à ABC, son égal A'B'C' l'est aussi.   *C. q. f. d.*

3e Cas. — Théorème.

514. *Deux triangles sont semblables, lorsqu'ils ont leurs côtés homologues proportionnels.*

Hypothèse : Soient les triangles ABC, A'B'C', qui ont :

$$\frac{AB}{A'B'} = \frac{BC}{B'C'} = \frac{AC}{A'C'}   \text{(fig. 362)}.$$

Conclusion : Ces triangles sont semblables.

En effet, prenons sur AB une longueur $BD = A'B'$ et menons DE parallèle à AC. Le triangle BDE est sem-

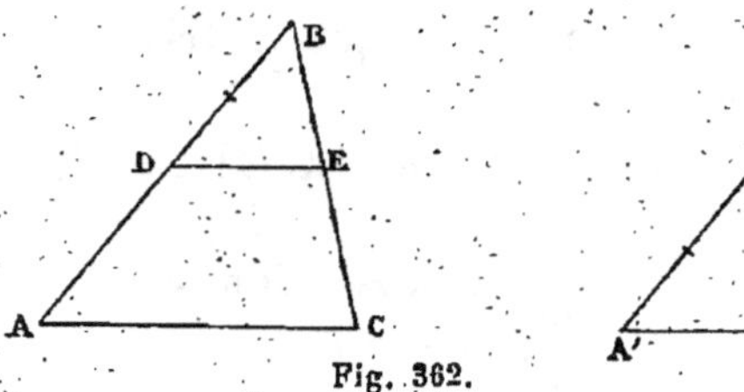

Fig. 362.

blable au triangle ABC (509); il suffit donc de démontrer que le triangle A'B'C' est égal au triangle BDE.

Or, ABC et DBE étant semblables, on a :

$$\frac{AB}{BD} = \frac{BC}{BE} = \frac{AC}{DE}$$

ou

$$\frac{AB}{A'B'} = \frac{BC}{BE} = \frac{AC}{DE}, \qquad (1)$$

puisque $A'B' = BD$ par construction.

Mais, par hypothèse, on a :

$$\frac{AB}{A'B'} = \frac{BC}{B'C'} = \frac{AC}{A'C'} . \qquad (2)$$

Les deux suites de rapports (1) et (2) ayant un rapport commun $\frac{AB}{A'B'}$, tous ces rapports sont égaux, et

$$\frac{BC}{BE} = \frac{BC}{B'C'},$$

d'où

$$BE = B'C',$$

et aussi

$$\frac{AC}{DE} = \frac{AC}{A'C'},$$

d'où

$$DE = A'C'.$$

Les deux triangles BDE, A'B'C' sont alors égaux comme ayant les trois côtés égaux, chacun à chacun.

Comme BDE est semblable à ABC, son égal A'B'C' l'est aussi. *C. q. f. d.*

515. Corollaire. — *Tous les triangles équilatéraux sont semblables.*

4ᵉ Cas. — Théorème.

516. *Deux triangles sont semblables, lorsqu'ils ont leurs côtés parallèles ou perpendiculaires chacun à chacun.*

En effet, nous savons que deux angles, qui ont leurs côtés parallèles ou perpendiculaires, sont égaux ou supplémentaires; donc, si nous appelons A, B et C les angles du 1ᵉʳ triangle, et A', B' et C' les angles du 2ᵉ, nous ne pourrons faire, sur ces angles, que les quatre hypothèses suivantes :

$$1^\circ \ A + A' = 2dr., \ B + B' = 2dr., \ C + C' = 2dr.$$
$$2^\circ \ A + A' = 2dr., \ B + B' = 2dr., \ C = C'$$
$$3^\circ \ A + A' = 2dr., \ B = B'. \ \ \ \ \ \ \ \ C = C'.$$
$$4^\circ \ A = A' \ \ \ \ \ \ \ \ \ B = B'. \ \ \ \ \ \ \ \ C = C'.$$

Aucune des deux premières hypothèses n'est admissible, puisque la somme des six angles de deux triangles est égale à quatre droits. Quant à la troisième hypothèse, elle rentre dans la quatrième, puisque, si deux triangles ont deux angles égaux chacun à chacun, leurs troisièmes angles sont aussi égaux. Les deux triangles ABC et A'B'C' ont par suite leurs angles égaux chacun à chacun et sont semblables (511).

Remarque. — Les côtés homologues sont ceux qui sont parallèles, dans le premier cas, et ceux qui sont perpendiculaires, dans le deuxième.

517. Remarque. — Lorsque deux triangles sont semblables, ils satisfont à cinq conditions dont trois expriment l'égalité des angles et deux la proportionnalité des côtés. Il résulte des cas de similitude que nous venons d'étudier que si deux de ces cinq conditions sont remplies, les autres le sont aussi ; mais il faut que ces deux conditions soient réunies de manière à former dans chaque triangle un des groupes suivants : deux angles, ou un angle et les côtés qui le comprennent, ou les trois côtés.

En rapprochant le premier et le troisième cas de similitude, nous sommes conduits à faire cette remarque, exclusivement relative à la similitude des triangles, que l'égalité des angles entraîne la proportionnalité des côtés, et réciproquement.

Signalons enfin l'analogie qui existe entre l'égalité et la similitude des triangles : il y a trois cas d'égalité ; il y a aussi trois cas de similitude, car le quatrième cas se ramène au premier. Mais, tandis que deux triangles égaux satisfont à six conditions, deux triangles semblables satisfont à cinq conditions seulement. De plus le nombre des conditions nécessaires et suffisantes pour entraîner l'égalité est de trois, tandis qu'il n'est que de deux pour la similitude.

La théorie de la similitude des triangles trouve surtout son application dans la démonstration, très fréquente en Géométrie, de l'égalité de deux angles ou de la proportionnalité de segments de droite, et constitue un procédé de résolution des problèmes fréquemment employé.

Théorème.

518. *Les lignes droites, issues d'un même point, interceptent des parties proportionnelles sur des droites parallèles.*

Hypothèse : Soient les droites OA, OB, OC et OD issues d'un même point O, qui rencontrent les deux parallèles AD et EF (fig. 363).

Conclusion : Ces droites interceptent sur les deux parallèles des parties proportionnelles, c'est-à-dire qu'on aura :

$$\frac{EF}{AB} = \frac{FG}{BC} = \frac{GH}{CD}.$$

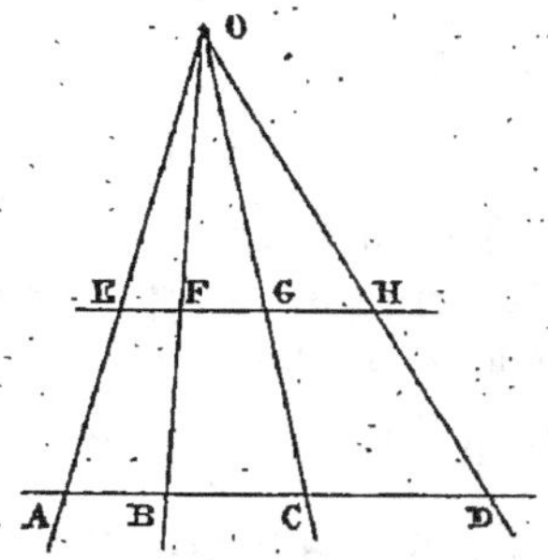

En effet, la droite EF étant parallèle à AB, les deux triangles OEF et OAB sont semblables; donc on peut écrire $\frac{EF}{AB} = \frac{OF}{OB}$ (509). De même les triangles OFG et OBC sont semblables; donc :

$$\frac{FG}{BC} = \frac{OF}{OB};$$

Fig. 363.

16

d'où
$$\frac{EF}{AB} = \frac{FG}{BC}$$

On démontrerait de même que $\dfrac{FG}{BC} = \dfrac{GH}{CD}$;

donc
$$\frac{EF}{AB} = \frac{FG}{BC} = \frac{GH}{CD}. \qquad C.\ q.\ f.\ d.$$

Théorème réciproque.

519. *Si des droites partagent deux parallèles en parties proportionnelles, ces droites concourent au même point.*

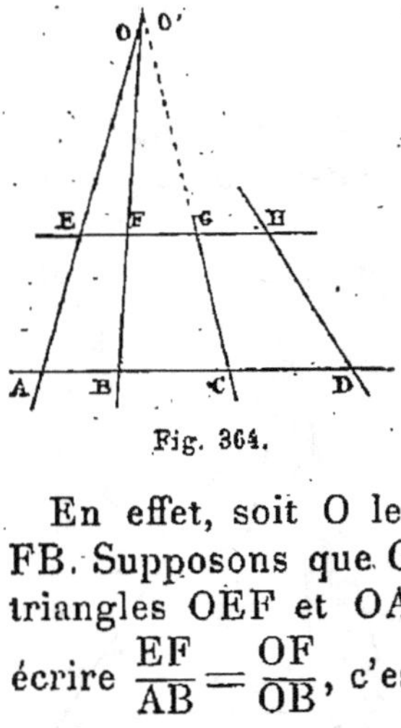

Hypothèse : Soient les deux parallèles AD et EH partagées par les droites EA, FB, GC et HD, de telle façon qu'on ait

$$\frac{EF}{AB} = \frac{FG}{BC} = \frac{GH}{CD} \quad \text{(fig. 364)}.$$

Fig. 364.

Conclusion : Ces quatre droites concourent au même point O.

En effet, soit O le point de rencontre de EA et de FB. Supposons que GC rencontre FB en O'. Les deux triangles OEF et OAB sont semblables, et l'on peut écrire $\dfrac{EF}{AB} = \dfrac{OF}{OB}$, c'est-à-dire que le point O divise FB en deux segments soustractifs dont le rapport est égal à $\dfrac{EF}{AB}$. Mais les deux triangles O'FG et O'BC sont aussi semblables, et l'on peut écrire $\dfrac{FG}{BC} = \dfrac{O'F}{O'B}$, c'est-à-dire que le point O' divise FB en deux segments soustractifs dont le rapport est égal à $\dfrac{FG}{BC}$.

Or, par hypothèse, $\dfrac{EF}{AB} = \dfrac{FG}{BC}$.

Les deux points O et O', divisant FB en deux segments soustractifs dont les rapports sont égaux, doivent coïncider, car nous avons vu (349) qu'il n'y a qu'un point sur le prolongement de BF jouissant de cette propriété. On démontrerait de même que HD passe aussi par le point O.

520. Le théorème précédent et sa réciproque nous donnent un nouveau moyen de diviser une portion de droite en parties proportionnelles à des longueurs données, ou en parties égales. Supposons, par exemple, qu'il s'agisse de partager la portion de droite AB en trois parties égales. Pour cela, menons une droite CD parallèle à AB (fig. 365) et, à partir du point C, prenons sur cette droite trois

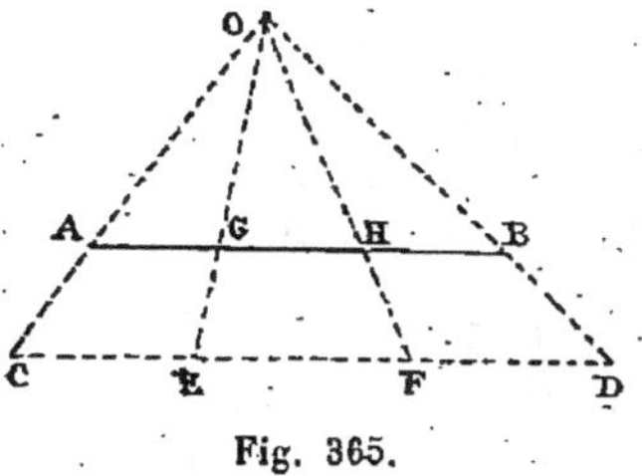

Fig. 365.

longueurs égales CE, EF, FD. Joignons le dernier point D au point B, et prolongeons; menons de même CA, et prolongeons. Les droites CA, DB se rencontrent en O. Menons enfin OE, OF, qui rencontrent AB aux points G et H, partageant ainsi la droite AB en trois parties égales.

En effet, les droites concourantes OC, OE, OF, OD déterminent sur les parallèles AB et CD des segments proportionnels (518), et l'on a :

$$\frac{AG}{CE} = \frac{GH}{EF} = \frac{HB}{ED}.$$

Les dénominateurs étant égaux, par construction, les numérateurs sont aussi égaux, et

$$AG = GH = HB.$$

521. Le principe de cette construction permet de partager en même temps plusieurs portions de droite en un même nombre de parties égales.

Soit à partager les portions de droite m, n, p, en trois parties égales (fig. 366).

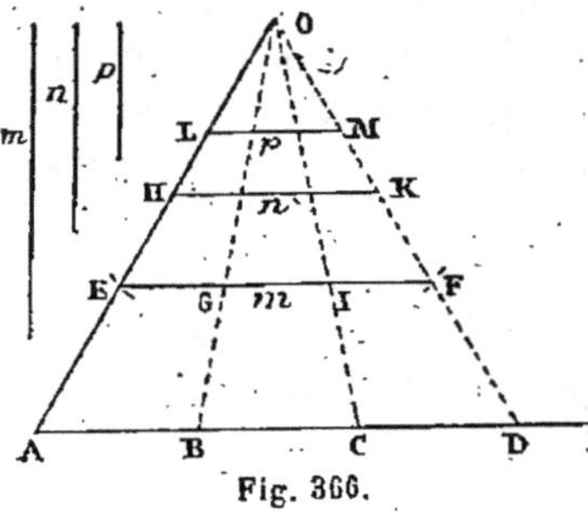

Fig. 366.

Sur une droite indéfinie AX, portons, à partir du point A, trois longueurs égales AB, BC, CD. Sur AD, construisons le triangle équilatéral OAD. Du point O, avec m pour rayon, décrivons deux arcs de cercle, qui coupent OA en E et OD en F. Menons EF.

On a EF $= m$, car, par construction : $\dfrac{OA}{OE} = \dfrac{OD}{OF}$.

La droite EF est donc parallèle à AD (494) et les triangles OEF et OAD sont semblables (509); donc OEF est un triangle équilatéral, et EF $=$ OE $= m$.

Menons OB, OC; ces droites rencontrent EF aux points G et I, qui partagent EF en trois parties égales (problème précédent).

On construira de même HK $= n$, puis LM $= p$. Ces droites seront aussi parallèles à AD et seront aussi partagées en trois parties égales par les transversales OB, OC.

II. — POLYGONES SEMBLABLES

Théorème.

522. *Deux polygones, composés d'un même nombre de triangles semblables et semblablement placés, sont semblables.*

Hypothèse : Soient les deux polygones ABCDE, A'B'C'D'E', composés d'un même nombre de triangles semblables, ABC et A'B'C', ACD et A'C'D', etc. (fig. 367).

Conclusion : Ces deux polygones sont semblables.

Il faut démontrer que :

1° *Les angles sont égaux, chacun à chacun.*

En effet, d'abord les angles $\hat{B}$ et $\hat{B}'$, $\hat{E}$ et $\hat{E}'$ sont égaux, comme faisant partie de triangles semblables; de plus l'angle $\hat{A}$, formé des angles $\hat{m}$, $\hat{n}$, $\hat{p}$, est égal à

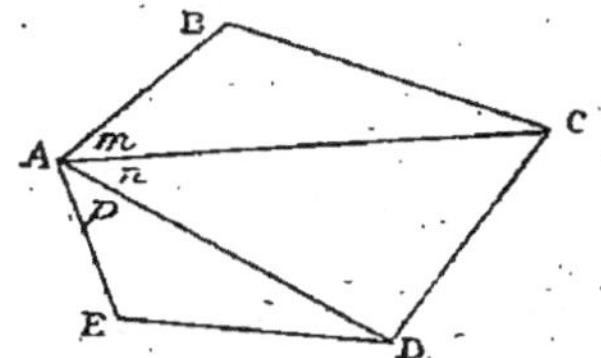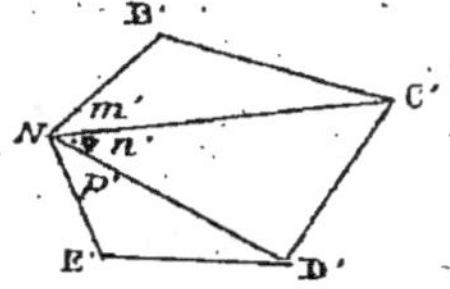

Fig. 367.

l'angle $\hat{A}'$, formé des angles $\hat{m}'$, $\hat{n}'$, $\hat{p}'$, respectivement égaux aux premiers. Pour la même raison $\hat{C} = \hat{C}'$, $\hat{D} = \hat{D}'$.

2° *Les côtés homologues sont proportionnels.*

En effet, les triangles semblables ABC, A'B'C' donnent :

$$\frac{AB}{A'B'} = \frac{BC}{B'C'} = \frac{AC}{A'C'}. \qquad (1)$$

Les triangles semblables ACD, A'C'D' donnent aussi :

$$\frac{AC}{A'C'} = \frac{CD}{C'D'} = \frac{AD}{A'D'}. \qquad (2)$$

Enfin les triangles semblables AED, A'E'D' donnent :

$$\frac{AD}{A'D'} = \frac{DE}{D'E'} = \frac{AE}{A'E'}. \qquad (3)$$

Les suites de rapports égaux (1) et (2) ont le rapport commun $\dfrac{AC}{A'C'}$, les suites (2) et (3) ont le rapport commun $\dfrac{AD}{A'D'}$; donc tous ces rapports sont égaux et :

$$\frac{AB}{A'B'} = \frac{BC}{B'C'} = \frac{CD}{C'D'} = \frac{DE}{D'E'} = \frac{AE}{A'E'}.$$

Les polygones donnés, ayant leurs angles égaux chacun à chacun et leurs côtés homologues proportionnels, sont semblables. *C. q. f. d.*

Ce théorème prouve l'existence des polygones semblables.

Théorème réciproque.

523. *Deux polygones semblables sont décomposables en un même nombre de triangles semblables chacun à chacun et semblablement placés.*

Soient les deux polygones semblables ABCDE et A'B'C'D'E', dans lesquels on a :

$$\hat{A} = \hat{A}', \hat{B} = \hat{B}', \hat{C} = \hat{C}', \hat{D} = \hat{D}', \hat{E} = \hat{E}'$$

et $\dfrac{AB}{A'B'} = \dfrac{BC}{B'C'} = \dfrac{CD}{C'D'} = \dfrac{DE}{D'E'} = \dfrac{EA}{E'A'}$ (fig. 368).

Par deux sommets homologues A et A', menons toutes les diagonales possibles. Nous décomposons les deux polygones en un même nombre de triangles, placés de la même manière par rapport aux côtés homologues.

Or, les deux triangles ABC et A'B'C' ont un angle égal, $B = B'$, compris entre côtés proportionnels ; donc ils sont semblables, et l'on a l'angle BCA égal à l'angle B'C'A', et $\dfrac{BC}{B'C'} = \dfrac{AC}{A'C'}$. D'ailleurs, on a, par hypothèse, $\widehat{BCD} = \widehat{B'C'D'}$ et $\dfrac{BC}{B'C'} = \dfrac{CD}{C'D'}$; donc l'angle $ACD = A'C'D'$, et de plus $\dfrac{AC}{A'C'} = \dfrac{CD}{C'D'}$, ce qui fait voir que les triangles ACD et A'C'D' sont semblables, comme ayant aussi un angle égal compris entre côtés proportionnels. On prouverait de même la similitude des autres triangles.

524. Corollaire. — *Les diagonales homologues de deux polygones semblables sont entre elles dans le même rapport que les côtés homologues.*

Théorème.

525. *Les périmètres de deux polygones semblables sont entre eux dans le même rapport que deux côtés homologues quelconques.*

Hypothèse : Soient les deux polygones semblables

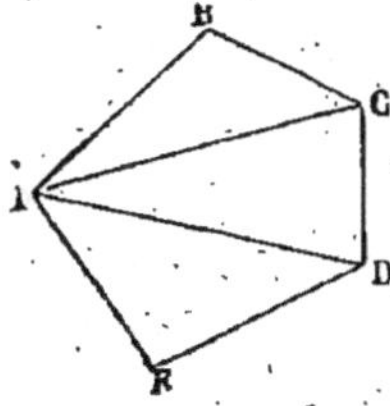 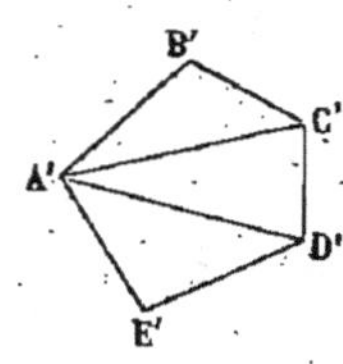

Fig. 368.

ABCDE, A'B'C'D'E' (fig. 368), et P et P' leurs périmètres.

Conclusion : $\dfrac{P}{P'} = \dfrac{AB}{A'B'}$.

En effet, on a, par hypothèse :

$$\frac{AB}{A'B'} = \frac{BC}{B'C'} = \frac{CD}{C'D'} = \frac{DE}{D'E'} = \frac{AE}{A'E'}.$$

Mais, dans une suite de rapports égaux, la somme des numérateurs est à la somme des dénominateurs comme un numérateur est à son dénominateur; d'où :

$$\frac{AB + BC + CD + DE + AE}{A'B' + B'C' + C'D' + D'E' + A'E'} = \frac{AB}{A'B'}.$$

Les deux termes du premier rapport étant respectivement égaux aux périmètres P et P' des deux polygones semblables, on a :

$$\frac{P}{P'} = \frac{AB}{A'B'}. \qquad\qquad C.\,q.\,f.\,d.$$

APPLICATIONS
DES PROPRIÉTÉS DES POLYGONES SEMBLABLES

Problème I.

526. *Sur une droite donnée, construire un polygone semblable à un polygone donné.*

Soit le polygone ABCDE et la droite A'B' (fig. 369).

Prenons A'B' comme homologue du côté AB du polygone et menons les diagonales AC, AD.

Construisons, sur A'B', un triangle A'B'C' semblable

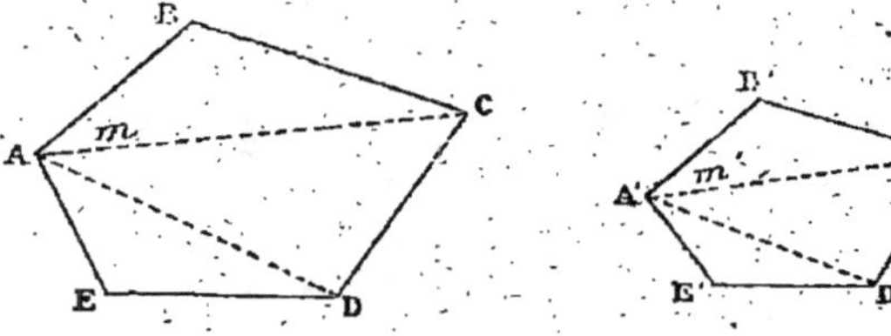

Fig. 369.

au triangle ABC. Pour cela, menons A'C', faisant avec A'B' un angle m' égal à m, puis du point B' menons B'C' faisant avec A'B' un angle B' = B. Les triangles ABC, A'B'C' sont semblables, comme ayant deux angles égaux (511).

Construisons de même sur A'C' un triangle A'C'D' semblable à ACD et, sur A'D', un triangle A'D'E' semblable à ADE.

Les deux polygones ABCDE, A'B'C'D'E', étant composés d'un même nombre de triangles semblables et semblablement disposés, sont semblables (522).

527. AUTRE PROCÉDÉ. — ABCDE étant le polygone donné (fig. 370) et ab le côté du polygone à construire, homologue de AB, on mène une droite parallèle à AB, sur laquelle on prend une longueur A'B' égale à ab; on mène les droites AA', BB' qui se coupent en O; on

joint ce point aux sommets C, D, E du polygone donné ;
puis on mène B′C′ parallèle à BC, C′D′ parallèle à CD,
D′E′ parallèle à DE, et enfin on joint E′A′.

Les triangles OAB et OA′B′,.... ODE et OD′E′ étant

semblables, les points
A′, B′, C′, D′, E′ divisent
les droites OA, OB... en
deux segments dont les
rapports sont égaux ;
donc, A′E′ est parallèle à
AE, et les deux polygones
ABCDE et A′B′C′D′E′
ont leurs angles consé-

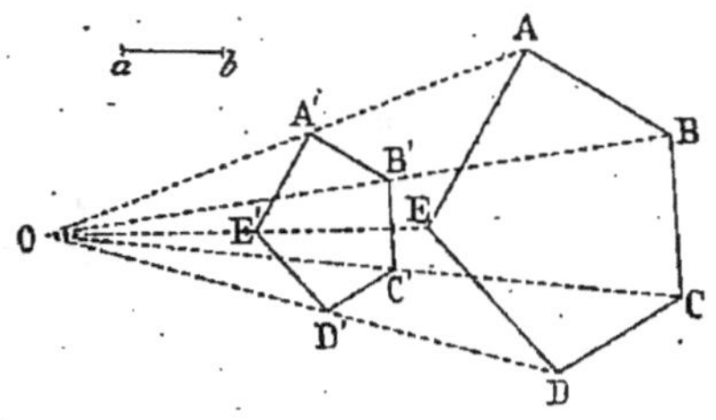

Fig. 370.

cutifs égaux chacun à chacun ; ils ont aussi leurs côtés
homologues proportionnels à cause de la similitude des
triangles OAB, OA′B′, etc.. ; ces deux polygones sont
donc semblables.

Problème II.

528. *Construire une figure semblable à une figure
donnée, et à une échelle déterminée.*

La construction d'un polygone semblable à un autre
est surtout pratiquée dans le levé des plans où l'on a à
construire sur le papier un polygone semblable au polygone du terrain.

Les architectes, les dessinateurs, les cartographes
ont aussi souvent besoin de copier un dessin en en rédui-
sant les dimensions. La copie sera bonne : 1° si les incli-
naisons des lignes, les unes sur les autres, sont conser-
vées, c'est-à-dire si l'angle que font deux lignes du dessin
est égal à l'angle des lignes correspondantes de la copie ;
2° si les longueurs sont *réduites* dans le même rapport.

Nous savons construire un angle égal à un angle
donné ; il nous reste à étudier la *réduction* des lignes
dans un rapport donné.

529. Échelle d'un plan. — Le rapport constant entre

les lignes d'un polygone et les lignes homologues du polygone réduit est ce qu'on appelle l'*échelle du plan*.

530. **Réduire dans le même rapport toutes les lignes d'une figure.**

Généralement, le rapport des dimensions de la copie et du modèle est un rapport simple, $\frac{1}{2}$, $\frac{1}{3}$, $\frac{1}{4}$, $\frac{2}{3}$, $\frac{3}{4}$, etc.

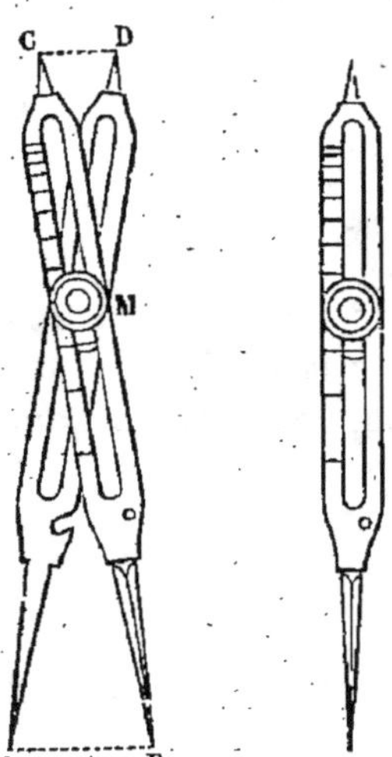

Fig. 371.

La réduction se fait rapidement à l'aide des instruments suivants :

... 1° COMPAS DE RÉDUCTION. — Le compas de réduction (fig. 371) se compose de deux branches en cuivre égales et terminées à chaque extrémité par des pointes d'acier. Ces branches sont évidées longitudinalement et tournent autour d'un axe M, qu'on peut faire mouvoir à volonté dans la rainure ; une vis de pression permet de le fixer en un point quelconque. Le bouton M entraîne dans son mouvement une glissière, sur laquelle est marqué un point de repère. L'une des branches porte des traits qui indiquent la place du point de repère du bouton pour que le rapport $\frac{\text{MA}}{\text{MD}}$ soit égal à $\frac{1}{2}$, $\frac{1}{3}$, etc.

Si, par exemple, le point de repère du bouton est en regard du trait $\frac{1}{2}$, l'écartement CD est la moitié de l'écartement AB.

En effet, par construction, on a : $\frac{\text{MA}}{\text{MB}} = \frac{\text{MD}}{\text{MC}}$.

Les droites AB et CD sont donc parallèles (494), et les triangles MAB, MCD sont semblables. Si donc le trait $\frac{1}{2}$

est placé de telle sorte que MD soit la moitié de MA, CD sera aussi la moitié de AB.   *C. q. f. d.*

Cet instrument est surtout avantageux lorsqu'il faut réduire ou agrandir un grand nombre de lignes dans le même rapport.

2° Compas de proportion. — Le compas de proportion se compose de deux règles égales, assemblées à l'une de leurs extrémités par une charnière (fig. 372). Ces règles, AB, AC, mobiles dans leur plan, sont divisées en un même nombre de parties égales et numérotées à partir de la charnière.

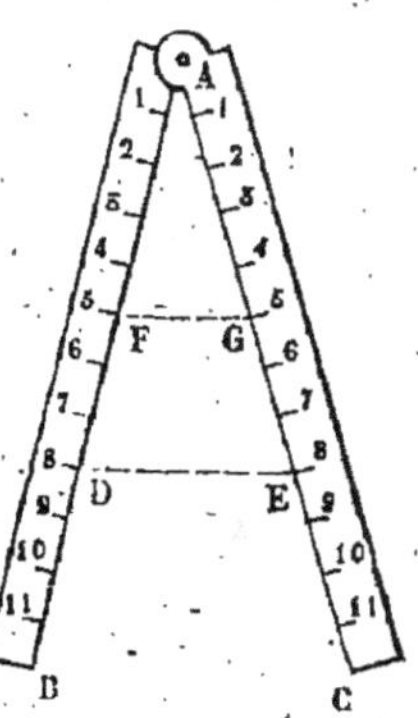

Fig. 372.

Soit à prendre les $\frac{5}{8}$ d'une droite, DE par exemple.

On écarte les deux branches du compas de telle sorte que les points 8 soient aux deux extrémités de la droite. Là distance FG est alors égale aux $\frac{5}{8}$ de la longueur donnée.

En effet, on a par construction $\frac{AF}{AD} = \frac{AG}{AE}$; donc FG est parallèle à DE, et les deux triangles semblables AFG, ADE donnent :

$$\frac{FG}{DE} = \frac{AF}{AD} = \frac{5}{8};$$

d'où

$$FG = \frac{5}{8} DE.$$

531. **Angle de réduction**. — A défaut de compas de proportion, on peut construire une figure permettant d'opérer rapidement la réduction de plusieurs droites dans un rapport donné.

Soit à réduire des droites dans le rapport de $\frac{2}{3}$.

Sur une droite indéfinie, on prend, à partir du point A, une longueur AC égale à 2 fois une longueur quelconque; puis, du même point A et dans la même direction, on prend une longueur AB égale à 3 fois la longueur arbitraire. Sur AB, on construit le triangle équilatéral OAB, et l'on mène OC (fig. 373).

On obtient ainsi une figure qu'on appelle *angle de réduction.*

Soit à réduire une droite MN dans le rapport de 2 à 3.

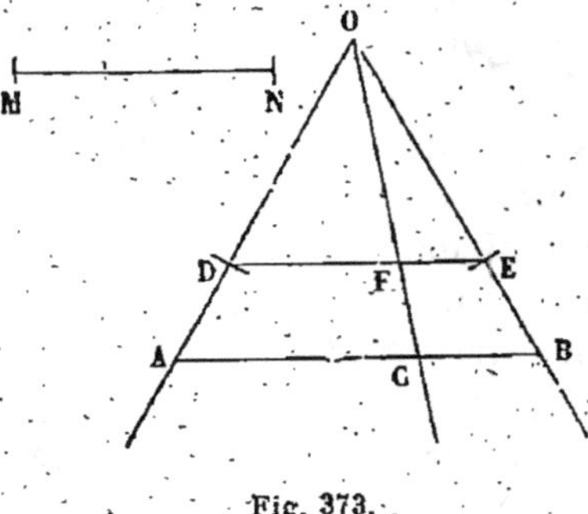

Fig. 373.

Du point O, avec MN pour rayon, on décrit des arcs de cercle qui coupent OA et OB en D et E. On mène DE, qui rencontre OC en F; la droite DF est les 2/3 de DE.

En effet, par construction, DE est parallèle à AB et le triangle ODE est équilatéral; d'où $DE = OD$. De plus (518), $\dfrac{DF}{AC} = \dfrac{FE}{BC} = \dfrac{DF + FE}{AC + BC} = \dfrac{DE}{AB}$; en changeant les moyens de place, dans les deux rapports extrêmes, on a $\dfrac{DF}{DE} = \dfrac{AC}{AB} = \dfrac{2}{3}$.

On réduirait toute autre droite dans le même rapport.

532. REMARQUE. — Dans le cas où l'échelle de l'original à reproduire serait déjà représentée par $\dfrac{1}{p}$, par exemple, celle de la copie, réduite dans le rapport $\dfrac{1}{k}$, serait $\dfrac{1}{p \times k}$. En effet, une longueur de 1 mètre sur la copie représenterait k mètres sur l'original, c'est-à-dire $p \times k$ mètres sur l'objet initial.

533. Lorsque le dessin à reproduire est un peu com-

pliqué, la méthode précédente est très longue; de plus, les déterminations des angles avec le rapporteur ne se font pas très exactement; on emploie de préférence les méthodes suivantes qui n'exigent pas l'emploi du rapporteur.

1° MÉTHODE DES CARREAUX

534. Lorsqu'il s'agit de reproduire la copie d'un dessin, en changeant les dimensions de telle sorte que les

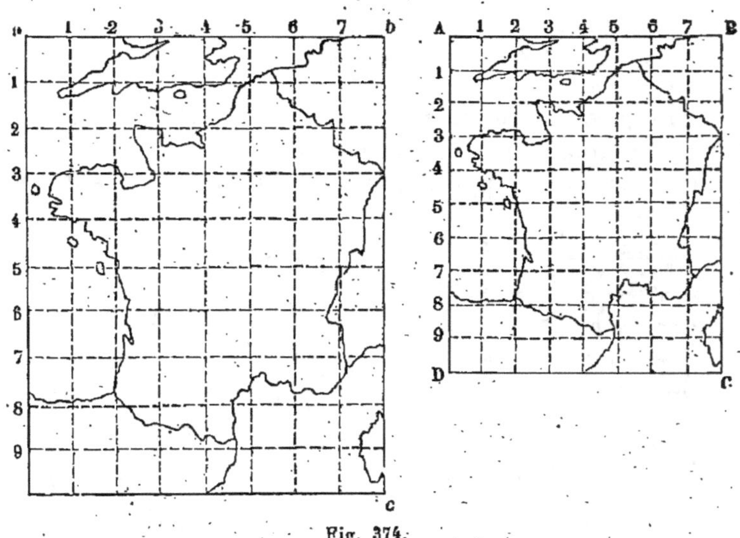

Fig. 374.

côtés homologues soient dans le rapport $\frac{1}{k}$ par exemple,

il suffit de tracer sur le dessin une série de droites parallèles et équidistantes, puis une autre série de droites parallèles, perpendiculaires aux premières et ayant entre elles une distance égale à celle des précédentes. On forme ainsi sur le dessin des carrés ou *carreaux* égaux entre eux.

On trace ensuite, sur la feuille où le dessin doit être reproduit, un autre système de carreaux égaux et tel que les côtés des carrés des deux figures soient aussi dans le rapport $\frac{1}{k}$.

Il ne reste plus qu'à copier les figures formées dans chaque carré.

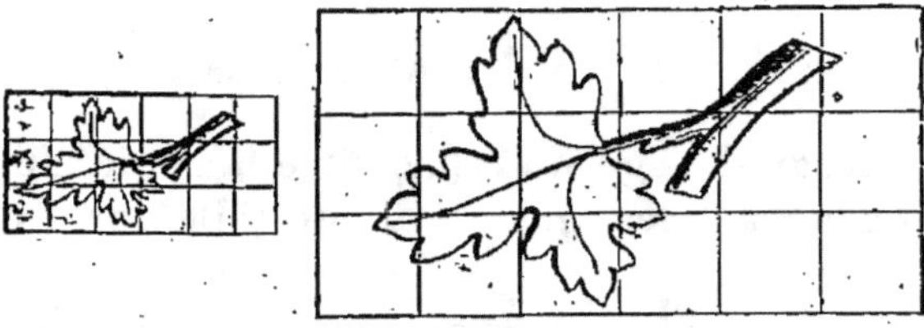

Fig. 375.

La figure 374 représente une carte de France réduite aux trois quarts par cette méthode.

La méthode s'applique aussi à l'agrandissement des

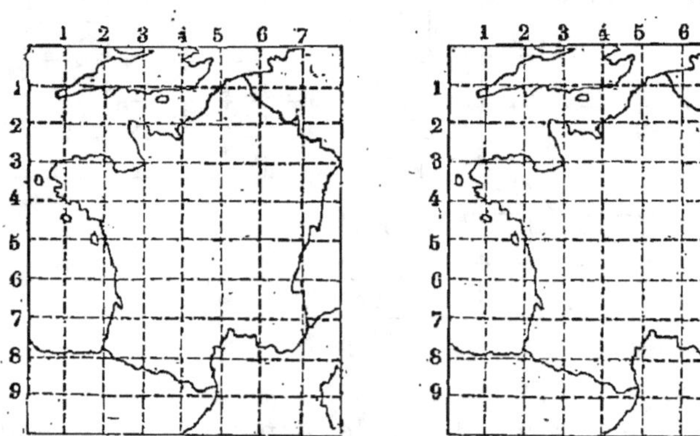

Fig. 376.

dessins (fig. 375); mais, si l'agrandissement est très-grand, les erreurs sont aussi amplifiées.

Dans le cas particulier où le rapport de similitude est égal à 1, les deux figures sont égales. Il suffit alors de faire les carrés égaux dans les deux systèmes de carreaux. La figure 376 nous en montre un exemple.

2° PANTOGRAPHE

535. Cet instrument, employé à la réduction ou à l'agrandissement mécanique des dessins, se compose de deux règles AB et AC (fig. 377), articulées au point A et tournant librement en ce point. Deux autres règles DE, EF, articulées en E, sont reliées aux premières en D et F à l'aide de chevilles, autour desquelles elles peuvent tourner. De plus DE = AF et EF = AD, de sorte que la figure ADEF est constamment un parallélogramme. Enfin le point E est astreint à se trouver sur la ligne BC.

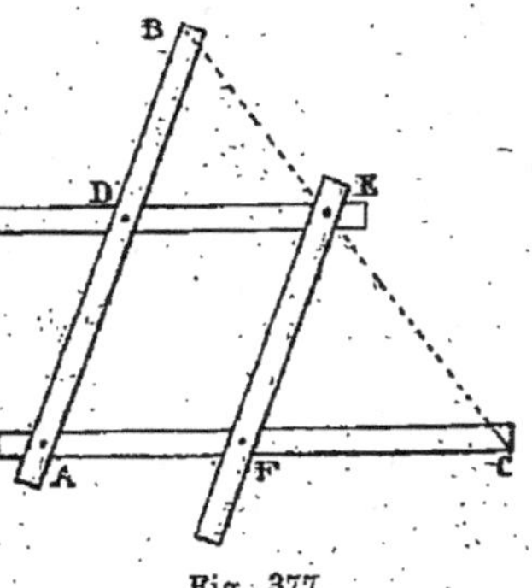

Fig. 377.

La droite DE étant toujours parallèle à AC, les triangles BDE, BAC sont semblables, et l'on a :

$$\frac{BE}{BC} = \frac{BD}{BA}.$$

Le dernier rapport étant constant, le premier l'est aussi. Dès lors, si, le point B étant fixe, on oblige le point C à décrire une figure quelconque, le point E, préalablement muni d'un crayon, décrira une figure semblable à la première et réduite dans le rapport $\frac{BD}{BA}$.

On peut changer la valeur de ce rapport au moyen de trous pratiqués dans les règles ; ainsi on le diminue en raccourcissant DE et en augmentant AD, mais le point E doit toujours être sur BC.

Pour agrandir un dessin, c'est le point E qui suit les lignes du modèle et le point C, muni d'un crayon, fait alors la copie agrandie.

EXERCICES

231. Les trois côtés d'un triangle ont 150 m., 180 m. et 240 m.; quelles sont les longueurs des trois côtés d'un triangle semblable dans lequel le côté homologue du côté 240 m. a 75 m.?

232. Des extrémités d'une même droite AB on fait partir deux parallèles en sens opposé, AC et BD; on joint les deux points quelconques C et D. Démontrer que la droite AB sera partagée en deux segments proportionnels aux droites AC et BD. Application : AB = 53 m., AC = 8 m., BD = 15 m. Calculer les deux segments déterminés sur AB par la droite CD.

233. Deux polygones sont semblables; les côtés du premier ont 22 m., 15 m., 18 m., 31 m., 42 m., 27 m. et 25 m. Calculer les côtés du deuxième, sachant que le côté de 22 m. du premier a pour homologue, dans le deuxième, 0 m. 18.

234. Le périmètre d'un polygone a 575 m. et l'un de ses côtés 97 m.; quel sera le périmètre d'un autre polygone semblable dont le côté homologue du côté de 97 m. aura 18 m.?

235. On donne les bases B et b d'un trapèze et la hauteur h; déterminer la hauteur du triangle formé par le prolongement des côtés non parallèles du trapèze.

236. Étant donné un triangle quelconque, on diminue l'un de ses côtés d'une quantité arbitraire, et on augmente un autre côté d'une quantité égale. Démontrer que, si l'on joint les points ainsi obtenus, la droite menée est coupée par le 3e côté du triangle dans le rapport inverse des côtés primitifs.

237. Inscrire un carré dans un demi-cercle ou dans un triangle.

238. Inscrire dans un cercle un triangle isocèle, dont la somme ou la différence de la base et de la hauteur soit donnée.

239. Si trois lignes droites passent par un même point, le rapport des distances d'un point quelconque de l'une aux deux autres est constant.

240. On fait glisser sur deux lignes droites rectangulaires les extrémités de l'hypoténuse d'une équerre; quelle est la ligne décrite par le sommet de l'angle droit?

241. Si d'un point donné on mène des lignes droites aux différents points d'une circonférence et qu'on divise chacune de ces droites dans le rapport de deux lignes données m et n, quel sera le lieu géométrique des points de division?

242. Dans deux triangles semblables, les hauteurs sont proportionnelles aux bases.

243. Si l'on joint les extrémités de trois sécantes passant par

l'un des points communs à deux circonférences, et limitées à ces circonférences, on forme deux triangles semblables.

244. Lieu géométrique des points du plan de deux droites données, dont le rapport des distances à ces deux droites est égal à un rapport donné.

245. Trouver le lieu géométrique des points du plan de deux cercles d'où l'on voit ces cercles sous des angles égaux.

246. Démontrer que les tangentes communes intérieures et extérieures de deux circonférences se coupent sur la ligne des centres et que les points d'intersection et les centres forment une division harmonique.

247. Démontrer que le point de concours des côtés non parallèles d'un trapèze et les milieux des bases de ce trapèze sont trois points en ligne droite.

248. Le triangle qu'on détermine en menant par les sommets d'un triangle donné des droites également inclinées sur les côtés opposés à ces sommets est semblable au triangle donné.

249. Lorsque deux triangles ont leurs côtés respectivement parallèles, les droites qui joignent les sommets homologues sont concourantes.

250. Lorsque deux polygones semblables ont leurs côtés parallèles, les droites qui joignent les sommets homologues concourent en un même point (centre d'homothétie).

251. Un triangle restant semblable à lui-même a un sommet fixe, un deuxième sommet se meut sur une droite : quel est le lieu géométrique du troisième sommet?

252. Inscrire dans un triangle donné un triangle dont les côtés soient parallèles à trois directions données.

253. Inscrire dans un triangle donné un rectangle semblable à un rectangle donné.

254. Tracer une parallèle à une direction donnée, telle que la partie comprise entre les deux côtés d'un angle donné soit vue d'un point donné sous un angle donné.

255. Démontrer que dans tout quadrilatère inscrit le produit des perpendiculaires abaissées d'un point de la circonférence sur deux côtés opposés est égal au produit des perpendiculaires abaissées du même point sur les deux autres côtés.

256. Étant donné un triangle équilatéral de côté a, on prend sur le côté BA une longueur $BC' = l$ et sur AC une longueur $AB' = l$; on tire C'B'. Trouver en fonction de a la longueur CA' déterminée sur le troisième côté. Effectuer les calculs pour $a = 10$ m., $l = 6$ m.

257. Par le point de concours des bissectrices des angles à la base d'un triangle isocèle, on mène la parallèle à cette base. On demande de déterminer la longueur de la portion de cette droite comprise entre les deux autres côtés et le périmètre du triangle

qu'elle détermine avec ces deux côtés, si b est la base du triangle isocèle donné et c la valeur commune des deux autres côtés. Effectuer les calculs pour $a = 12$ m. et $c = 18$ m.

258. Si l'on considère un triangle rectangle ABC et la perpendiculaire AD abaissée du sommet de l'angle droit sur l'hypoténuse, les rayons des cercles inscrits dans les triangles rectangles ABC, ABD, ACD sont les côtés d'un triangle rectangle semblable à ABC.

259. Lorsque deux circonférences sont tangentes extérieurement, le segment de leur tangente commune extérieure compris entre les points de contact est moyen géométrique entre les deux diamètres.

260. Démontrer que, lorsque deux circonférences se coupent : 1° les circonférences passant par l'un de leurs points d'intersection et les deux points de contact d'une tangente commune sont égales; 2° que le rayon de ces circonférences est moyen géométrique entre les rayons des deux circonférences données.

261. D'un point quelconque A du prolongement du diamètre BD, on trace la tangente AC ainsi que la bissectrice de l'angle CAO; on abaisse OM perpendiculaire sur la bissectrice AM : trouver le lieu du point M.

CHAPITRE XXV

Relations métriques entre les lignes
d'un triangle rectangle.

Définitions.

536. On entend par *relations métriques* ou *relations numériques* entre différents segments de droite les relations constantes qui peuvent exister entre les nombres qui expriment les valeurs de ces segments, mesurés avec la même unité, quelle que soit l'unité de mesure adoptée.

537. On appelle *projection d'un point* sur une droite le pied de la perpendiculaire menée du point à la droite.

538. On appelle *projection d'un segment de droite* sur

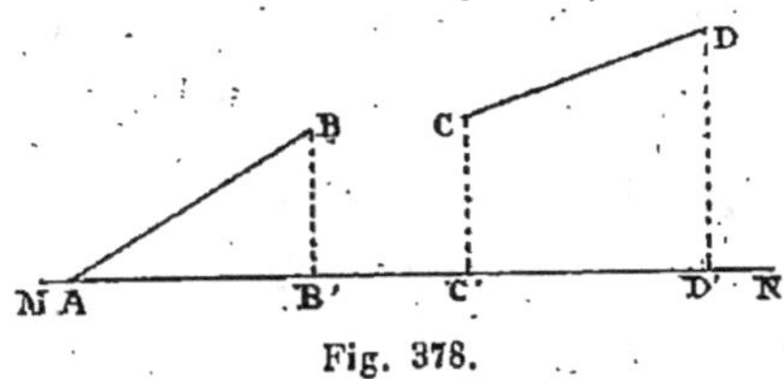

Fig. 378.

une droite la portion de cette droite comprise entre les projections, sur cette droite, des deux extrémités du segment.

Ainsi : 1° les points B′, C′, D′ sont les projections des points B, C, D sur MN (fig. 378).

2° Les droites AB′, C′D′ sont les projections des segments AB, CD sur MN.

Théorème (*Théorème de Pythagore*).

539. *Si du sommet de l'angle droit d'un triangle rectangle on abaisse la perpendiculaire sur l'hypoténuse :*

1° Les deux triangles obtenus sont semblables au triangle proposé et semblables entre eux.

2° La perpendiculaire est moyenne proportionnelle entre les deux segments de l'hypoténuse ;

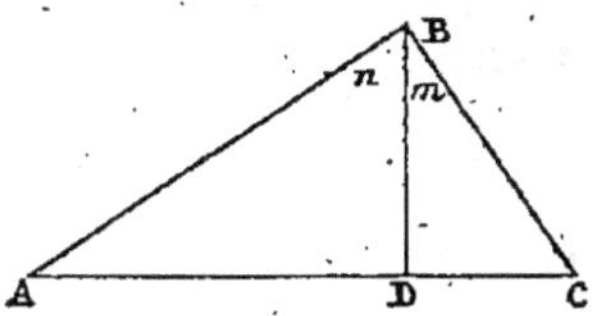

3° Chaque côté de l'angle droit du triangle donné est moyen proportionnel entre l'hypoténuse entière et la projection de ce côté sur l'hypoténuse.

Fig. 379.

Hypothèse : Soit le triangle ABC, rectangle en B, et la perpendiculaire BD sur AC (fig. 379).

Conclusion : 1° Les triangles ABD et ABC sont semblables. En effet, ce sont deux triangles rectangles qui ont un angle aigu $\hat{A}$ commun (512).

On en déduit $\hat{C} = n$. Les triangles BCD et ABC sont aussi semblables comme ayant l'angle aigu $\hat{C}$ commun ; d'où $\hat{A} = \hat{m}$. Enfin, les triangles ABD et BCD sont semblables, comme ayant leurs angles égaux, chacun à chacun.

Conclusion : 2° $\overline{BD}^2 = AD \times CD$.

En effet, les triangles ABD et BCD étant semblables, on a la proportion :

$$\frac{AD \text{ opposé à l'angle } n}{BD \text{ opposé à l'angle } C = n} = \frac{BD \text{ opposé à l'angle } A}{CD \text{ opposé à l'angle } m = A}.$$

Dans toute proportion, le produit des extrêmes étant égal à celui des moyens, la relation précédente peut encore s'écrire :

$$\overline{BD}^2 = AD \times CD.$$

Conclusion : 3° $\overline{AB}^2 = AC \times AD$.

En effet, les triangles semblables ABC, ABD donnent :

$$\frac{\text{AC opposé à l'angle droit B}}{\text{AB opposé à l'angle droit D}} = \frac{\text{AB opposé à l'angle C}}{\text{AD opposé à l'angle } n = \text{C}} ;$$

ou encore :

$$\overline{AB}^2 = AC \times AD. \qquad\qquad (1)$$

Les triangles semblables ABC et BCD donneraient de même

$$\overline{BC}^2 = AC \times CD. \qquad\qquad (2)$$

$$C.\ q.\ f.\ d.$$

540. Corollaire 1. — *Le carré de l'hypoténuse d'un triangle rectangle est égal à la somme des carrés des deux côtés de l'angle droit.*

En effet, ajoutant membre à membre les égalités (1) et (2), on aura :

$$\overline{AB}^2 + \overline{BC}^2 = AC \times AD + AC \times CD.$$

Mettant AC en facteur commun, on a :

$$\overline{AB}^2 + \overline{BC}^2 = AC\,(AD + CD) = AC \times AC = \overline{AC}^2$$

Rappelons qu'il s'agit ici des carrés des nombres qui expriment les longueurs des côtés, et non de surfaces.

On déduit de là :

1º $AC = \sqrt{\overline{AB}^2 + \overline{BC}^2}$,

2º $\overline{AB}^2 = \overline{AC}^2 - \overline{BC}^2$ et $AB = \sqrt{\overline{AC}^2 - \overline{BC}^2}$.

$\overline{BC}^2 = \overline{AC}^2 - \overline{AB}^2$ et $BC = \sqrt{\overline{AC}^2 - \overline{AB}^2}$.

541. Remarque I. — Il résulte de ce qui précède que, si l'on nous demande de construire une portion de droite x liée à deux autres portions de droite b, c par la relation $x = \sqrt{b^2 + c^2}$, nous voyons immédiatement que x représente l'hypoténuse d'un triangle rectangle dont b et c sont les côtés de l'angle droit. Il est donc facile d'obtenir le segment x en construisant ce triangle rectangle.

De même, si l'on nous demande de construire un segment de droite y lié à deux autres segments a et b par la relation $y = \sqrt{a^2 - b^2}$, nous voyons que y représente l'un des côtés de l'angle droit d'un triangle rectangle dont a est l'hypoténuse et b l'autre côté de l'angle droit.

542. REMARQUE II. — La construction de l'équerre de corde, dont on se sert quelquefois en arpentage pour

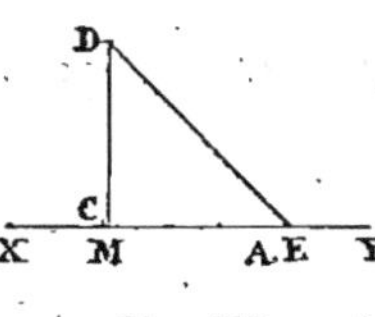

Fig. 380.

mener un alignement perpendiculaire à un autre alignement, repose sur le corollaire I.

Soit à mener la perpendiculaire à la droite XY, au point M de cette droite (fig. 380).

Sur une corde AB, on prend à la suite l'une de l'autre et à partir d'une des extrémités A, trois longueurs AC, CD, DE, égales respectivement à 3, 4 et 5 mètres ou à des équi-multiples de ces nombres.

On place la portion AC sur XY en fixant le point C au point M et l'on réunit les deux points A et E de la corde. On place ensuite un piquet entre les deux brins de la corde qu'on tend de façon que le piquet soit au point D. La corde forme alors un triangle rectangle, puisque

$$\overline{DE}^2 = \overline{AC}^2 + \overline{CD}^2 \text{ ou } 25 = 16 + 9 \ (567).$$

Donc DCM est perpendiculaire à XY en M.

543. **Corollaire II.** — *Les carrés des côtés de l'angle droit d'un triangle rectangle sont entre eux comme les projections de ces côtés sur l'hypoténuse.*

En effet, divisons membre à membre les égalités (1) et (2); il vient :

$$\frac{\overline{AB}^2}{\overline{BC}^2} = \frac{AC \times AD}{AC \times CD} = \frac{AD}{CD}.$$

544. **Corollaire III.** — *Les carrés d'un des côtés de l'angle droit et de l'hypoténuse d'un triangle rectangle sont entre eux comme la projection du côté de l'angle droit sur l'hypoténuse est à cette hypoténuse.*

En effet, si l'on divise les deux membres de l'égalité (1) par $\overline{AC}^2$, il vient :

$$\frac{\overline{AB}^2}{\overline{AC}^2} = \frac{AC \times AD}{AC^2} = \frac{AD}{AC}.$$

545. Remarque. — Les corollaires I, II et III ci-dessus reçoivent de nombreuses applications dans les problèmes relatifs aux surfaces. Il est donc très important de s'en bien pénétrer et de les avoir toujours présents à l'esprit au moment de la recherche de la plupart des problèmes se rapportant aux surfaces.

546. Corollaire IV. — *Dans un carré, le rapport de la diagonale au côté est égal à la racine carrée de 2.*

Soit le carré ABCD et AC sa diagonale (fig. 381).

On a :

$$\overline{AC}^2 = \overline{AB}^2 + \overline{BC}^2 = \overline{2AB}^2.$$

Extrayant la racine carrée, on a :

$$AC = AB \times \sqrt{2},$$

d'où :

$$\frac{AC}{AB} = \sqrt{2} = 1,414\ldots$$

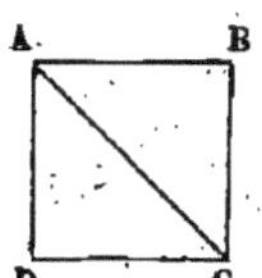

Fig. 381.

547. Ainsi, si l'on nous demande de construire une portion de droite x liée à une autre portion de droite a par la relation $x = a\sqrt{2}$, nous voyons immédiatement que x représente la diagonale d'un carré de côté a : la construction est donc facile.

APPLICATIONS DU THÉORÈME DE PYTHAGORE :

I. — PROBLÈMES GRAPHIQUES

Problème I.

548. *Construire la moyenne proportionnelle à deux portions de droite données.*

Soit à trouver la moyenne proportionnelle aux deux droites m, n.

Première construction.. — Sur une droite indéfinie AM, portons successivement les longueurs $AB = m$ et $BC = n$ (fig. 382).

Sur AC comme diamètre, décrivons une demi-circonférence, et au point B menons BD perpendiculaire à AC et rencontrant la circonférence en D; BD est la moyenne proportionnelle demandée.

En effet, menons AD, DC; le triangle ADC est rec-

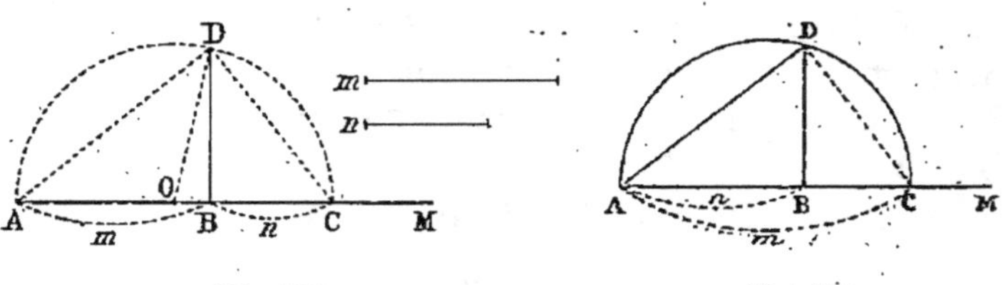

Fig. 382.   Fig. 383.

tangle, car l'angle D est droit comme inscrit dans un demi-cercle, et BD est la perpendiculaire menée du sommet de l'angle droit sur l'hypoténuse (539).

549. REMARQUE I. — La construction précédente montre que *la perpendiculaire menée d'un point d'une circonférence sur un diamètre est moyenne proportionnelle entre les deux segments qu'elle détermine sur ce diamètre.*

550. REMARQUE II. — Cette même construction montre que la moyenne arithmétique OD des deux portions de droite données est plus grande que la moyenne géométrique de ces droites. Il y a égalité entre la moyenne arithmétique et la moyenne géométrique, lorsque les deux portions de droite données sont égales.

551. *Deuxième construction.* — Sur une droite indéfinie AM, portons une longueur $AC = m$ (fig. 383) et, à partir du même point, une longueur AB égale à n. Sur AC comme diamètre, décrivons une demi-circonférence;

au point B, menons BD perpendiculaire à AC et joignons les points A et D; cette ligne AD est la moyenne proportionnelle demandée.

En effet, menons DC; dans le triangle rectangle ADC, on a $\overline{AD}^2 = AC \times AB$; donc AD est moyenne proportionnelle entre m et n.

552. REMARQUE I. — La construction précédente montre que *toute corde d'un cercle est moyenne proportionnelle entre le diamètre qui passe par une de ses extrémités et sa projection sur ce diamètre.*

553. REMARQUE II. — Les constructions précédentes permettent d'obtenir une droite x liée à deux autres droites m et n par la relation $\dfrac{m}{x} = \dfrac{x}{n}$ ou $x^2 = mn$ ou $x = \sqrt{mn}$ (1), c'est-à-dire que nous savons *construire la formule* (1).

Nous construirions de même la formule $x = \sqrt{3a^2}$, car on peut écrire cette égalité ainsi :

$$x = \sqrt{a \times 3a},$$

ce qui montre que x est la moyenne géométrique entre a et $3a$.

La construction de la formule $x = a\sqrt{5}$, qui peut s'écrire $x = \sqrt{5a^2}$ et $x = \sqrt{a \times 5a}$ se ramène à la construction de la moyenne géométrique à a et $5a$.

Problème II.

554. *Construire une portion de droite qui soit à une portion de droite donnée comme les carrés de deux portions de droite données sont entre eux.*

Soient a, b, c les portions de droites données et x la portion de droite demandée, qui est telle que $\dfrac{x}{a} = \dfrac{b^2}{c^2}$.

Construisons un triangle rectangle ABC dont les côtés

de l'angle droit sont égaux à b et c, et menons la hauteur AD relative à l'hypoténuse (fig. 384).

Nous savons qu'on a : $\dfrac{b^2}{c^2} = \dfrac{BD}{CD}$; donc on a aussi :

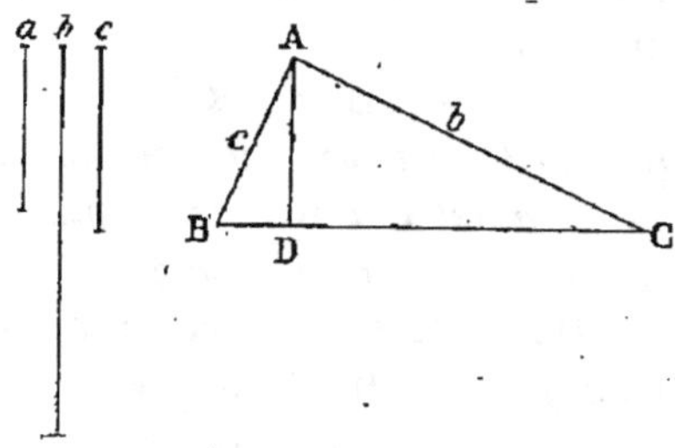

Fig. 384.

$\dfrac{x}{a} = \dfrac{BD}{CD}$ ou $\dfrac{CD}{BD} = \dfrac{a}{x}$, ce qui montre que x est la quatrième proportionnelle aux quantités connues CD, BD et a. Il est facile de construire cette quatrième proportionnelle (499).

Problème III.

555. *Construire une portion de droite dont le carré soit au carré d'une autre portion de droite donnée comme deux portions de droite données sont entre elles.*

Soient a, b, c, les portions de droite données, x la portion de droite à construire et telle qu'on ait $\dfrac{x^2}{a^2} = \dfrac{b}{c}$.

Sur une droite indéfinie prenons une longueur AB $= b$, puis BC $= c$; sur BC comme diamètre, décrivons une demi-circonférence (fig. 385); menons BD perpendiculaire à AC et formons le triangle ADC. Ce triangle donne $\dfrac{\overline{AD}^2}{\overline{CD}^2} = \dfrac{b}{c}$; on a donc aussi $\dfrac{x^2}{a^2} = \dfrac{\overline{AD}^2}{\overline{CD}^2}$ ou, en extrayant la racine carrée de chaque membre, $\dfrac{x}{a} = \dfrac{AD}{CD}$, qu'on peut écrire : $\dfrac{CD}{AD} = \dfrac{a}{x}$; ce qui montre que x est la quatrième proportionnelle aux quantités connues CD, AD et a. On

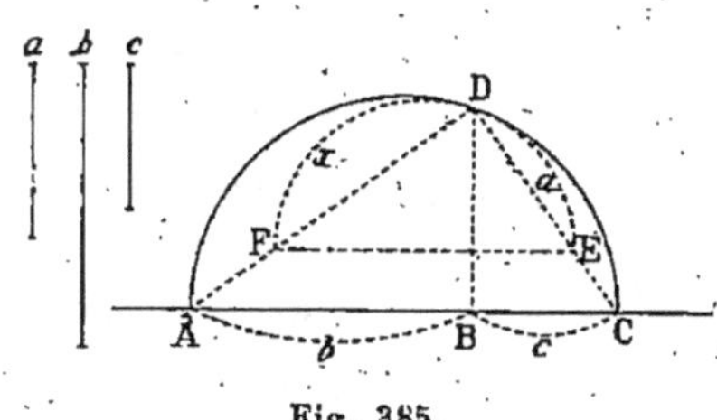

Fig. 385.

achève la construction comme l'indique la figure 385, en profitant des constructions déjà faites.

Problème IV.

556. *Construire deux portions de droite connaissant leur somme et leur moyenne géométrique.*

Soient a la somme et k la moyenne géométrique données.

Sur une droite indéfinie, prenons une longueur AB égale à a (fig. 386) ; puis, sur AB comme diamètre, décrivons une demi-circonférence. Au point A, prenons la perpendiculaire AD $= k$; par le point D, menons DE parallèle à AB et, du point E, abaissons la perpendiculaire EH. Nous disons que AH et HB sont les deux droites demandées. En effet (549), on a : 1° EH² $=$ AH $\times$ HB $= k^2$ et 2° AH $+$ HB $=$ AB $= a$.

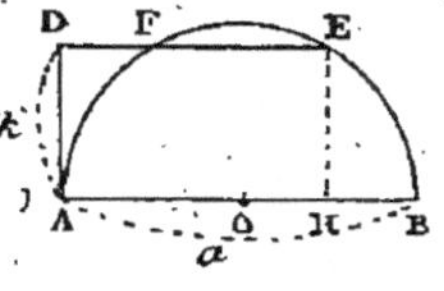

Fig. 386.

Remarquons que nous aurions pu mener la perpendiculaire du point F sur AB, ce qui nous aurait donné deux droites identiques à celles qu'on obtiendrait en menant la perpendiculaire du point E.

557. Remarquons enfin que le problème n'est possible que dans le cas où la parallèle DE rencontre la circonférence, et cette circonstance ne se produit qu'autant que k est au plus égal à $\dfrac{AB}{2}$ ou $\dfrac{a}{2}$; c'est-à-dire que le problème n'est possible que si la moyenne géométrique des deux droites cherchées est au plus égale à $\dfrac{AB}{2}$ ou $\dfrac{a}{2}$; autrement dit, le problème n'est possible que si la moyenne géométrique des deux droites cherchées est au plus égale à leur moyenne arithmétique.

Dans le cas où la moyenne géométrique est égale à la moyenne arithmétique, la droite DE est tangente à la circonférence et les deux droites cherchées sont égales.

558. Nous pouvons conclure de là que, lorsque la somme de deux portions de droite est constante, le produit des nombres qui mesurent ces portions de droite est maximum lorsque les portions de droite sont égales.

II. — PROBLÈMES NUMÉRIQUES

559. Le théorème de Pythagore et ses corollaires nous donnent, entre les six éléments linéaires a, b, c, h, c', b' d'un triangle rectangle ABC (fig. 387) les cinq relations suivantes :

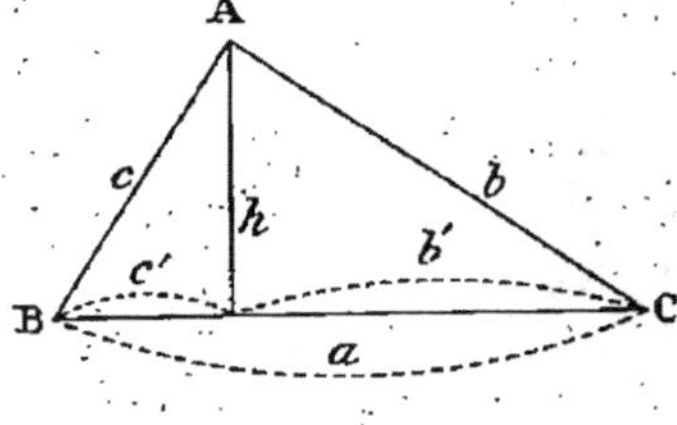

Fig. 387.

$$(1) \quad b^2 = ab'$$
$$(2) \quad c^2 = ac'$$
$$(3) \quad h^2 = b'c'$$
$$(4) \quad a = b' + c'$$
$$(5) \quad a^2 = b^2 + c^2.$$

De ces cinq relations, quatre seulement sont distinctes : (1), (2), (3), (4), car on a obtenu la cinquième (540) en utilisant les relations (1), (2) et (4).

Il en résulte que, si l'on connaît deux des six éléments linéaires précédents, il sera possible, à l'aide des quatre relations distinctes ci-dessus, de déterminer les quatre autres éléments.

De la sorte nous pouvons résoudre 15 problèmes numériques différents sur les triangles rectangles, car six quantités peuvent être groupées deux à deux de quinze manières différentes. Quelques-uns de ces problèmes sont du premier degré; d'autres, sont du second degré.

560. EXEMPLE : *Les deux segments déterminés sur l'hypoténuse d'un triangle rectangle par la perpendiculaire abaissée du sommet de l'angle droit sur cette hypoténuse ont pour longueur 3 m. 20 et 1 m. 80 : trouver la longueur des autres éléments linéaires de ce triangle.*

La relation (3) donne $h^2 = b'c' = 3^m,20 \times 1,80 = 5^{mq},76$; d'où

$$h = \sqrt{5,76} = 2^m,4.$$

La relation (4) donne $a = b' + c' = 3^m,20 + 1^m,80 = 5^m$.

La relation (1) donne $b^2 = ab' = 5^m \times 3,20 = 16^{mq}$; d'où

$$b = \sqrt{16} = 4^m.$$

La relation (2) donne $c^2 = a c' = 5^m \times 1,80 = 9^{mq}$; d'où

$$c = \sqrt{9} = 3^m.$$

Si les données étaient représentées, d'une manière générale, par les lettres b' et c', nous aurions pour chacune des inconnues les expressions suivantes :

$$h = \sqrt{b'c'}$$
$$a = b' + c'$$
$$b = \sqrt{ab'} \text{ et, en remplaçant } a \text{ par sa valeur, } b = \sqrt{(b' + c')b'}$$
$$c = \sqrt{ac'} \text{ et, en remplaçant } a \text{ par sa valeur, } c = \sqrt{(b' + c')c'}.$$

Ainsi comprise, la solution de la question est générale. Il ne reste plus qu'à calculer la valeur numérique des inconnues, si l'on attribue une valeur numérique à b' et c'. Si, au contraire, b' et c' représentaient des portions de droite données, il ne resterait plus qu'à construire chacune des expressions représentant les inconnues. Nous remarquerions que h, moyenne géométrique entre les portions de droite données b' et c', est facile à obtenir; que a, somme des deux longueurs b' et c', s'obtient aussi aisément; que, si l'on connaît a et h, le triangle rectangle est déterminé, et qu'en le construisant on obtiendrait b et c.

561. *Considérations générales sur la résolution des problèmes numériques.* — Pour traiter par le calcul un problème de géométrie qui s'y prête, on commence d'ordinaire, comme lorsqu'il s'agit de problèmes graphiques, par construire avec ses données et ses inconnues la figure qui répond à la question; on y trace, au besoin, les lignes auxiliaires propres à mieux faire ressortir les relations unissant les grandeurs connues à celles qui sont à trouver; on représente ces grandeurs, ou mieux, leurs mesures, par des lettres et l'on traduit en équations les diverses liaisons qui existent entre elles. Si l'on peut obtenir autant d'équations que d'inconnues, le problème est déterminé et la résolution de ces équations conduit à des expressions algébriques, ou *formules*, qui sont la représentation des inconnues par leurs valeurs. La solution de la question, traitée de la sorte, est générale et permet ensuite, soit de trouver la valeur numérique des inconnues, soit de construire ces inconnues lorsqu'elles représentent des longueurs.

562. Les formules qui résultent de la résolution par le calcul d'un problème de géométrie présentent cette particularité qu'elles sont *homogènes*, si l'unité de grandeur qui a servi à l'évaluation des données et des inconnues est restée indéterminée, c'est-à-dire que tous les termes sont du même degré par rapport à la grandeur considérée. Si les inconnues sont des droites, les expressions de ces inconnues sont du premier degré; elles sont du deuxième ou du troisième degré, si les incon-

nues sont des surfaces ou des volumes représentés par leurs éléments linéaires; elles sont du degré zéro, quand les inconnues sont des rapports de grandeurs de même espèce : rapports de lignes, ou de surfaces, ou de volumes.

563. Lorsqu'une formule homogène exprime une longueur, on peut, en général, trouver graphiquement cette longueur, en effectuant certaines constructions, au moyen de la règle et du compas, avec les longueurs représentées dans cette formule. Il est même utile de joindre cette solution graphique à la solution algébrique chaque fois qu'il est possible de le faire : les deux se complètent.

Relations métriques entre les lignes d'un triangle quelconque.

564. Rappelons qu'on démontre en algèbre que :

1° Le carré de la somme de deux nombres est égal au carré du premier, plus le double produit du premier par le second, plus le carré du second.

Si les nombres donnés sont a et b, on a :

$$(a + b)^2 = a^2 + 2ab + b^2.$$

2° Le carré de la différence de deux nombres est éga au carré du premier, moins le double produit du premier par le second, plus le carré du second.

Les nombres étant a et b, on a :

$$(a - b)^2 = a^2 - 2ab + b^2.$$

Théorème.

565. *Dans un triangle quelconque, le carré du côté opposé à un angle aigu est égal à la somme des carrés des deux autres côtés, moins le double produit de l'un de ces côtés par la projection de l'autre sur celui-là.*

Hypothèse : Soit le triangle ABC, dans lequel AB est opposé à l'angle aigu $\hat{C}$, CD étant la projection du côté BC sur AC (fig. 388).

Conclusion :

$$\overline{AB}^2 = \overline{BC}^2 + \overline{AC}^2 - 2\,AC \times CD.$$

En effet, le triangle rectangle ABD donne :

$$\overline{AB}^2 = \overline{BD}^2 + \overline{AD}^2 \qquad (1)$$

Or, dans le triangle BCD on a :

$$\overline{BD}^2 = \overline{BC}^2 - \overline{CD}^2.$$

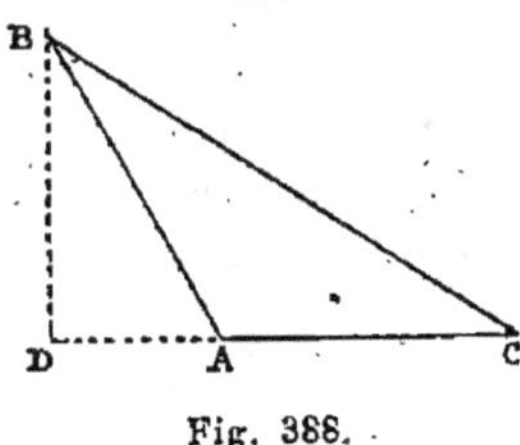

Fig. 388.

De plus :

$$AD = CD - AC,$$

d'où (564, 2°)

$$\overline{AD}^2 = (CD - AC)^2 = \overline{CD}^2 - 2\,CD \times AC + \overline{AC}^2.$$

Remplaçons, dans l'égalité (1), $\overline{BD}^2$ et $\overline{AD}^2$ par leurs valeurs ; nous aurons :

$$\overline{AB}^2 = \overline{BC}^2 - \overline{CD}^2 + \overline{CD}^2 - 2\,CD \times AC + \overline{AC}^2.$$

Mais $- \overline{CD}^2$ et $+ \overline{CD}^2$ s'annulent, $2\,CD \times AC = 2\,AC \times CD$;

d'où :

$$\overline{AB}^2 = \overline{BC}^2 + \overline{AC}^2 - 2\,AC \times CD. \qquad C.\,q.\,f.\,d.$$

Théorème.

566. *Dans un triangle quelconque, le carré du côté opposé à un angle obtus est égal à la somme des carrés des deux autres côtés, plus le double produit de l'un de ces côtés par la projection de l'autre sur celui-là.*

Hypothèse : Soit le triangle ABC, dans lequel le côté AB est opposé à l'angle obtus C, CD étant la projection de BC sur AC (fig. 389).

Conclusion : $\overline{AB}^2 = \overline{BC}^2 + \overline{AC}^2 + 2\,AC \times CD.$

En effet, le triangle rectangle ABD donne :

$$\overline{AB}^2 = \overline{BD}^2 + \overline{AD}^2. \quad (1)$$

Or, dans BCD, on a :

$$\overline{BD}^2 = \overline{BC}^2 - \overline{CD}^2.$$

De plus, $AD = AC + CD$,

d'où (564, 1°)

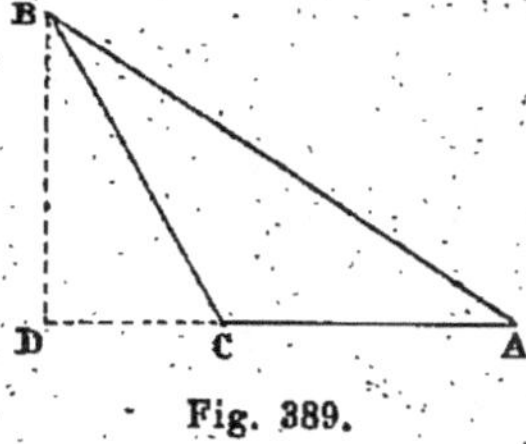

Fig. 389.

$$\overline{AD}^2 = (AC + CD)^2 = \overline{AC}^2 + 2\,AC \times CD + \overline{CD}^2.$$

Remplaçant dans l'égalité (1) $\overline{BD}^2$ et $\overline{AD}^2$ par leurs valeurs, on a :

$$\overline{AB}^2 = \overline{BC}^2 - \overline{CD}^2 + \overline{AC}^2 + 2\,AC \times CD + \overline{CD}^2.$$

$-\,\overline{CD}^2$ et $+\,\overline{CD}^2$ se détruisent, et l'on a :

$$\overline{AB}^2 = \overline{BC}^2 + \overline{AC}^2 + 2\,AC \times CD. \quad C.\,q.\,f.\,d.$$

567. Remarque. — Les théorèmes précédents montrent que, si un côté d'un triangle est opposé à un angle droit, ou à un angle aigu, ou à un angle obtus, son carré est égal à la somme des carrés des deux autres côtés, ou plus petit que cette somme, ou plus grand.

Les réciproques sont vraies; donc :

Si le carré d'un côté d'un triangle est égal, inférieur ou supérieur à la somme des carrés des deux autres côtés, ce côté est opposé à un angle droit, à un angle aigu, ou à un angle obtus.

568. Application. — Calcul des trois hauteurs d'un triangle en fonction des trois côtés.

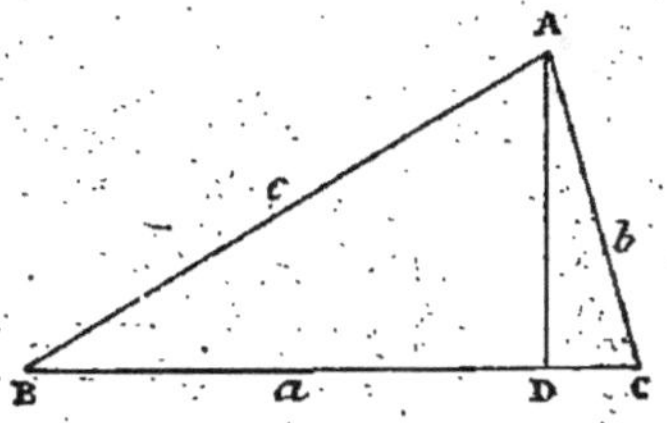

Appelons a, b, c, les côtés opposés aux angles A, B et C d'un triangle et h la hauteur AD (fig. 390); on a :

Fig. 390.

$$h^2 = b^2 - \overline{DC}^2 \qquad (1)$$

Or AB étant opposé à un angle aigu dans le triangle ABC, on a :

$$c^2 = a^2 + b^2 - 2a \times DC;$$

d'où

$$DC = \frac{a^2 + b^2 - c^2}{2a} \quad \text{et} \quad \overline{DC}^2 = \frac{(a^2 + b^2 - c^2)^2}{4a^2}.$$

Remplaçons dans l'égalité (1) $\overline{DC}^2$ par sa valeur; il vient :

$$h^2 = b^2 - \frac{(a^2 + b^2 - c^2)^2}{4a^2} = \frac{4a^2 b^2 - (a^2 + b^2 - c^2)^2}{4a^2}.$$

Mais le numérateur est la différence de deux carrés; donc

$$h^2 = \frac{(2ab + a^2 + b^2 - c^2)(2ab - a^2 - b^2 + c^2)}{4a^2},$$

égalité qu'on peut écrire

$$h^2 = \frac{(a^2 + 2ab + b^2 - c^2)[c^2 - (a^2 - 2ab + b^2)]}{4a^2},$$

ou

$$h^2 = \frac{[(a+b)^2 - c^2][c^2 - (a-b)^2]}{4a^2}$$

ou, en développant :

$$h^2 = \frac{(a+b+c)(a+b-c)(c+a-b)(c-a+b)}{4a^2}.$$

Si nous faisons $a + b + c = 2p$, nous aurons

$$a + b - c = 2p - 2c = 2(p - c);$$

de même

$$c + a - b = 2(p - b) \quad \text{et} \quad c - a + b = 2(p - a).$$

Remplaçant dans l'égalité précédente, on a :

$$h^2 = \frac{2p \times 2(p-a) \times 2(p-b) \times 2(p-c)}{4a^2} =$$

$$\frac{16p(p-a)(p-b)(p-c)}{4a^2} = \frac{4p(p-a)(p-b)(p-c)}{a^2},$$

d'où

$$h = \frac{2}{a} \sqrt{p(p-a)(p-b)(p-c)}.$$

Si l'on désigne par h' et h'' les hauteurs issues des sommets B et C, on a :

$$h' = \frac{2}{b}\sqrt{p\,(p-a)\,(p-b)\,(p-c)},$$

$$h'' = \frac{2}{c}\sqrt{p\,(p-a)\,(p-b)\,(p-c)}.$$

Théorème.

569. *Dans tout triangle, la somme des carrés de deux côtés est égale à deux fois le carré de la médiane comprise, plus la moitié du carré du 3e côté.*

Hypothèse : On a AD médiane du triangle ABC (fig. 391).

Conclusion : On aura

$$\overline{AB}^2 + \overline{AC}^2 = 2\,\overline{AD}^2 + \frac{\overline{BC}^2}{2}$$

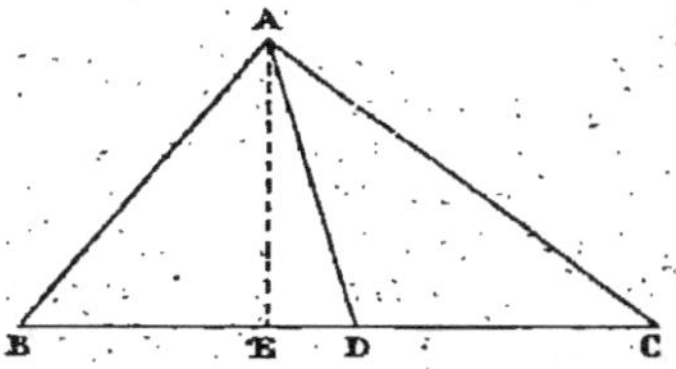

Le théorème est évident pour AB = AC ; démontrons-le en supposant AB < AC.

Fig. 391.

Dans le triangle ABD, le côté AB opposé à un angle aigu donne :

$$\overline{AB}^2 = \overline{BD}^2 + \overline{AD}^2 - 2BD \times ED ;$$

d'autre part, dans le triangle obtusangle ADC on a :

$$\overline{AC}^2 = \overline{DC}^2 + \overline{AD}^2 + 2DC \times ED.$$

Additionnons, nous aurons :

$$\overline{AB}^2 + \overline{AC}^2 = \overline{BD}^2 + \overline{DC}^2 + 2\,\overline{AD}^2.$$

Remplaçons $\overline{BD}^2 + \overline{DC}^2$ par $\dfrac{\overline{BC}^2}{2}$, qui lui est égal.

Il vient :

$$\overline{AB}^2 + \overline{AC}^2 = 2\,\overline{AD}^2 + \frac{BC^2}{2}. \qquad C.\,q.\,f.\,d.$$

570. Application. — Calcul des médianes d'un triangle en fonction des trois côtés.

Représentons par a, b, c les côtés opposés aux angles A, B, et C d'un triangle et par m la longueur de la médiane AD (fig. 392); nous aurons, d'après le théorème précédent :

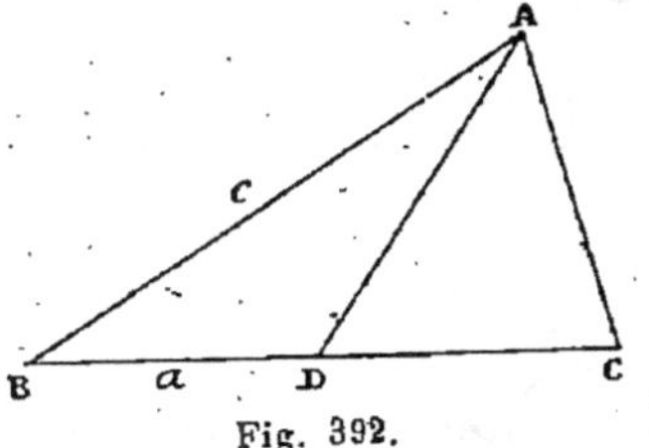
Fig. 392.

$$b^2 + c^2 = 2m^2 + \frac{a^2}{2},$$

d'où

$$2\,m^2 = b^2 + c^2 - \frac{a^2}{2},$$

d'où

$$m^2 = \frac{b^2 + c^2 - \dfrac{a^2}{2}}{2} = \frac{2\,(b^2 + c^2) - a^2}{4},$$

d'où

$$m = \frac{1}{2}\sqrt{2\,(b^2 + c^2) - a^2}.$$

Désignant par m' et m'' les médianes issues des sommets B et C, on a, par analogie :

$$m' = \frac{1}{2}\sqrt{2\,(a^2 + c^2) - b^2},$$

$$m'' = \frac{1}{2}\sqrt{2\,(a^2 + b^2) - c^2}.$$

Théorème.

571. *Le produit de deux côtés d'un triangle est égal au carré de la bissectrice de l'angle compris, plus le produit des deux segments déterminés sur le 3ᵉ côté par la bissectrice.*

Hypothèse : On a un triangle ABC et la bissectrice BD de l'angle B (fig. 393).

Conclusion : On aura

$$\mathrm{AB} \times \mathrm{BC} = \overline{\mathrm{BD}}^2 + \mathrm{AD} \times \mathrm{DC}.$$

En effet, traçons la circonférence circonscrite; prolongeons BD jusqu'à la rencontre de la circonférence en

E, et menons EC. Les triangles ABD et BEC sont semblables ($\hat{A} = \hat{E}$, $\widehat{ABE} = \widehat{EBC}$).

On aura donc la proportion :

$$\frac{AB}{BE} = \frac{BD}{BC};$$

d'où :

$$AB \times BC = BE \times BD = (BD + DE) BD$$
$$= BD^2 + BD \times DE;$$

mais les deux triangles semblables ABD, CDE donnent

$$\frac{BD}{CD} = \frac{AD}{DE};$$

d'où

$$BD \times DE = AD \times DC;$$

donc :

$$AB \times BC = \overline{BD}^2 + AD \times DC.$$
$$C.\ q.\ f.\ d.$$

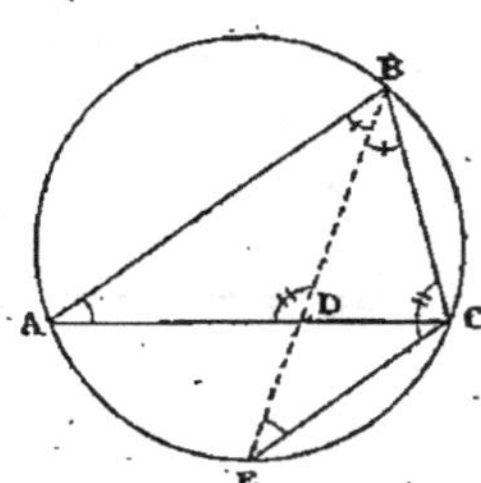

Fig. 393.

572. APPLICATION. — Calcul des bissectrices des angles d'un triangle en fonction des trois côtés.

Représentons par a, b, c les côtés opposés aux angles A, B, C d'un triangle et par l la longueur de la bissectrice cherchée (fig. 394).

D'après le théorème précédent, on a :

$$bc = l^2 + BD \times DC \qquad (1)$$

Mais, de ce que AD est bissectrice, on a (504)

$$\frac{BD}{DC} = \frac{AB}{AC},$$

ou

$$\frac{BD}{DC} = \frac{c}{b};$$

d'où l'on tire :

$$\frac{BD + DC}{DC} = \frac{b + c}{b},$$

18

ou

$$\frac{a}{\mathrm{DC}} = \frac{b+c}{b}.$$

Donc :

$$\mathrm{DC} = \frac{ab}{b+c}.$$

De même on a :

$$\frac{\mathrm{BD}}{\mathrm{DB}+\mathrm{DC}} = \frac{c}{b+c} \quad \text{ou} \quad \frac{\mathrm{BD}}{a} = \frac{c}{b+c};$$

d'où

$$\mathrm{BD} = \frac{ac}{b+c}.$$

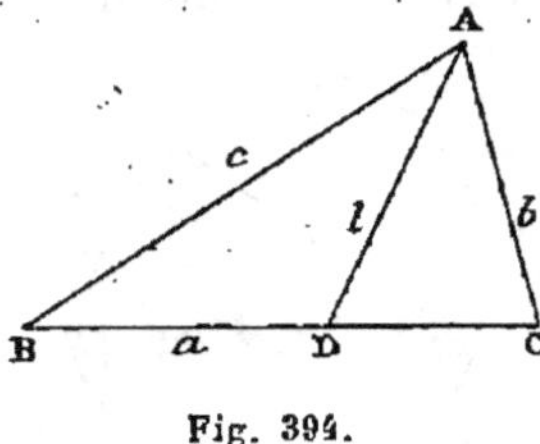

Fig. 394.

En remplaçant dans l'égalité (1) BD et DC par leur valeur, on a : $bc = l^2 + \dfrac{ac}{b+c} \times \dfrac{ab}{b+c}$;

d'où, en transposant :

$$l^2 = bc - \frac{ac}{b+c} \times \frac{ab}{b+c},$$

ou

$$l^2 = bc - \frac{a^2\,bc}{(b+c)^2} = \frac{bc\,(b+c)^2 - a^2\,bc}{(b+c)^2}$$

$$= \frac{bc\,[(b+c)^2 - a^2]}{(b+c)^2} = \frac{bc\,(b+c+a)\,(b+c-a)}{(b+c)^2}.$$

Si l'on pose $(b+c+a) = 2p$, on aura :

$$(b+c-a) = 2p - 2a = 2\,(p-a),$$

et :

$$l^2 = \frac{bc \times 2p \times 2\,(p-a)}{(b+c)^2} = \frac{4bcp\,(p-a)}{(b+c)^2},$$

d'où

$$l = \frac{2\,\sqrt{bcp\,(p-a)}}{b+c}.$$

En désignant par l' et l'' les bissectrices des angles B et C, on a, par analogie :

$$l' = \frac{2\,\sqrt{acp\,(p-b)}}{a+c}.$$

$$l'' = \frac{2\sqrt{abp\,(p-c)}}{a+b}.$$

573. REMARQUE. — Si l'on considérait les bissectrices des angles extérieurs du triangle, le théorème précédent s'énoncerait ainsi : *Le produit de deux côtés d'un triangle est égal au produit des deux segments soustractifs déterminés sur le troisième côté par la bissectrice de l'angle extérieur qu'ils forment, diminué du carré de cette bissectrice.* La démonstration est identique à la précédente, et conduit aux valeurs suivantes pour les bissectrices l_1, l'_1, l''_1 des angles extérieurs :

$$l_1 = \frac{2\sqrt{bc\,(p-b)\,(p-c)}}{b-c}.$$

$$l'_1 = \frac{2\sqrt{ac\,(p-a)\,(p-c)}}{a-c}.$$

$$l''_1 = \frac{2\sqrt{ab\,(p-a)\,(p-b)}}{a-b}.$$

Le lecteur établira facilement ces formules.

Théorème.

574. *Dans un triangle quelconque, le produit de deux côtés est égal au diamètre du cercle circonscrit multiplié par la hauteur abaissée sur le 3e côté.*

Hypothèse : On a un triangle ABC (fig. 395).

Conclusion : On aura

$$BC \times AB = BE \times h.$$

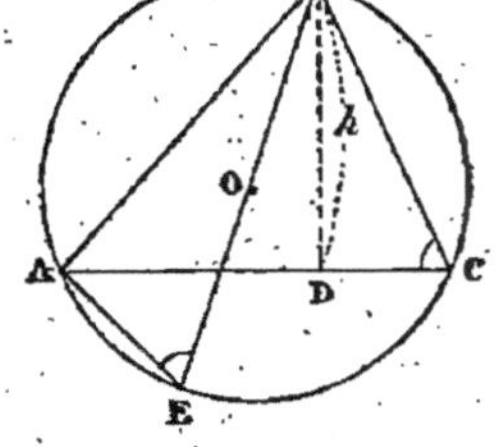

Fig. 395.

Pour le prouver, joignons les points A et E par une droite; les deux triangles ABE et DBC sont rectangles et $\widehat{AEB} = \widehat{ACB}$ (même mesure); ils sont donc semblables et donnent la proportion :

$$\frac{AB}{BD} = \frac{BE}{BC};$$

d'où :

$$AB \times BC = BD \times BE \text{ ou } BE \times h.$$

C. q. f. d.

575. APPLICATION. — *Calcul du rayon de la circonférence circonscrite à un triangle en fonction des trois côtés de ce triangle.*

Représentons par R le rayon de la circonférence circonscrite au triangle ABC (fig. 396) dont a, b, c sont les trois côtés. Le théorème précédent donne :

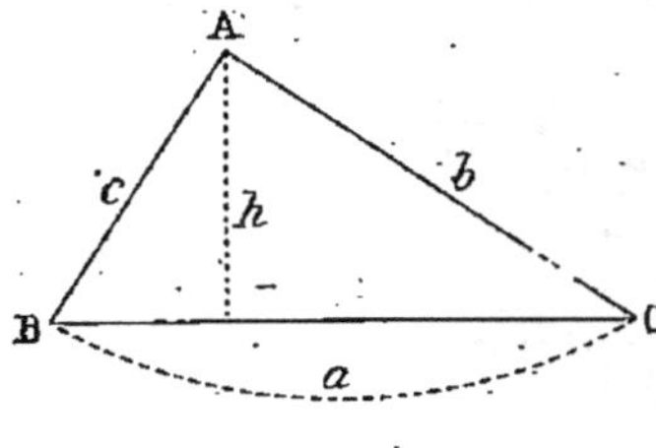

Fig. 396.

$$bc = 2\,Rh;$$

d'où

$$R = \frac{bc}{2h}$$

Mais (568)

$$h = \frac{2}{a}\sqrt{p\,(p-a)\,(p-b)\,(p-c)};$$

donc

$$R = \frac{bc}{\frac{4}{a}\sqrt{p\,(p-a)\,(p-b)\,(p-c)}},$$

et enfin,

$$R = \frac{abc}{4\sqrt{p\,(p-a)\,(p-b)\,p-c)}}.$$

EXERCICES

262. Dans le triangle rectangle ABC, les segments BD et DC déterminés sur l'hypoténuse par la perpendiculaire AD abaissée du sommet de l'angle droit, ont pour longueurs respectives 52 m. 60 et 19 m. 80 : calculer AB, AC, AD et BC.

263. Dans le triangle rectangle précédent, on fait AB = 18 m. 20, AC = 9 m. 75 ; trouver AD, BD, DC et BC.

264. Dans le triangle rectangle précédent, on fait AC = 15 m. 30, AD = 12 m. 90; trouver DC, BD, AB et BC.

265. Une échelle a 5 m. 20 de longueur : en la dressant contre un mur, on l'écarte de 1 m. 25 du pied de ce mur: à quelle hauteur atteindra-t-elle?

266. En supposant le triangle rectangle ABC isocèle, on fait l'hypoténuse BC = 52 m. 25; trouver les divers éléments linéaires de ce triangle.

267. Calculer la hauteur d'un triangle équilatéral dont le côté a 22 m. 50.

268. Calculer le côté d'un triangle isocèle dont la base a 3 m. 50 et la hauteur 5 m. 40.

269. L'une des diagonales d'un losange est égale au côté, qui a 2 m. 25. Calculer l'autre diagonale.

270. La diagonale d'un carré a 1 m. 50. Quelle est la longueur du côté?

271. La diagonale d'un rectangle est de 7 m. 25. Trouver la longueur de son plus grand côté, sachant que le plus petit a 2 m. 50.

272. Démontrer que, si d'un point d'une circonférence on mène une perpendiculaire sur le diamètre, cette perpendiculaire est moyenne proportionnelle entre les deux segments du diamètre.

273. Etant donné un triangle rectangle ABC inscrit dans un cercle, on élève, en un point quelconque du diamètre BC, la perpendiculaire DG allant rencontrer les deux autres côtés du triangle en E et en G. Démontrer que la partie DF de cette perpendiculaire, comprise entre le diamètre et la circonférence, est moyenne proportionnelle entre la ligne droite entière DG et la partie DE de cette même ligne droite comprise à l'intérieur du triangle.

274. Construire l'expression $x = \sqrt{ab}$.

275.   —   — $x = \sqrt{a^2 + b^2}$.

276.   —   — $x = \sqrt{a^2 - b^2}$.

277.   —   — $x = \dfrac{a^2}{c}$.

278.   —   — $x = \sqrt{a^2 + b^2 - c^2 + d^2}$.

279.   —   — $x = \sqrt{2}$.

280.   —   — $x = \sqrt{3}$.

281.   —   — $x = \sqrt{21}$.

282.   —   — $x = \sqrt{7}$.

283.   —   — $x = \dfrac{ab + bd}{c + d}$.

284.   —   — $x = \dfrac{a^2 - b^2}{m}$.

285. Les projections des deux côtés de l'angle droit d'un triangle rectangle sur l'hypoténuse ont pour longueur 12 m. et

6 m. 75. Quelle est la longueur des autres éléments linéaires de ce triangle?

286. Le rapport des deux côtés de l'angle droit d'un triangle rectangle est $\frac{3}{4}$ et l'hypoténuse a 127 m. 5. Quelle est la longueur des autres éléments linéaires de ce triangle? — Généraliser.

287. L'un des côtés de l'angle droit d'un triangle rectangle vaut 7 m. 52 et la somme des deux autres côtés est 15 m. 04. Calculer les autres éléments linéaires de ce triangle.

288. L'un des côtés de l'angle droit d'un triangle rectangle vaut 4 m. 70 et la différence des deux autres côtés est 2 m. 35. Calculer les autres éléments linéaires, et généraliser.

289. Les rayons de deux circonférences concentriques sont 2 m. 88 et 3 m. 60 : quelle est la longueur de la corde menée dans le grand cercle tangentiellement au petit?

290. Calculer la longueur de la portion des tangentes communes intérieures à deux circonférences comprises entre les points de contact, ainsi que la longueur des cordes joignant les deux points de tangence appartenant à une même circonférence, sachant que les rayons et la distance des centres ont pour valeurs respectives 7 m. 5, 3 m. 75 et 18 m. 75.

291. Calculer la longueur de la portion des tangentes communes extérieures à deux circonférences comprises entre les points de contact, ainsi que la longueur des cordes joignant les deux points de tangence appartenant à une même circonférence pour $R = 6$ m. 24, $r = 3$ m. 12 et $d = 5$ m. 20.

292. Dans un triangle rectangle dans lequel l'un des angles aigus vaut 30°, la distance sur l'hypoténuse des pieds de la médiane et de la hauteur issues du sommet de l'angle droit est 4 m. 20 : quelle est la valeur des autres éléments linéaires de ce triangle? — Généraliser.

293. Quelle est la longueur du diamètre de la circonférence circonscrite à un triangle équilatéral dont le côté a égale 3 m.?

294. Lorsque deux droites rectangulaires quelconques coupent une circonférence, la somme des carrés des distances du point d'intersection des droites aux points où elles coupent la circonférence est égale au carré du diamètre.

295. Lorsqu'on mène des tangentes à un cercle aux extrémités d'un diamètre AB et une troisième tangente quelconque coupant les deux autres aux points C et D, on détermine deux segments AC et BD dont le produit est égal au carré du rayon.

296. Si deux circonférences sont concentriques, la somme des carrés des distances d'un point quelconque de l'une aux deux extrémités d'un diamètre quelconque de l'autre est constante.

297. Étant donnés trois points en ligne droite, on fait passer une circonférence de rayon quelconque par deux points consécutifs et

l'on mène par le troisième une tangente à cette circonférence : quel est le lieu géométrique du point de contact ?

298. Le triangle ABC étant rectangle et isocèle, on mène par le sommet A de l'angle droit une droite quelconque, sur laquelle on abaisse de B et de C les perpendiculaires BM et CN : démontrer que $AM^2 + AN^2 = BM^2 + CN^2$ et que la valeur de ces deux sommes est constante.

299. Déterminer les projections du côté AB du triangle ABC sur chacun des deux autres côtés, sachant que AB = 42 m., BC = 15 m., AC = 28 m.

300. Deux circonférences sécantes ont pour rayons 15 m. et 20 m.; la distance des centres est 25 m. On demande : 1° le rapport des segments déterminés par la corde commune sur la distance des centres; 2° la longueur de la corde commune ; 3° la nature de l'angle sous lequel se coupent les deux circonférences. (On appelle angle de deux circonférences sécantes l'angle formé par les tangentes à ces circonférences menées par leur point d'intersection).

301. Calculer la hauteur et les diagonales d'un trapèze dont les bases ont 12 m. et 8 m. de longueur, et les côtés non parallèles 3 m. et 5 m. Généraliser, en représentant les bases par a et a' et les côtés non parallèles par b et b'.

302. Calculer les diagonales d'un trapèze isocèle dont les bases sont a et b et l'autre côté c. Effectuer les calculs pour $a = 16$ m., $b = 6$ m., $c = 10$ m.

303. La somme des carrés des diagonales d'un quadrilatère est double de la somme des carrés des droites qui joignent les milieux des côtés opposés.

304. Quel est le diamètre de la circonférence circonscrite à un triangle isocèle de 6 m. de base, dont les côtés égaux ont 5 m. de longueur ? Généraliser en représentant la base par $2a$ et les côtés égaux par b.

305. Deux côtés d'un triangle ont pour valeurs respectives 3 m. et 5 m. et le carré de la longueur de la bissectrice de l'angle intérieur qu'ils forment est 11 m. 25. Quelle est la longueur du troisième côté du triangle ?

306. Deux côtés d'un triangle ont pour longueur respectives 6 m. et 10 m., et le carré de la bissectrice de l'angle intérieur qu'ils forment est 22 m. 5 : quelle est la longueur des deux autres bissectrices intérieures ?

307. Quelles sont les longueurs des bissectrices des angles intérieurs et des angles extérieurs d'un triangle, dont les côtés ont pour longueurs respectives 3 m., 4 m., 5 m. ?

308. La somme des carrés des quatre côtés d'un losange est égale à la somme des carrés des diagonales.

309. Le lieu géométrique des points d'un plan, tels que la somme

des carrés de leurs distances à deux points fixes de ce plan a une valeur donnée k^2, est une circonférence ayant pour centre le milieu de la distance des points fixes.

310. Quel est le lieu géométrique des milieux des cordes vues d'un point donné sous un angle droit?

311. Si l'on joint un point quelconque M du plan d'un triangle ABC aux trois sommets de ce triangle et au centre de gravité G, on a : $MA^2 + MB^2 + MC^2 = AG^2 + BG^2 + CG^2 + 3MG^2.$

312. La différence des carrés de deux côtés d'un triangle est égale au double produit du troisième côté par la projection sur ce côté de la médiane correspondante.

313. Le lieu géométrique des points d'un plan, tels que la différence des carrés de leurs distances à deux points fixes de ce plan est égale au carré d'une longueur donnée k, est une droite perpendiculaire à celle qui joint les points fixes.

314. Quel est le lieu géométrique des points d'un plan d'où les tangentes menées à deux circonférences de ce plan sont égales? (Axe radical de deux cercles.)

CHAPITRE XXVI

Sécantes et tangentes à un cercle.

Théorème.

576. *Si deux cordes se coupent dans un cercle, le produit des deux segments de l'une est égal au produit des deux segments de l'autre.*

Hypothèse : Soient les deux cordes AB et CD, qui se coupent en E (fig. 397).

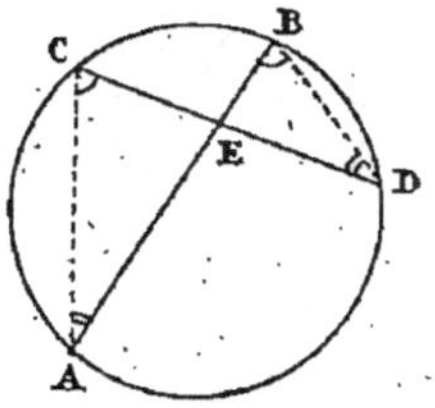

Conclusion :

$$AE \times EB = CE \times ED.$$

En effet, menons AC, BD; les deux triangles AEC, BED sont semblables comme ayant deux angles égaux chacun à chacun, savoir : $\hat{A} = \hat{D}$ comme angles inscrits, ayant même mesure que la moitié de l'arc BC; de même $\hat{C} = \hat{B}$, comme ayant même mesure que la moitié de l'arc AD; donc :

$$\frac{AE \text{ opposé à } \hat{C}}{ED \text{ opposé à } \hat{B} = \hat{C}} = \frac{CE \text{ opposé à } A}{EB \text{ opposé à } \hat{D} = \hat{A}};$$

d'où

$$AE \times EB = CE \times ED \qquad C.\ q.\ f.\ d.$$

Théorème.

577. *Si deux sécantes se coupent en dehors d'un cercle, le produit d'une sécante entière par sa partie extérieure*

est égal au produit de l'autre sécante entière par sa partie extérieure.

Hypothèse : Soient les deux sécantes AB, AD et leurs parties extérieures AC, AE (fig. 398).

Conclusion :

$$AB \times AC = AD \times AE.$$

En effet, menons CD, BE.

Les deux triangles ABE, ADC sont semblables comme ayant deux angles égaux chacun à chacun, savoir : l'angle A commun, et $\hat{B} = \hat{D}$ comme inscrits et ayant la même mesure;

donc :

$$\frac{AB \text{ opposé à } \widehat{AEB}}{AD \text{ opposé à } \widehat{ACD} = \widehat{AEB}} = \frac{AE \text{ opposé à } \hat{B}}{AC \text{ opposé à } \hat{D} = \hat{B}};$$

d'où $\qquad AB \times AC = AD \times AE.$ *C. q. f. d.*

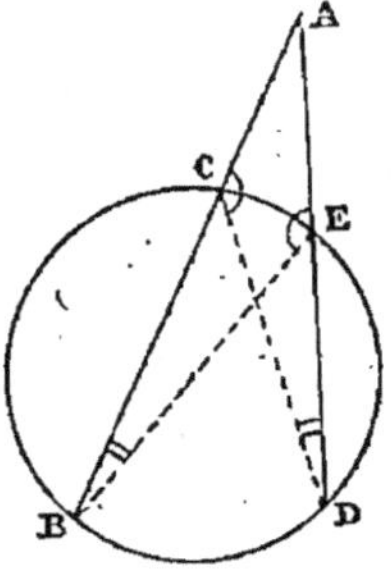

Fig. 398.

Théorème.

578. *Si d'un point pris hors d'un cercle on mène une sécante et une tangente, la tangente est moyenne proportionnelle entre la sécante entière et sa partie extérieure.*

Hypothèse : Soient la tangente AB, la sécante AC et sa partie extérieure AD (fig. 399).

Conclusion : $\overline{AB}^2 = AC \times AD.$

En effet, menons BD, BC; les deux triangles ABC, ABD sont semblables, comme ayant deux angles égaux chacun à chacun, savoir : $\hat{A}$ commun, $\hat{C} = \widehat{ABD}$ comme angles inscrits, ayant même mesure que la moitié de l'arc BD; donc :

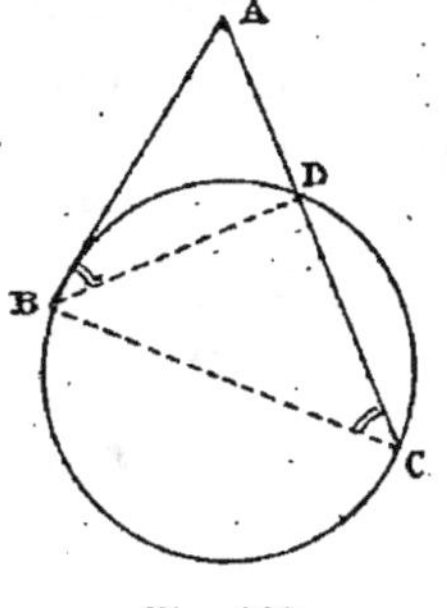

Fig. 399.

$$\frac{\text{AC opposé à } \widehat{ABC}}{\text{AB opposé à } \widehat{ADB} = \widehat{ABC}} = \frac{\text{AB opposé à } \widehat{C}}{\text{AD opposé à } \widehat{ABD} = \widehat{C}} ;$$

d'où :

$$\overline{AB}^2 = AC \times AD. \qquad C.\,q.\,f.\,d.$$

579. Remarque. — Si nous considérons la tangente (fig. 400) comme une sécante mobile autour du point A, mais arrivée à sa position limite, c'est-à-dire que ses deux points d'intersection avec la circonférence se sont tellement rapprochés qu'ils coïncident, la sécante entière et sa partie extérieure deviennent deux lignes égales et leur produit devient le carré de la tangente. Il en résulte directement que la tangente est moyenne proportionnelle entre la sécante entière et sa partie extérieure.

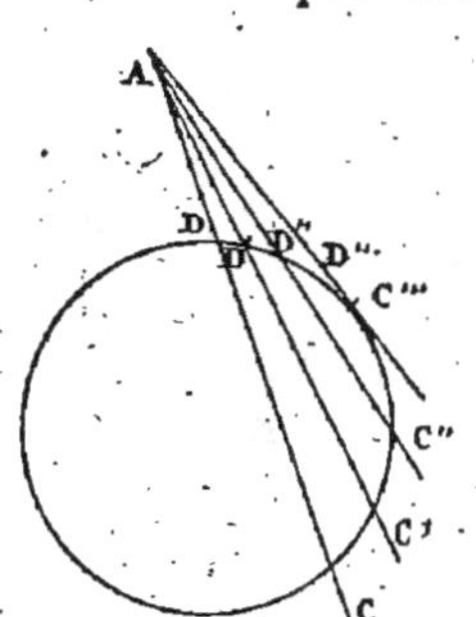

Fig. 400.

580. Les réciproques de ces trois théorèmes sont vraies; nous engageons les élèves à les énoncer et à les démontrer.

APPLICATIONS. — Problème I.

581. *Construire la moyenne géométrique à deux portions de droite données m et n.*

Sur une droite indéfinie AM, portons, à partir du même point A, une longueur $AB = m$ et une longueur $AC = n$ (fig. 401). Sur CB comme diamètre, décrivons une circonférence, et menons AD tangente à cette circonférence. AD est la moyenne proportionnelle demandée. En effet, la tangente est moyenne proportionnelle entre la sécante entière AB et sa partie extérieure AC.

Fig. 401.

Problème II.

582. *Construire deux portions de droite, connaissant leur différence et leur moyenne géométrique.*

Soient b la différence et k la moyenne géométrique données.

Sur une droite indéfinie, prenons une longueur $AB = b$ (fig. 402); puis, sur AB comme diamètre, décrivons une circonférence. Au point A, élevons la perpendiculaire $AD = k$, et, du point D, tirons une sécante DF passant par le centre. Nous disons que DF et DE sont les lignes demandées.

Fig. 402.

En effet, (578) $DF \times DE = \overline{AD}^2 = k^2$ et, d'autre part, $DF - DE = b$.

Problème III.

583. *Partager une portion de droite en moyenne et extrême raison.*

On dit qu'un point divise une portion de droite en moyenne et extrême raison, lorsque sa distance à l'une des extrémités de cette droite est moyenne proportionnelle entre sa distance à l'autre extrémité et la droite entière.

Soit la droite AB (fig. 403); on voit d'abord que : 1° entre A et B il existe un point, et un seul, jouissant

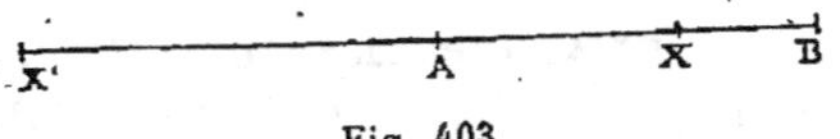

Fig. 403.

de la propriété énoncée; car, si nous faisons mouvoir le point X de A en B, le rapport $\dfrac{AB}{AX}$ décroît, d'une manière continue, de $\dfrac{AB}{\text{zéro}}$, c'est-à-dire de l'infini, jusqu'à

$\dfrac{AB}{AB}$, c'est-à-dire l'unité; tandis que le rapport $\dfrac{AX}{XB}$ croît

de $\dfrac{\text{zéro}}{AB}$, c'est-à-dire de zéro, jusqu'à $\dfrac{AB}{\text{zéro}}$, c'est-à-dire

l'infini, et cela dans le même temps. Ainsi, lorsque le point X se meut de A en B, le premier rapport diminue et le second augmente; et, comme le premier rapport, d'abord supérieur au second, finit par devenir moindre, il y a entre A et B une position de X, et une seule, pour laquelle on a :

$$\frac{AB}{AX} = \frac{AX}{XB} \quad \text{ou} \quad \overline{AX}^2 = AB \times XB.$$

2° Sur le prolongement de AB, à gauche du point A, il existe un point X′, et un seul, jouissant de la propriété énoncée; car, si nous faisons mouvoir le point X′, à gauche du point A, le rapport $\dfrac{AB}{X'A}$ décroît, d'une manière continue, de $\dfrac{AB}{\text{zéro}}$ ou l'infini jusqu'à $\dfrac{AB}{\infty}$ ou zéro; tandis que le rapport $\dfrac{X'A}{X'B}$ croît de $\dfrac{\text{zéro}}{AB}$ ou zéro jusqu'à $\dfrac{\infty}{\infty}$, ou jusqu'à un nombre indéterminé, mais plus grand que zéro, et cela dans le même temps; de même que précédemment, le premier rapport diminue et le second augmente, et, comme le premier rapport, d'abord supérieur au second, finit par devenir moindre, il y a, à gauche du point A, une position de X′, et une seule, pour laqnelle on a :

$$\frac{AB}{X'A} = \frac{X'A}{X'B} \quad \text{ou} \quad \overline{X'A}^2 = AB \times X'B.$$

Il est facile de voir qu'il n'y aura aucun point à droite du point B qui jouira de la propriété énoncée, car la distance d'un de ces points au point A serait plus grande que AB et plus grande aussi que la distance de ce point au point B; donc on ne pourrait avoir, en appelant ce point X″, $\overline{X''A}^2 = AB \times X''B$.

Il s'agit maintenant de déterminer ces deux points.

Nous avons par hypothèse :

$$\frac{AB}{AX'} = \frac{AX'}{BX'} \quad \text{ou} \quad AX'^2 = AB.BX' \qquad (1)$$

et

$$\frac{AB}{AX} = \frac{AX}{BX} \quad \text{ou} \quad AX^2 = AB.BX. \qquad (2)$$

Retranchons membre à membre (2) de (1) : il vient :

$$AX'^2 - AX^2 = AB\,(BX' - BX),$$

ou

$$(AX' + AX)\,(AX' - AX) = AB\,(BX' - BX),$$

ou enfin, en remarquant que $AX' + AX = XX'$ et que $BX' - BX = XX'$ et en divisant chaque membre par XX' :

$$AX' - AX = AB \qquad (3)$$

si maintenant, dans le second rapport de la proportion (1), nous remplaçons AX' par sa valeur $AB + AX$, tirée de (3) : il vient :

$$\frac{AB}{AX'} = \frac{AB + AX}{BX'},$$

et, comme chacun de ces rapports est égal au rapport ayant pour numérateur la différence des numérateurs et pour dénominateur la différence des dénominateurs, nous pouvons écrire :

$$\frac{AB}{AX'} = \frac{AX}{BX' - AX' \text{ ou } AB}. \qquad (4)$$

584. Les relations (3) et (4) nous montrent que les segments AX et AX', qui déterminent les deux points X et X', sont tels que leur différence et leur moyenne géométrique sont égales à la portion de droite donnée AB. La question revient donc à construire deux portions de droite, connaissant leur différence et leur moyenne géométrique. On adopte généralement, pour cette construction, la disposition suivante. Soit AB à partager en moyenne et extrême raison (fig. 404).

1° A l'extrémité de AB, menons la perpendiculaire

BO égale à la moitié de AB et, du point O, décrivons la circonférence de rayon OB ; joignons AO et prolongeons cette ligne jusqu'à la rencontre de la circonférence ; cette ligne rencontre la circonférence en D et en C.

Les deux droites AD et AC représentent respectivement AX et AX′. Il suffit de rabattre la première de ces longueurs sur AB en AX pour obtenir le point X, et de

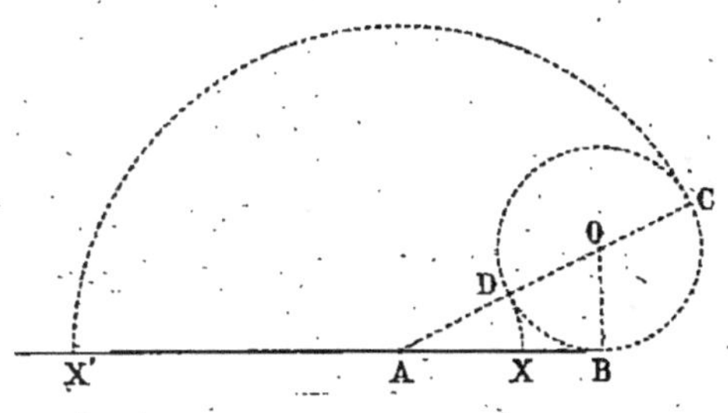

Fig. 404.

rabattre l'autre longueur sur le prolongement de AB, à gauche de A, en AX′, ce qui donne le second point cherché X′.

585. REMARQUE. — Le point X divise AB en deux segments additifs AX et BX ; le point X′ divise AB en deux segments soustractifs AX′ et BX′. Les segments AX et BX sont appelés *segments additifs* d'une portion de droite divisée en moyenne et extrême raison ; les segments AX′ et BX′ sont appelés *segments soustractifs* d'une portion de droite divisée en moyenne et extrême raison.

586. *Calcul des segments AX et AX′ en fonction de la portion de droite AB.*

Nous avons :

$$AX = AD = AO - OD.$$

Faisons $AB = a$. Dans le triangle AOB (fig. 404), on a :

$$\overline{AO}^2 = \overline{AB}^2 + \overline{BO}^2, \quad \text{ou} \quad \overline{AO}^2 = a^2 + \frac{a^2}{4} = \frac{5^2 a}{4} ;$$

d'où :
$$AO = \frac{a}{2}\sqrt{5}.$$

Mais $OD = \frac{a}{2}$; donc :

$$AX = \frac{a}{2}\sqrt{5} - \frac{a}{2};$$

d'où :
$$AX = \frac{a}{2}(\sqrt{5} - 1) = \frac{a}{2} \times 1.23606.$$

D'autre part, $AX' = AC = AO + OC = \frac{a}{2}\sqrt{5} + \frac{a}{2};$

d'où :
$$AX' = \frac{a}{2}(\sqrt{5} + 1) = \frac{a}{2} \times 3.23606.$$

Nous laissons au lecteur le soin de calculer les segments BX et BX'.

EXERCICES

315. De l'extrémité A du diamètre AB d'un cercle, tracer une sécante telle que la somme ou la différence des distances du point A aux deux points, où cette sécante coupe la circonférence et la tangente menée à l'autre extrémité B du diamètre, soit égale à une droite donnée.

316. Tracer une circonférence passant par deux points donnés et tangente à une droite donnée.

317. Tracer une circonférence tangente à deux droites et à une circonférence données.

318. Tracer une circonférence passant par un point et tangente à une droite et à une circonférence.

319. Décrire une circonférence passant par deux points donnés et divisant en deux parties égales une circonférence donnée.

320. Décrire une circonférence passant par deux points donnés et déterminant dans une autre circonférence donnée une corde de longueur ou de direction donnée.

321. Lieu des points d'un plan d'où les tangentes menées à deux circonférences de ce plan sont égales.

322. Construire un triangle dont on connaît les trois hauteurs.

323. Les segments de deux droites divisées en moyenne et extrême raison sont proportionnels.

324. Connaissant le plus grand segment additif d'une droite divisée en moyenne et extrême raison, retrouver la droite.

325. Par un point pris dans l'intérieur d'un angle, faire passer une droite dont la partie comprise entre les deux côtés de l'angle soit divisée par ce point en moyenne et extrême raison.

326. Par un point pris dans l'intérieur d'un cercle, faire passer une corde qui soit divisée par ce point en moyenne et extrême raison.

327. Les diagonales d'un pentagone régulier se coupent mutuellement en moyenne et extrême raison.

328. Décrire une circonférence passant par deux points donnés A et B, telle que la tangente issue d'un troisième point C ait une longueur donnée.

329. Le plus grand segment additif d'une portion de droite divisée en moyenne et extrême raison vaut 2 m. : quelle est la longueur de cette portion de droite?

330. Trouver la longueur du plus petit segment additif et du plus grand segment soustractif d'une portion de droite divisée en moyenne et extrême raison, sachant que la longueur de cette droite est 5 m.

331. Dans un cercle de 23 mètres de rayon, deux cordes se coupent en A, et le produit des deux segments de chacune d'elles est 175. Calculer la distance OA du centre au point d'intersection.

332. Deux sécantes se coupent en dehors d'un cercle. Sachant qu'on donne à la partie extérieure de l'une la valeur a, à la partie intérieure la valeur b et à la partie extérieure de l'autre la valeur c, trouver la partie intérieure de cette dernière.

333. Deux sécantes partent d'un même point; les deux parties extérieure et intérieure de l'une ont 15 et 18 mètres, et la partie extérieure de la seconde 19 mètres. Calculer sa partie intérieure.

334. Le diamètre d'un cercle a 42 m. 20; on le prolonge de 5 m. 25; calculer la longueur de la tangente menée par le point obtenu.

335. Étant donnés deux droites et un point entre ces deux droites, faire passer une circonférence telle qu'elle ait son centre sur l'une des droites, qu'elle passe par le point donné et qu'elle soit tangente à la seconde droite.

336. Étant donnés deux points et une circonférence, faire passer par les deux points une circonférence tangente à la circonférence donnée.

337. La corde commune des circonférences décrites sur les diagonales d'un trapèze quelconque prises comme diamètres passe par le point de concours des côtés non parallèles du trapèze.

CHAPITRE XXVII

Polygones réguliers.

587. Un polygone est *régulier*, quand il a ses côtés égaux et ses angles égaux : Ex. : le carré, le triangle équilatéral. Si le polygone régulier est concave, il est dit *étoilé*.

Une ligne brisée convexe est dite régulière, lorsqu'elle a ses côtés et ses angles égaux.

588. Un polygone est *inscrit* dans un cercle, lorsque tous ses sommets sont sur la circonférence de ce cercle; il est *circonscrit* à un cercle, lorsque tous ses côtés sont tangents à la circonférence du cercle.

Théorème.

589. *Si l'on divise une circonférence en parties égales :*

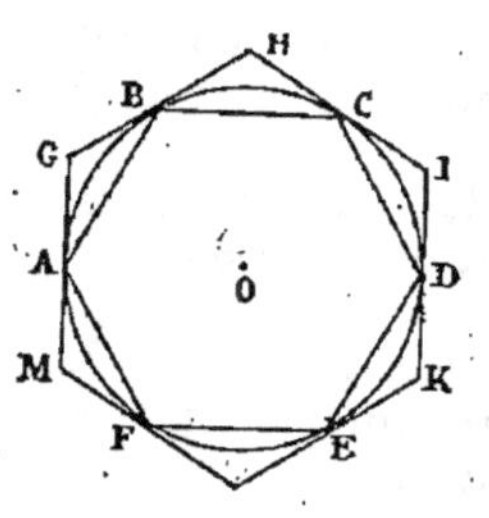

Fig. 405.

    1° *Les cordes qui joignent les points de division consécutifs forment un polygone régulier inscrit;*

    2° *Les tangentes menées aux points de division forment un polygone régulier circonscrit.*

Hypothèse : Soit la circonférence O, divisée en six parties égales par les points A, B, C, D, E, F (fig. 405).

Conclusions : 1° Le polygone ABC DEF est régulier. En effet, ses côtés AB, BC, CD, etc., sont égaux comme cordes sous-tendant des arcs égaux.

De plus, ses angles $\hat{A}$, $\hat{B}$, $\hat{C}$, etc., sont égaux, comme angles inscrits ayant même mesure que la moitié de la somme de quatre arcs égaux.

2° Menons les tangentes aux points A, B, C, D, E, F. Nous formons le polygone circonscrit GHIKLM, qui est aussi régulier. En effet, le triangle AGH est isocèle, puisque ses angles en A et en B sont égaux, comme ayant même mesure que la moitié de l'arc AB. Les autres triangles BHC, CID, etc., sont aussi isocèles. Enfin ces triangles sont égaux, comme ayant un côté égal adjacent à deux angles égaux, savoir : AB = BC = CD = etc.; les angles à la base sont tous égaux, comme ayant tous même mesure que la moitié d'arcs égaux.

Donc MA = AG = GB = BH = etc. Prenant ces lignes deux par deux, on a : MG = GH = HI = etc. De plus, les angles G, H, I, etc., sont égaux, comme opposés à des côtés égaux dans des triangles égaux. Le polygone, ayant ses côtés égaux et ses angles égaux, est régulier.

Théorème réciproque.

590. *Un polygone régulier peut être inscrit dans un cercle et circonscrit à un autre cercle.*

Hypothèse : Soit le polygone régulier ABCDE (fig. 406).

Conclusions : 1° Il peut être inscrit dans un cercle.

Par les sommets A, B, C, faisons passer une circonférence O. Elle passera aussi par le point D. En effet, menons OF perpendiculaire sur BC et faisons tourner le quadrilatère ABFO autour de OF comme charnière. Les angles en F étant égaux comme droits, FB prendra la direction FC et, comme FB = FC (208), le point B viendra en C. L'angle

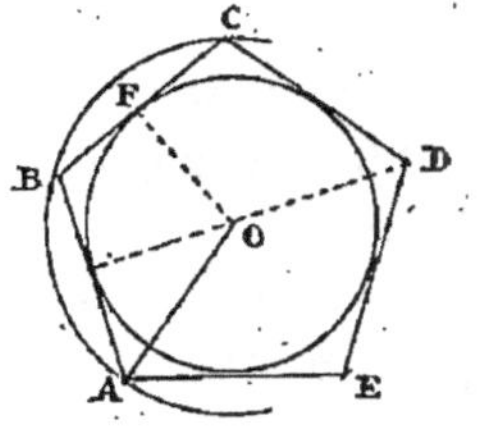

Fig. 406.

B étant égal à l'angle C par hypothèse, le côté BA prendra la direction CD et, comme BA = CD, le point A viendra en D. Donc OA coïncidera avec OD et, par suite, OD étant égal au rayon, la circonférence passera par le point D. On démontrerait de même, de proche en proche, que la circonférence de rayon OA passe par tous les sommets du polygone, quel qu'en soit le nombre. Donc le polygone régulier peut être inscrit dans un cercle.

2° Le polygone régulier ABCDE peut être circonscrit à un autre cercle.

En effet, les côtés AB, BC, etc., étant des cordes égales, sont tous à une distance du centre égale à OF. Or OF est perpendiculaire à BC. Donc la circonférence décrite du point O, avec OF pour rayon, touchera chacun des côtés en son milieu et leur sera tangente. Le polygone régulier sera donc circonscrit (588) à cette circonférence.

591. **Définitions.** — On appelle *centre d'un polygone régulier* le centre commun du cercle circonscrit et du cercle inscrit à ce polygone.

592. Le centre d'un polygone régulier est le point de concours des bissectrices des angles de ce polygone, ainsi que des perpendiculaires menées aux côtés et en leurs milieux.

593. Le *rayon d'un polygone régulier* est le rayon du cercle qui lui est circonscrit; son *apothème* est le rayon du cercle inscrit.

594. L'*angle au centre* d'un polygone régulier est l'angle formé par les rayons aboutissant à deux sommets consécutifs. Tous les angles au centre d'un même polygone régulier sont égaux. Chacun d'eux a pour valeur le quotient de 4 droits ou de 360° par le nombre des côtés.

Ainsi l'angle au centre du pentagone régulier vaut $\frac{360°}{5} = 72°$.

595. On appelle *secteur polygonal régulier* une portion de plan limitée par une ligne polygonale régulière et les deux rayons qui aboutissent à ses extrémités.

Théorème.

596. *L'angle d'un polygone régulier est le supplément de son angle au centre.*

Hypothèse : Soit un polygone régulier ABCD.... de n côtés, et $\hat{O}$ son angle au centre (fig. 407).

Conclusion : $ABC + \hat{O} = 2$ droits.

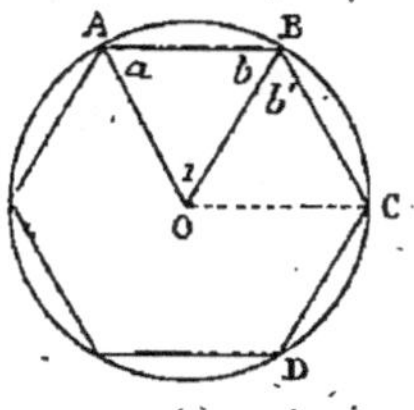

Fig. 407.

En effet, menons OC ; les deux triangles isocèles AOB, BOC sont égaux, comme ayant les trois côtés égaux chacun à chacun; donc $\hat{b} = \hat{b'}$; par suite, OB est la bissectrice de ABC; de même OA est la bissectrice de l'angle A.

Comme $\hat{a} = \hat{b} = \hat{b'}$, on a :

$$\hat{a} + \hat{b} = \hat{B},$$

et comme $$\hat{O} + \hat{a} + \hat{b} = 2 \text{ dr.},$$

on aura : $$\hat{O} + \hat{B} = 2 \text{ dr.} \qquad C.\ q.\ f.\ d.$$

597. Le tableau suivant donne les valeurs des angles au centre et intérieurs pour les polygones réguliers les plus usités.

NOMBRE DES CÔTÉS	ANGLE AU CENTRE	ANGLE INTÉRIEUR
3	120°	60°
4	90°	90°
5	72°	108°
6	60°	120°
8	45°	135°
10	36°	144°
12	30°	150°
15	24°	156°

598. *Deux polygones réguliers d'un même nombre de côtés sont semblables; leurs périmètres sont proportionnels à leurs rayons ou à leurs apothèmes.*

Hypothèse : 1° Soient les polygones réguliers ABCDEF, A'B'C'D'E'F' ayant le même nombre de côtés (fig. 408).

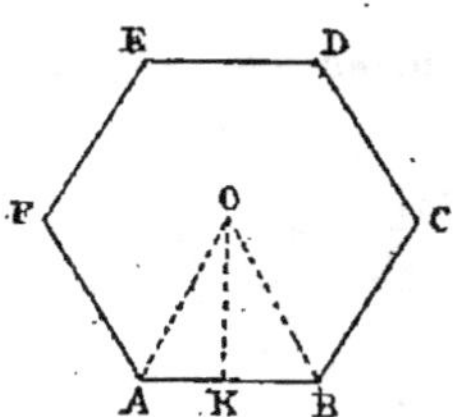

Fig. 408.

Conclusion : Ces polygones sont semblables.

En effet, les côtés homologues sont proportionnels, car les rapports :

$$\frac{AB}{A'B'}, \quad \frac{BC}{B'C'}, \quad \frac{CD}{C'D'}, \text{ etc.,}$$

sont égaux terme à terme.

De plus les angles sont égaux, car chacun des angles du premier polygone est égal à la somme totale des angles de ce polygone divisée par le nombre de côtés. Cette somme étant $(2n - 4)$ droits, l'angle A par exemple vaut $\dfrac{2n - 4}{n}$ droits (144); il en est de même de chacun des angles du second polygone.

Les polygones, ayant leurs angles égaux et leurs côtés homologues proportionnels, sont semblables.

Hypothèse : 2° Soient P, P' les périmètres de ces polygones, R, R' leurs rayons, a et a' leurs apothèmes (fig. 408).

Conclusion : $\dfrac{P}{P'} = \dfrac{R}{R'} = \dfrac{a}{a'}$.

En effet, les polygones étant semblables, on a : (525)

$$\frac{P}{P'} = \frac{AB}{A'B'}.$$

De plus, les angles au centre O et O' étant égaux, leurs moitiés AOK, A'O'K' seront aussi égales, et les triangles rectangles AKO, A'K'O' sont semblables comme ayant un angle aigu égal (334); d'où :

$$\frac{OA}{O'A'} = \frac{OK}{O'K'} = \frac{AK}{A'K'} = \frac{2\,AK}{2\,A'K'} = \frac{AB}{A'B'};$$

donc :
$$\frac{R}{R'} = \frac{a}{a'} = \frac{AB}{A'B'} = \frac{P}{P'} \qquad C.\ q.\ f.\ d.$$

599. REMARQUE. — De ces relations, on tire :

$$\frac{P}{R} = \frac{P'}{R'} \quad \text{et} \quad \frac{P}{a} = \frac{P'}{a'},$$

c'est-à-dire que le rapport des périmètres et des rayons, ainsi que le rapport des périmètres et des apothèmes de deux polygones réguliers semblables, est constant.

POLYGONES RÉGULIERS CONVEXES ET POLYGONES RÉGULIERS ÉTOILÉS.

600. Nous avons vu que, si une circonférence est divisée en un certain nombre de parties égales, on obtient un polygone régulier convexe en joignant les points de division consécutifs, le nombre des côtés de ce polygone étant le même que celui des divisions de la circonférence. Le théorème suivant fait connaître la nature du polygone qu'on obtient en joignant les points de division d'une manière quelconque, de p en p par exemple.

Théorème.

601. *Si l'on divise une circonférence en* m *parties égales et qu'on joigne les points de division de* p *en* p *à partir de l'un d'eux, on forme un polygone régulier, de* m *côtés si* p *est premier avec* m, *convexe si* p $=$ 1, *concave si* p *est différent de 1. Si* p *et* m *ne sont pas premiers entre eux, le polygone régulier formé a un nombre de côtés égal au*

quotient de la division de m *par le plus grand commun divi-de* p *et* m.

En effet, la circonférence étant divisée en m parties égales, en joignant les points de division de p en p à partir de l'un d'eux, on reviendra évidemment au point de départ, et l'on obtiendra ainsi un polygone fermé. A ce moment, on aura parcouru une ou plusieurs fois la circonférence, et, en même temps, on aura parcouru un nombre exact de fois p divisions ; c'est-à-dire que le nombre total de divisions parcourues est à la fois un multiple de m et un multiple de p. En partant d'un point, le polygone se fermera donc quand on aura parcouru un nombre de divisions égal au plus petit commun multiple des nombres m et p. Or, le plus petit commun multiple de deux nombres est égal au quotient du produit de ces nombres par leur plus grand commun diviseur ; si d est le p. g. c. d. de m et p, le p. p. c. m. de ces nombres est $\dfrac{mp}{d}$. Le polygone se fermera donc lorsque le nombre de divisions parcourues sera égal à $\dfrac{mp}{d}$.

602. Chaque côté du polygone sous-tendant p divisions, le nombre des côtés du polygone sera égal au quotient de $\dfrac{mp}{d}$ par p, ou $\dfrac{m}{d}$, c'est-à-dire au quotient du nombre de divisions m de la circonférence par le p. g. c. d. des nombres m et p.

603. Il est évident, d'après l'expression $\dfrac{m}{d}$, que le nombre des côtés du polygone formé ne sera égal à m qu'autant que d sera égal à l'unité, c'est-à-dire qu'autant que m et p seront premiers entre eux.

604. Il est clair aussi que le polygone régulier sera convexe, si le nombre de divisions parcourues pour l'obtenir est égal à une fois la circonférence, c'est-à-dire si l'on a $\dfrac{mp}{d} = m$, ce qui n'a lieu que si $p = d$.

605. Il sera concave ou étoilé, si le nombre de divisions parcourues pour l'obtenir est supérieur à une fois la circonférence, c'est-à-dire si l'on a $\frac{mp}{d} > m$, ce qui a lieu lorsque p est supérieur à d.

606. Ainsi, la circonférence étant divisée en 12 parties égales, nous pourrons obtenir deux polygones réguliers de 12 côtés, l'un en joignant les points de division de 1 en 1, l'autre, en joignant les points de division de 5 en 5, parce que ces nombres sont premiers avec 12. Il y a bien, il est vrai, les nombres 7 et 11 qui sont aussi premiers avec 12, mais ils ont déjà été utilisés, car, en joignant les points de 1 en 1, on les joint en même temps de 11 en 11; et en joignant les points de division de 5 en 5, on les joint en même temps de 7 en 7.

607. *Donc, la circonférence étant divisée en* m *parties égales, le nombre des polygones réguliers de* m *côtés qu'on peut obtenir en joignant les points de division est égal à la moitié du nombre des nombres premiers avec* m, *ou encore, on peut former autant de polygones réguliers de* m *côtés qu'il y a de nombres premiers avec* m *et inférieurs à sa moitié.*

608. Dans l'exemple choisi, en joignant les points de division :

De 1 en 1 ou de 11 en 11, on obtient un dodécagone convexe.
De 2 en 2 ou de 10 en 10, — hexagone régulier.
De 3 en 3 ou de 9 en 9, — carré.
De 4 en 4 ou de 8 en 8, — triangle équilatéral.
De 5 en 5 ou de 7 en 7, — dodécagone étoilé.
De 6 en 6 — diamètre.

609. Nous voyons donc qu'on peut inscrire dans une même circonférence :

un seul triangle équilatéral,
un seul carré,
deux pentagones réguliers différents,
un seul hexagone régulier,

trois heptagones réguliers différents,
deux octogones réguliers différents,
deux décagones réguliers différents,
deux dodécagones réguliers différents,
trois pentadécagones réguliers différents, etc.

Inscription des polygones réguliers. — *Calcul des côtés et des apothèmes.*

Problème.

610. *Inscrire un carré dans un cercle.*

Soit le cercle O (fig. 409). Supposons le problème résolu, et soit ACBD le carré demandé. Menons les dia-

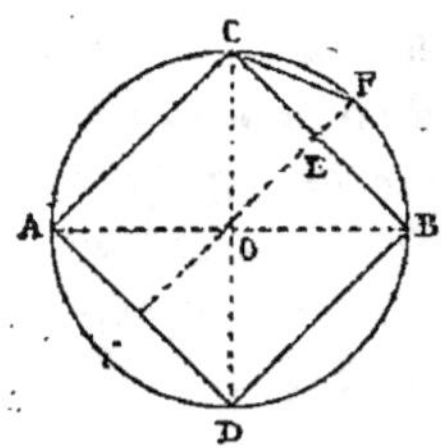

Fig. 409.

gonales AB et CD. L'angle $\hat{C}$, étant droit, est inscrit dans une demi circonférence et AB est un diamètre. Pour une raison analogue CD est aussi un diamètre. Les diagonales d'un carré étant rectangulaires, il en est de même des diamètres AB et CD. La construction est dès lors évidente : Menons deux diamètres rectangulaires AB et CD, joignons leurs extrémités deux à deux, la figure obtenue ACBD est un carré.

1° CALCUL DU CÔTÉ. — Dans le triangle rectangle ACB, on a :

$$\overline{AC}^2 = \overline{AO}^2 + \overline{OC}^2 = 2\overline{AO}^2 \ (540);$$

d'où :
$$AC = AO\sqrt{2} = R\sqrt{2}.$$

Donc le côté du carré inscrit est égal au rayon multiplié par $\sqrt{2}$ ou $R \times 1,414\ldots$

2° CALCUL DE L'APOTHÈME. — L'apothème OE étant évidemment égal a la moitié du côté, on a :

$$OE = \frac{AC}{2} = \frac{R\sqrt{2}}{2} = R \times 0,707\ldots$$

Problème.

611. *Inscrire un octogone régulier dans un cercle.*

La circonférence étant divisée aux points A, B, C, D en 4 parties égales (fig. 410), si l'on divise chaque quadrant en deux parties égales par les points E, F, G, H, la circonférence sera divisée en 8 parties égales. En joignant les points de division de 1 en 1, nous obtiendrons l'octogone régulier convexe, et, en joignant les points de division de 3 en 3, nous obtiendrons l'octogone régulier étoilé. Soient AE et AF les côtés de ces octogones.

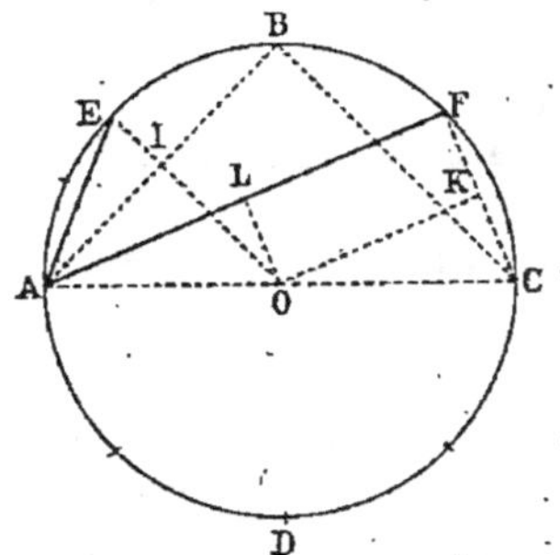

Fig. 410.

1° *Calcul de* AE, *côté de l'octogone régulier convexe.*

Menons OE : ce rayon est perpendiculaire à AB et en son milieu ; le triangle rectangle AEI donne :

$$AE^2 = AI^2 + EI^2.$$

Mais AI représente la moitié du côté du carré, c'est-à-dire, en fonction du rayon de la circonférence, $\dfrac{R\sqrt{2}}{2}$; et EI est l'excès du rayon sur l'apothème du carré inscrit, c'est-à-dire $R - \dfrac{R\sqrt{2}}{2} = \dfrac{R(2-\sqrt{2})}{2}$; nous avons donc :

$$AE^2 = \frac{2R^2}{4} + \frac{R^2(6-4\sqrt{2})}{4} = \frac{R^2(8-4\sqrt{2})}{4} = R^2(2-\sqrt{2})$$

ou enfin, en extrayant la racine carrée de chacun des membres :

$$AE = R\sqrt{2-\sqrt{2}}$$
$$AE = R \times 0{,}765\ldots$$

2° *Calcul de* AF, *côté de l'octogone régulier étoilé.*

Menons FC, qui représente le côté de l'octogone régulier convexe, et tirons le diamètre AC. Dans le triangle rectangle AFC, nous avons (fig. 410) :

$$AF^2 = AC^2 - FC^2 \, ;$$

mais $\qquad AC = 2R, \qquad FC = R\sqrt{2 - \sqrt{2}}.$

Donc : $\qquad AF^2 = 4R^2 - R^2(2 - \sqrt{2})$

ou :

$$AF^2 = 4R^2 - 2R^2 + R^2\sqrt{2} = 2R^2 + R^2\sqrt{2} = R^2(2 + \sqrt{2}),$$

ou enfin : $\qquad AF = R\sqrt{2 + \sqrt{2}}$

ou : $\qquad AF = R \times 1{,}847\ldots$

3° *Calcul des apothèmes.* — Remarquons que dans le triangle AFC (fig. 410) l'apothème OK de l'octogone régulier convexe est la moitié du côté AF, qui représente le côté de l'octogone régulier étoilé.

Nous avons donc :

$$OK = \frac{AF}{2} = \frac{R\sqrt{2 + \sqrt{2}}}{2},$$

ou : $\qquad OK = \dfrac{R \times 1{,}847\ldots}{2}.$

Dans le même triangle AFC, l'apothème OL est visiblement la moitié du côté FC de l'octogone régulier convexe.

Nous avons donc :

$$OL = \frac{FC}{2} = \frac{R\sqrt{2 - \sqrt{2}}}{2},$$

ou : $\qquad OL = \dfrac{R \times 0{,}765\ldots}{2}.$

612. REMARQUE. — En divisant en deux parties égales les arcs sous-tendus par les côtés de l'octogone régulier convexe, on divise la circonférence en 16 parties égales, et l'on peut ainsi inscrire dans une circonférence un polygone régulier de 16 côtés. On peut de même inscrire un polygone régulier de 32, de 64 côtés, etc.

Problème.

613. *Inscrire un hexagone régulier dans un cercle.*

Supposons le problème résolu : soit AB le côté de l'hexagone demandé (fig. 411).

Menons les rayons OA, OB; l'angle AOB vaut le $\frac{1}{6}$ de 4 droits, ou $\frac{360}{6} = 60°$.

Les deux autres valent ensemble $180° - 60° = 120°$. Mais, comme le triangle AOB est isocèle, chacun des angles A et B vaut $\frac{120°}{2} = 60°$.

Le triangle AOB, étant équiangle, est aussi équilatéral et $AB = OA = R$. Donc :

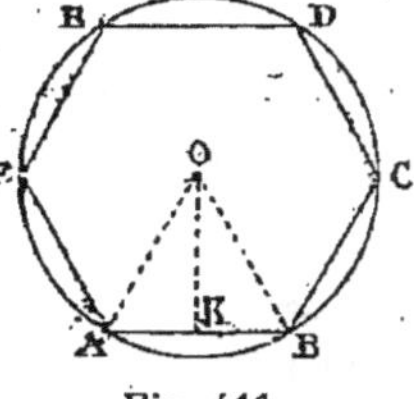

Fig. 411.

Pour inscrire un hexagone régulier dans un cercle, il faut porter sur la circonférence, avec le compas, six longueurs égales au rayon, et joindre les points consécutifs obtenus.

CALCUL DE L'APOTHÈME. — Le triangle rectangle OKB donne : $\overline{OK}^2 = \overline{OB}^2 - \overline{KB}^2 = R^2 - \overline{KB}^2$.

Or : $KB = \dfrac{AB}{2} = \dfrac{R}{2}$, d'où $\overline{KB}^2 = \dfrac{R^2}{4}$;

donc : $OK^2 = R^2 - \dfrac{R^2}{4} = \dfrac{3R^2}{4}$,

car si, d'une quantité R^2, on retranche le quart, $\dfrac{R^2}{4}$, il reste les trois quarts, $\dfrac{3R^2}{4}$;

d'où : $OK = \sqrt{\dfrac{3R^2}{4}} = \dfrac{R\sqrt{3}}{2} = \dfrac{R \times 1{,}732}{2} \ldots$

L'apothème de l'hexagone régulier inscrit est donc égal à la moitié du rayon multiplié par $\sqrt{3}$, ou par 1,732…

614. REMARQUE. — Si l'on divise en deux parties égales les arcs sous-tendus par les côtés de l'hexagone régulier, la circonférence sera divisée en 12 parties égales. On peut de même la diviser en 24, 48, etc., parties égales. En joignant les points de division obtenus, on aurait des polygones de 12, 24... côtés. Nous laissons au lecteur le soin de prouver que les côtés des dodécagones réguliers convexes et étoilés inscrits dans un cercle de rayon R ont pour valeur respective $R\sqrt{2 - \sqrt{3}}$ et $R\sqrt{2 + \sqrt{3}}$.

Problème.

615. *Inscrire un triangle équilatéral dans un cercle.*
La circonférence étant divisée en 6 parties égales, joignons les sommets de deux en deux : nous obtenons le triangle équilatéral ACE (fig. 412).

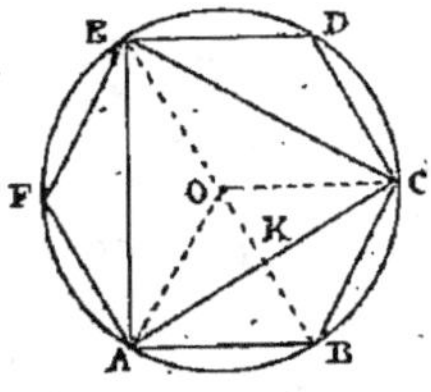

En effet, les côtés sont égaux, comme sous-tendant des arcs égaux ; les angles sont égaux, comme ayant même mesure que la moitié d'arcs égaux.

Fig. 412.

1° CALCUL DU CÔTÉ. — Menons le diamètre perpendiculaire à AC (fig. 412) : il passe par les milieux B et E des arcs ABC et AEC (208). Le triangle EAB est rectangle en A, et l'on a :

$$\overline{AE}^2 = \overline{BE}^2 - \overline{AB}^2.$$

Or :

$$BE = 2R, \ \overline{BE}^2 = 4R^2; \quad \text{de plus} \quad \overline{AB}^2 = R^2,$$

donc :

$$\overline{AE}^2 = 4R^2 - R^2 = 3R^2$$

$$AE = R\sqrt{3}, = R \times 1,732...$$

Donc *le côté du triangle équilatéral inscrit est égal au rayon multiplié par* $\sqrt{3}$, *ou par* 1,732...

2° CALCUL DE L'APOTHÈME. — Cet apothème est OK.

(1°). Menons les rayons OA, OC ; le quadrilatère AOCB est un losange, puisqu'il a ses côtés égaux ; et dans un losange les diagonales se coupent mutuellement en deux parties égales ; donc $OK = KB = \dfrac{OB}{2} = \dfrac{R}{2}$.

L'apothème du triangle équilatéral inscrit est égal à la moitié du rayon.

Problème.

616. *Inscrire un décagone régulier dans un cercle.*

Supposons le problème résolu : soit la circonférence O (fig. 413) divisée en 10 parties égales : en joignant les points de division de un en un, nous obtiendrons le décagone régulier convexe, et, en joignant les points de division de trois en trois, nous formerons le décagone régulier étoilé. Soient AB et AC les côtés respectifs de ces polygones. Menons les droites AO, BO, CO. Les angles 1, 1′, 1″, 1‴ sont égaux comme ayant même mesure ; il en est de même

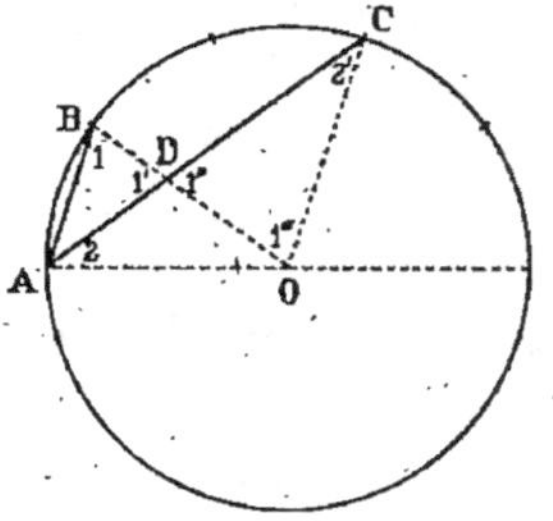

Fig. 413.

des angles 2, 2′, 2″; de sorte que $AE = AB$ et $CE = CO$. Donc :

1° *La différence des côtés des décagones réguliers convexe et concave est égale au rayon de la circonférence circonscrite à ces polygones.*

D'autre part, les triangles semblables ACO, AEO donnent :

$$\frac{AE}{AO} = \frac{AO}{AC} \quad \text{ou} \quad \frac{AB}{AO} = \frac{AO}{AC}.$$

Donc :

2° *Le rayon est moyen géométrique entre les côtés des décagones réguliers convexe et concave.*

Ces deux relations nous permettent de conclure (584)

que le côté du décagone régulier convexe *est égal au plus grand segment additif du rayon divisé en moyenne et extrême raison*, tandis que le côté du décagone étoilé *est égal au plus petit segment soustractif du rayon divisé en moyenne et extrême raison.* Il est donc facile d'obtenir AB et AC.

Construction. — Divisons le rayon AO (fig. 414) en moyenne et extrême raison. Pour cela, menons le rayon OG perpendiculaire sur AO et décrivons la circonférence I de diamètre OG; tirons la droite AIN : AM représente le côté du décagone régulier convexe et AN le côté du décagone régulier étoilé. Il ne reste plus qu'à rabattre ces côtés sur la circonférence en AB et AC, à

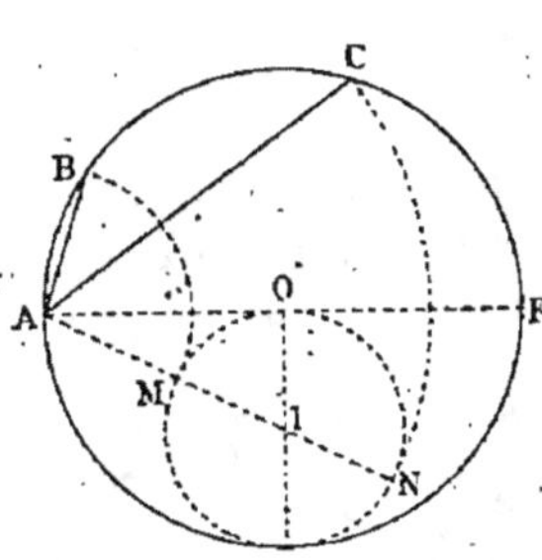

Fig. 414.

les porter dix fois comme cordes sur cette circonférence.

1° **CALCUL DES CÔTÉS.** — Nous avons vu (586) que le plus grand segment additif et le plus petit segment soustractif d'une portion de droite a divisée en moyenne et extrême raison ont pour valeurs respectives :

$$\frac{a}{2}\left(\sqrt{5}-1\right)$$

et

$$\frac{a}{2}\left(\sqrt{5}+1\right).$$

Donc : 1° le côté AB du décagone régulier convexe, en fonction du rayon R de la circonférence circonscrite, est :

$$AB = \frac{R}{2}\left(\sqrt{5}-1\right)$$

ou :

$$AB = \frac{R}{2} \times 1,2360\ldots = R \times 0,6180\ldots$$

2° Le côté AC du décagone régulier étoilé, en fonction du rayon R de la circonférence circonscrite, est

$$AC = \frac{R}{2}(\sqrt{5}+1),$$

ou :

$$AC = \frac{R}{2} \times 3,2360\ldots = R \times 1,6180\ldots$$

2° CALCUL DES APOTHÈMES. — Soient OD et OE (fig. 415) les apothèmes des décagones réguliers convexe et concave.

1° Le triangle rectangle OAD donne :

$$OD^2 = AO^2 - AD^2.$$

Mais

$$AO = R, \text{ et } AD = \frac{R}{4}(\sqrt{5}-1)$$

donc : $OD^2 = R^2 - \frac{R^2}{16}(6-2\sqrt{5})$,

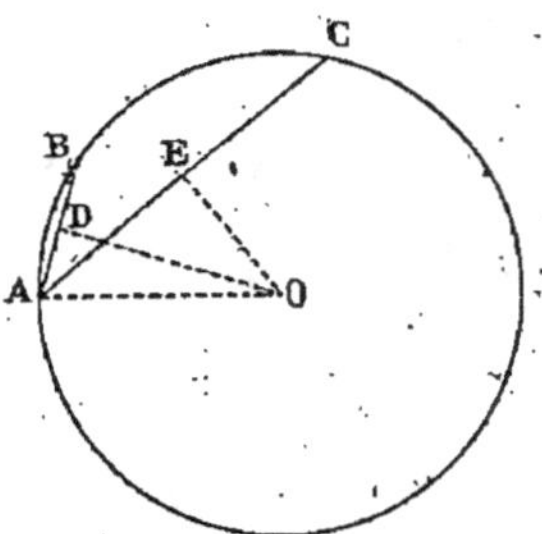

Fig. 415.

ou :

$$OD^2 = \frac{16\,R^2 - 6\,R^2 + 2\,R^2\sqrt{5}}{16} = \frac{10\,R^2 + 2\,R^2\sqrt{5}}{16}$$

$$= \frac{R^2(10+2\sqrt{5})}{16},$$

ou enfin :

$$OD = \frac{R}{4}\sqrt{10+2\sqrt{5}} = \frac{R}{4} \times 3,804\ldots = R \times 0,951\ldots$$

2° Le triangle rectangle AOE donne :

$$OE^2 = AO^2 - AE^2.$$

Mais $AO = R$ et $AE = \frac{R}{4}(\sqrt{5}+1)$;

donc :

$$OE^2 = R^2 - \frac{R^2}{16}(6+2\sqrt{5}).$$

ou :

$$OE^2 = \frac{16\,R^2 - 6\,R^2 - 2\,R^2\sqrt{5}}{16} = \frac{10\,R^2 - 2\,R^2\sqrt{5}}{16}$$

ou enfin :

$$\frac{R^2\,(10 - 2\sqrt{5})}{16},$$

$$OE = \frac{R}{4}\sqrt{10 - 2\sqrt{5}} = \frac{R}{4} \times 2,351\ldots = R \times 0,587\ldots$$

617. Remarque. — La différence entre l'arc sous-tendu par le côté de l'hexagone régulier et l'arc sous-tendu par le côté du décagone régulier convexe représente l'arc sous-tendu par le côté du pentadécagone régulier convexe. En effet, le premier de ces arcs vaut $\frac{1}{6}$ de la circonférence et l'autre $\frac{1}{10}$ de la circonférence.

Or $\frac{1}{6} - \frac{1}{10} = \frac{5}{30} - \frac{3}{30} = \frac{2}{30} = \frac{1}{15}$. Cette remarque donne un moyen d'inscrire un pentadécagone régulier dans une circonférence.

Problème.

618. *Inscrire un pentagone régulier dans un cercle.*

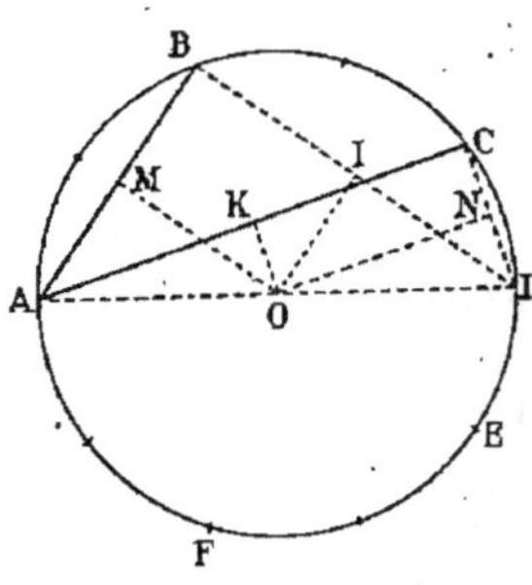
Fig. 416.

Nous savons diviser une circonférence en 10 parties égales. Supposons cette division effectuée (fig. 416); considérons les points de division de deux en deux, A, B, C, E, F : la circonférence se trouve divisée par ces points en 5 parties égales. En joignant ces points d'un en un, nous formerons le pentagone régulier convexe et en les joignant de deux en deux, nous formerons le pentagone concave. Soient AB et AC, les côtés respectifs de ces polygones.

1° **Calcul du côté du pentagone régulier convexe.** — Menons le diamètre AOD; tirons BD qui représente le côté du décagone régulier concave, et OI qui représente l'apothème de ce décagone. Il est évident, dans le triangle ABD, que AB est le double de OI. Donc :

$$AB = 2 \times \frac{R}{4} \sqrt{10 - 2\sqrt{5}} = \frac{R}{2} \sqrt{10 - 2\sqrt{5}}$$

$$= \frac{R}{2} \times 2{,}351 \ldots = R \times 1{,}175 \ldots$$

2° **Calcul du côté du pentagone régulier concave.** — Tirons CD, qui représente le côté du décagone régulier convexe, et ON, qui représente l'apothème de ce polygone. Le triangle ACD montre que AC est double de ON. Donc :

$$AC = 2 \times \frac{R}{4} \sqrt{10 + 2\sqrt{5}} = \frac{R}{2} \sqrt{10 + 2\sqrt{5}}$$

$$= \frac{R}{2} \times 3{,}804 \ldots = R \times 1{,}902 \ldots$$

3° **Calcul des apothèmes des pentagones réguliers.**

1° Le triangle ABD montre que l'apothème OM du pentagone régulier convexe est la moitié du côté du décagone régulier concave. Donc :

$$OM = \frac{R}{4} (\sqrt{5} + 1).$$

2° Le triangle ACD montre que l'apothème OK du pentagone régulier concave est la moitié du côté du décagone régulier convexe. Donc :

$$OK = \frac{R}{4} (\sqrt{5} - 1).$$

619. REMARQUE. — *Le carré du côté du pentagone régulier inscrit dans un cercle est égal à la somme des carrés des côtés de l'hexagone régulier et du décagone régulier inscrits dans le même cercle.*

Soit AB, le côté du décagone régulier inscrit dans le cercle O (fig. 416 *bis*); prolongeons AB d'une quantité BC telle qu'on ait AC $=$ AO. Le triangle OAC est iso-

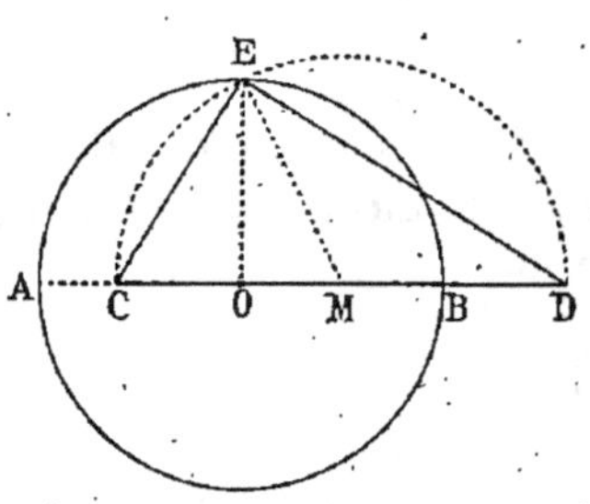

Fig. 416 *bis*.

cèle et l'angle OAC vaut $\frac{4}{5}$ de droit, car il représente la moitié de l'angle au sommet du décagone régulier convexe : c'est donc l'angle au centre d'un pentagone régulier dont AO est le rayon et OC le côté.

Par le point C, menons une tangente CD à la circonférence; on a $\overline{CD}^2 =$ CA $\times$ CB; mais, puisque AB est le côté du décagone régulier, il est égal au plus grand segment du rayon divisé en moyenne et extrême raison, et l'on a ainsi $\overline{AB}^2 =$ CA $\times$ CB; donc :

$$\overline{CD}^2 = \overline{AB}^2 \text{ ou } CD = AB.$$

Or le triangle OCD est rectangle et donne :

$$\overline{OC}^2 = \overline{OD}^2 + \overline{DC}^2,$$

donc :

$$\overline{OC}^2 = \overline{OD}^2 + \overline{AB}^2. \qquad C.\,q.\,f.\,d.$$

620. On peut établir cette relation par le calcul, en utilisant les valeurs précédemment trouvées pour les côtés de l'hexagone régulier et du décagone régulier.

On démontrerait de même que le côté du pentagone régulier étoilé est l'hypoténuse d'un triangle rectangle, dont le rayon et le côté du décagone régulier étoilé sont les deux côtés de l'angle droit.

621. Cette remarque permet d'obtenir à l'aide d'une seule construction, à la fois les côtés des deux décagones réguliers et les côtés des

Fig. 417.

deux pentagones réguliers inscrits dans la même circonférence. On procède ainsi : On mène le rayon OE perpendiculaire au diamètre AB (fig. 417). Du milieu M de OB comme centre, et avec ME pour rayon, on décrit une demi-circonférence coupant le diamètre AB en C et en D. Il est facile de justifier que CO et DO représentent respectivement les côtés des décagones réguliers convexe et concave inscrits dans la circonférence O. La remarque précédente permet de conclure que CE et DE représentent respectivement les côtés des pentagones réguliers convexe et concave inscrits dans la même circonférence.

CONSTRUIRE UN POLYGONE RÉGULIER AYANT UN CÔTÉ DONNÉ

622. D'une manière générale, on inscrit dans un cercle quelconque un polygone régulier de même nature que le polygone demandé. Les rayons de deux polygones réguliers d'un même nombre de côtés étant proportionnels aux longueurs de ces côtés, on pourra donc construire le rayon du cercle circonscrit au polygone cherché. Ce polygone sera alors facile à terminer.

623. CAS PARTICULIERS. — Dans quelques cas, il est plus rapide d'opérer directement.

Nous ne parlerons pas du carré ni du triangle équilatéral que nous avons déjà construit.

Pour l'hexagone, on décrit une circonférence ayant pour rayon le côté donné, et l'on y porte six fois ce côté comme corde.

624. *Construire un octogone régulier convexe sur une droite donnée AB comme côté* (fig. 418).

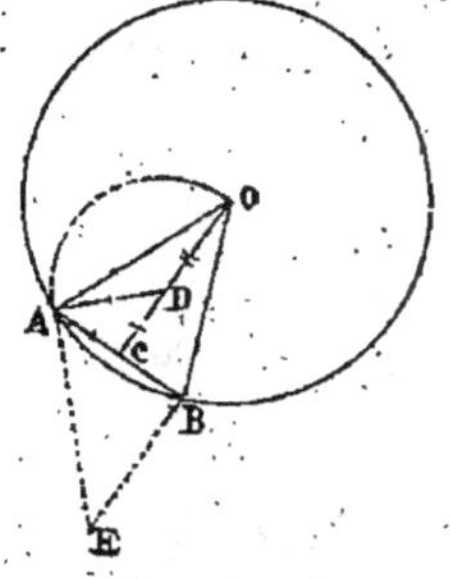

Fig. 418.

Supposons le problème résolu. Soit O le centre du cercle circonscrit au polygone cherché.

Menons les rayons OA, OB. L'angle au centre AOB est égal à $\dfrac{360°}{8} = 45°$; donc le point O se trouve sur l'arc de segment capable de 45°, décrit sur AB comme corde ; il se trouve en outre sur la perpendiculaire OC menée au milieu de AB.

Menons BE perpendiculaire à AB ; prenons $BE = AB$ et joignons AE. L'angle $\widehat{BAE}$ vaut 45°.

La perpendiculaire AD à AE rencontre OC en D, qui est le centre du segment à construire.

Mais $\widehat{DAC} = \widehat{DAE} - \widehat{CAE} = 90° - 45° = 45°$,

d'où : $AC = CD$.

De plus, $\widehat{AOD} = \dfrac{45°}{2} = 22° \, 30'$.

Donc : $\widehat{OAC} = 90° - 22° \, 30' = 67° \, 30'$.

Par suite, $\widehat{OAD} = \widehat{OAC} - \widehat{DAC} = 67° \, 30' - 45°$

$= 22° \, 30' = \widehat{AOD}$;

d'où : $AD = OD$.

Donc, pour faire le problème, il suffit de mener la perpendiculaire OC au côté donné AB, et en son milieu, de prendre $CD = AC$, puis $DO = DA$.

Le point O est le centre du cercle circonscrit au polygone cherché et OA en est le rayon.

Le cercle étant tracé, il ne reste plus qu'à y porter huit fois la droite AB comme corde.

L'octogone régulier est fréquemment employé comme base de bassin.

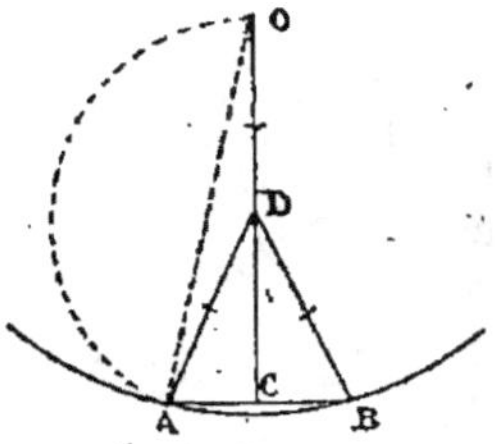

625. *Construire un dodécagone régulier convexe sur une droite donnée* AB *comme côté* (fig. 419).

Fig. 419.

En faisant la même démonstration que pour l'octogone

régulier, en remarquant que l'angle au centre du dodécagone est de 30°, on voit que, pour résoudre le problème, il suffit de construire un triangle équilatéral
ADB sur la droite donnée; de prendre, sur le prolongement de la hauteur de ce triangle, une longueur DO
= DA; de décrire, du point O comme centre et avec
OA pour rayon, une circonférence sur laquelle on portera
douze fois AB comme corde. Le polygone obtenu sera
le dodécagone régulier demandé.

626. **Applications.** — Les polygones réguliers convexes sont fréquemment employés dans le parquetage
et le carrelage des appartements. Pour carreler avec
des polygones réguliers égaux, il faut évidemment que
leur angle intérieur soit un sous-multiple de 4 angles
droits; cette condition est remplie par des triangles

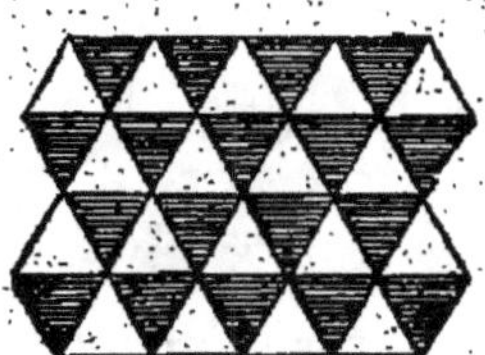

Fig. 420.

Fig. 421.

équilatéraux assemblés six par six (fig. 420), avec des
carrés assemblés quatre par quatre (fig. 421), enfin avec
des hexagones réguliers assemblés trois par trois
(fig. 422).

Ce sont les seuls polygones réguliers qui, employés
seuls, permettent de faire des carrelages. Mais, à cause
de leurs nombreux axes de symétrie (179), les polygones réguliers employés seuls dans les carrelages
deviennent rapidement monotones.

En combinant ensemble des polygones d'espèces différentes, on peut obtenir des dessins très variés. C'est
ainsi qu'on peut réunir des hexagones réguliers et des
triangles équilatéraux (fig. 423), des hexagones régu-

liers et des losanges (fig. 424), des octogones réguliers
et des carrés (fig. 425).

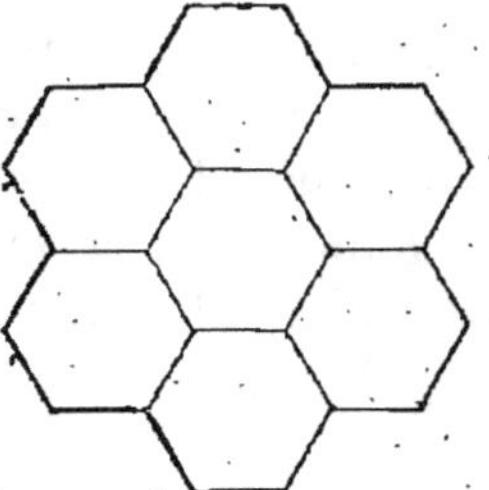

Fig. 422.

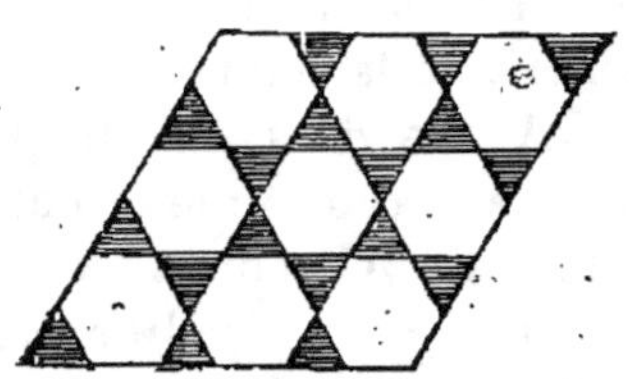

Fig. 423.

Lorsqu'on emploie des polygones réguliers ayant

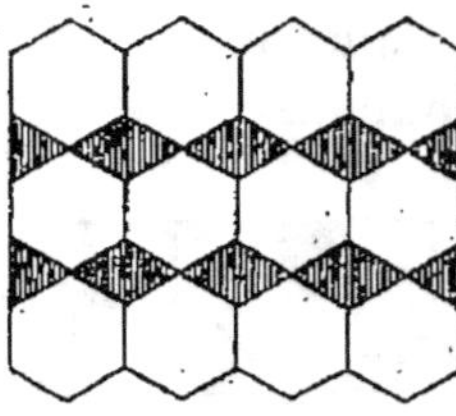

Fig. 424.

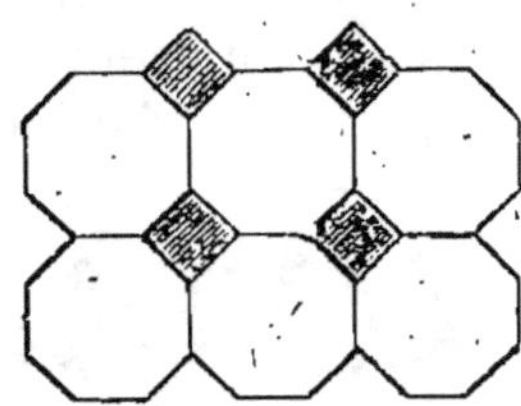

Fig. 425.

deux axes de symétrie perpendiculaires, on peut remplir
les intervalles au moyen
d'étoiles régulières à
quatre branches (fig. 426).

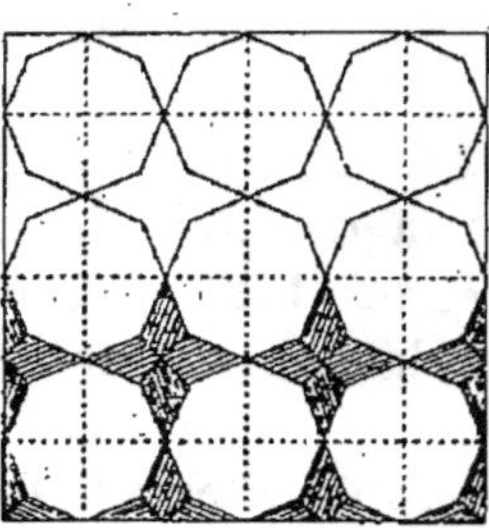

Fig. 426.

Fig. 427

Les bassins des jardins, les vitraux dans les églises,

nous offrent encore des applications des polygones réguliers.

627. Les polygones réguliers étoilés sont fréquemment employés dans les arts.

La figure 427 montre un exemple de l'emploi du pentagone étoilé en architecture.

La figure 428 est un exemple de marqueterie composé de pentagones et de décagones étoilés.

Fig. 428.

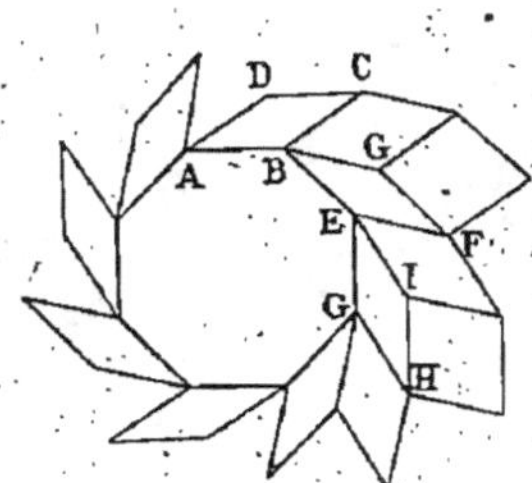

Fig. 429.

628. Roses géométriques. — Si, sur les côtés d'un polygone régulier, un octogone, par exemple (fig. 429), on construit les losanges égaux ABCD, DEFG, EGHI, etc., et qu'avec les angles CBG, FEI, etc., de deux de ces losanges consécutifs, on construise une autre série de losanges, et ainsi de suite, on obtiendra la figure 430 appelée *rose géométrique*.

Si, au lieu de construire les losanges sur les côtés d'un polygone régulier, on les construit côte à côte en donnant à tous un sommet commun, on obtient la figure 431, qui peut fournir une grande variété de dessins lorsqu'on teinte de façon différente les losanges qui la composent, comme le montrent les trois sections de cette figure.

La variété de rosaces qu'on peut obtenir en partant de la division de la circonférence en parties égales et en utilisant simultanément les côtés des polygones convexes et étoilés et des arcs de cercle est considérable; aussi, les rosaces sont-elles des motifs de décoration fréquemment employés.

629. Spirale. — Si nous imaginons un fil enroulé autour du périmètre d'un polygone régulier, l'hexagone

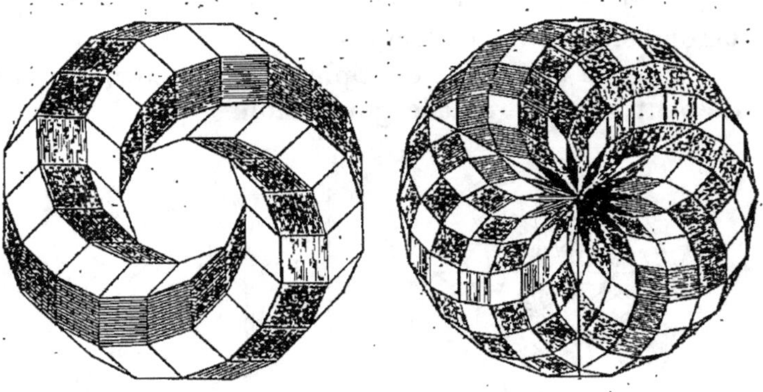

Fig. 430.   Fig. 431.

Abcdef, par exemple (fig. 432), et ensuite déroulé de manière que la partie libre soit constamment tendue en ligne droite, un point quelconque du fil, son extrémité, par exemple, décrira une courbe évidemment composée

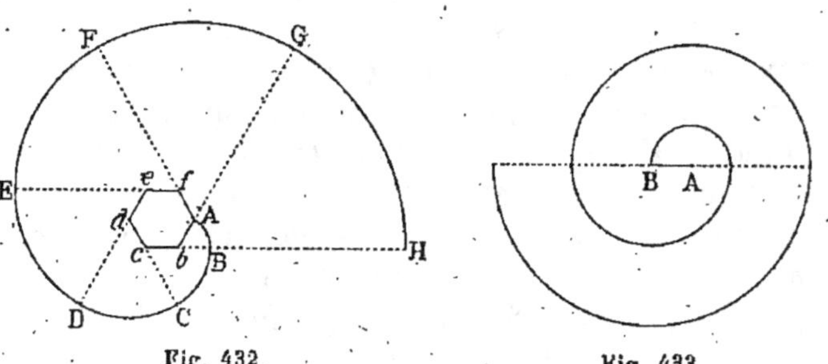

Fig. 432.   Fig. 433.

d'une série d'arcs AB, BC, CD, etc., de rayons différents, qui ont les sommets de l'hexagone comme centres et sont limités par les prolongements des côtés de la figure. Tous ces arcs peuvent être décrits avec le compas, le rayon s'accroissant à chaque changement de centre de la longueur du côté de l'hexagone. La courbe ainsi obtenue est une spirale.

On peut construire une spirale en partant d'un polygone régulier quelconque, triangle équilatéral, carré, etc. On peut même partir d'une portion de droite donnée AB (fig. 433), en supposant le fil enroulé suivant la portion de droite. Les centres des arcs sont alors alternativement A et B.

Quand le polygone régulier devient un cercle, la spirale devient *la développante du cercle*.

La plus simple des spirales, c'est-à-dire la spirale à deux centres, est fréquemment employée dans les travaux d'ornementation (fig. 434).

Fig. 434.

EXERCICES

338. Quelle est la valeur de l'angle d'un polygone régulier de 15 côtés, de 20 côtés, de 32 côtés ?

339. Quelle est la valeur de l'angle au centre d'un polygone régulier de 12 côtés, de 15 côtés, de 20 côtés ?

340. Quelle est la longueur du côté du carré inscrit dans un cercle de 6 m. 75 de rayon ?

341. Quel est le rayon de la circonférence circonscrite à un carré de 3 m. 75 de côté ?

342. Un carré est inscrit dans un cercle de 6 mètres de diamètre ; quelle est la longueur de l'apothème du carré ?

343. L'apothème d'un carré inscrit dans un cercle a 3 m. 20 ; trouver le diamètre du cercle.

344. Un cercle a 2 mètres de rayon ; trouver l'apothème de l'hexagone régulier inscrit dans ce cercle.

345. Trouver le rapport entre l'apothème du carré inscrit dans un cercle et l'apothème de l'hexagone régulier inscrit dans le même cercle.

346. Trouver le côté du triangle équilatéral inscrit dans un cercle de 2 m. 50 de diamètre.

347. Trouver le rapport de la hauteur d'un triangle équilatéral au rayon du cercle circonscrit.

348. Trouver le rayon du cercle circonscrit à un triangle équilatéral de 5 mètres de côté.

349. Trouver le rayon du cercle inscrit dans un triangle équilatéral de 2 mètres de côté.

350. Calculer le côté d'un pentagone régulier en fonction du rayon du cercle inscrit.

351. Calculer le côté d'un décagone régulier en fonction du rayon du cercle inscrit.

352. Calculer le côté d'un octogone régulier en fonction du rayon du cercle inscrit.

353. Calculer le rayon du cercle circonscrit à un octogone régulier en fonction du côté de l'octogone.

354. Connaissant les côtés des décagones réguliers convexe et concave inscrits dans une circonférence, construire le rayon de cette circonférence.

355. Si de chacun des sommets d'un carré comme centre, avec un rayon égal à la moitié de la diagonale du carré, on décrit un arc de circonférence limité aux côtés du carré, les extrémités de ces arcs sont les sommets d'un octogone régulier.

356. Si, sur la diagonale BD d'un carré ABCD, on prend les longueurs BE et DF égales au côté du carré et que par les points E et F on mène les parallèles aux côtés de la figure, ces parallèles coupent les côtés en 8 points qui sont les sommets d'un octogone régulier.

CHAPITRE XXVIII

Mesure de la longueur de la circonférence.

630. On sait que mesurer une longueur, c'est chercher le rapport de cette longueur à une autre, prise
pour unité. On sait aussi que l'unité de longueur adoptée
en France et dans beaucoup d'autres pays est le mètre,
ou ses multiples et ses sous-multiples. Dans tous les
cas, l'unité de longueur est une portion de droite.

Pour mesurer une droite AB (fig. 435) avec l'unité
de longueur MN, on fait coïncider MN avec la droite à

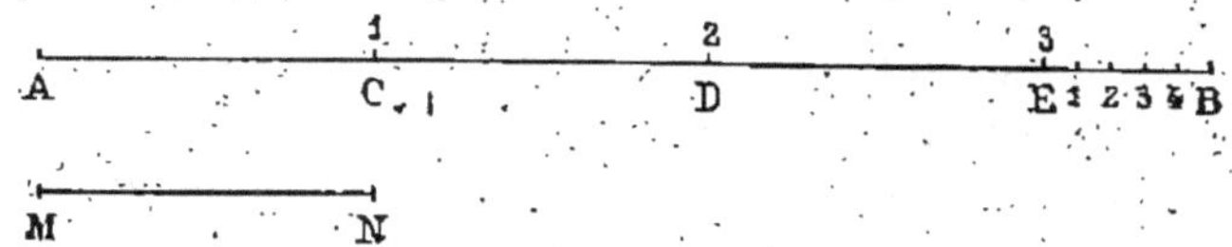

Fig. 435.

mesurer, de manière que M soit en A; l'autre extrémité
N de l'unité de mesure vient en un certain point C; puis
on fait glisser l'unité de mesure en CD, puis en DE, et
ainsi de suite, autant de fois qu'il est possible de le
faire. Si la portion de droite considérée contient exactement 3 fois l'unité de mesure, et si cette unité de mesure
est le mètre, on dit que la droite mesurée a une longueur
de 3 mètres; si, comme dans le cas de la figure 435, la
droite AB contient exactement 3 mètres et 5 décimètres,
on dit que sa longueur est 3^m5.

631. L'unité de longueur étant une portion de droite,
on ne peut songer à mesurer la longueur de la circonfé-

rence à l'aide de cette unité, car la superposition des deux lignes est impossible dans ce cas. De là, la nécessité de définir ce qu'on entend par *longueur d'une circonférence*.

Considérons une circonférence O (fig. 436) et un polygone régulier inscrit ABCDEF. Si nous doublons le nombre des côtés de ce polygone, nous obtenons un nouveau polygone, dont le périmètre est plus grand que celui du premier, car chaque côté, tel que AB du premier polygone, est remplacé par une ligne brisée AMB aboutissant à ses extrémités.

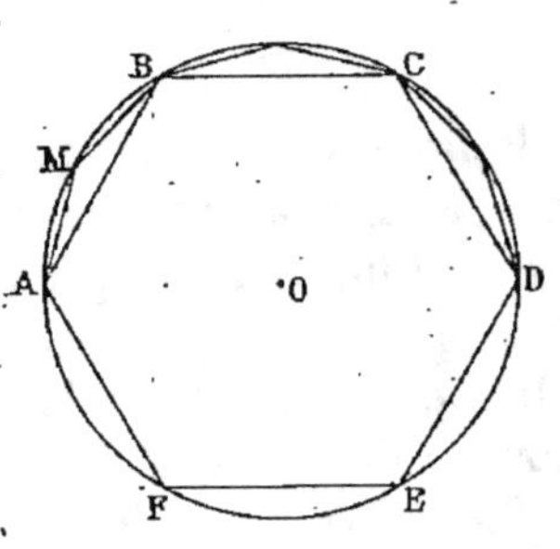

Fig. 436.

En doublant de même le nombre des côtés du nouveau polygone, on obtient un troisième polygone dont le périmètre est plus grand que celui du second, tout en restant moindre que la longueur de la circonférence, car un côté de ce polygone est moindre que l'arc qui le sous-tend. Si nous imaginons qu'on double indéfiniment le nombre des côtés des polygones obtenus, nous aurons des polygones inscrits dont les périmètres s'approchent de plus en plus de la longueur de la circonférence, sans jamais l'atteindre. On dit alors que les périmètres de ces polygones ont pour *limite* la longueur de cette circonférence. D'où la définition suivante :

La longueur d'une circonférence est la limite vers laquelle tend le périmètre d'un polygone régulier inscrit dont on double indéfiniment le nombre des côtés.

La longueur de la circonférence étant ramenée à celle d'une ligne brisée, il sera possible de mesurer la longueur de cette circonférence à l'aide du mètre, de ses multiples ou de ses sous-multiples.

632. Des considérations analogues conduisent pour l'arc à la définition suivante :

La longueur d'un arc est la limite vers laquelle tend le périmètre d'une ligne brisée régulière inscrite, dont on double indéfiniment le nombre des côtés.

Théorème.

633. *Le rapport des longueurs de deux circonférences est égal au rapport de leurs rayons ou de leurs diamètres.*

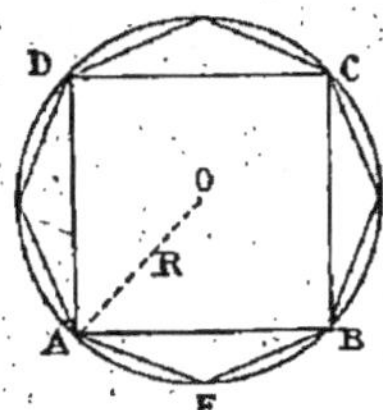

Fig. 437.

Hypothèse : Soient les deux circonférences O et O' (fig. 437).

Conclusion :
$$\frac{\text{circ. } O}{\text{circ. } O'} = \frac{R'}{R''},$$

ou :

$$\frac{\text{circ. } O}{\text{circ. } O'} = \frac{D}{D'}.$$

Inscrivons, dans chacune d'elles, un polygone régulier d'un même nombre de côtés, un carré par exemple. Les périmètres de ces polygones sont proportionnels à leurs rayons et $\dfrac{P}{P'} = \dfrac{R}{R'}$.

Si l'on double indéfiniment le nombre des côtés de ces polygones, on aura des polygones dont le rapport des périmètres est constamment égal au rapport des rayons; cette égalité a lieu aussi à leurs limites, et les limites respectives des périmètres de ces polygones sont la circonférence O et la circonférence O' (631).

Donc :
$$\frac{\text{circ. O}}{\text{circ. O}'} = \frac{R}{R'},$$

ou :

$$\frac{\text{circ. O}}{\text{circ. O}'} = \frac{2R}{2R'} = \frac{D}{D'}.$$

634. Corollaire. — *Le rapport des longueurs de deux arcs semblables est égal au rapport de leurs rayons.*

Deux arcs sont dits semblables, lorsque les angles au centre qu'ils interceptent sont égaux.

Soient l et l' deux arcs semblables interceptant un angle au centre égal à a et appartenant à deux circonférences dont les rayons respectifs sont R et R'.

Je dis que :

$$\frac{l}{l'} = \frac{R}{R'}.$$

Nous savons que, dans toute circonférence, le rapport de deux arcs est égal au rapport des angles au centre qui les interceptent. Or, nous pouvons considérer les circonférences C et C' auxquelles appartiennent les arcs l et l' comme des arcs interceptés par un angle au centre égal à quatre droits. Nous pouvons donc écrire :

$$\frac{l}{C} = \frac{a}{4\,\text{dr.}} \quad \text{et} \quad \frac{l'}{C'} = \frac{a}{4\,\text{dr.}};$$

d'où nous tirons :

$$\frac{l}{C} = \frac{l'}{C'}$$

ou, en changeant les moyens de place :

$$\frac{l}{l'} = \frac{C}{C'} = \frac{R}{R'}.$$

C. q. f. d.

Théorème.

635. *Le rapport de la circonférence à son diamètre est un nombre constant.*

Soient deux circonférences, dont les longueurs sont C et C' et les rayons R et R'. On a (633) :

$$\frac{C}{C'} = \frac{2R}{2R'},$$

ou, en changeant les moyens de place :

$$\frac{C}{2R} = \frac{C'}{2R'},$$

ce qui montre que le rapport d'une circonférence quelconque à son diamètre est égal au rapport d'une autre circonférence à son diamètre. Ce rapport est donc constant.

636. Remarque. — Le rapport constant de la longueur d'une circonférence à son diamètre ne peut être représenté ni par un nombre entier, ni par un nombre fractionnaire. On le représente par la lettre grecque π (pi), c'est-à-dire que $\frac{C}{2R} = \pi$.

On a calculé des nombres décimaux représentant π avec une approximation aussi grande qu'on a voulu. Ainsi, on connaît les 500 premières décimales de π. On peut retenir facilement les 10 premières décimales (3,1415926535) d'après le nombre des lettres contenues dans chaque mot de la phrase :

Que j'aime à faire connaître un nombre utile aux sages.
 3 1 4 1 5 9 2 6 5 3 5

Archimède, qui vivait au IIIe siècle avant le commencement de notre ère, est le premier qui ait déterminé le rapport de la circonférence au diamètre ; il avait trouvé pour valeur approchée de π la fraction $\frac{22}{7}$ qui, réduite en décimales, donne 3,1428 ... et représente π avec une erreur par excès inférieure à 0,002. Adrien Métius, géomètre hollandais du XVIe siècle, a donné la valeur

$\dfrac{355}{113} = 3,14159292\ldots$ qui se retient facilement et qui surpasse π de moins de trois dix-millionièmes.

Dans la pratique, lorsqu'on n'a pas besoin d'une grande approximation, on prend pour π la valeur 3,1416 approchée à moins de $\dfrac{1}{10\,000}$ près par excès, ou même la valeur $\dfrac{22}{7}$, approchée à moins de 0,01 par défaut.

637. **Remarque II.** — La détermination scientifique de π exige des calculs longs et pénibles ; on peut trouver

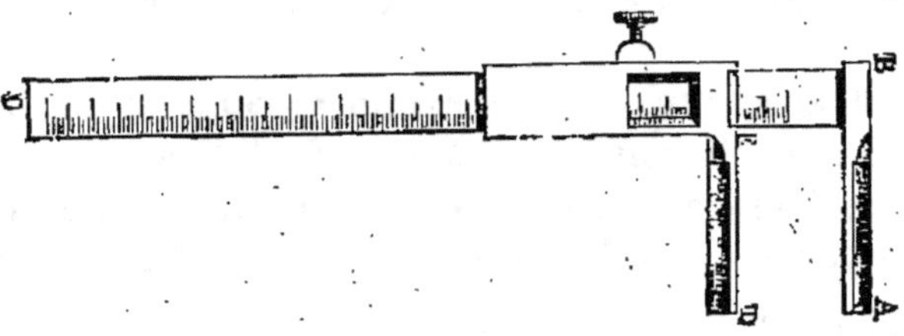

Fig. 438.

cette valeur, d'une façon peu exacte, à la vérité, en mesurant aussi soigneusement que possible avec un fil et un double décimètre le contour de plusieurs corps ronds, tel que le tuyau d'un poêle, un encrier, une assiette. Au moyen du double décimètre, ou mieux du *pied à coulisse* (fig. 438), on mesure le diamètre du corps employé. En divisant le contour de chaque circonférence par son diamètre, on trouve à chaque fois un quotient très voisin de 3, 14.

638. **Corollaire I.** — *La longueur* C *d'une circonférence de rayon* R *est donnée par la formule* $C = 2\pi R$.

En effet, de la relation $\dfrac{C}{2R} = \pi$, on déduit :

$$C = 2\pi R.$$

Donc, *la longueur d'une circonférence est égale au produit de la longueur de son diamètre par* π.

639. REMARQUE. — On ne peut obtenir qu'une valeur approchée de la longueur d'une circonférence, parce que π n'est lui-même qu'un nombre approché; mais cette valeur est d'autant plus approchée qu'on prend π avec un plus grand nombre de décimales exactes.

640. Corollaire II. — *Le rayon R d'une circonférence C est égal au quotient de la demi-longueur de cette circonférence par π, ou au produit de cette demi-longueur par* $\dfrac{1}{\pi}$.

En effet, de la relation $\dfrac{C}{2R} = \pi$, on déduit :

$$R = \frac{C}{2\pi},$$

ou :
$$R = \frac{C}{2} : \pi, \qquad\qquad (1)$$

ou encore :
$$R = \frac{C}{2} \times \frac{1}{\pi}. \qquad\qquad (2)$$

Remarquons que la formule (2) conduit à des calculs plus simples que ceux de la formule (1), si l'on connaît la valeur de $\dfrac{1}{\pi}$. La connaissance de la valeur de l'inverse de π permettant de simplifier les calculs, il est utile de retenir cette valeur : $\dfrac{1}{\pi} = 0{,}31830988\ldots$

641. Corollaire III. — *La longueur l d'un arc de n degrés, appartenant à une circonférence de rayon R, est donnée par la formule* $l = \dfrac{\pi R n}{180}$.

La circonférence étant divisée en 360° et ayant pour longueur $2\pi R$, 1 degré vaudra $\dfrac{2\pi R}{360}$ ou $\dfrac{\pi R}{180}$ et n degrés vaudront $\dfrac{\pi R n}{180}$.

Ainsi un arc de 50°, dont le rayon est de 3^m, aura une longueur de $\dfrac{\pi \times 3 \times 50}{180} = \dfrac{3{.}1416 \times 3 \times 50}{180} = 2^m{,}618$.

642. Rectification de la circonférence. — La rectification de la circonférence étant une question très importante au point de vue pratique, nous croyons devoir indiquer un moyen de l'obtenir avec une approximation suffisante. Soit la circonférence de centre O et de rayon R qu'il s'agit de rectifier (fig. 439). Sur le diamètre AB, prenons une longueur OC égale à l'apothème de l'hexagone régulier inscrit dans la circonférence; au point A, menons la perpendiculaire à AB et prenons sur cette droite une longueur AD égale à six fois le rayon, joignons C à D : la portion de droite CD représente la circonférence rectifiée à moins de $\dfrac{3}{10\,000}$ du rayon près.

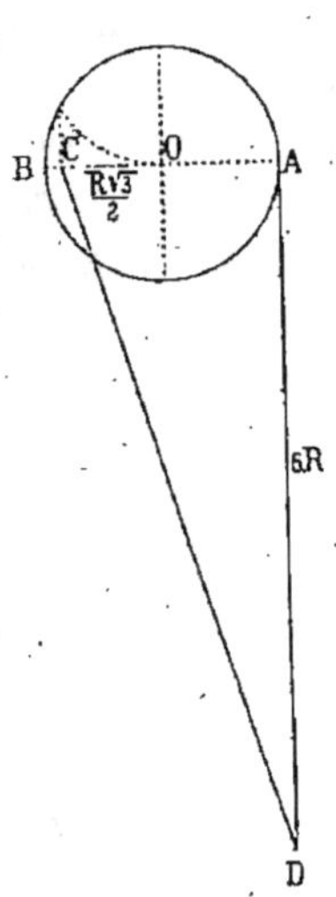

Fig. 439.

En effet, le triangle rectangle ACD donne :

$$CD^2 = AC^2 + AD^2 = \left(R + \frac{R\sqrt{3}}{2} \right)^2 + 36\,R^2,$$

ou
$$CD^2 = R^2 + \frac{3R^2}{4} + R^2\sqrt{3} + 36\,R^2,$$

ou
$$CD^2 = 37\,R^2 + 0,75\,R^2 + 1,7320\,R^2,$$

ou enfin,
$$CD^2 = 39,4820\,R^2.$$

D'où
$$CD = R\sqrt{39,4820}$$

et
$$CD = 6,2834\,R.$$

D'autre part, en prenant $\pi = 3,14159$, la longueur de la circonférence de rayon R serait

$$2 \times 3,14159\,R = 6,28318\,R.$$

La longueur CD représente donc, à moins de 3 dix-millièmes du rayon près, la longueur de la circonférence ayant R pour rayon.

Si $R = 1^m$, la longueur CD obtenue est exacte à moins de 3 dix-millimètres près par excès.

643. *Tableau des formules donnant le côté et l'apothème des principaux polygones réguliers inscrits dans un cercle de rayon R, ainsi que les arcs sous-tendus par les côtés de ces polygones. Valeurs dans le cas particulier où R = 1 m.*

NOMBRE DES CÔTÉS	VALEUR DU CÔTÉ 1° En fonction de R. 2° Pour R = 1 m.	VALEUR DE L'APOTHÈME 1° En fonction de R. 2° Pour R = 1 m.	VALEUR DE L'ARC SOUS-TENDU 1° En fonction de R. 2° Pour R = 1 m.
3	$R\sqrt{3} = 1{,}7320$	$\dfrac{R}{2} = 0{,}5000$	$\dfrac{2\pi R}{3} = 2{,}0944$
4	$R\sqrt{2} = 1{,}4142$	$\dfrac{R\sqrt{2}}{2} = 0{,}7071$	$\dfrac{2\pi R}{4} = 1{,}5708$
5	$\dfrac{R}{2}\sqrt{10 - 2\sqrt{5}} = 1{,}1756$	$\dfrac{R}{4}(1 + \sqrt{5}) = 0{,}8090$	$\dfrac{2\pi R}{5} = 1{,}2567$
6	$R = 1{,}000$	$\dfrac{R\sqrt{3}}{2} = 0{,}8669$	$\dfrac{2\pi R}{6} = 1{,}0472$
8	$R\sqrt{2 - \sqrt{2}} = 0{,}7653$	$\dfrac{R}{2}\sqrt{2 + \sqrt{2}} = 0{,}9239$	$\dfrac{2\pi R}{8} = 0{,}7854$
10	$\dfrac{R}{2}(\sqrt{5} - 1) = 0{,}6180$	$\dfrac{R}{4}\sqrt{10 + 2\sqrt{5}} = 0{,}9510$	$\dfrac{2\pi R}{10} = 0{,}6283$
12	$R\sqrt{2 - \sqrt{3}} = 0{,}5177$	$\dfrac{R}{2}\sqrt{2 + \sqrt{3}} = 0{,}9659$	$\dfrac{2\pi R}{12} = 0{,}5236$

EXERCICES

357. Trouver la longueur d'une circonférence de 25 mètres de rayon.

358. La longueur d'une circonférence est de 150 mètres; en trouver le diamètre.

359. Trouver le rayon de la terre, en supposant le méridien égal à une circonférence de 40 millions de mètres.

360. Un carré de 2 mètres de côté est inscrit dans une circonférence; quelle est la longueur de l'arc sous-tendu par le côté du carré?

361. Trouver la longueur de l'arc sous-tendu par le côté d'un triangle équilatéral inscrit dans un cercle, sachant que la hauteur de ce triangle équilatéral a 3 mètres de longueur.

362. Calculer le côté du triangle équilatéral inscrit en fonction de la circonférence.

363. Calculer la longueur d'une circonférence en fonction du côté du décagone régulier inscrit.

364. L'apothème de l'hexagone régulier inscrit dans un cercle est égal à la moitié du côté du triangle équilatéral inscrit dans le même cercle.

365. Une circonférence et un point étant donnés, tirer de ce point une sécante qui divise la circonférence en deux arcs proportionnels aux nombres 11 et 13.

366. Démontrer que le rapport d'une circonférence à son diamètre est compris entre les nombres 3 et 4, par la seule considération des périmètres de l'hexagone régulier inscrit dans cette circonférence et du carré circonscrit.

367. Trouver le rapport des périmètres des carrés inscrit et circonscrit au même cercle.

368. Même problème pour le triangle équilatéral.

369. Même problème pour l'hexagone régulier.

370. Quel est le périmètre du carré inscrit dans une circonférence ayant 15 m. 708 de longueur?

371. Quelle est la longueur de l'arc sous-tendu par le côté du triangle équilatéral inscrit dans une circonférence de 2 mètres de rayon?

372. Quelle est la longueur des arcs interceptés dans une circonférence par deux droites parallèles représentant, l'une le côté du carré, l'autre le côté du triangle équilatéral inscrits dans cette circonférence?

373. Quelle est la longueur des circonférences inscrite et circonscrite à un triangle équilatéral de 3 m. 5 de côté?

374. La différence entre les côtés du carré et du triangle équi-

téral inscrits dans le même cercle est 3 m. 75 ; calculer le rayon
du cercle.

375. On donne une circonférence à laquelle on inscrit et l'on
circonscrit deux polygones réguliers semblables. Prouver que
cette circonférence est moyenne géométrique entre la circonférence inscrite au plus petit polygone et la circonférence circonscrite au plus grand.

N. B. — *Voir à la fin du volume des exercices de récapitulation
sur les chapitres XXIII à XXVIII.*

CONSEILS. — *Retenir de mémoire les valeurs de* $\sqrt{2}$, $\sqrt{3}$, $\sqrt{5}$,
de π, *de* $\dfrac{1}{\pi}$.

*Bien remarquer que tous les calculs dans lesquels figurent ces
quantités ne conduisent qu'à des résultats approchés, mais dont
l'approximation est d'autant plus grande qu'on prend ces quantités
avec un plus grand nombre de chiffres décimaux exacts. Se débar-
rasser, dans les résultats, des chiffres décimaux sur l'exactitude
desquels on ne peut compter. — S'attacher à donner les résultats
numériques avec une approximation en rapport avec la nature de
la question.*

CHAPITRE XXIX

Des aires.

644. On appelle *aire*, *surface* ou *superficie* d'une figure plane la partie du plan limitée par le périmètre de cette figure.

645. Mesurer une surface, c'est chercher combien de fois elle contient une surface connue prise pour unité.

L'unité de surface est le carré construit sur l'unité de longueur. Si l'unité de longueur est le mètre, le décimètre, le centimètre, le décamètre, etc., l'unité de surface sera le mètre carré, le décimètre carré, le centimètre carré, le décamètre carré, etc.

646. Le mot *superficie* est synonyme du mot *aire* ; le mot *surface* se rapporte plutôt à la forme de la portion de plan considérée qu'à son étendue : ainsi, on dit une surface triangulaire, une surface circulaire ; toutefois, dans le langage ordinaire, lorsqu'il n'y a pas de confusion possible, on emploie surface pour aire.

647. On n'obtient pas la mesure d'une surface en comparant directement la surface donnée à l'unité de surface adoptée, à cause de la difficulté de superposition des deux surfaces. On mesure certaines longueurs de la surface considérée et l'on fait sur ces longueurs des calculs qui varient avec la surface à mesurer, et d'où l'on déduit l'aire de la figure donnée.

648. Dans un rectangle, un des côtés s'appelle *base* et un des côtés adjacents *hauteur*.

La base et la hauteur d'un rectangle sont quelquefois appelées les deux *dimensions* du rectangle.

649. Dans le parallélogramme, un des côtés est la *base*, et la *hauteur* est la distance de la base au côté opposé.

650. Dans le triangle, la *base* est un des côtés et la *hauteur* est la perpendiculaire menée du sommet opposé sur la base.

651. Enfin dans le trapèze, on nomme *bases* les deux côtés parallèles, et *hauteur* la distance des deux bases.

652. Rappelons que deux figures sont dites *égales* quand elles sont superposables, et que deux figures sont dites *équivalentes*, lorsque, n'étant pas superposables, leurs aires sont exprimées par un même nombre.

Théorème.

653. *L'aire d'un rectangle a pour mesure le produit des nombres qui expriment la mesure de sa base et de sa hauteur, à condition qu'on prenne pour unité de surface le carré construit sur l'unité de longueur qui a servi à mesurer ses deux dimensions.*

1° Considérons le rectangle ABCD (fig. 440), dont les deux dimensions AB et BC sont des multiples de l'unité de longueur choisie. Cette unité de longueur étant, par exemple, le mètre, supposons que AB contienne 5 mètres et BC 3 mètres. Divisons AB en 5 parties égales et BC en 3 parties égales, et par les points de division menons des parallèles à la base et à la hauteur;

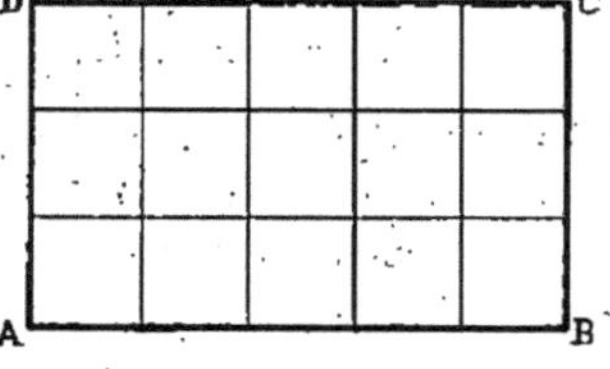

Fig. 440.

ces droites décomposent le rectangle en 3 bandes contenant chacune 5 mètres carrés, de sorte que l'aire du rectangle contient $5 \times 3 = 15$ mètres carrés; nous voyons ainsi que l'aire du rectangle considéré a pour mesure le produit des nombres mesurant sa base et sa hauteur.

2° Considérons le cas où les dimensions du rectangle donné ne sont pas des multiples de l'unité de longueur choisie. Supposons que la base ait 5 m. 60 et la hauteur 3 m. 45. Nous ramènerons ce cas au précédent en changeant d'unité de longueur; prenons le centimètre pour unité : les dimensions du rectangle seront respectivement exprimées par 560 centimètres et 345 centimètres, En divisant l'une des dimensions en 560 parties égales, l'autre en 345 parties égales et en menant par les points de division des parallèles, comme il a été dit précédemment, nous décomposons le rectangle en 345 bandes contenant chacune 560 centimètres carrés, de sorte que l'aire du rectangle contient $560 \times 345 = 193\,200$ centimètres carrés ou 19 mq. 32. Or, 19,32 est le produit de 5,60 par 3,45. Donc, dans tous les cas, l'aire d'un rectangle a pour mesure le produit des nombres qui mesurent sa base et sa hauteur, si l'on prend pour unité de surface le carré construit sur l'unité de longueur.

654. REMARQUE I. — On énonce plus brièvement ce théorème en disant :

L'aire d'un rectangle a pour mesure le produit des nombres qui mesurent sa base et sa hauteur;
ou encore :

L'aire d'un rectangle a pour mesure le produit des nombres qui mesurent ses deux dimensions.

On sous-entend alors la correspondance qui a été établie entre les unités de longueur et d'aire.

655. REMARQUE II. — Si S représente le nombre qui mesure l'aire d'un rectangle, et b et h les nombres mesurant la base et la hauteur de ce rectangle, on a entre ces trois quantités la relation :

$$S = b\,h \qquad (1)$$

La relation (1) est la *formule* qui donne l'aire d'un rectangle en fonction des deux dimensions de ce rectangle.

656. Corollaire I. — *L'aire d'un carré a pour mesure la deuxième puissance du nombre exprimant la mesure de son côté.*

En effet, un carré est un rectangle dont les dimensions sont égales.

De là, le nom de *carré* donné à la deuxième puissance d'un nombre.

Si S représente le nombre qui mesure l'aire d'un carré dont c est le nombre qui mesure le côté, on a, entre ces deux quantités, la relation :

$$S = c \times c = c^2 \qquad (2)$$

657. Corollaire II. — *Le rapport des aires de deux rectangles ayant une dimension commune est égal au rapport des deux autres dimensions.*

Hypothèse. — R et R′ sont deux rectangles ayant respectivement pour dimensions a et b, a et b'.

Conclusion : $\dfrac{R}{R'} = \dfrac{b}{b'}$.

En effet, l'aire du premier rectangle est exprimée par ab, celle du second, par ab'. Le rapport de ces aires est $\dfrac{ab}{ab'}$ ou $\dfrac{b}{b'}$.

Théorème.

658. *L'aire d'un parallélogramme a pour mesure le produit des nombres qui expriment la mesure de sa base et de sa hauteur.*

Hypothèse : Soit le parallélogramme ABCD (fig. 441), de base b et de hauteur h.

Conclusion : $S = b \times h$.

Du point C, menons la perpendiculaire à AB, soit CF ; et du point D, la perpendiculaire à AB prolongée, soit DE : nous formons le rectangle CDEF, qui est équivalent au parallélogramme.

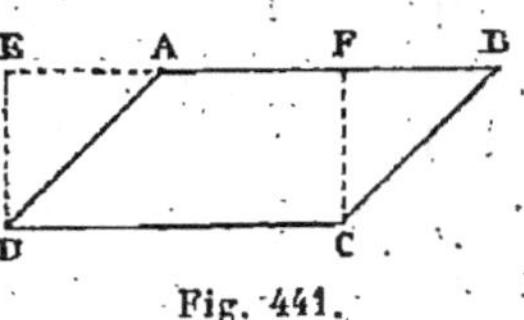

Fig. 441.

En effet, si de la figure totale BCDE on retranche le triangle ADE, il reste le parallélogramme; si de la même figure totale on retranche le triangle BCF, il reste le rectangle. Les deux restes seront équivalents, si les deux triangles ADE, BCF sont égaux. Or, ces triangles rectangles sont égaux comme ayant l'hypoténuse égale et un côté égal, savoir : AD = BC comme côtés opposés d'un parallélogramme, DE = CF comme côtés opposés d'un rectangle. Donc, le parallélogramme est équivalent au rectangle et, comme il a la même base et la même hauteur que ce rectangle, son aire s'obtiendra comme celle du rectangle, c'est-à-dire au moyen du produit des nombres exprimant la mesure de sa base AB et de sa hauteur DE.

659. *Autre démonstration.* — Prenons une feuille de papier ayant la forme d'un rectangle CDEF (fig. 442).

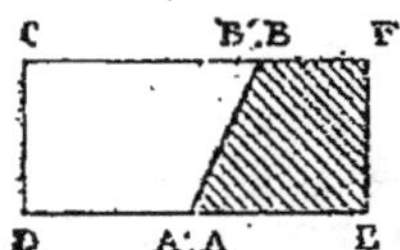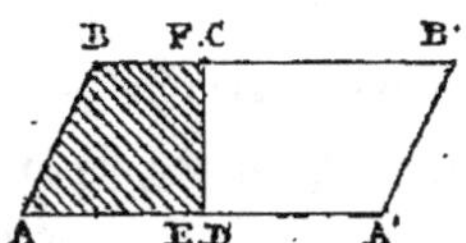

Fig. 442.

Donnons, en biais, un coup de ciseau qui la coupe suivant la droite (AB, A′B′). Si nous détachons la partie de droite ABFE pour la transporter à gauche de la figure CDA′B′, en appliquant l'un contre l'autre les deux bords CD et EF, nous obtenons un parallélogramme AA′B′B.

En effet, 1° à cause des angles droits en C et en F, les droites BF et CB′ seront dans le prolongement l'une de l'autre; de même ADA′ sera une ligne droite; de plus les deux droites AA′ et BB′, perpendiculaires à la même droite CD, sont parallèles.

2° Ces droites sont d'ailleurs égales, car, par construction,

$$BB' = CF \quad \text{et} \quad AA' = DE.$$

Mais $CF = DE$ comme côtés opposés d'un rectangle; donc :

$$BB' = AA'.$$

Le quadrilatère AA'B'B, ayant deux côtés opposés égaux et parallèles, est un parallélogramme.

Les deux figures, rectangle et parallélogramme, ayant évidemment la même surface, et la base et la hauteur du parallélogramme étant respectivement égales à la base et à la hauteur du rectangle, on aura encore, en représentant par S, b, h, les nombres qui mesurent l'aire, la base et la hauteur du parallélogramme, la relation.

$$S = bh.$$

660. **Corollaire.** — *Le rapport des aires de deux parallélogrammes de même base est égal au rapport de leurs hauteurs, et le rapport des aires de deux parallélogrammes de même hauteur est égal au rapport de leurs bases.*

Même démonstration que pour le rectangle.

Théorème.

661. *L'aire d'un triangle a pour mesure la moitié du produit des nombres qui expriment la mesure de sa base et de sa hauteur.*

Hypothèse : Soit le triangle ABC (fig. 443), de base b et de hauteur h.

Conclusion : $S = \dfrac{b \times h}{2}$.

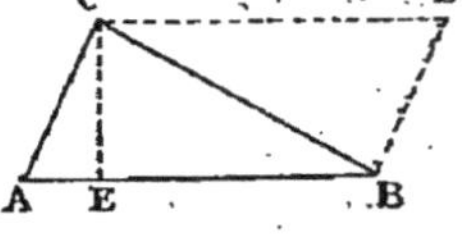

Fig. 443.

En effet, menons CD parallèle à AB et BD parallèle à AC. Nous formons ainsi le parallélogramme ACDB; BC, étant sa diagonale, le partage en deux triangles égaux. Il en résulte que le triangle ABC est la moitié du parallélogramme ACDB, qui a même base et même hauteur que lui. Le triangle aura donc pour mesure la moitié du produit des nombres exprimant la mesure de sa base et de sa hauteur.

Donc :
$$S = \frac{b \times h}{2}.$$

662. Remarque. — On peut dire encore que l'aire d'un triangle a pour mesure le produit qu'on obtient en multipliant le nombre exprimant la mesure de sa base par la moitié du nombre exprimant la mesure de sa hauteur; ou en multipliant la moitié du nombre exprimant la mesure de sa base par le nombre exprimant la mesure de sa hauteur :

$$S = b \times \frac{h}{2} \quad \text{ou} \quad \frac{b}{2} \times h. \qquad C.\ q.\ f.\ d.$$

663. Corollaire I. — *Deux triangles qui ont même base et des hauteurs égales sont équivalents.*

Par suite, tous les triangles ABC, ABD, etc., qui auront même base AB et leurs sommets C, D, etc , sur la même parallèle à la base, seront équivalents (fig. 444).

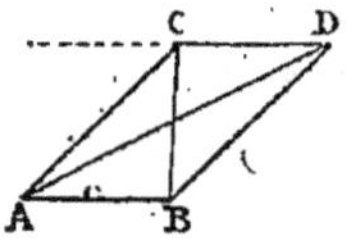

664. Corollaire II. — *Deux triangles de même base sont entre eux comme leurs hauteurs.*

Fig. 444.

Soient deux triangles ayant b pour base et h et h' pour hauteurs respectives. En représentant par S et S' leurs aires, on a :

$$S = \frac{bh}{2}$$

et

$$S' = \frac{bh'}{2},$$

d'où

$$\frac{S}{S'} = \frac{bh}{bh'} = \frac{h}{h'}.$$

665. Corollaire III. — *Deux triangles de même hauteur sont entre eux comme leurs bases.*

Même démonstration que pour le corollaire précédent.

666. Autres formules donnant l'aire d'un triangle.

1° En fonction des trois côtés.

Nous venons d'établir la formule :

$$S = \frac{b \times h}{2} = \frac{b}{2} \times h.$$

Or (568), la hauteur h relative au côté b est donnée. par la formule

$$h = \frac{2}{b} \sqrt{p\,(p-a)\,(p-b)\,(p-c)},$$

d'où, en remplaçant :

$$S = \frac{b}{2} \times \frac{2}{b} \sqrt{p\,(p-a)\,(p-b)\,(p-c)}$$

et

$$S = \sqrt{p\,(p-a)\,(p-b)\,(p-c)}.$$

2° En fonction du périmètre et du rayon du cercle inscrit.

Soit le triangle ABC (fig. 445), décrivons la circonférence inscrite dans ce triangle : le centre de cette circonférence est le point de concours O des bissectrices des angles du triangle. Les points de contact D, E, F de la circonférence et des côtés sont déterminés par les pieds des perpendiculaires abaissées de O sur les côtés; de sorte que les trois triangles OAB,

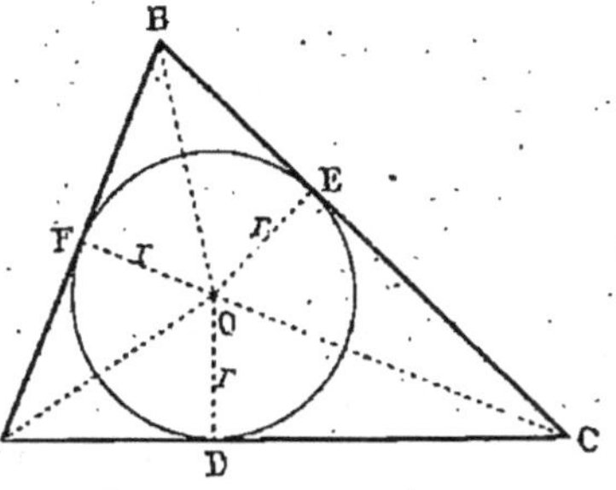

Fig. 445.

OAC, OBC, dont la somme des aires est égale à l'aire du triangle ABC, ont pour hauteur commune le rayon r du cercle inscrit et pour bases les côtés respectifs du triangle ABC. Nous pouvons donc écrire :

$$OAB = \frac{AB}{2} \times r$$

$$OAC = \frac{AC}{2} \times r$$

$$OBC = \frac{BC}{2} \times r.$$

En ajoutant membre à membre, ces trois égalités, on a :

$$ABC = \frac{AB + AC + BC}{2} \times r$$

ou, en représentant par $2p$ le périmètre du triangle donné, et par S, sa surface :

$$S = pr.$$

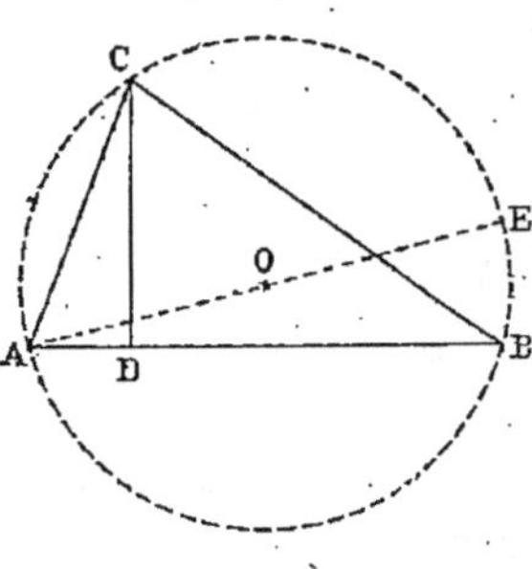

Fig. 446.

3° *En fonction des côtés et du rayon du cercle circonscrit.*

Soient le triangle ABC et O la circonférence circonscrite à ce triangle (fig. 446). Menons la hauteur CD. Nous avons, d'après (574) :

$$AC \times BC = AE \times CD.$$

Multiplions chacun des membres de cette égalité par AB ; il vient :

$$AC \times BC \times AB = AE \times CD \times AB.$$

Mais CD $\times$ AB représente le double de la surface du triangle ; nous pouvons remplacer ce produit par 2S et nous avons :

$$AC \times BC \times AB = AE \times 2S$$

d'où nous tirons :

$$S = \frac{AC \times BC \times AB}{2AE}.$$

Et, d'une manière générale, en représentant par a, b, c, les trois côtés du triangle et par R le rayon de la circonférence circonscrite :

$$S = \frac{abc}{4R}.$$

Théorème.

667. *L'aire d'un losange a pour mesure la moitié du produit des nombres exprimant la mesure de ses deux diagonales.*

Hypothèse : Soit le losange ABCD et ses deux diagonales $AC = a$ et $BD = b$ (fig. 447).

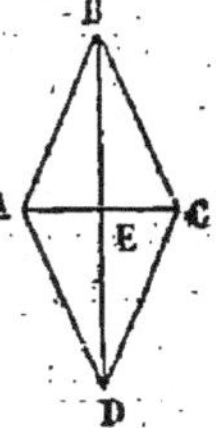

Fig. 447.

Conclusion : $S = \dfrac{ab}{2}$.

En effet, $ABCD = ABC + ACD,$

ou :

$$ABCD = \frac{AC \times BE}{2} + \frac{AC \times ED}{2} = \frac{AC \times BE + AC \times ED}{2}$$

$$= \frac{AC (BE + ED)}{2} = \frac{AC \times BD}{2} = \frac{ab}{2}. \quad C.\ q.\ f.\ d.$$

Théorème.

668. *L'aire d'un trapèze a pour mesure le produit qu'on obtient en multipliant la demi-somme des nombres*

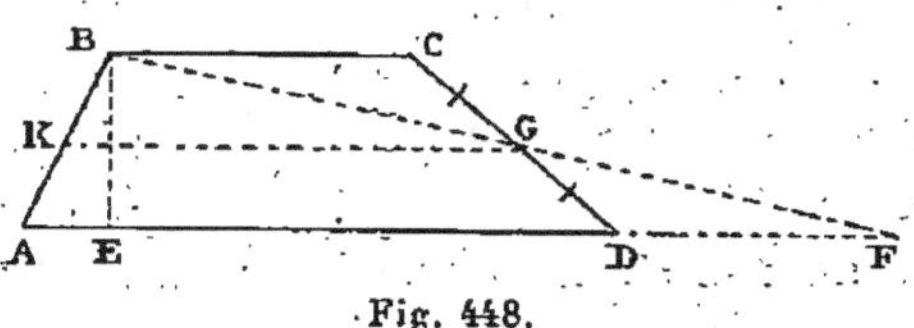

Fig. 448.

exprimant la mesure de ses bases par le nombre exprimant la mesure de sa hauteur.

Hypothèse : Soit le trapèze ABCD, dont les bases sont $AD = b$, $BC = b'$ et la hauteur $BE = h$ (fig. 448).

Conclusion : $S = \dfrac{b + b'}{2} \times h.$

Joignons le point B au milieu G de CD et prolongeons jusqu'à la rencontre de AD en F ; nous formons un triangle ABF, qui a pour base et pour hauteur la demi-somme des bases et la hauteur du trapèze, et qui est équivalent au trapèze.

En effet, les triangles BCG, FDG sont égaux, comme ayant un côté égal adjacent à deux angles égaux chacun à chacun, savoir : CG = DG par construction ; les angles en G sont égaux comme opposés par le sommet ; les angles C et D sont égaux comme alternes-internes. Si donc on remplace le triangle BCG par son égal FDG, on obtient le triangle ABF équivalent au trapèze.

L'aire de ce triangle étant $\dfrac{AD + DF}{2} \times BE$, ce sera aussi celle du trapèze.

Mais, à cause de l'égalité des triangles BCG, FDG, on a : BC = DF.

L'expression de la surface du trapèze devient alors :

$$S = \frac{AD + BC}{2} \times BE = \frac{b + b'}{2} \times h,$$

ou encore :

$$S = \frac{(b + b')\,h}{2} = (b + b')\frac{h}{2} \quad C.\ q.\ f.\ d.$$

669. Corollaire. — *L'aire d'un trapèze a pour mesure le produit des nombres exprimant la mesure de sa hauteur et de la droite qui joint les milieux des deux côtés non parallèles.*

En effet, menons GK, parallèle à AD (fig. 448). Le triangle KBG est semblable à ABF (509), et l'on a :

$$\frac{BG}{BF} = \frac{BK}{BA} = \frac{GK}{AF}.$$

Or, $\dfrac{BG}{BF} = \dfrac{1}{2}$, donc : $\dfrac{BK}{BA} = \dfrac{1}{2}$ et $\dfrac{GK}{AF} = \dfrac{1}{2}$.

Donc le point K est le milieu de BA, et :

$$GK = \frac{AF}{2} = \frac{AD + BC}{2}.$$

L'expression de l'aire du trapèze devient :

$$S = GK \times BE.$$

670. Remarque. — La droite GK s'appelle *base moyenne*.

Théorème.

671. *L'aire d'un polygone régulier a pour mesure le produit qu'on obtient en multipliant le nombre qui exprime la mesure de son périmètre par la moitié du nombre exprimant la mesure de son apothème.*

Hypothèse : Soit ABCDHK un polygone régulier, p son périmètre, $OP = a$ son apothème (fig. 449).

Conclusion : $S = p \times \dfrac{a}{2}$.

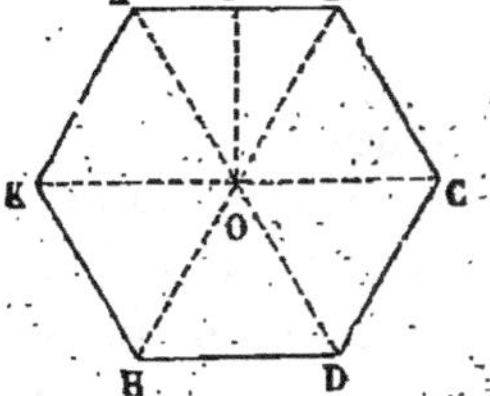

Fig. 449.

En effet, joignons le centre O à chacun des sommets; nous décomposons le polygone en triangles AOB, BOC, etc., qui sont isocèles et égaux comme ayant leurs trois côtés égaux chacun à chacun.

Or, l'un de ces triangles AOB a pour surface :

$$AB \times \frac{OP}{2};$$

donc, l'aire du polygone sera égale à l'aire du triangle AOB multipliée par le nombre n de côtés.

Donc :
$$S = AB \times \frac{OP}{2} \times n = AB \times n \times \frac{OP}{2}$$
$$= p \times \frac{OP}{2} = p \times \frac{a}{2},$$

ou encore

$$S = \frac{p \times a}{2} = \frac{p}{2} \times a \qquad C.\ q.\ f.\ d.$$

672. Remarque I. — Si le polygone est quelconque, mais circonscrit à un cercle, son aire a encore pour mesure le produit qu'on obtient en multipliant le nombre qui exprime son périmètre par la moitié du nombre exprimant la mesure de son apothème.

673. REMARQUE II. — Lorsque le polygone est quel-

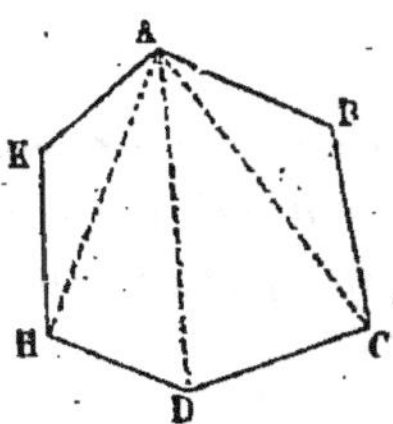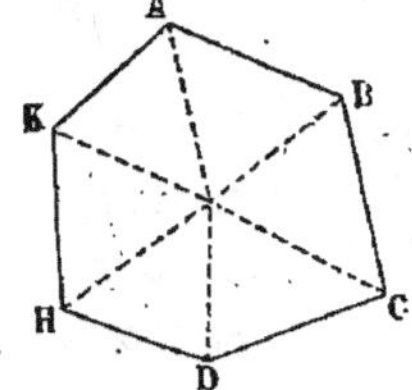

Fig. 450.

conque, on obtient son aire en le décomposant de la manière suivante :

1° Soit le polygone ABCDHK (fig. 450).

Décomposons ce polygone en triangles, soit par des diagonales menées du même sommet, soit par des droites joignant un point intérieur à tous les sommets. Si nous cherchons les aires de chacun des triangles et que nous en fassions la somme, nous aurons évidemment l'aire du polygone.

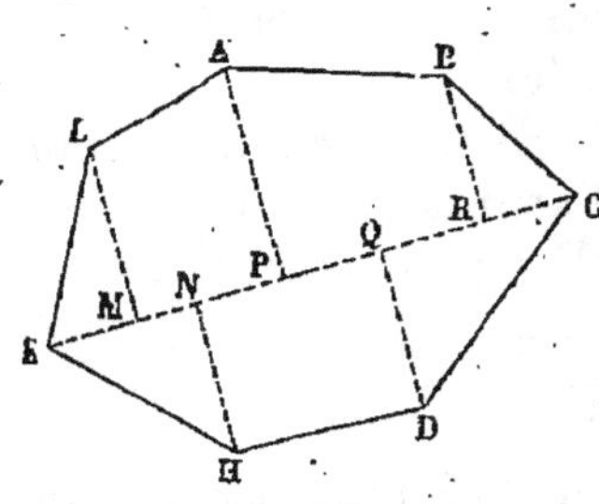

Fig. 451.

2° Si le polygone a beaucoup de sommets, il y a avantage, dans la pratique, à le décomposer en triangles rectangles et en trapèzes, en abaissant de tous les sommets des perpendiculaires AP, BR... sur la plus grande diagonale (fig. 451). On calcule chacune de ces aires et l'on en fait la somme. C'est là surtout le procédé employé en arpentage.

Applications.

674. I. — Calcul de la surface du triangle équilatéral.

1° *En fonction du côté.*

Dans tout triangle, on a :

$$S = \frac{b \times h}{2}.$$

Désignons par c le côté du triangle ABC, équilatéral, et par h la hauteur CF (fig. 452); on a, dans le triangle rectangle

AFC : $h^2 = c^2 - \dfrac{c^2}{4} = \dfrac{3c^2}{4}$,

d'où :

$$h = \frac{c}{2}\sqrt{3}.$$

Donc :

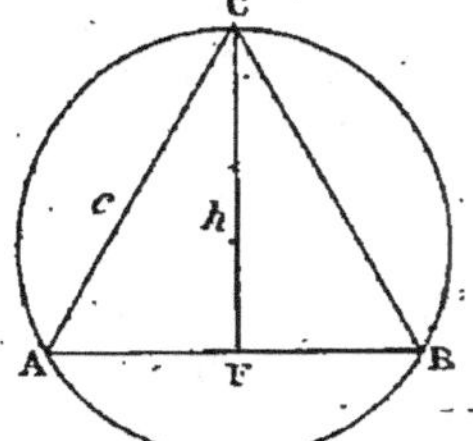

Fig. 452.

$$S = \frac{c \times \frac{c}{2}\sqrt{3}}{2} = \frac{c^2\sqrt{3}}{4} = c^2 \times 0,433 \ldots$$

2° *En fonction du rayon du cercle circonscrit.*

Si l'on remplace dans la formule précédente c^2 par sa valeur $3R^2$ (615), il vient :

$$S = \frac{3R^2\sqrt{3}}{4} = R^2 \times 1,299\ldots$$

675. II. — **Calcul de la surface de l'hexagone régulier.**

On sait que, dans l'hexagone régulier inscrit, on a : $c = R$.

La surface de l'hexagone se compose de 6 triangles équilatéraux ayant R pour côté; la surface de l'un de ces triangles est donc égale à $\dfrac{R^2\sqrt{3}}{4}$ (674), et celle de l'hexa-

gone à $\dfrac{6R^2\sqrt{3}}{4} = \dfrac{3R^2\sqrt{3}}{2}$;

on a donc :

$$S = \frac{3R^2\sqrt{3}}{2} = \frac{3c^2\sqrt{3}}{2} = c^2 \times 2,598\ldots$$

676. III. — Calcul de la surface de l'octogone régulier.

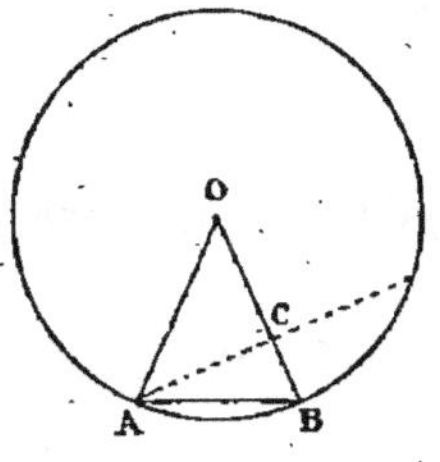

Fig. 453.

1° *En fonction du rayon.*

La surface de l'octogone se compose de la somme des surfaces de 8 triangles égaux à AOB (fig. 453). Or

$$\text{Surf. AOB} = \frac{\text{OB} \times \text{AC}}{2}.$$

Mais $\text{OB} = \text{R}$, et AC est la moitié du côté du carré inscrit dans le cercle O et, par suite, $\text{AC} = \dfrac{\text{R}\sqrt{2}}{2}$; d'où :

$$\text{Surf. AOB} = \frac{\text{R} \times \text{R}\sqrt{2}}{4} = \frac{\text{R}^2\sqrt{2}}{4}.$$

$$8 \text{ surf. AOB} = \text{Surf. octog} = \frac{8\text{R}^2\sqrt{2}}{4} = 2\text{R}^2\sqrt{2} \quad (1)$$

$$= \text{R}^2 \times 2.828\ldots$$

2° *En fonction du côté.*

Nous savons que $\quad c = \text{R}\sqrt{2 - \sqrt{2}};$ d'où :

$$c^2 = \text{R}^2\,(2 - \sqrt{2});$$

on a donc :

$$\text{R}^2 = \frac{c^2}{2 - \sqrt{2}} = \frac{c^2\,(2 + \sqrt{2})}{2}.$$

Remplaçons dans la formule (1) précédente, nous aurons :

$$\text{Surf. octog.} = \frac{2\sqrt{2} \times c^2\,(2 + \sqrt{2})}{2} = c^2\sqrt{2}\,(2 + \sqrt{2})$$

$$= 2c^2\sqrt{2} + 2c^2,$$

et, en mettant $2c^2$ en facteur commun :

$$\text{Surf. octog.} = 2c^2\,(\sqrt{2} + 1) = c^2 \times 4{,}828.$$

EXERCICES

376. Calculer l'aire d'un rectangle dont les côtés sont 3 m. 25 et 7 m. 75.

377. Un terrain de forme rectangulaire a 1 Hm. 255 de longueur sur 75 m. 50 de largeur; calculer le prix de ce terrain à raison de 12 fr. 50 l'are.

378. Calculer la surface d'un parallélogramme dont l'un des côtés a 3 m. 75 et la hauteur correspondante 1 m. 25.

379. Calculer l'aire d'un triangle dont la base a 12 m. 20 et la hauteur 6 m. 15.

380. Un triangle équilatéral a 5 m. 25 de côté; quelle est sa surface?

381. Un triangle isocèle a une base de 6 m. 18; évaluer sa surface, sachant que ses autres côtés ont 7 m. 75.

382. Les deux côtés de l'angle droit d'un triangle rectangle ont 15 m. 20 et 12 m. 10; quelle est la surface de ce triangle?

383. L'hypoténuse d'un triangle rectangle a 13 m. 20, un autre côté a 7 m. 75; quelle est la surface de ce triangle?

384. Un losange a un angle de 60°, son côté a 21 m.; quelle est sa surface?

385. Calculer la plus grande base d'un trapèze, sachant que sa hauteur a 52 m., la petite base 6 m. 10 et sa surface 475 mq.

386. Quelle est la surface d'un trapèze isocèle dont les angles aigus valent 60° et dont les bases sont 42 m. et 27 m.?

387. Un triangle équilatéral est inscrit dans un cercle de 2 m. 25 de rayon; calculer la surface de ce triangle.

388. Calculer la surface d'un hexagone régulier inscrit dans un cercle de 12 m. de rayon.

389. Quel est le rapport de l'aire de l'hexagone régulier inscrit dans un cercle et du triangle équilatéral inscrit dans le même cercle?

390. Quel est le rapport des surfaces de deux hexagones réguliers, l'un inscrit dans un cercle, et l'autre circonscrit au même cercle?

391. La base d'un triangle a 23 m., la hauteur 15 m.; calculer la surface du carré inscrit dans ce triangle, sachant qu'un des côtés du carré s'appuie sur la base donnée.

392. Démontrer que l'aire d'un trapèze a pour mesure le produit des nombres mesurant l'un des côtés non parallèles et sa distance au milieu du côté opposé.

393. Démontrer que, si l'on joint le point de rencontre des

médianes d'un triangle aux trois sommets, le triangle est partagé en trois parties équivalentes.

394. L'aire de l'hexagone régulier inscrit dans un cercle est moyenne proportionnelle entre les aires des triangles équilatéraux inscrits dans ce cercle et circonscrits à ce même cercle.

395. Trouver un point dans l'intérieur d'un quadrilatère convexe, tel que, si on le joint aux quatre sommets, les triangles opposés par le sommet soient équivalents.

396. On donne les bases d'un trapèze et la hauteur. On mène les diagonales. Cherchez la surface de chacun des triangles ayant pour base chacune des bases du trapèze. Application : $B = 58$ m., $b = 34$ m., $h = 25$ m.

397. Les bases d'un trapèze étant B et b, la hauteur h, trouvez dans l'intérieur un point tel qu'en le joignant aux quatre sommets, les deux triangles, ayant pour bases les bases du trapèze, soient équivalents. Y a-t-il d'autres points répondant à la question? Application : $B = 102$ m., $b = 65$ m., $h = 48$ m.

398. Partager un trapèze en parties équivalentes par des droites allant d'une base à l'autre.

399. Quel est le lieu géométrique des sommets des triangles de même aire et ayant une base commune ?

400. Transformer un triangle quelconque en un triangle isocèle équivalent.

401. Les diagonales d'un parallélogramme le partagent en quatre triangles équivalents.

402. Quel est le lieu géométrique des points tels qu'en les joignant à deux sommets opposés d'un quadrilatère convexe quelconque, on divise ce quadrilatère en deux parties équivalentes?

403. Démontrer graphiquement que le carré construit sur la diagonale d'un carré est double du carré donné.

404. Calculer l'aire d'un carré en fonction de la diagonale.

405. Calculer la surface d'une face d'une pièce de 5 francs, sachant que cette pièce a 37 millimètres de diamètre.

406. Combien faut-il de planches de 3 m. 25 de long sur 0 m. 30 de large, pour planchéier une salle qui a 15 m. de long sur 8 m. 10 de large?

407. Un terrain formant un trapèze dont la grande base est de 85 m. 30, la petite base de 67 m. 25 et la hauteur de 52 m., a été vendu 20 702 francs : combien coûtera un terrain de même nature ayant la forme d'un rectangle de 120 m. de long sur 75 m. de large?

408. Un particulier a une propriété formant un trapèze dont les bases sont de 345 m. et 228 m. et la hauteur de 470 m. Dans l'intérieur est un bassin carré de 36 m. de côté. On demande : 1° la surface totale, 2° celle du bassin, 3° celle du terrain à cultiver.

409. On demande de calculer la base et la hauteur d'un triangle dont la surface est de 486 mq., sachant que la base égale les $\frac{3}{4}$ de la hauteur.

410. Construire un triangle rectangle équivalent en surface à un losange donné.

411. Construire un triangle équivalent à un polygone régulier donné.

412. Construire un carré équivalent à un losange donné.

413. Partager un triangle en un certain nombre de parties équivalentes par des droites partant de l'un des sommets.

414. Toute droite menée d'une base à l'autre d'un trapèze par le milieu de là base moyenne divise la figure en deux trapèzes équivalents.

415. Trouver la formule de l'aire du trapèze en le considérant comme la différence de deux triangles.

416. Si l'on construit des carrés sur les trois côtés d'un triangle rectangle et qu'on joigne deux à deux les sommets des carrés : 1° chacun des triangles extérieurs formés est équivalent au triangle rectangle primitif; 2° la somme des carrés des côtés de l'hexagone ainsi formé est égale à 8 fois le carré de l'hypoténuse.

CHAPITRE XXX

Aires du cercle, du secteur circulaire et du segment de cercle.

Théorème.

677. *L'aire d'un cercle a pour mesure le produit du nombre exprimant la mesure de sa circonférence par la moitié du nombre exprimant la mesure de son rayon.*

En effet, nous avons vu (631) qu'une circonférence peut être considérée comme la limite vers laquelle tend le périmètre d'un polygone régulier inscrit dont le nombre des côtés augmente indéfiniment, alors l'aire d'un cercle peut être considérée comme la limite vers laquelle tend l'aire de ce polygone régulier. De plus, on voit facilement que, dans ce cas, l'apothème du polygone a aussi pour limite le rayon du cercle.

Or, l'aire du polygone a toujours pour mesure le produit qu'on obtient en multipliant le nombre qui exprime son périmètre par la moitié du nombre exprimant la mesure de son apothème; donc, à la limite, l'aire du polygone, et, par suite, l'aire du cercle, sera égale au produit du nombre exprimant la mesure de sa circonférence par la moitié du nombre exprimant la mesure de son rayon.

D'où :

$$S = C \times \frac{R}{2}, \text{ en appelant S l'aire du cercle.}$$

678. **Corollaire.** — *L'aire d'un cercle a pour mesure*

le produit du carré du nombre exprimant la mesure de son rayon par le nombre π.

Si, en effet, dans $S = C \times \dfrac{R}{2}$, on remplace C par sa valeur $2\pi R$, il vient :

$$S = 2\pi R \times \frac{R}{2} = \pi R^2.$$

679. Si, dans la formule précédente, on remplace R par sa valeur $\dfrac{D}{2}$, il vient :

$$S = \pi \left(\frac{D}{2}\right)^2 = \pi \frac{D^2}{4}.$$

Donc :

L'aire d'un cercle a pour mesure le quart du carré du nombre exprimant la mesure de son diamètre multiplié par le nombre π.

680. REMARQUE. — On ne peut obtenir exactement l'aire d'un cercle, parce que cette aire s'obtient en fonction du nombre π dont on ne connaît que des valeurs approchées. Mais l'erreur commise sur l'aire du cercle sera d'autant plus petite que l'erreur commise sur π sera elle-même plus petite. Ainsi l'aire d'un cercle de 1 mètre de rayon sera 3 mq. 14, si l'on prend pour π la valeur 3,14 approchée à moins de $\dfrac{1}{100}$ près par défaut; elle sera 3 mq. 1416, si l'on prend pour π la valeur 3,1416, approchée à moins de $\dfrac{1}{10000}$ près par excès, etc. Dans le premier exemple, l'aire du cercle est connue avec une erreur plus petite que 1 dmq; dans le second, avec une erreur plus petite que 1 cmq. Suivant la nature de la question et l'approximation qu'on désire obtenir au résultat, on prend π avec un nombre de chiffres décimaux exacts plus ou moins grand.

Théorème.

681. *L'aire d'un secteur a pour mesure le produit du nombre exprimant la mesure de la longueur de son arc par la moitié du nombre exprimant la mesure de son rayon.*

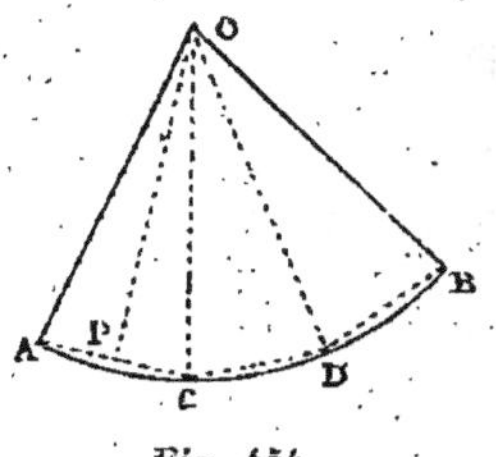

Fig. 454.

Soit le secteur AOB (fig. 454). Divisons l'arc AB en un certain nombre de parties égales, trois par exemple; joignons les points de division deux à deux et menons les rayons OC, OD. Nous obtenons ainsi trois triangles isocèles égaux. Chacun d'eux ayant pour mesure $AC \times \dfrac{OI}{2}$, le secteur polygonal OACDB aura pour mesure $3AC \times \dfrac{OI}{2} = p \times \dfrac{a}{2}$, si l'on représente par p et par a le périmètre et l'apothème du secteur polygonal.

Supposons maintenant que le nombre des côtés de la ligne brisée régulière augmente indéfiniment : cette ligne brisée tendra vers l'arc AB, l'apothème OI tendra vers le rayon OA, et l'aire du secteur polygonal vers l'aire du secteur circulaire. Donc, à la limite, l'aire du secteur polygonal, et, par suite, l'aire du secteur circulaire AOB aura pour mesure le produit du nombre exprimant la mesure de la longueur de son arc par la moitié du nombre exprimant la mesure de son rayon, et l'on aura :

$$\text{Secteur} = \text{arc } AB \times \frac{R}{2}.$$

682. REMARQUE. — Comme $\text{arc } AB = \dfrac{\pi R n}{180}$ (641),

on en déduit : $\text{secteur} = \dfrac{\pi R n}{180} \times \dfrac{R}{2} = \dfrac{\pi R^2 n}{360}$.

Problème.

683. *Mesurer l'aire d'un segment de cercle.*

Soit le segment AMB (fig. 455). On voit que l'aire de ce segment est égale à la différence des aires du secteur OAMB et du triangle OAB.

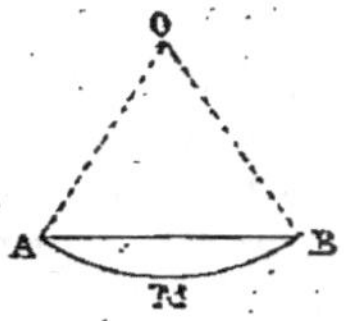

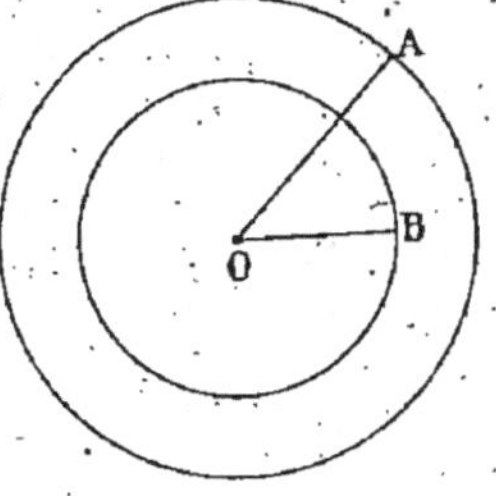

Fig. 455.

On pourra toujours déterminer l'aire du secteur, connaissant le rayon et le nombre de degrés; il n'en sera pas de même de l'aire du triangle, qui ne pourra être trouvée par les procédés géométriques que pour certaines valeurs particulières de l'arc AMB, c'est-à-dire quand cet arc correspondra au côté d'un polygone régulier qu'on sait inscrire dans un cercle. Dans les autres cas, il faudra avoir recours à la trigonométrie.

Problème.

684. *Trouver l'aire d'une couronne circulaire.*

Soient OA et OB, les rayons R et r des deux cercles (fig. 456). L'aire de la couronne étant évidemment égale à la différence entre les aires des deux cercles, on a :

$$S = \pi R^2 - \pi r^2 = \pi (R^2 - r^2).$$

Fig. 456.

L'aire d'une couronne a pour mesure le produit du nombre exprimant la différence des carrés des nombres mesurant les rayons des deux circonférences, par le nombre π.

EXERCICES NUMÉRIQUES

417. Calculer la surface circulaire d'une pièce de 5 francs en argent, sachant que cette pièce a 37 millimètres de diamètre.

418. Quelle est l'aire du cercle dans lequel le triangle équilatéral inscrit est quadruple en surface du triangle équilatéral inscrit dans un cercle de 0 m. 55 de rayon?

419. Du sommet d'un angle droit et avec un rayon égal à a, on décrit un arc compris entre les deux côtés de l'angle et l'on demande d'exprimer en fonction de a l'aire des cercles tangents aux trois lignes. Effectuer les calculs pour $a = 2$ m. 25.

420. Trouver l'aire de la couronne limitée par les circonférences inscrite et circonscrite :

1° à un triangle équilatéral de côté a

2° à un carré   —

3° à un hexagone régulier   —

4° à un octogone régulier convexe —

5° à un décagone régulier convexe —

Effectuer les calculs pour $a = 3$ m. 75.

421. Deux circonférences sont tangentes extérieurement, le rayon de la plus petite étant le tiers du rayon R de la plus grande; on considère la tangente commune extérieure AB à ces circonférences et l'on demande en fonction de R la surface du triangle mixtiligne limité par AB et les deux circonférences. Effectuer les calculs pour R = 0 m. 35.

422. Étant donné un secteur circulaire dont l'angle au centre vaut 90° et dont le rayon est R; on divise l'arc de ce secteur en 3 parties égales et par les points de division on mène les perpendiculaires à l'un des rayons limitant le secteur : trouver, en fonction de R, les aires du triangle et des trapèzes mixtilignes formés. Effectuer les calculs pour $a = 1$ m. 25.

423. L'aire d'un cercle est de 52 mq. Quel est le côté du dodécagone régulier inscrit dans ce cercle ?

424. Trouver le diamètre du cercle qui a 126 mq. de surface.

425. Trouver l'aire d'un secteur, dont l'arc vaut 47°52′, sachant que le rayon a 1 m. 20.

426. Quel est l'angle au centre d'un secteur dont la surface est 4 mq. 75, son rayon ayant 3 m. 20?

427. L'arc d'un segment est de 120°; calculer l'aire de ce segment, le rayon ayant 2 m. 50.

428. Quelle est l'aire du cercle inscrit dans un losange dont les diagonales ont pour longueur 2 m. 25 et 3 m.?

429. Calculer les aires des cercles inscrit et circonscrit à un triangle équilatéral de 15 mq. de surface.

430. Calculer les aires des cercles inscrit et circonscrit à un hexagone régulier de 12 mq. de surface.

431. Calculer les aires des cercles inscrit et circonscrit à un octogone régulier convexe de 18 mq. de surface.

432. Décrire quatre circonférences tangentes intérieures à une circonférence de rayon R et tangentes entre elles, et exprimer en fonction de R :

1° L'aire de la portion de plan comprise entre les quatre circonférences décrites :

2° L'aire de la portion de plan comprise entre la circonférence donnée et deux des circonférences décrites.

Effectuer les calculs pour R = 5 centimètres.

433. Le diamètre qui limite un demi-cercle étant divisé en quatre parties égales, par les points de division, on mène les perpendiculaires à ce diamètre et l'on demande d'exprimer en fonction du rayon R du demi-cercle l'aire des quatre parties ainsi obtenues. — Effectuer les calculs pour R = 0 m. 04.

434. Étant donné un quart de cercle de rayon R, sur chacun des rayons qui le limitent, pris comme diamètre, on décrit une demi-circonférence à l'intérieur du quart de cercle, et l'on demande d'exprimer en fonction de R :

1° L'aire de la portion de plan comprise entre les deux demi-circonférences;

2° L'aire du triangle curviligne limité par les trois courbes.

Effectuer les calculs pour R = 5 centimètres.

CHAPITRE XXXI

Comparaison des aires.

Théorème

685. *Les aires de deux triangles semblables sont proportionnelles aux carrés de leurs côtés homologues.*

Hypothèse : Soient les triangles semblables ABC, A'B'C' (fig. 457).

$$\text{Conclusion} : \frac{\text{Surf. ABC}}{\text{Surf. A'B'C'}} = \frac{\overline{AC}^2}{\overline{A'C'}^2}.$$

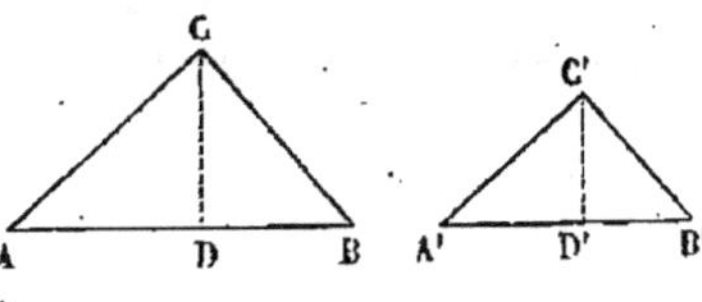

Fig. 457.

En effet, menons les hauteurs CD, C'D' et évaluons les aires de ces triangles; nous aurons :

$$\text{Surf. ABC} = AB \times \frac{CD}{2}.$$

$$\text{Surf. A'B'C'} = A'B' \times \frac{C'D'}{2},$$

d'où :

$$\frac{\text{Surf. ABC}}{\text{Surf. A'B'C'}} = \frac{AB \times \dfrac{CD}{2}}{A'B' \times \dfrac{C'D'}{2}} = \frac{AB \times CD}{A'B' \times C'D'}$$

$$= \frac{AB}{A'B'} \times \frac{CD}{C'D'}.$$

Or, les triangles donnés étant semblables, on a :

$$\frac{AB}{A'B'} = \frac{AC}{A'C'}.$$

De plus, les triangles rectangles ACD, A'C'D' étant aussi semblables comme ayant un angle aigu égal ($\hat{A} = \hat{A'}$), on a aussi :

$$\frac{CD}{C'D'} = \frac{AC}{A'C'}.$$

Si l'on remplace les deux rapports $\frac{AB}{A'B'}$ et $\frac{CD}{C'D'}$ par leur égal $\frac{AC}{A'C'}$, il vient :

$$\frac{\text{Surf. } ABC}{\text{Surf. } A'B'C'} = \frac{AC}{A'C'} \times \frac{AC}{A'C'} = \frac{\overline{AC}^2}{\overline{A'C'}^2}.$$

C. q. f. d.

Théorème.

686. *Les aires de deux polygones semblables sont proportionnelles aux carrés de deux côtés homologues.*

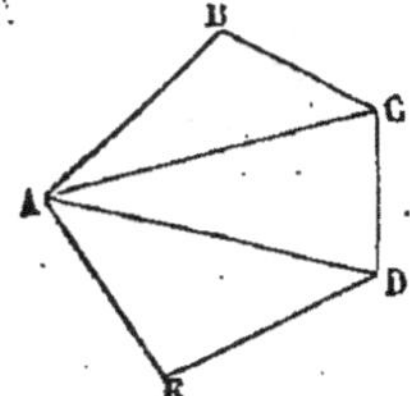 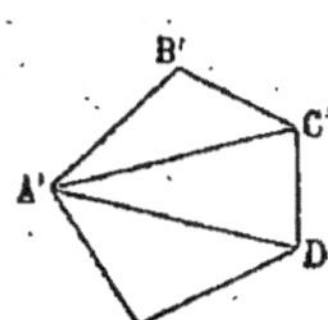

Fig. 458.

Hypothèse : Soient les deux polygones semblables ABCDE, A'B'C'D'E' (fig. 458).

Conclusion : $\dfrac{\text{Surf. } ABCDE}{\text{Surf. } A'B'C'D'E'} = \dfrac{\overline{AB}^2}{\overline{A'B'}^2}.$

En effet, menons les diagonales AC, AD; A'C', A'D'. Elles décomposent les deux polygones en triangles semblables (523). On a donc, d'après le théorème précédent :

$$\frac{\text{Surf. } ABC}{\text{Surf. } \overline{A'B'C'}} = \frac{\overline{AB}^2}{\overline{A'B'}^2}, \quad \frac{\text{Surf. } ACD}{\text{Surf. } \overline{A'C'D'}} = \frac{\overline{CD}^2}{\overline{C'D'}^2},$$

$$\frac{\text{Surf. } AED}{\text{Surf. } \overline{A'E'D'}} = \frac{\overline{DE}^2}{\overline{D'E'}^2}.$$

Or :

$$\frac{AB}{A'B'} = \frac{CD}{C'D'} = \frac{DE}{D'E'}.$$

et :

$$\frac{\overline{AB}^2}{\overline{A'B'}^2} = \frac{\overline{CD}^2}{\overline{C'D'}^2} = \frac{\overline{DE}^2}{\overline{D'E'}^2}.$$

A cause des rapports égaux, on a :

$$\frac{\text{Surf. } ABC}{\text{Surf. } A'B'C'} = \frac{\text{Surf. } ACD}{\text{Surf. } A'C'D'} = \frac{\text{Surf. } AED}{\text{Surf. } A'E'D'} = \frac{AB^2}{A'B'^2},$$

d'où :

$$\frac{\text{Surf. } ABC + \text{Surf. } ACD + \text{Surf. } AED}{\text{Surf. } A'B'C' + \text{Surf. } A'C'D' + \text{Surf. } A'E'D'} = \frac{\overline{AB}^2}{\overline{A'B'}^2}$$

donc :

$$\frac{\text{Surf. } ABCDE}{\text{Surf. } \overline{A'B'C'D'E'}} = \frac{\overline{AB}^2}{\overline{A'B'}^2}.$$

C. q. f. d.

Théorème.

687. *Les aires de deux cercles sont proportionnelles aux carrés de leurs rayons.*

Soient S et S' les aires de deux cercles, dont les rayons sont R et R'; on a :

$$S = \pi R^2 \qquad S' = \pi R'^2,$$

d'où :

$$\frac{S}{S'} = \frac{\pi R^2}{\pi R'^2} = \frac{R^2}{R'^2}.$$

$$C.\ q.\ f.\ d.$$

Théorème.

688. *Les aires de deux secteurs circulaires semblables sont proportionnelles aux carrés de leurs rayons.*

Deux secteurs circulaires sont dits semblables, lorsqu'ils ont des angles au centre égaux.

Soient S et S' les aires de deux secteurs semblables de rayons R et R', et dont l'angle au centre vaut n degrés. Nous avons :

$$S = \frac{\pi R^2 n}{360} \quad \text{et} \quad S' = \frac{\pi R'^2 n}{360};$$

d'où :

$$\frac{S}{S'} = \frac{\pi R^2 n}{\pi R'^2 n} = \frac{R^2}{R'^2}.$$

689. REMARQUE. — Quand on adopte, comme il a été dit, le carré construit sur l'unité de longueur pour unité d'aire, il en résulte que le carré du nombre qui mesure une portion de droite exprime l'aire du carré construit sur cette droite, et que le produit des deux nombres qui mesurent deux portions de droite n'est autre que l'expression de l'aire du rectangle construit avec ces deux droites. Nous pouvons donc ajouter aux théorèmes qui précèdent les trois théorèmes suivants, qui ne sont, présentés sous une autre forme, que les théorèmes 403, 428, 429 précédemment établis, sur les relations métriques entre certains éléments linéaires d'un triangle.

Dans un triangle rectangle, le carré construit sur l'hypoténuse est équivalent à la somme des carrés construits sur les deux autres côtés.

Dans un triangle quelconque, le carré construit sur un côté opposé à un angle aigu est équivalent à la somme des carrés construits sur les deux autres côtés, diminuée de deux fois le rectangle construit sur l'un de ces côtés et la projection de l'autre sur lui.

Dans un triangle qui a un angle obtus, le carré construit sur le côté opposé à cet angle obtus est équivalent à la somme des carrés construits sur les deux autres côtés, augmentée de deux fois le rectangle construit sur l'un de ces côtés et la projection de l'autre sur lui.

On peut, par des considérations d'équivalence de figures, donner une démonstration directe de ces théorèmes, d'où l'on pourrait déduire les relations métriques qui leur correspondent.

Enfin, la remarque précédente nous permet encore de dire que :

Le carré construit sur la somme de deux portions de droite est équivalent à la somme des carrés construits sur chacune de ces droites, augmentée de deux fois le rectangle construit sur ces mêmes droites.

Le carré construit sur la différence de deux portions de droites est équivalent à la somme des carrés construits sur chacune de ces droites, diminuée de deux fois le rectangle construit sur ces mêmes droites.

Le rectangle ayant pour côtés la somme et la différence de deux portions de droite est équivalent à la différence des carrés construits sur ces mêmes droites.

PROBLÈMES ET CONSTRUCTIONS GRAPHIQUES SUR LES AIRES

Problème.

690. *Partager un triangle en parties équivalentes par des parallèles à l'un de ses côtés.*

Soit le triangle ABC (fig. 459) qu'il s'agit de partager en 3 parties équivalentes, par exemple, par des parallèles au côté BC. Supposons le problème résolu, et soient DE, FG les droites répondant à la question.

Les triangles semblables ADE, ABC donnent : d'une part $\dfrac{ADE}{ABC} = \dfrac{AB^2}{AB^2}$,

d'autre part, $\qquad \dfrac{ADE}{ABC} = \dfrac{1}{3}$,

d'où l'on tire : $\qquad \dfrac{AD^2}{AB^2} = \dfrac{1}{3}$

et $AD^2 = \dfrac{AB^2}{3} = AB \times \dfrac{AB}{3}$, ce qui montre que AD est moyenne géométrique entre AB et le tiers de AB.

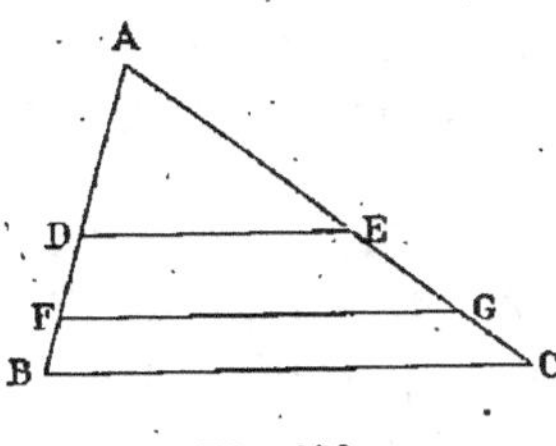

Fig. 459.   Fig. 460.

Les triangles semblables AFG et ABC donnent : d'une part,

$$\dfrac{AFG}{ABC} = \dfrac{AF^2}{AB^2},$$

d'autre part, $\qquad \dfrac{AFG}{ABC} = \dfrac{2}{3}$,

d'où : $\qquad \dfrac{AF^2}{AB^2} = \dfrac{2}{3}$

et $AF^2 = \dfrac{2AB^2}{3} = AB \times \dfrac{2AB}{3}$, ce qui montre que AF est moyenne géométrique entre AB et les deux tiers de AB.

D'où construction :

Divisons AB en 3 parties égales par les points K et L (fig. 460); décrivons une demi-circonférence de diamètre AB, et par les points K et L menons les perpendiculaires KI, LJ à AB jusqu'à la rencontre de la circonférence. AI et AJ représentent les moyennes géométriques cherchées; il ne reste plus qu'à les rabattre sur AB pour obtenir les points D et F, par lesquels il faut mener les parallèles à BC pour que le triangle soit partagé en trois parties équivalentes.

Problème.

691. *Construire un triangle équivalent à un polygone donné.*

Le problème sera résolu, si nous montrons qu'on peut, avec la règle et le compas, transformer un polygone en un autre polygone équivalent, mais ayant un côté de moins.

Soit ABCDH un polygone (fig. 461). Menons la diagonale DA et, du point H,

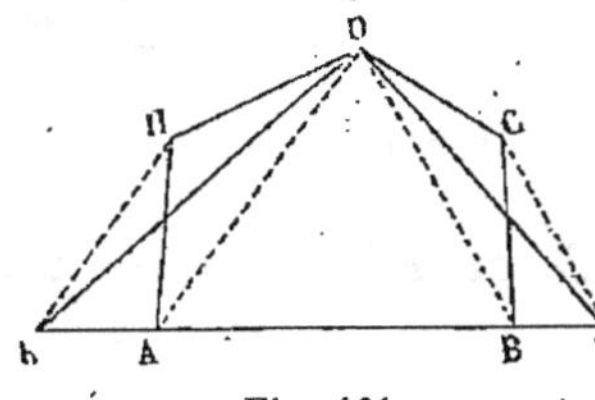

Fig. 461.

menons HK parallèle à DA jusqu'à la rencontre de AB prolongé, enfin joignons KD : le polygone BCDK est équivalent au polygone ABCDH.

En effet, ces deux figures ont une partie commune, ABCD; il suffit donc de montrer que les parties non communes AKD et AHD sont équivalentes.

Or ces deux triangles ont même base AD et leurs sommets sont sur une même parallèle à la base; donc (663) ils sont équivalents.

Le polygone obtenu a ainsi un côté de moins que son équivalent, le polygone donné.

En appliquant de nouveau le même procédé, on transformera le nouveau polygone en un autre équivalent ayant un côté de moins. On finira donc, par la suite, par avoir un triangle KDL équivalent au polygone donné.

692. REMARQUE. — Il est évident que la construction précédente s'applique au cas du polygone concave.

693. *Application.* — Ce problème est souvent employé dans la pratique pour *dresser* deux champs contigus et à limite sinueuse, sans en changer la surface.

La ligne brisée ABCDE qui les sépare (fig. 462) est d'abord remplacée par la ligne brisée AIDE ayant un côté de moins que l'autre. En continuant la construction autant de fois qu'il sera nécessaire, on obtiendra une ligne droite séparant les deux pièces de terre.

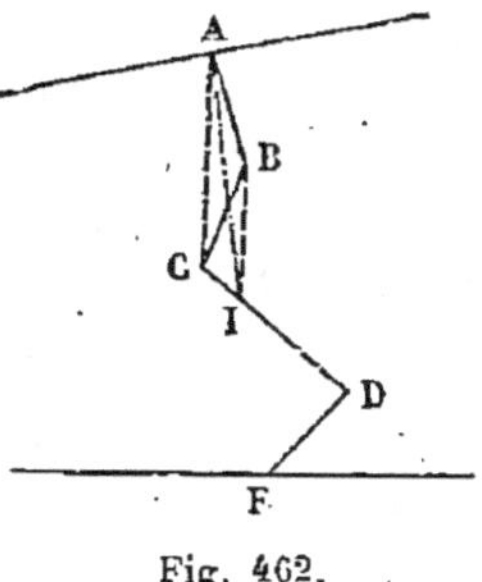

Fig. 462.

Problème.

694. *Construire un carré équivalent à un rectangle.*

Soient b et h la base et la hauteur du rectangle, x le côté du carré équivalent (fig. 463). Comme on devra avoir : $x^2 = b \times h$, on voit que, pour obtenir le côté du carré demandé, il suffira de construire la moyenne proportionnelle aux deux longueurs b et h (384).

Le carré construit sur la ligne obtenue résoudra la question.

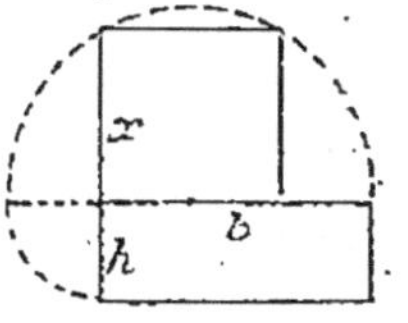

Fig. 463.

695. *Construire un carré équivalent à un triangle, à un polygone quelconque.*

1° Le côté du carré demandé sera évidemment la moyenne proportionnelle entre la base et la moitié de la hauteur du triangle, ou entre la moitié de la base et la hauteur du triangle.

2° Si le polygone donné est un parallélogramme, on fait comme pour le rectangle, c'est-à-dire que le côté du carré cherché est la moyenne proportionnelle entre la base et la hauteur du parallélogramme; si c'est un trapèze, on construira la moyenne proportionnelle entre la demi-somme de ses bases et la hauteur; si c'est un polygone régulier, on construira la moyenne proportionnelle entre son périmètre et la moitié de son apothème ; enfin, si c'est un polygone quelconque, on le transformera en un triangle équivalent (691) et l'on appliquera ensuite la construction indiquée pour le triangle.

696. REMARQUE. — La *quadrature* d'un cercle est impossible, car on ne peut construire une droite rigoureusement égale à la longueur d'une circonférence donnée. Cependant le carré construit sur la moyenne proportionnelle entre la moitié du rayon et une droite égale aux $\frac{22}{7}$ du diamètre (636), droite sensiblement égale à la circonférence, aura sensiblement la même aire que le cercle.

En effet, l'expression $\pi \dfrac{D^2}{4}$ (679) peut s'écrire :

$$\pi D \times \frac{D}{4}, \text{ ou } \pi D \times \frac{R}{2}, \text{ ou enfin } \frac{22}{7} D \times \frac{R}{2}, \text{ en prenant}$$

$\frac{22}{7}$ comme valeur approchée de π.

Problème.

697. *Construire un carré équivalent à la somme de plusieurs carrés donnés.*

Soit m, n, p, les côtés des carrés donnés (fig. 464). Construisons un angle droit A ; sur l'un des côtés prenons $AB = m$ et sur l'autre $AC = n$, et menons BC. Le carré construit sur BC sera équivalent à la somme des deux premiers carrés, car :

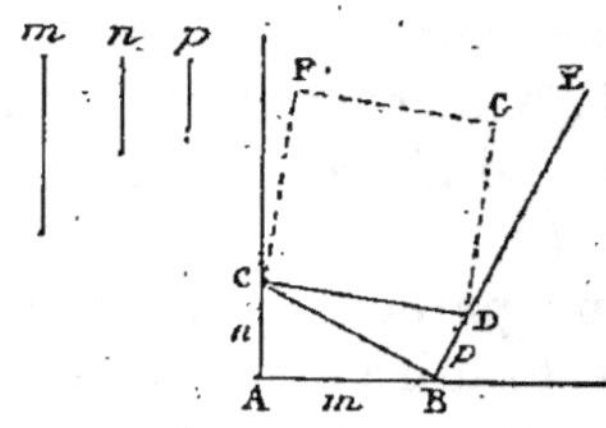

Fig. 464.

$$\overline{BC}^2 = \overline{AB}^2 + \overline{AC}^2.$$

Menons BE perpendiculaire à BC, et, sur BE, prenons $BD = p$, puis joignons CD. Le carré CDGF construit sur CD sera le carré demandé, car :

$$\overline{CD}^2 = \overline{BC}^2 + \overline{BD}^2 = \overline{AD}^2 + \overline{AC}^2 + \overline{BD}^2.$$
$$= m^2 + n^2 + p^2.$$

Problème.

698. *Construire un carré équivalent à la différence de deux carrés donnés.*

Soient m, n, les côtés des carrés donnés (fig. 465).

Construisons un angle droit A, et sur l'un des côtés prenons AB $= n$; puis, du point B comme centre, avec m pour rayon, décrivons un arc de cercle qui

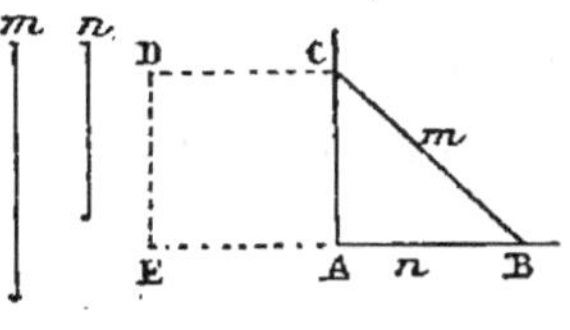

Fig. 465.

coupe l'autre côté de l'angle en C. Le carré ACDE, construit sur AC, est le carré demandé, car :

$$\overline{AC}^2 = \overline{BC}^2 - \overline{AB}^2 = m^2 - n^2.$$

Problème.

699. *Construire un polygone semblable à plusieurs polygones donnés semblables entre eux et tel que son aire soit équivalente à la somme des aires de ces polygones.*

Soient X l'aire du polygone cherché, x l'un de ses côtés, S, S', S'' les aires des polygones semblables donnés, a, a', a'' les côtés homologues de x, nous devons avoir

$$X = S + S' + S''.$$

Or, tous ces polygones étant semblables, nous avons les relations (560) :

$$\frac{X}{S} = \frac{x^2}{a^2} \quad \text{d'où} \quad \frac{X}{x^2} = \frac{S}{a^2} \qquad (1)$$

$$\frac{X}{S'} = \frac{x^2}{a'^2} \quad \text{d'où} \quad \frac{X}{x^2} = \frac{S'}{a'^2} \qquad (2)$$

$$\frac{X}{S''} = \frac{x^2}{a''^2}, \quad \text{d'où} \quad \frac{X}{x^2} = \frac{S''}{a''^2} \qquad (3).$$

A cause du rapport commun $\dfrac{X}{x^2}$, nous pouvons écrire :

$$\frac{X}{x^2} = \frac{S}{a^2} = \frac{S'}{a'^2} = \frac{S''}{a''^2}.$$

Mais chacun des rapports $\dfrac{S}{a^2} = \dfrac{S'}{a'^2} = \dfrac{S''}{a''^2}$ est égal au rapport

$$\frac{S + S' + S''}{a^2 + a'^2 + a''^2} \text{ ou au rapport } \frac{X}{a^2 + a'^2 + a''^2} \text{ (4)};$$

nous avons donc :

$$\frac{X}{x^2} = \frac{X}{a^2 + a'^2 + a''^2},$$

d'où nous déduisons :

$$x^2 = a^2 + a'^2 + a''^2.$$

Il est facile de construire x.

Ainsi, pour qu'un polygone réponde à l'énoncé du problème, il suffit que le carré d'un de ses côtés soit équivalent à la somme des carrés des côtés homologues des polygones donnés.

700. Remarque. — Il résulte de là que, si l'on construit 3 polygones semblables entre eux, ayant pour côtés homologues les 3 côtés d'un triangle rectangle, l'aire du polygone construit sur l'hypoténuse est équivalente à la somme des aires des polygones construits sur les deux côtés de l'angle droit.

701. Corollaire. — Les cercles ayant toutes les propriétés des polygones semblables dans lesquels les rayons sont des lignes homologues, on aura un cercle équivalent à la somme de plusieurs autres en le décrivant avec un rayon dont le carré est équivalent à la somme des carrés des rayons des cercles donnés.

Problème.

702. *Construire un polygone semblable à un polygone donné et qui soit à celui-ci dans le rapport de* m *à* n.

Appelons x et a deux côtés homologues des polygones que nous désignons par X et A; par hypothèse, on a :

$$\frac{X}{A} = \frac{m}{n}.$$

Mais les polygones semblables sont entre eux comme les carrés des côtés homologues; donc :

$\dfrac{X}{A} = \dfrac{x^2}{a^2}$; alors $\dfrac{x^2}{a^2} = \dfrac{m}{n}$, ce qui revient à chercher une droite dont le carré soit au carré d'une autre droite comme deux droites données sont entre elles, question déjà résolue (555). Rappelons la construction :

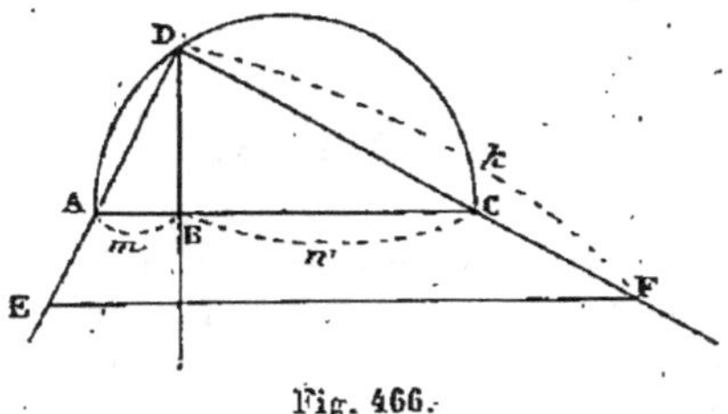

Fig. 466.

Sur une droite indéfinie, prenons $AB = m$ et, à la suite, $BC = n$ (fig. 466). Sur AC comme diamètre, décrivons une demi-circonférence, puis au point B élevons la perpendiculaire qui rencontre la circonférence au point D; menons les droites DA et DC que nous prolongeons indéfiniment. Sur DC prenons une longueur $DF = a$ et, par le point F, menons la parallèle à AC qui rencontre DA en E; nous disons que DE est le côté du polygone cherché.

En effet, les deux triangles DEF et DAC étant semblables, on a :

$$\frac{DE}{DF} = \frac{DA}{DC} \text{ ou } \frac{\overline{DE}^2}{\overline{DF}^2} = \frac{\overline{DA}^2}{\overline{DC}^2}.$$

Mais le triangle ADC est rectangle, et l'on a :

$$\frac{\overline{DA}^2}{\overline{DC}^2} = \frac{AB}{BC} = \frac{m}{n}; \text{ donc } \frac{\overline{DE}^2}{\overline{DF}^2} = \frac{m}{n} \text{ ou } \frac{\overline{DE}^2}{a^2} = \frac{m}{n}.$$

Il ne reste plus qu'à construire sur DE comme homologue de a un polygone semblable au polygone donné P (526).

EXERCICES

435. Partager un parallélogramme en trois parties équivalentes par des parallèles à l'une des diagonales.

436. Partager un cercle en trois parties équivalentes par des circonférences concentriques.

437. Si, sur les trois côtés d'un triangle rectangle pris comme diamètres, on décrit des demi-circonférences, la somme des aires des deux croissants obtenus est équivalente à l'aire du triangle rectangle.

438. Si deux triangles sont tels qu'un des angles de l'un soit égal à un des angles de l'autre, le rapport des aires de ces triangles est égal au rapport des produits des côtés qui comprennent les angles égaux.

439. Étant donné un triangle ABC, on considère le point M situé sur AB, au tiers de la longueur de cette droite à partir de A, et un point N situé sur AC, au tiers de la longueur de cette droite à partir de A : quel est le rapport des aires des triangles ABC et AMN ?

440. Les trois côtés AB, AC, BC d'un triangle ont pour longueurs respectives 11 m., 12 m., 15 m.; sur AB et sur AC, on

prend $AM = 4$ m. et $AN = 7$ m. : quelle est l'aire du triangle AMN ?

441. Si deux triangles sont tels qu'un des angles de l'un soit le supplément d'un des angles de l'autre, le rapport des aires de ces deux triangles est égal au rapport des produits des côtés qui comprennent les angles supplémentaires.

442. Les trois côtés AB, AC, BC d'un triangle ABC ont pour longueurs respectives 8 m., 10 m., 12 m.; on prend sur AC une longueur $AM = 5$ m. et sur AB, prolongé au delà de A, une longueur $AN = 7$ m. : quelle est l'aire du triangle AMN ?

443. Étant donné un cercle, trouver quatre autres cercles dont les rayons soient proportionnels à des portions de droite données et dont la somme des aires soit équivalente à l'aire du cercle donné.

444. Par un point situé sur un des côtés d'un triangle, mener une droite qui partage le triangle en deux parties proportionnelles à des nombres donnés.

445. Partager un triangle en deux parties équivalentes par une perpendiculaire à l'un des côtés.

446. Construire un triangle équilatéral dont l'aire soit équivalente à la somme des aires de deux triangles équilatéraux donnés dont les côtés sont a et b.

447. Mener deux parallèles à l'un des côtés d'un triangle, de manière que sa surface soit divisée en trois parties dont la première soit le tiers de l'aire du triangle donné et la troisième équivalente à la somme des deux autres.

448. Diviser l'aire d'un trapèze en deux parties équivalentes par une droite parallèle aux bases.

N. B. — *Voir à la fin du volume des exercices de récapitulation relatifs à la mesure des aires des figures, chapitres XXIX à XXXI.*

AIRES ET VOLUMES DES POLYÈDRES

CHAPITRE XXXII

I. — Prisme.

Théorème.

703. *Deux prismes droits qui ont des bases égales et des hauteurs égales sont égaux.*

Hypothèse : On a deux prismes droits P, P', dont les

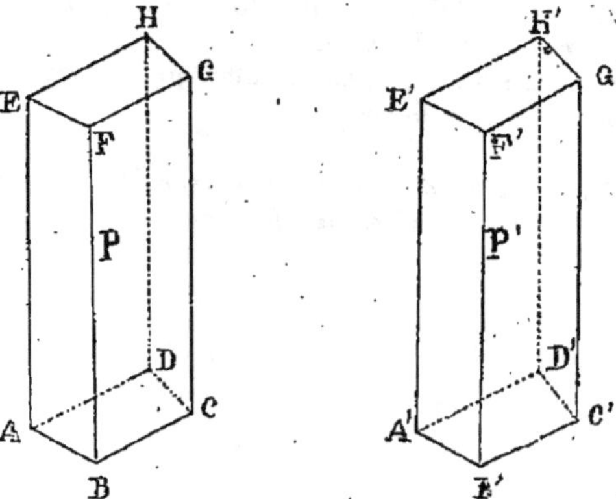

Fig. 467.

bases ABCD, A'B'C'D' sont égales, ainsi que les hauteurs (fig. 467).

Conclusion : Ces prismes sont égaux.

En effet, faisons glisser le prisme P' sur le prisme P,

de manière que A'B'C'D' coïncide avec son égal ABCD.
A'E', étant perpendiculaire à A'B'C'D' en A', devient
perpendiculaire à ABCD en A; et, par suite, prend la
direction AE, et, comme A'E' = AE, puisque l'arête
d'un prisme droit est égale à sa hauteur, le point E'
coïncide avec E. On verrait de même que les points
F', G', H' coïncident avec F, G, H. Donc, les deux
prismes coïncident et sont égaux.   *C. q. f. d.*

Ex. : deux écrous ayant des bases et des hauteurs
égales.

704. **Corollaire.** — *Deux prismes droits tronqués, qui
ont des bases égales et des arêtes respectivement égales,
sont égaux.*

Pour le démontrer, on ferait un raisonnement analogue au précédent.

Théorème.

705. *Les sections faites dans un prisme par des plans
parallèles, qui rencontrent toutes les
arêtes latérales, sont égales.*

Hypothèse : On a un prisme AG,
dans lequel deux plans parallèles
ont déterminé les sections MNPQ,
M'N'P'Q' (fig. 468).

Conclusion : Ces sections sont
égales.

En effet : 1° les côtés sont égaux.

On a MN = M'N' comme côtés
opposés d'un parallélogramme, car
MN et M'N' sont parallèles comme
intersections de deux plans parallèles NQ, N'Q' par un troisième
ABFE, et MM', NN' sont parallèles par hypothèse.

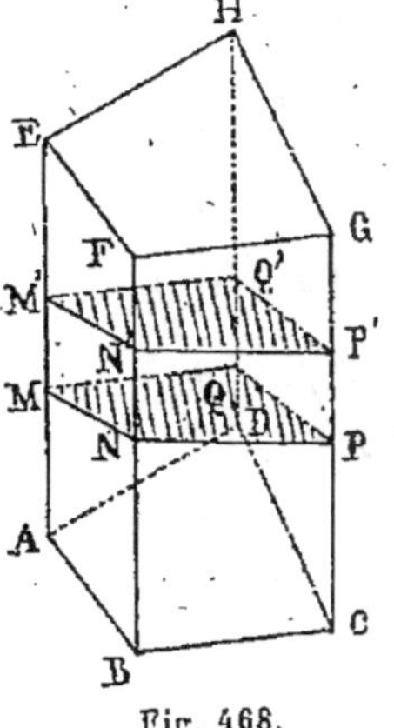

Fig. 468.

De même : NP = N'P', PQ = P'Q', etc.

2° Les angles sont égaux, car ils ont leurs côtés parallèles et dirigés dans le même sens. Les deux polygones,

ayant leurs éléments respectivement égaux et disposés dans le même ordre, sont égaux.   *C. q. f. d.*

706. Section droite d'un prisme. — C'est la section faite dans ce prisme par un plan perpendiculaire aux arêtes latérales. On l'appelle ainsi, parce que c'est la seule section plane dont le périmètre a la propriété de devenir une ligne droite quand on développe la surface du prisme dans le plan de l'une de ses faces.

707. Corollaire. — *La section droite d'un prisme donné est constante*, puisque les sections droites sont déterminées par des plans parallèles.

Théorème.

708. *La surface latérale d'un prisme droit a pour mesure le produit des nombres exprimant le périmètre de sa base et son arête latérale.*

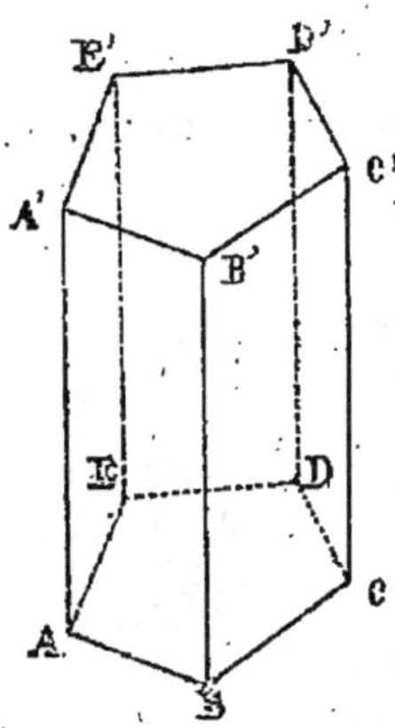

Fig. 469.

Hypothèse : On a un prisme droit AD′, dont le périmètre de base est p, l'arête latérale $AA' = a$, la surface latérale S (fig. 469).

Conclusion :

$$S = p \times a.$$

En effet, l'aire latérale est égale à la somme des surfaces des rectangles ABB′A′, BCC′B′ ..., et l'on a :

$$ABB'A' = AB \times AA' = AB \times a.$$
$$BCC'B' = BC \times BB' = BC \times a.$$
$$CDD'C' = CD \times CC' = CD \times a.$$

$$\cdots\cdots\cdots\cdots\cdots\cdots\cdots$$

Additionnons : $S = (AB + BC + CD \times \ldots) a.$
$$S = p \times a \qquad\qquad C.\ q.\ f.\ d.$$

709. **Remarque.** — La surface totale étant évidemment égale à la surface latérale augmentée des surfaces des deux bases, on a, en appelant b l'une des bases :

$$\text{S. totale} = p \times a + 2b.$$

710. **Corollaire.** — *La surface latérale d'un prisme oblique a pour mesure le produit des nombres exprimant son arête latérale et le périmètre de sa section droite.*

En effet, les faces du prisme sont alors des parallélogrammes qui ont pour mesure le produit des nombres exprimant leur base et leur hauteur. Si l'on prend pour base commune l'arête du prisme, la hauteur sera, dans chacun des parallélogrammes, un côté de la section droite. La somme de leurs surfaces sera donc mesurée par le produit des nombres exprimant l'arête du prisme et le périmètre de sa section droite.

Théorème.

711. *Tout prisme oblique est équivalent au prisme droit qui a pour base sa section droite et pour hauteur l'une de ses arêtes latérales.*

Rappelons que deux figures sont équivalentes lorsqu'elles ont la même étendue, sans avoir la même forme. En particulier, deux prismes sont équivalents lorsqu'ils occupent la même portion de l'espace indéfini, sans que pour cela ils soient superposables.

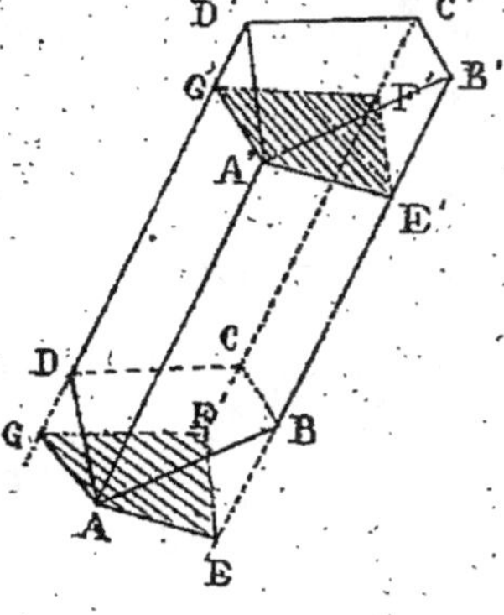

Fig. 470.

Hypothèse : On a un prisme oblique AC′ et un prisme droit AF′ qui a pour base AEFG, section droite du premier (fig. 470).

Conclusion : Ces deux prismes sont équivalents.

En effet, si de la figure totale on retranche le tronc de

prisme droit inférieur, il reste le prisme oblique AC'; si de la même figure totale on retranche le tronc de prisme droit supérieur, il reste le prisme droit AF'. Ces deux prismes seront évidemment équivalents, si les deux troncs de prisme sont égaux.

Or, ces troncs ont des bases égales (706); de plus, leurs arêtes latérales sont respectivement égales, car :

$$GD = GG' - DG' = AA' - DG',$$
$$G'D' = DD' - DG' = AA' - DG';$$

d'où :

$$GD = G'D'.$$

On démontrerait de même que $EB = E'B'$, $FC = F'C'$; d'ailleurs, les arêtes latérales issues des sommets A et A' sont nulles et, par suite, égales.

Les deux troncs de prisme droits sont donc égaux (704), et les deux prismes AC' et AF' sont équivalents.

C. q. f. d.

712. REMARQUE. — Tous les théorèmes précédents s'appliquent au parallélipipède, qui n'est qu'un prisme d'une espèce particulière.

Théorème.

713. *Les faces latérales opposées d'un parallélipipède sont égales et parallèles.*

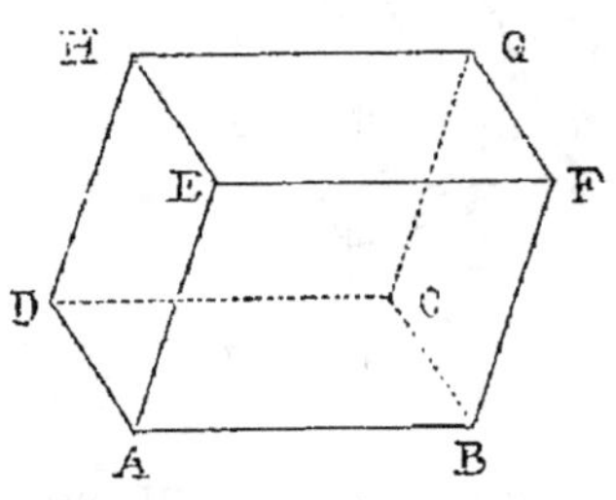

Fig. 471.

Hypothèse : On a un parallélipipède AG, dont deux faces latérales opposées sont AEHD et BFGC (fig. 471).

Conclusion : Ces faces sont égales et parallèles.

En effet, les bases du parallélipipède étant ABCD, EFGH, on a : $AD = BC$ comme côtés opposés du parallélogramme ABCD; de même, $EH = FG$, $AE = BF$, $DH = CG$.

De plus, ces côtés sont parallèles deux à deux; par suite, les angles EAD, FBC sont égaux, comme ayant leurs côtés parallèles et dirigés dans le même sens. Il en est de même des autres angles, et les deux faces AEHD, BFGC sont égales comme ayant leurs côtés et leurs angles respectivement égaux. En outre, les faces sont parallèles, car, les angles DAE et CBF ayant leurs côtés parallèles, leurs plans sont aussi parallèles.

C. q. f. d.

714. Corollaire I. — *Deux faces opposées quelconques d'un parallélipipède peuvent être prises pour bases.*

715. Corollaire II. — *Toute section faite dans un parallélipipède par un plan qui rencontre deux faces opposées est un parallélogramme.*

En effet, les côtés opposés de la section sont parallèles, comme intersections de deux plans parallèles par un troisième.

Théorème.

716. *Si l'on mène un plan par deux arêtes opposées d'un parallélipipède, on obtient deux prismes triangulaires équivalents.*

Hypothèse : On a un parallélipipède AG, partagé en deux prismes triangulaires par le plan mené suivant les deux arêtes opposées BF, DH (fig. 472).

Conclusion : Ces deux prismes sont équivalents.

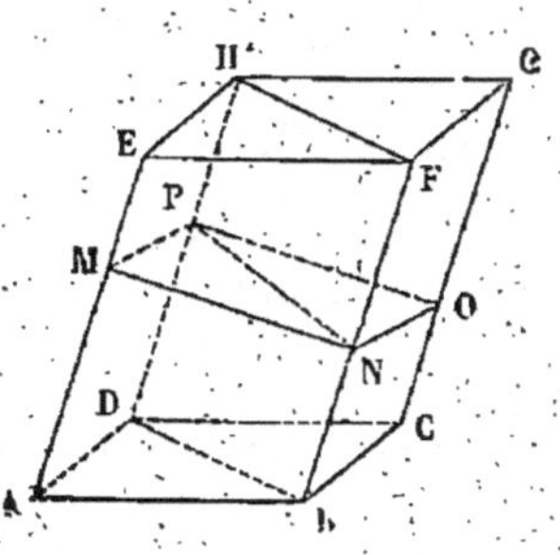

En effet, menons la section droite MNOP du parallélipipède; elle est divisée par le plan BDHF en deux triangles égaux MNP, ONP.

Fig. 472.

Le prisme AF est équivalent au prisme droit ayant pour base sa section droite MNP, et, pour hauteur, son arête BF. Le prisme CH est équivalent au prisme droit ayant pour base sa section droite ONP, et, pour hauteur, son arête BF.

Or, ces deux prismes droits sont égaux comme ayant des bases et des hauteurs égales (703). Donc les deux prismes obliques AF, CH, qui leur sont respectivement équivalents, sont aussi équivalents entre eux.

717. REMARQUE. — En partant de ce théorème et du fait évident que tout prisme est décomposable en prismes triangulaires, on rattache la mesure du volume d'un prisme quelconque à la mesure du volume du parallélipipède. Aussi commence-t-on la théorie de la mesure du volume du prisme par la détermination de la mesure du volume du parallélipipède.

EXERCICES

449. L'arête latérale d'un prisme droit est de 3 mètres; son périmètre de base a une longueur de 0 m. 95. Quelle est sa surface latérale?

450. Un prisme droit a comme bases des triangles équilatéraux dont les côtés sont égaux à la sixième partie des arêtes latérales. Sachant que les arêtes latérales ont 0 m. 84 centimètres de longueur, évaluer la surface totale du prisme.

451. Une colonne en fonte a la forme d'un prisme hexagonal régulier; sachant que le rayon des bases est de 0 m. 18 et que la hauteur de la colonne est de 3 m. 20, trouver la surface latérale de cette colonne.

452. Dans un tronc de prisme, la base ABC est un triangle isocèle, dont les angles A et C valent chacun 45° et le côté AC = 0 m. 8. Les arêtes latérales issues de A, de B et de C ont pour longueurs respectives 0 m. 5, 0 m. 9 et 1 m. 2 et sont perpendiculaires au plan de la base ABC. On demande 1° la surface latérale; 2° le rapport des aires des bases de ce tronc de prisme.

453. Les quatre diagonales d'un parallélipipède se rencontrent en un même point situé au milieu de chacune d'elles.

454. Dans un parallélipipède rectangle, le carré d'une diagonale est égal à la somme des carrés des trois dimensions du parallélipipède.

455. Quelle est la valeur de la diagonale d'un cube en fonction de son arête a? Effectuer le calcul pour $a = 0$ m. 45.

456. Couper un parallélipipède par un plan, de manière que la section obtenue soit un losange.

457. Couper un cube par un plan, de manière que la section obtenue soit un hexagone régulier.

458. Si dans un parallélipipède les diagonales sont égales, le parallélipipède est rectangle.

459. On donne trois droites A, B, C situées d'une façon quelconque dans l'espace; construire un parallélipipède ayant une arête sur chacune de ces droites.

460. On donne deux droites A, B non situées dans un même plan et l'on demande le lieu des centres des parallélipipèdes ayant une arête sur chacune de ces droites.

461. La somme des distances des sommets d'un parallélipipède à un plan qui lui est extérieur égale huit fois la distance du point d'intersection des diagonales de ce polyèdre au même plan.

462. Quel est le lieu géométrique des points d'un plan tels que la somme des carrés des distances de chacun d'eux aux sommets d'un parallélipipède soit égale au carré d'une quantité donnée?

CHAPITRE XXXIII

Volume du parallélipipède et du prisme.

718. Mesurer un volume, c'est chercher le nombre qui exprime combien de fois le volume considéré contient un autre volume pris pour unité. L'unité de volume est le cube qui a pour arête l'unité de longueur. On sait qu'en France l'unité de longueur est le mètre, ou ses multiples et sous-multiples, selon les cas. Les unités de volume sont donc des cubes ayant 1 mètre, 1 décimètre. 1 décamètre, etc. d'arête ; elles portent les noms de mètre cube, décimètre cube, décamètre cube, etc. On emploie encore, sous le nom de mesures de capacité, des unités de volume qui dérivent des précédentes ; ce sont : le litre, le décalitre, etc.

1° VOLUME DU PARALLÉLIPIPÈDE

Théorème.

719. *Le volume d'un parallélipipède rectangle a pour mesure le produit des nombres exprimant la mesure de ses trois dimensions, à condition qu'on prenne pour unité de volume le cube construit sur l'unité de longueur qui a servi à mesurer ses trois dimensions.*

Hypothèse : On a un parallélipipède rectangle dont les trois dimensions a, b, h, ont été mesurées avec une même unité de longueur.

Conclusion : $V = a \times b \times h$.

1° Supposons que l'unité de longueur adoptée soit le mètre et que a, b et h aient pour mesures respectives 3 mètres, 2 mètres et 4 mètres (fig. 473).

Divisons $AB = a$ en 3 parties égales, $BC = b$ en 2 parties égales et $BB' = h$ en 4 parties égales. Par les deux points de division marqués sur AB, menons deux plans parallèles à la face BCC'B', et, par le point de division marqué sur BC, menons un plan parallèle à la face ABB'A'. Ces plans divisent la base du parallélipipède en carrés de 1 mètre de côté, dont le nombre est manifestement exprimé par le produit 3×2.

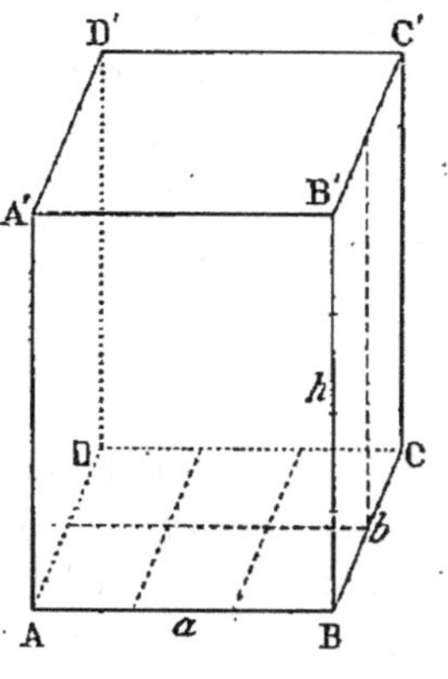

Fig. 473.

Menons maintenant par les trois points de division marqués sur BB' des plans parallèles à la base du parallélipipède ; ces plans décomposent le solide en 4 tranches formées chacune de 3×2 cubes ayant 1 mètre d'arête. Le nombre de ces cubes, contenus dans le parallélipipède, est, par suite, $3 \times 2 \times 4$. Nous dirons donc que le volume du parallélipipède est mesuré par le nombre 24, et l'on a obtenu ce nombre en faisant le produit des nombres qui mesurent les trois dimensions du parallélipipède.

Si les dimensions du parallélipipède ne sont pas exprimées par des nombres exacts de mètres, on les exprime, selon les cas, en décimètres, centimètres, etc., et, par un raisonnement analogue au précédent, on trouve que le volume du solide est exprimé par un nombre de décimètres cubes, de centimètres cubes, etc., égal au produit des nombres mesurant les trois dimensions du solide.

720. REMARQUE. — Le produit de deux des dimensions d'un parallélipipède rectangle donne la mesure de

l'aire d'un des rectangles qu'on peut prendre pour base; la troisième dimension est alors la hauteur. On peut donc dire que *la mesure du volume d'un parallélipipède rectangle est égale au produit des nombres exprimant l'aire de sa base et sa hauteur.*

721. Les trois dimensions d'un cube étant égales, il en résulte que le volume d'un cube est exprimé par la troisième puissance du nombre qui mesure son arête. C'est à cause de cette propriété qu'on a donné à la troisième puissance d'un nombre le nom de *cube* de ce nombre.

Théorème.

722. *Le volume d'un parallélipipède droit quelconque a pour mesure le produit des nombres exprimant la mesure de sa base et de sa hauteur.*

Hypothèse : On a un parallélipipède droit non rectangle AC′ de volume V, de base ABCD = b, de hauteur AA′ = h (fig. 474).

Conclusion : V = $b \times h$.

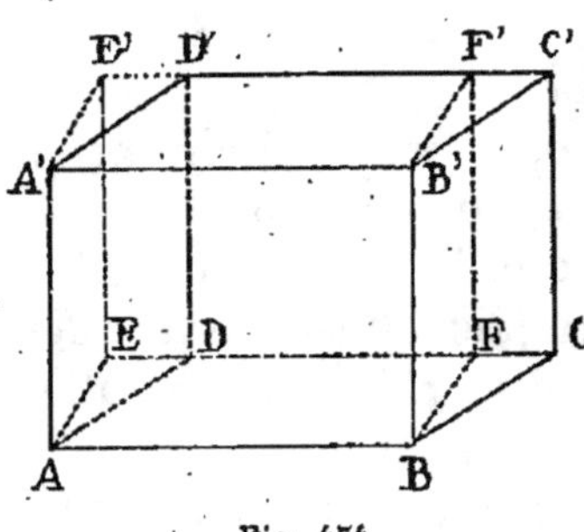

Fig. 474.

En effet, prenons momentanément pour base ADD′A′; l'arête latérale est AB et, ainsi considéré, le parallélipipède est oblique.

Or, tout parallélipipède oblique est équivalent au parallélipipède droit qui a pour base sa section droite, AEE′A′ et pour hauteur son arête latérale AB (711). En menant les sections droites en A et en B, on a le parallélipipède AF′ qui est un parallélipipède rectangle, car AA′, étant perpendiculaire par hypothèse au plan ABCD, est perpendiculaire à AE qui passe par son pied dans le plan; donc la section AEE′A′ est un rectangle. Ce parallélipipède rectangle AF′ a pour mesure

$AA' \times AB \times AE$; donc le parallélipipède droit AC', qui lui est équivalent, aura aussi pour mesure $AA' \times AB \times AE$ ou $AB \times AE \times AA'$. Mais $AB \times AE$ représente la surface du parallélogramme ABCD, base du parallélipipède, et AA' en est la hauteur. Donc : $V = b \times h$.

$$C. \, q. \, f. \, d.$$

Théorème.

723. *Le volume d'un parallélipipède oblique a pour mesure le produit des nombres exprimant la mesure de sa base et de sa hauteur.*

Hypothèse : On a un parallélipipède oblique AC' de volume V, de base ABCD $= b$, de hauteur $EH = h$ (fig. 475).

Conclusion : $V = b \times h$.

En effet, prenons momentanément pour base la face $AA'D'D$: l'arête latérale devient AB. Par le point A quelconque de l'arête AB, menons la section droite AEFG. Le parallélipipède oblique AC' est équivalent au parallélipipède droit

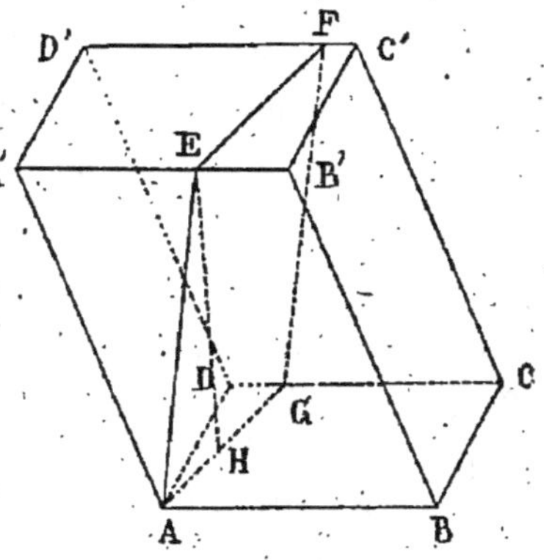

Fig. 475.

qui aura AEFG pour base et AB comme hauteur (711). Soit EH la perpendiculaire abaissée du point E sur le plan ABCD; cette droite est à la fois la hauteur du parallélipipède AC' et celle du parallélogramme AEFG, car elle est comprise dans le plan de ce quadrilatère (417) et est perpendiculaire au côté AG. Donc le parallélipipède droit a pour mesure $AG \times EH \times AB$. Le volume du parallélipipède oblique AC', qui lui est équivalent, aura aussi pour mesure $AG \times EH \times AB$ ou $AB \times AG \times EH$.

Maïs $AB \times AG$ représente la surface du parallélogramme ABCD, qui est la base du parallélipipède donné et EH est la hauteur de ce parallélipipède.

Donc ce parallélipipède a pour volume le produit des nombres exprimant sa base et sa hauteur, et l'on a :

$$V = b \times h. \qquad C. \; q. \; f. \; d.$$

724. Corollaire. — *Deux parallélipipèdes de bases équivalentes sont entre eux comme leurs hauteurs.*

En effet, soit P un parallélipipède de base b et de hauteur h, et P' un second parallélipipède de base b et de hauteur h'.

On a :
$$P = bh$$

et
$$P' = bh';$$

d'où, en divisant membre à membre :

$$\frac{P}{P'} = \frac{bh}{bh'} = \frac{h}{h'}.$$

725. *On démontrerait de même que deux parallélipipèdes de même hauteur sont entre eux comme leurs bases.*

726. L'équivalence entre un parallélipipède rectangle et un parallélipipède oblique, qui auraient des bases égales et des hauteurs égales, peut être rendue évidente de la façon suivante :

Prenons un paquet de cartes de visite minces, et formons-en un parallélipipède rectangle (fig. 476) qui ait pour base la carte inférieure ABCD, et pour hauteur l'épaisseur totale des cartes.

Sans déranger la carte inférieure, pressons obliquement sur les autres cartes de façon à faire déborder très légèrement, et dans deux sens, la 2ᵉ carte sur la 1ʳᵉ, la 3ᵉ sur la 2ᵉ, la 4ᵉ sur la 3ᵉ, et ainsi de suite. Si les cartes sont suffisamment minces, les faces latérales seront très sensiblement planes et le paquet de cartes aura pris la forme d'un parallélipipède oblique (fig. 477). Ce parallélipipède a évidemment la même base, la même hauteur et le même volume que le premier. On obtiendra donc son volume comme celui du parallélipipède rectangle.

Cette démonstration, indépendante de la forme de la carte, convient évidemment au cas où cette carte serait un parallélogramme, un triangle, un polygone quel-

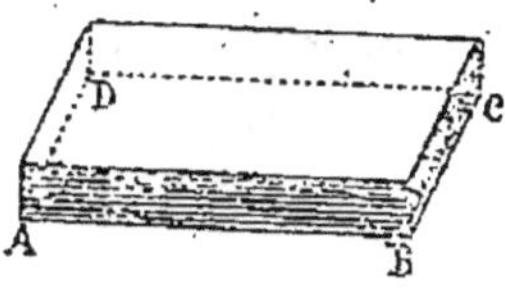

Fig. 476.

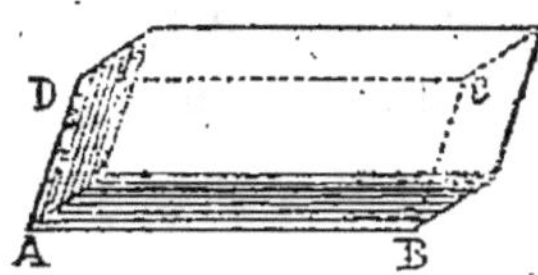

Fig. 477.

conque, et montre qu'un prisme oblique est équivalent à un prisme droit qui aurait même base et même hauteur que le premier.

727. *Application.* — *Une auge en pierre ayant la forme d'un parallélipipède rectangle a pour dimensions intérieures 1 m. 10 de longueur, 0 m. 75 de largeur et 0 m. 50 de profondeur.*

Calculer la capacité de cette auge.

Solution. — D'après le théorème 719, on a immédiatement :

$$V = 1 \text{ m. } 10 \times 0,75 \times 0,50 = 0 \text{ mc. } 412\,500.$$

ou :   412 dmc. 500.

Le décimètre cube étant équivalent au litre, la capacité de l'auge est donc de 412 l. 5.

2° VOLUME DU PRISME

Théorème.

728. *Le volume d'un prisme a pour mesure le produit des nombres exprimant la mesure de sa base et de sa hauteur.*

Hypothèse : On a un prisme quelconque de base b et de hauteur h.

Conclusion : Son volume V est égal au produit des nombres exprimant la mesure de *b* et *h*.

1° Soit d'abord le prisme triangulaire ABC A'B'C' (fig. 478), qui a ABC pour base et B'K pour hauteur. Par les points B et C, je mène BD parallèle à AC et CD parallèle à AB. Par le point d'intersection D ainsi obtenu, je mène DD' parallèle et égale à AA', et je joins D'C' et D'B'; j'obtiens ainsi le parallélipipède AD', qui est

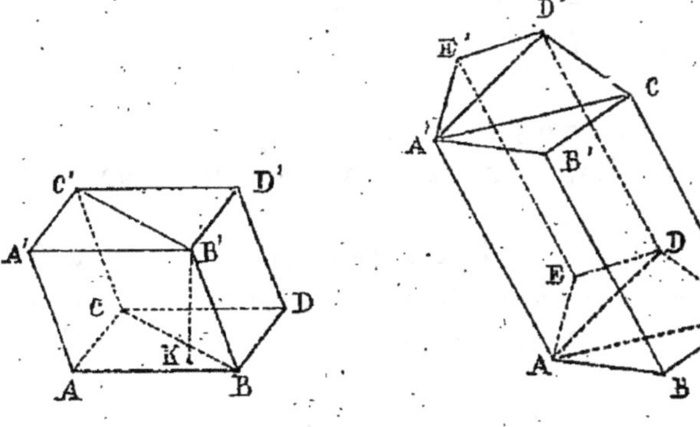

Fig. 478.Fig. 479.

coupé par le plan CBB'C' en deux prismes triangulaires équivalents (113). Or ce parallélipipède AD' a pour mesure sa base ABDC multipliée par sa hauteur B'K. Donc sa moitié, c'est-à-dire le prisme AB', aura pour mesure $\dfrac{ABDC}{2}$ ou ABC multiplié par B'K.

2° Soit en second lieu le prisme polygonal AC' (fig. 479). Décomposons ce prisme en prismes triangulaires, en menant des plans par l'arête AA' et par chacune des arêtes DD' et CC'. Ces prismes triangulaires ont la même hauteur que le prisme polygonal et pour bases respectives les triangles ABC, ACD et ADE. Or chacun d'eux a pour mesure le produit de sa base par sa hauteur; donc le volume du prisme polygonal aura pour expression :

$$V = (ABC + ADC + ADE) \times h$$
$$= ABCDE \times h = b \times h.$$

729. Corollaire. — *Deux prismes de hauteurs égales
et de bases équivalentes sont équivalents.*

729 bis. Remarque. Les corollaires 724 et 725 sont
applicables au prisme; il suffit de remplacer le mot
parallélipipèdes par le mot *prismes*.

La démonstration est la même pour les prismes que
pour les parallélipipèdes.

EXERCICES

463. Une règle a 30 centimètres de longueur, 3 centimètres de
largeur et 1 millimètre d'épaisseur; quel est son volume en centimètres cubes?

464. Deux parallélipipèdes de bases équivalentes ont pour
volume 4 mc. 500 et 3 mètres cubes; le premier a 5 mètres de hauteur; quelles sont la hauteur du 2° et les bases de chacun d'eux?

465. Quel est le volume d'un cube dont la diagonale a 1 m. 50?

466. Un prisme a pour base un triangle équilatéral de 0 m. 35
de côté; on demande d'évaluer son volume, sachant qu'il a 1 m. 20
de hauteur.

467. Le volume d'un prisme triangulaire est égal à la moitié du
produit de l'une de ses faces par la distance de cette face à l'arête
qui lui est opposée.

468. Un prisme droit a pour base un octogone régulier. Le
volume de ce prisme est de 6 mètres cubes, et sa hauteur 1 m. 60.
On demande la surface latérale de ce prisme.

469. Un mur, en forme de pignon, est formé par un rectangle
surmonté d'un triangle rectangle isocèle. La largeur du mur est
4 m. 80, la hauteur totale 6 m. 40 et l'épaisseur 0 m. 50. On demande
le volume de ce mur.

470. Trouver les trois dimensions, le volume et la surface
totale d'un parallélipipède rectangle, sachant :

1° Que son volume est égal au produit de sa surface totale
par $\frac{2}{7}$;

2° Que l'une de ses trois dimensions est moyenne géométrique
entre les deux autres;

3° Que la somme de ces deux dernières dimensions est 5 m. (éq. du 2° degré).

471. Un parallélipipède rectangle a pour volume 216 mètres cubes; l'une de ses arêtes est moyenne géométrique entre les deux autres et la somme des trois arêtes vaut 19 mètres. Calculer la longueur des trois arêtes.

472. Un diamant de forme cubique ayant été abîmé par accident, on est obligé de le faire tailler en forme de parallélipipède rectangle; la base de ce parallélipipède est le carré ayant pour sommets les milieux A', B', C', D' de la face ABCD du cube primitif; la hauteur du parallélipipède est de 1 centimètre. On le vend sous cette forme 1408 francs, à raison de 200 francs le gramme. Avant l'accident, il valait 22 528 francs. Sachant que le prix d'un diamant varie proportionnellement au carré de son poids, trouver : 1° la longueur de l'arête du diamant primitif; 2° la densité de ce diamant.

473. Si, sur trois droites parallèles et non situées dans le même plan, on prend les longueurs AA', BB', CC' égales à une droite donnée, le volume du prisme triangulaire AA'BB'CC' est constant, quelles que soient les positions respectives des arêtes AA', BB', CC'.

474. Trouver le volume et la surface totale d'un prisme régulier dont la base est un octogone de côté a, la hauteur étant égale au côté de l'octogone étoilé inscrit dans le même cercle que l'octogone de base. Effectuer les calculs pour $a = 1$ mètre.

475. Un bassin a la forme d'un prisme régulier dont la base est un octogone de 10 mètres de côté; le fond de ce bassin est horizontal et la hauteur de l'eau qui y est contenue est 0 m. 75. Calculer en Hl le volume de cette eau.

476. Dans tout prisme quadrangulaire, la somme des carrés des arêtes surpasse la somme des carrés des diagonales de huit fois le carré de la droite qui joint les milieux communs de ces diagonales considérées deux à deux. Application au parallélipipède quelconque.

CONSEILS. — S'habituer à bien distinguer les différentes espèces de parallélipipèdes et de prismes.

Il est indispensable de se rappeler l'enchaînement des propositions qui conduisent à la mesure des différents polyèdres.

Construire les polyèdres en carton, en commençant par dessiner le développement de leurs surfaces; faire une incision le long des arêtes, de manière à pouvoir replier plus facilement l'une contre l'autre les différentes parties de la figure.

Ce conseil s'applique à tous les polyèdres.

CHAPITRE XXXIV

Pyramide.

Théorème.

730. *La surface latérale d'une pyramide régulière a pour mesure le produit des nombres exprimant la mesure du périmètre du polygone de base et de la moitié de l'apothème de la pyramide.*

Hypothèse : On a une pyramide régulière SABCDE dont le périmètre de la base est p, l'apothème $SH = k$ et la surface latérale S (fig. 480).

Conclusion :

$$S = p \times \frac{SH}{2} = p \times \frac{k}{2}.$$

En effet, la surface latérale de la pyramide SABCDE se compose de la surface de cinq triangles isocèles égaux entre eux, comme ayant tous leurs côtés égaux chacun à chacun. Or la surface de l'un d'entre eux, SAB par exemple, est égale à $AB \times \frac{SH}{2}$; donc la surface

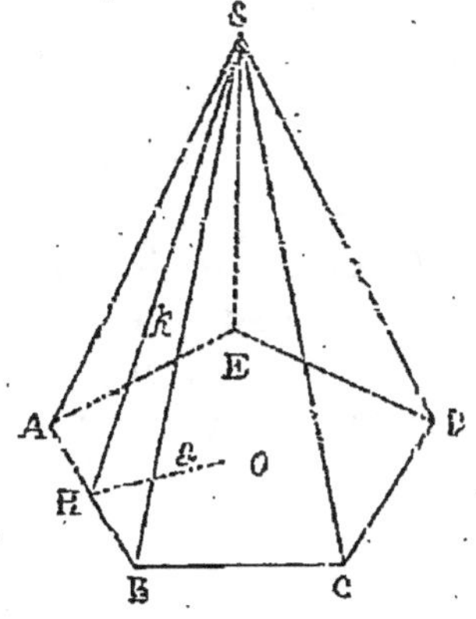

Fig. 480.

des cinq triangles et, par suite, la surface latérale de la pyramide, sera égale à $5AB \times \frac{SH}{2}$. Mais $5AB = $ périmètre $= p$; d'où, d'une manière générale :

$$S = p \times \frac{SH}{2} = p \times \frac{k}{2}.$$

731. Surface totale. — La surface totale de la pyramide étant égale à la surface latérale augmentée de la surface de la base, on a :

$$S. \text{ totale} = S. \text{ latérale} + S. \text{ base}.$$

Surf. latérale $= p \times \dfrac{k}{2}.$

Surf. base $= p \times \dfrac{a}{2}$, si l'on appelle a l'apothème du polygone de base;
d'où :

Surf. totale $= p \times \dfrac{k}{2} + p \times \dfrac{a}{2} = p\left(\dfrac{k}{2} + \dfrac{a}{2}\right)$

$$p \times \frac{k+a}{2} = \frac{p}{2}\left(a+k\right).$$

732. Remarque. — Si la pyramide est irrégulière, on obtiendra la surface latérale en calculant séparément les surfaces de chacun des triangles qui composent cette surface latérale, et en faisant la somme des résultats obtenus.

On obtiendra la surface totale en ajoutant à la surface latérale la surface de la base. Cette dernière surface se calcule comme il a été dit aux chapitres relatifs à la mesure des surfaces.

Théorème.

733. 1° *Tout plan parallèle à la base d'une pyramide divise les arêtes latérales et la hauteur en parties proportionnelles.* — **2°** *La section faite dans la pyramide est semblable à la base.* — **3°** *La section et la base sont proportionnelles aux carrés de leurs distances au sommet.*

Hypothèse : On a une pyramide SABCDE coupée par

un plan parallèle à la base qui détermine une section A'B'C'D'E' (fig. 481).

Conclusions : 1° les arêtes et la hauteur sont toutes partagées en parties proportionnelles ; 2° la section A'B'C'D'E' est semblable à la base ; 3° la section et la base sont entre elles comme les carrés de leurs distances SO' et SO au sommet.

En effet, 1° de ce que le plan sécant est parallèle à la base, les intersections A'B', B'C', etc., sont parallèles respectivement à AB, BC, etc., comme intersections de deux plans parallèles par un troisième. Donc les triangles SA'B' et SAB

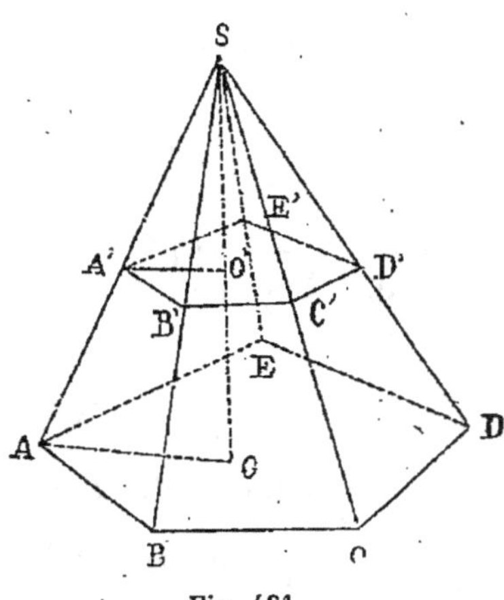

Fig. 481.

sont semblables et l'on peut écrire $\dfrac{SA'}{SA} = \dfrac{SB'}{SB}$; de même, les triangles SB'C' et SBC sont semblables et l'on a : $\dfrac{SB'}{SB} = \dfrac{SC'}{SC}$. On démontrerait de même que $\dfrac{SC'}{SC} = \dfrac{SD'}{SD}$, et ainsi de suite. La hauteur de la pyramide rencontre les deux plans parallèles en O' et O ; si nous joignons A'O' et AO, nous formons les triangles SA'O' et SAO, qui ont aussi le côté A'O' parallèle à AO, comme intersection de deux plans parallèles par un troisième ; donc les triangles SA'O' et SAO sont aussi semblables et l'on a : $\dfrac{SO'}{SO} = \dfrac{SA'}{SA}$.

Toutes ces proportions ayant deux à deux un rapport commun, on en déduit :

$$\frac{SA'}{SA} = \frac{SB'}{SB} = \frac{SC'}{SC} = \cdots = \frac{SO'}{SO}.$$

2º De la similitude des triangles SA'B' et SAB, on tire :

$$\frac{SB'}{SB} = \frac{A'B'}{AB};\qquad(1)$$

d'autre part, de la similitude des triangles SB'C' et SBC, on tire :

$$\frac{SB'}{SB} = \frac{B'C'}{BC}.\qquad(2)$$

Les deux proportions (1) et (2) ayant un rapport commun, les deux autres rapports sont en proportion, et l'on a :

$$\frac{A'B'}{AB} = \frac{B'C'}{BC}.$$

On prouverait de même l'égalité des deux rapports $\frac{B'C'}{BC}$ et $\frac{C'D'}{CD}$, puis celle des rapports $\frac{C'D'}{CD}$ et $\frac{D'E'}{DE}$, et ainsi de suite. Les deux polygones ont donc leurs côtés homologues proportionnels. D'ailleurs, les angles A'B'C' et ABC ont leurs côtés parallèles et dirigés dans le même sens; ils sont donc égaux. Il en est de même pour les angles B'C'D' et BCD, puis pour les angles C'D'E' et CDE, etc. Les deux polygones A'B'C'D'E' et ABCDE, ayant leurs angles égaux chacun à chacun et leurs côtés homologues proportionnels, sont semblables.

3º Nous savons que les surfaces de deux polygones semblables sont entre elles comme les carrés de leurs côtés homologues; donc on peut écrire :

$$\frac{A'B'C'D'E'}{A\,B\,C\,D\,E} = \frac{A'B'^2}{AB^2}.\qquad(3)$$

Mais nous venons de voir que :

$$\frac{SO'}{SO} = \frac{SA'}{SA} \quad \text{et que} \quad \frac{SA'}{SA} = \frac{A'B'}{AB};$$

donc :

$$\frac{SO'}{SO} = \frac{A'B'}{AB};$$

en élevant au carré tous les termes de cette proportion, on a :

$$\frac{SO'^2}{SO^2} = \frac{A'B'^2}{AB^2}.$$

Remplaçant dans l'égalité (3) $\frac{A'B'^2}{AB^2}$ par sa valeur $\frac{SO'^2}{SO^2}$, on a :

$$\frac{A'B'C'D'E'}{ABCDE} = \frac{SO'^2}{SO^2}. \qquad C.\ q.\ f.\ d.$$

734. La dernière partie de ce théorème prouve que les quantités de lumière reçues normalement par l'unité de surface sont inversement proportionnelles aux carrés des distances de la surface à la source lumineuse.

Par suite, si A'B'C'D'E' (fig. 481) est prise pour unité de surface et que $SO = 2\,SO'$, on aura :

$$ABCDE = 4\,A'B'C'D'E'.$$

Donc, si une source lumineuse est en S, chaque unité de surface de ABCDE recevra 4 fois moins de lumière que chaque unité de surface de A'B'C'D'E'.

Théorème.

735. *Si deux pyramides ont des hauteurs égales et qu'on les coupe par des plans parallèles aux bases et également distants des sommets, les sections sont entre elles dans le même rapport que les bases.*

Hypothèse : On a deux pyramides SABC et S'DEFH, qui ont des hauteurs égales et sont coupées par des plans parallèles aux bases et à des distances égales des sommets (fig. 482).

Conclusion : Les sections A'B'C' et D'E'F'H' sont entre elles comme les bases, c'est-à-dire qu'on aura :

$$\frac{A'B'C'}{ABC} = \frac{D'E'F'H'}{DEFH}.$$

En effet, lorsqu'une pyramide est coupée par un plan parallèle à la base, la section et la base sont entre elles

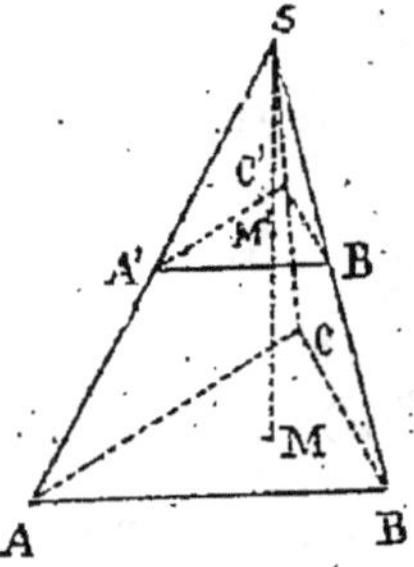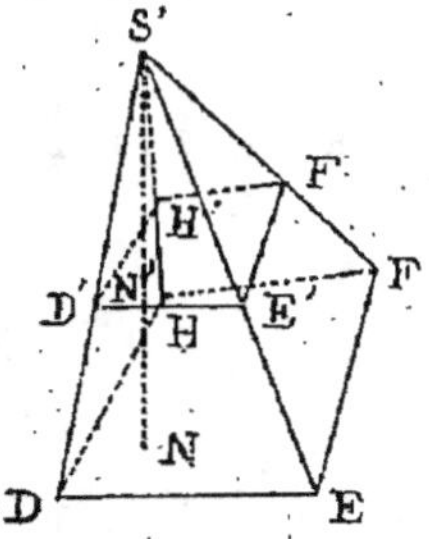

Fig. 482.

comme les carrés de leurs distances au sommet; donc, dans la pyramide SABC, on a :

$$\frac{A'B'C'}{ABC} = \frac{\overline{SM'}^2}{\overline{SM}^2}.$$

De même, dans la pyramide S'DEFH, on a :

$$\frac{D'E'F'H'}{DEFH} = \frac{\overline{S'N'}^2}{\overline{S'N}^2}.$$

Mais, par hypothèse, $SM' = S'N'$ et $SM = S'N$; donc :

$$\frac{\overline{SM'}^2}{\overline{SM}^2} = \frac{\overline{S'N'}^2}{\overline{S'N}^2}.$$

et, par suite : $\qquad \dfrac{A'B'C'}{ABC} = \dfrac{D'E'F'H'}{DEFH}.$ $\qquad$ C. q. f. d.

736. Corollaire. — *Si les bases sont équivalentes, les sections sont aussi équivalentes.*

En effet, dans la proportion précédente, si les dénominateurs sont égaux, les numérateurs le sont aussi.

Théorème.

737. *Deux pyramides triangulaires de bases équivalentes et de hauteurs égales sont équivalentes.*

Hypothèse : On a deux pyramides triangulaires SABC et S'A'B'C' de même hauteur MN et de bases équivalentes, ABC et A'B'C' (fig. 483).

Conclusion : La pyramide SABC est équivalente à la pyramide S'A'B'C'.

En effet, divisons l'arête SA en n parties égales et, par les points de division, menons les plans parallèles à la base. Sur chaque section, considérée comme base supérieure, construisons le prisme ayant pour arête

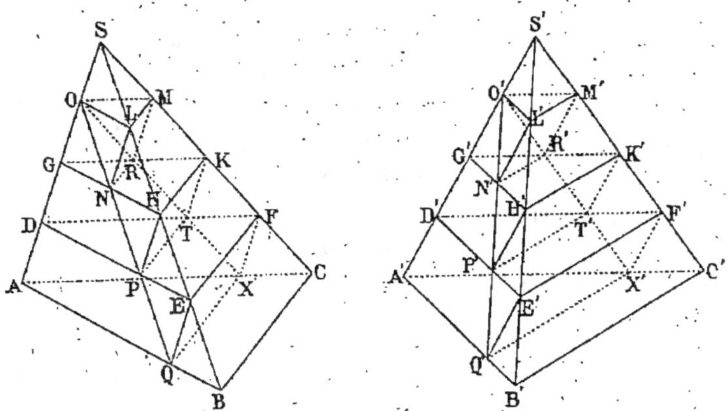

Fig. 483.

latérale, en grandeur et en direction, la partie correspondante de SA. Nous aurons ainsi $n-1$ prismes inscrits dans la pyramide S.

1° Il est évident que la somme P de ces prismes, variable avec n, est inférieure au volume V de la pyramide S.

2° On voit facilement aussi que les triangles SOL, LNH, HPE... sont égaux comme ayant un angle égal compris entre deux côtés égaux chacun à chacun; dès lors :

$$OL = NH = PE = \ldots$$

Ces portions de droites étant parallèles et ayant une

de leurs extrémités sur SB, leurs autres extrémités sont sur la droite OQ, parallèle à SB.

On démontrerait de même que les points O, R, T... sont sur la droite OX, parallèle à SC.

On en conclut que le plan des deux droites concourantes OQ, OX est parallèle à la face BSC de la pyramide S.

3° Considérons la pyramide OAQX; il est encore évident que son volume v, variable avec n, est inférieur à P; on a donc :

$$v < P < V.$$

4° Les résultats précédents sont vrais, quel que soit n. Si n croît indéfiniment, SO tend vers zéro, le plan QOX tend vers le plan BSC et, par suite, v tend vers V; comme P n'a pas cessé d'être compris entre v et V, on peut dire que sa limite est également V.

5° Divisons maintenant l'arête S'A' de la seconde pyramide en n parties égales; par les points de division menons les plans parallèles à la base A'B'C' et inscrivons, comme dans la première pyramide, des prismes au nombre de $n - 1$.

Par un raisonnement analogue au précédent, on démontrera que la limite de la somme P' des volumes de ces prismes, quand n croît indéfiniment, n'est autre que le volume V' de cette seconde pyramide.

6° Les prismes des deux pyramides étant équivalents chacun à chacun comme ayant des bases équivalentes et des hauteurs égales, on en conclut que P = P', quel que soit n.

Cette égalité aura donc lieu encore à la limite, c'est-à-dire qu'on aura :   limite P = limite P'

ou : $V = V'$.   *C. q. f. d.*

Théorème.

738. *Le volume d'une pyramide triangulaire a pour mesure le tiers du produit des nombres exprimant la mesure de sa base et de sa hauteur.*

Hypothèse : On a une pyramide triangulaire SABC de base ABC $= b$ et de hauteur SH $= h$ (fig. 484).

Conclusion : On doit avoir :

$$V = \frac{\text{Surface ABC} \times \text{SH}}{3},$$

ou
$$V = \frac{b \times h}{3} \text{ ou } V = \frac{1}{3} bh.$$

En effet, construisons, sur ABC comme base, le prisme ayant SB pour arête. Pour cela, par le point S menons SD parallèle à AB et SE parallèle à BC ; puis, par le point A, menons AD parallèle à SB et, par le point C, menons CE parallèle aussi à SB ; joignons DE. Nous obtenons ainsi le prisme triangulaire ABCSDE.

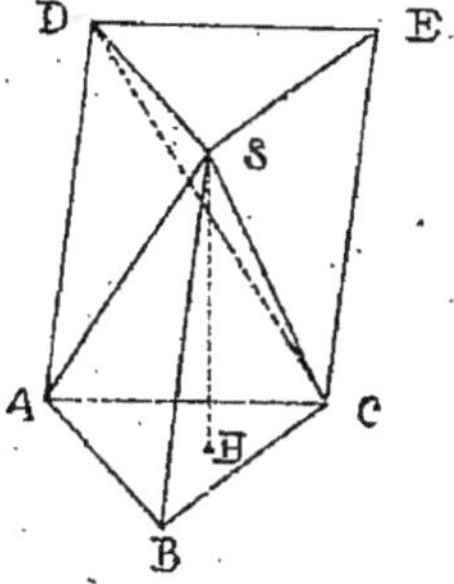

Fig. 484.

Or, le prisme triangulaire ABCS DE se compose de la pyramide triangulaire SABC et de la pyramide quadrangulaire SACED. Faisons passer un plan par les arêtes SD et SC ; nous décomposons ainsi la pyramide quadrangulaire SACED en deux pyramides triangulaires SDEC et SDAC, qui sont équivalentes comme ayant des bases DEC et DAC égales et même hauteur (737) : la perpendiculaire abaissée du sommet S sur le plan ACED. Mais la pyramide SDEC peut être considérée comme ayant son sommet en C et, comme base, DSE ; elle est donc équivalente à la pyramide SABC, comme ayant des bases égales ABC $=$ SDE et même hauteur, la distance SH. Il en résulte que les trois pyramides SABC, SDEC et SDAC sont équivalentes. Par suite, la pyramide SABC est le tiers du prisme et elle a la base et la hauteur du prisme. Mais le prisme ABCSDE a pour mesure ABC $\times$ SH ; donc la pyramide SABC aura pour mesure $\dfrac{\text{ABC} \times \text{SH}}{3}$;

ou : $\qquad V = \dfrac{b \times h}{3}$ ou encore $V = \dfrac{1}{3}\, bh.$

C. q. f. d.

Théorème.

739. *Le volume d'une pyramide quelconque a pour mesure le tiers du produit des nombres exprimant la mesure de sa base et de sa hauteur.*

Hypothèse : On a une pyramide non triangulaire SABCDE de base $\mathrm{ABCDE} = b$ et de hauteur $\mathrm{SO} = h$ (fig. 485).

Conclusion : Son volume aura pour mesure :

$$V = \frac{\text{Surface ABCDE} \times \mathrm{SO}}{3} = \frac{b \times h}{3}.$$

En effet, la pyramide polygonale peut être décomposée en pyramides triangulaires de même hauteur et ayant pour bases les divers triangles ABC, ACD, AED, qui forment la base polygonale. Or le volume d'une pyramide triangulaire a pour mesure le tiers du produit des nombres mesurant sa base et sa hauteur ; on pourra donc écrire :

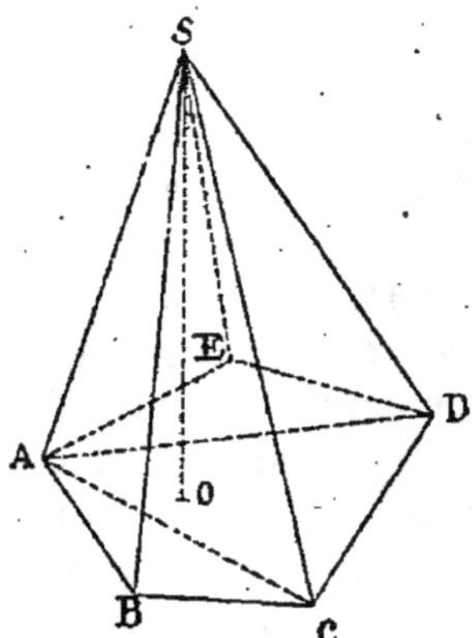

Fig. 485.

$$\text{Vol. SABC} = \frac{\mathrm{ABC} \times \mathrm{SO}}{3}.$$

$$\text{Vol. SACD} = \frac{\mathrm{ACD} \times \mathrm{SO}}{3}.$$

$$\text{Vol. SAED} = \frac{\mathrm{AED} \times \mathrm{SO}}{3}.$$

Additionnant membre à membre, on aura :

$$\text{Vol. SABCDE} = \frac{(\mathrm{ABC} + \mathrm{ACD} + \mathrm{AED}) \times \mathrm{SO}}{3}$$

$$= \frac{\mathrm{ABCDE} \times \mathrm{SO}}{3},$$

où :
$$V = \frac{b \times h}{3} \text{ ou } V = \frac{1}{3}\, bh.$$

C. q. f. d.

740. Corollaire I. — *Deux pyramides polygonales, qui ont des bases équivalentes et des hauteurs égales, sont équivalentes.*

741. Corollaire II. — *Pour trouver le volume d'un polyèdre quelconque, il suffit de le décomposer en pyramides; la somme des volumes de ces pyramides donnera le volume du polyèdre.*

Pour opérer la décomposition en pyramides, on peut choisir pour sommet commun de ces pyramides un point situé à l'intérieur du polyèdre et le joindre à chacun des sommets du solide.

On peut aussi prendre pour sommet commun des pyramides un des sommets du polyèdre.

Si l'on peut trouver à l'intérieur du polyèdre un point également distant de toutes ses faces, en prenant ce point pour sommet commun des pyramides, il est évident que le volume du polyèdre aura pour mesure le tiers du produit du nombre qui mesure son aire par le nombre qui mesure la portion de perpendiculaire abaissée du point choisi sur l'une des faces. C'est ainsi, par exemple, qu'on peut obtenir le volume du dodécaèdre régulier.

TRONC DE PYRAMIDE A BASES PARALLÈLES

742. Un *tronc de pyramide à bases parallèles* est la portion de pyramide comprise entre la base et un plan parallèle à cette base. La section déterminée par ce plan est la seconde base du tronc. La hauteur du tronc est la perpendiculaire commune aux deux bases : Ex. : OO′ (fig. 486).

Si la pyramide dont provient le tronc est régulière, le tronc obtenu est aussi régulier. Dans ce cas, ses faces latérales sont des trapèzes évidemment égaux et la hauteur d'un de ces trapèzes est dite *apothème* du tronc. Ex. : FF' (fig. 486).

Théorème.

743. *La surface latérale d'un tronc de pyramide régulier a pour mesure le produit des nombres exprimant la mesure de la demi-somme des périmètres des bases et de l'apothème.*

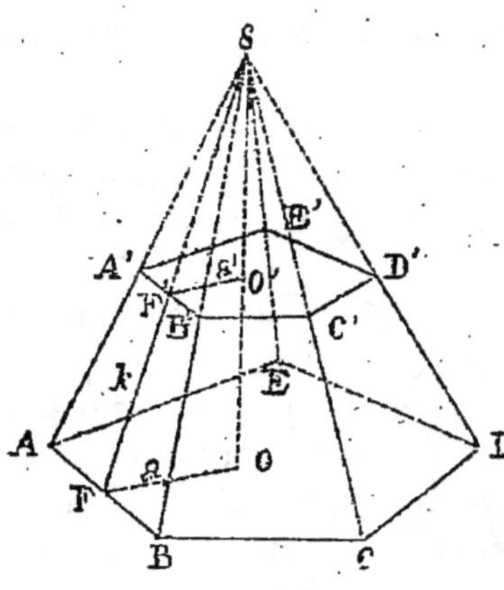

Fig. 486.

Hypothèse : On a un tronc de pyramide régulier ABCDEA'B'C'D'E', obtenu en coupant la pyramide régulière SABCDE par le plan A'B'C'D'E' parallèle à la base; les périmètres des bases sont p et p', l'apothème du tronc est FF' $= k$ et la surface latérale S (fig. 486).

Conclusion : $S = \dfrac{p + p'}{2} \times k.$

En effet, la surface latérale se compose de cinq trapèzes égaux.

Or le trapèze ABA'B' a pour mesure :

$$\frac{AB + A'B'}{2} \times FF'.$$

La surface latérale du tronc aura donc pour mesure :

$$\frac{AB + A'B'}{2} \times FF' \times 5 = \frac{5\,(AB + A'B')}{2} \times FF',$$

d'où : $\qquad S = \dfrac{5\,AB + 5\,A'B'}{2} \times FF'.$

Mais $5\,AB = p$, $5\,A'B' = p'$ et $FF' = k$;

donc :
$$S = \frac{p+p'}{2} \times k. \qquad\qquad C.\ q.\ f.\ d.$$

744. Surface totale. — La surface totale est égale à la surface latérale augmentée de la somme des surfaces des bases.

Si a et a' sont les apothèmes des polygones réguliers de périmètres p et p', on a :

$$\text{Surf. totale} = \frac{p+p'}{2} \times k + \frac{p}{2} \times a + \frac{p'}{2} \times a'$$

$$= \frac{p}{2} \times k + \frac{p'}{2} \times k + \frac{p}{2} \times a + \frac{p'}{2} \times a'$$

$$= \frac{p}{2}(a+k) + \frac{p'}{2}(a'+k).$$

745. Remarque. — Lorsque la pyramide dont provient le tronc est irrégulière, le tronc est lui-même irrégulier. Dans ce cas, on obtiendra la surface latérale en calculant séparément les surfaces de chacun des trapèzes formant les faces latérales, et en faisant la somme des résultats obtenus.

On obtiendra la surface totale en ajoutant à la surface latérale, précédemment obtenue, la somme des surfaces des bases, ces deux surfaces se calculant séparément comme il a été dit aux chapitres relatifs à la mesure des aires.

Théorème.

746. *Le volume d'un tronc de pyramide à bases parallèles est équivalent à la somme des volumes de trois pyramides ayant pour hauteur commune la hauteur du tronc et pour bases respectives : l'une, la grande base, l'autre, la petite base, et la troisième, la moyenne proportionnelle entre les deux bases du tronc.*

Hypothèse : On a un tronc de pyramide à bases parallèles, B et b, et pour hauteur h.

$$Conclusion : V = \frac{Bh}{3} + \frac{bh}{3} + \frac{h\sqrt{B \times b}}{3}.$$

1° Prenons d'abord un tronc de pyramide triangulaire obtenu en coupant la pyramide SABC par un plan DEF parallèle à la base. Soit le tronc de pyramide triangu-

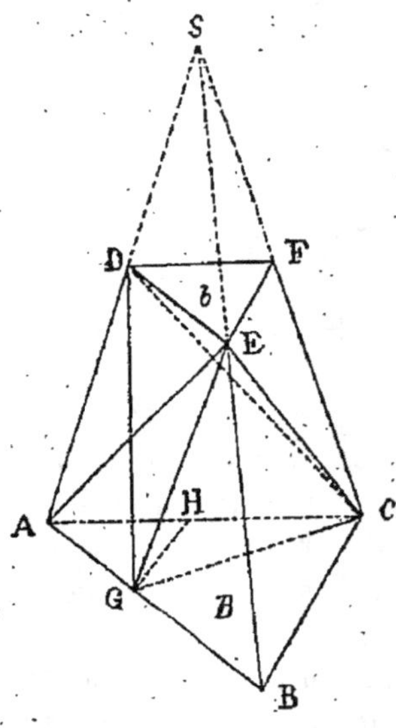

Fig. 487.

laire ABCDEF. Menons le plan AEC; nous décomposons ainsi le tronc de pyramide en deux pyramides, l'une EABC triangulaire, et l'autre EACFD quadrangulaire (fig. 487).

La pyramide triangulaire EABC, ayant son sommet en E, a pour hauteur la hauteur du tronc et pour base la grande base du tronc ABC; c'est donc la première pyramide annoncée.

Si, par les arêtes DE et EC de la pyramide quadrangulaire, on fait passer un plan, on décompose celle-ci en deux pyramides triangulaires EDFC et EDAC.

La pyramide EDFC, ayant son sommet en E et ayant pour base DFC, peut être considérée comme ayant son sommet en C et comme base DEF : elle a donc la même hauteur que le tronc et pour base la petite base du tronc; c'est donc la deuxième pyramide.

Menons, par le point E, la parallèle EG à DA, et joignons GD et GC. La pyramide EDAC est équivalente à la pyramide GADC, comme ayant même base ADC et des hauteurs égales (737), puisque les points E et G sont sur une même parallèle au plan ADC. Mais cette dernière pyramide GADC peut être considérée comme ayant son sommet en D et comme base AGC; elle a donc la même hauteur que le tronc. Il reste à démontrer que sa base AGC est moyenne proportionnelle entre ABC et DEF.

Par le point G, menons GH parallèle à BC et, par suite, à EF. On forme ainsi un triangle AGH, qui est égal au triangle DEF; en effet, $AG = DE$ comme parallèles comprises entre parallèles, et les angles HAG et AGH sont égaux respectivement aux angles FDE et DEF comme ayant leurs côtés parallèles et dirigés dans le même sens. D'autre part, les triangles AGH et AGC ont même hauteur (la distance du sommet G à la droite AC); ils sont entre eux comme leurs bases, et l'on peut écrire :

$$\frac{AGH}{AGC} = \frac{AH}{AC}. \qquad (1)$$

De même, les deux triangles AGC et ABC ont même hauteur (la distance du sommet C à la droite AB) ; donc ils sont entre eux comme leurs bases, et l'on a :

$$\frac{AGC}{ABC} = \frac{AG}{AB}. \qquad (2)$$

Mais, à cause du parallélisme des droites GH et BC, on a :

$$\frac{AH}{AC} = \frac{AG}{AB}.$$

Les proportions (1) et (2), ayant deux rapports égaux chacun à chacun, les deux autres rapports sont égaux; donc :

$$\frac{AGH}{AGC} = \frac{AGC}{ABC},$$

et, en remplaçant AGH par son égal DEF, on a :

$$\frac{DEF}{AGC} = \frac{AGC}{ABC}.$$

Donc AGC est moyen proportionnel entre DEF et ABC.

La pyramide GADC, et, par suite, EDAC, est donc la 3ᵉ pyramide annoncée.

2° Soit maintenant un tronc de pyramide non triangulaire ABCDEFGK (fig. 488) obtenu en coupant la pyramide S par un plan parallèle à sa base. Construisons une autre pyramide T, ayant une hauteur TO égale à la hauteur SH de la pyramide S et pour base un triangle MNQ équivalent à la base ABCD. Ces deux pyramides,

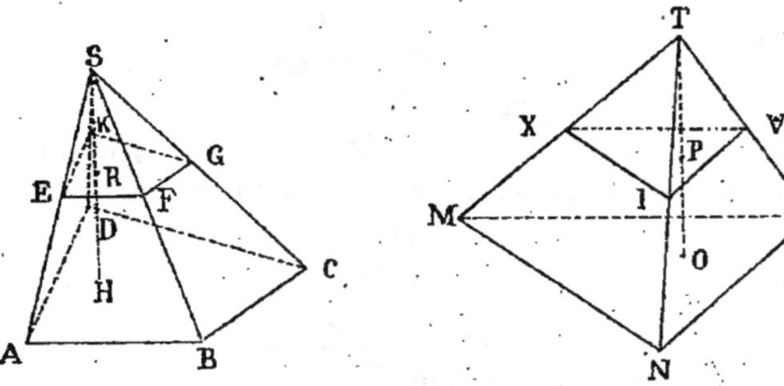

Fig. 488.

ayant même hauteur et des bases équivalentes, sont équivalentes (737).

Prenons sur TO une longueur TP égale à SR, distance de la base EFGK au sommet S, et menons par le point P un plan parallèle à la base MNQ, qui coupe la pyramide T suivant la section XIV. Nous savons que les sections faites à des distances égales des sommets sont proportionnelles aux bases (735), et, comme les bases ABCD et MNQ sont équivalentes, les sections EFGK et XIV sont aussi équivalentes. Les deux pyramides SEFGK et TXIV, ayant des hauteurs égales et des bases équivalentes, sont donc aussi équivalentes.

Mais, si des deux grandes pyramides équivalentes on retranche les deux petites pyramides aussi équivalentes, les deux restes, c'est-à-dire les deux troncs de pyramides, seront aussi équivalents. Or, le volume du tronc de pyramide triangulaire équivaut au volume des trois pyramides triangulaires spécifiées dans l'énoncé; donc le volume du tronc de pyramide quelconque sera équivalent à la somme des volumes de trois pyramides ayant même hauteur que le tronc et pour bases respectives, la 1re la grande base, la 2e la petite base et la 3e la moyenne proportionnelle entre ces deux bases, puisque les bases de ce dernier tronc sont respectivement équivalentes aux bases du tronc triangulaire.

Formule. — Si nous appelons V le volume d'un tronc de pyramide, B la grande base, b la petite base et h la hauteur, on aura :

$$V = \frac{Bh}{3} + \frac{bh}{3} + \frac{h\sqrt{Bh}}{3};$$

d'où :

$$V = \frac{1}{3}h\left(B + b + \sqrt{Bb}\right).$$

747. *Détermination par le calcul de la formule qui donne le volume du tronc de pyramide à bases parallèles.* — Le volume du tronc de pyramide ABCDEFGLIK à bases parallèles (fig. 489) est équivalent à la différence entre le volume de la pyramide SABCDE et le volume de la pyramide SFGLIK. En appelant V le volume du tronc, B la grande base, b la petite base, h la hauteur du tronc et h' la hauteur de la petite pyramide, nous pourrons écrire successivement :

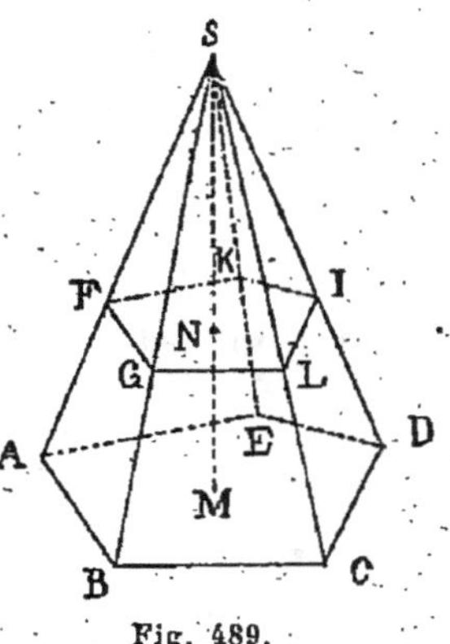

Fig. 489.

$$V = SABCDE - SFGLIK, \qquad (1)$$

$$SABCDE = \frac{B(h + h')}{3}, \qquad (2)$$

$$SFGLIK = \frac{bh'}{3}; \qquad (3)$$

d'où :

$$V = \frac{1}{3}B(h + h') - \frac{1}{3}bh'. \qquad (4)$$

Déterminons $h + h'$ et h'.

Nous savons que le rapport des bases B et b est égal au rapport des carrés de leurs distances au sommet; nous avons donc :

$$\frac{B}{b} = \frac{(h + h')^2}{h'^2} \quad \text{ou} \quad \frac{\sqrt{B}}{\sqrt{b}} = \frac{h + h'}{h'} \quad \text{ou enfin} \quad \frac{\sqrt{B}}{h + h'} = \frac{\sqrt{b}}{h'^2},$$

et, en appliquant à cette dernière proportion une propriété connue des rapports égaux, nous obtenons :

$$\frac{\sqrt{B}}{h + h'} = \frac{\sqrt{b}}{h'} = \frac{\sqrt{B} - \sqrt{b}}{h};$$

d'où nous tirons :

$$h + h' = \frac{h \sqrt{B}}{\sqrt{B} - \sqrt{b}} \quad \text{et} \quad h' = \frac{h \sqrt{b}}{\sqrt{B} - \sqrt{b}}.$$

Portons ces valeurs de $h + h'$ et h' dans l'expression (4); il vient :

$$V = \frac{1}{3} B \frac{h\sqrt{B}}{\sqrt{B} - \sqrt{b}} - \frac{1}{3} b \frac{h \sqrt{b}}{\sqrt{B} - \sqrt{b}}.$$

Mettons $\frac{1}{3} h$ en facteur commun; nous obtenons :

$$V = \frac{1}{3} h \frac{B \sqrt{B} - b \sqrt{b}}{\sqrt{B} - \sqrt{b}}.$$

Or, on peut vérifier que $\dfrac{B \sqrt{B} - b \sqrt{b}}{\sqrt{B} - \sqrt{b}} = B + b + \sqrt{Bb}$.

Donc, enfin :

$$V = \frac{1}{3} h \left(B + b + \sqrt{Bb}\right).$$

EXERCICES

477. Calculer la surface latérale d'une pyramide hexagonale régulière, sachant que le rayon du polygone de base a 0 m. 60 et que la hauteur de la pyramide est de 1 m. 30.

478. On coupe une pyramide par un plan parallèle à la base. L'arête de la grande pyramide a 13 mètres, celle de la petite a 9 mètres; la base de la grande pyramide a une surface de 238 mètres carrés. Quelle est la surface de la section?

479. La base d'une pyramide a 172 mètres carrés de surface; on mène un plan parallèle à la base à 3 mètres du sommet, et la section a 60 mètres carrés de surface. Quelle est la hauteur de cette pyramide?

480. On double la hauteur d'une pyramide sans changer sa base. Quel est son nouveau volume?

481. Trouver le volume d'une pyramide régulière dont la base est un carré de 5 mètres de côté et dont les arêtes latérales ont 4 mètres.

482. Une pyramide triangulaire régulière a pour base un triangle équilatéral de 3 mètres de côté; les arêtes latérales de cette pyramide ont 4 mètres. Quel est son volume?

483. Quel est le volume d'un tronc de pyramide dont les bases sont des triangles équilatéraux qui ont l'un 3 mètres et l'autre 2 mètres de côté, la hauteur du tronc ayant 3 m. 50?

484. Un tronc de pyramide a pour bases deux octogones réguliers; l'octogone de la base inférieure a 0 m. 40 de côté, celui de la base supérieure 0 m. 25, la hauteur du tronc est de 0 m. 60. Quel est le volume de ce tronc?

485. Les bases d'un tronc de pyramide sont deux hexagones réguliers ayant respectivement 1 mètre et 2 mètres de côté; calculer la hauteur, sachant que le volume du tronc de pyramide est de 12 mètres cubes.

486. Le volume d'un tronc de pyramide est de 25 mc. 337. La hauteur est de 4 m. 235 et la base inférieure de 10 mq. 278; calculer la base supérieure.

487. Si, sur les arêtes d'un trièdre trirectangle, on prend trois distances quelconques SA, SB, SC, et qu'on joigne deux à deux les points A, B, C, on a la relation :

$$\overline{ABC}^2 = \overline{ASB}^2 + \overline{ASC}^2 + \overline{BSC}^2.$$

488. Calculer le volume et la surface de l'octaèdre qui a pour sommets les centres des faces d'un parallélipipède rectangle dont les dimensions sont a, b, c (application du théorème précédent).

489. Trouver le volume d'un tétraèdre régulier en fonction de son arête a. Effectuer les calculs pour $a = 1$ mètre.

490. Trouver le volume d'un octaèdre régulier en fonction de son arête a. — Effectuer les calculs pour $a = 1$ mètre.

491. Quel est le volume d'une pyramide régulière ayant pour base un hexagone de côté a et dont l'aire latérale est double de l'aire de la base?

492. Une pyramide hexagonale régulière est telle que son apo-

thème égale le double de l'apothème de sa base. A quelle distance du sommet faut-il mener un plan parallèle à la base pour que l'aire totale du tronc formé soit les $\frac{3}{4}$ de l'aire totale de la pyramide, a étant le côté de l'hexagone de base ?

493. On donne une pyramide triangulaire dont chacune des arêtes latérales a 24 mètres et dont la base ABC a pour côtés AB $= 15$ mètres, AC $= 12$ mètres, AB $= 6$ mètres. Calculer le volume et la surface totale de cette pyramide.

494. Calculer l'aire et le volume d'un tétraèdre régulier en fonction de sa hauteur h.

495. Les droites qui joignent les milieux des arêtes opposées d'un tétraèdre se coupent mutuellement en deux parties égales.

496. Si l'on mène à chaque arête d'un tétraèdre, par son milieu, un plan perpendiculaire, on obtient six plans qui passent par un même point.

497. Les six plans bissecteurs des angles dièdres d'un tétraèdre passent par un même point.

498. Si l'on joint chaque sommet d'un tétraèdre au point de concours des médianes de la face opposée, on obtient quatre droites qui se coupent en un même point. Ce point partage chacune de ces droites en deux parties, qui sont entre elles dans le rapport de 3 à 1.

499. Les perpendiculaires menées aux quatre faces d'un tétraèdre par les centres des cercles circonscrits à chacune des faces se coupent en un même point.

500. Un tétraèdre SABC est coupé par un plan mobile parallèle à ABC ; la section est un triangle A'B'C' ; on demande le lieu du point de concours P des plans AB'C', BA'C', CA'B'.

501. Le plan conduit par une arête d'un tétraèdre et par le milieu de l'arête opposée partage le tétraèdre en deux tétraèdres équivalents.

502. Tout plan passant par les milieux de deux arêtes opposées d'un tétraèdre partage ce tétraèdre en deux volumes équivalents.

503. La hauteur d'un tétraèdre régulier est égale à la somme des perpendiculaires abaissées d'un point pris dans l'intérieur du polyèdre sur ses quatre faces. Examiner le cas où le point est choisi extérieurement.

504. Quelle est la différence des volumes d'un tronc de pyramide à bases parallèles et d'un prisme de même hauteur ayant pour base la demi-somme des bases du tronc de pyramide ? Quelle erreur commet-on en remplaçant un des volumes par l'autre pour une hauteur de 6 mètres et pour des bases du tronc de pyramide égales à 3 mq. 75 et 2 mq. 85 ?

505. Quels sont le volume et la surface totale d'une pyramide régulière ayant pour base un hexagone régulier de côté a et dont

l'apothème est égal à $2a$? A quelle distance de la base de cette pyramide se trouve le point équidistant : 1° de tous les sommets du polyèdre; 2° de toutes ses faces; 3° de toutes ses arêtes? Effectuer les calculs pour $a = 1$ m. 4.

506. Les côtés des bases d'un tronc de pyramide régulier à bases parallèles de première espèce sont a et a'; on coupe ce tronc par un plan parallèle aux bases, et tel que la section déterminée soit moyenne proportionnelle entre les aires des deux bases. Exprimer les volumes de chacun des deux troncs partiels formés et prouver que ces volumes sont entre eux comme les racines carrées des cubes de a et a'.

507. L'arête latérale d'un tronc de pyramide régulier à bases parallèles égale a; deux côtés homologues de ses bases égalent b et b'. Mener un plan parallèle aux bases et divisant le volume : 1° en deux parties équivalentes; 2° en deux parties proportionnelles à deux nombres donnés.

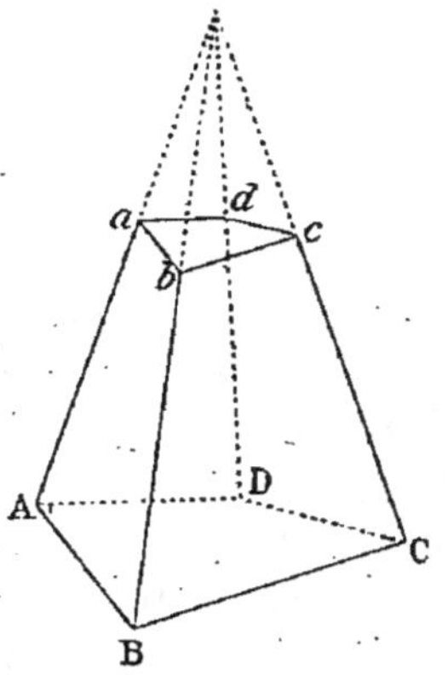

Fig. 490.

<hr>

CONSEIL. — *Il ne faut pas oublier qu'une figure telle que ABCDabcd (fig. 490) ne représente un tronc de pyramide qu'autant que les arêtes latérales Aa, Bb, Cc, Dd sont concourantes. Donc, pour figurer un tronc de pyramide au tableau noir, il est indispensable de construire d'abord une pyramide et d'en détacher ensuite un tronc par un plan coupant toutes les arêtes latérales.*

CHAPITRE XXXV

Tronc de prisme. — Ponton.

Théorème.

748. *Un tronc de prisme triangulaire est équivalent à la somme de trois pyramides ayant pour base commune l'une des bases du tronc et pour sommets respectifs chacun des sommets de l'autre base.*

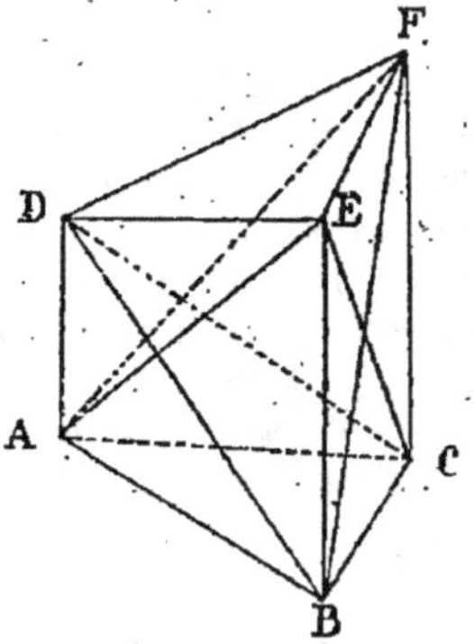

Hypothèse : On a un tronc de prisme triangulaire ABCDEF (fig. 491).

Conclusion : Il est équivalent à trois pyramides ayant toutes pour base ABC et, pour sommets respectifs, les sommets D, E, F du tronc.

En effet, si nous coupons le tronc de prisme par le plan EAC, nous détachons une première pyramide qui a pour base le triangle ABC et pour sommet le point E ; c'est donc la première pyramide annoncée.

Fig. 491.

Il nous reste alors la pyramide quadrangulaire EDACF. Par les arêtes ED et EC faisons passer un plan : nous décomposons la pyramide quadrangulaire en deux pyramides triangulaires EDAC et EDFC.

Joignons DB; la pyramide EDAC est équivalente à la pyramide BDAC comme ayant même base ACD et des hauteurs égales, car leurs sommets E et B sont situés sur une même parallèle au plan DACF. Or cette dernière pyramide BDAC peut être considérée comme ayant son sommet en D et pour base ABC; c'est donc la deuxième pyramide annoncée.

Joignons BF. La pyramide EDFC est équivalente à la pyramide EAFC, comme ayant même hauteur et des bases équivalentes (les triangles DFC et AFC sont équivalents, comme ayant même base CF et leurs sommets A et D sur une même parallèle à CF); d'autre part, la pyramide EAFC est équivalente à la pyramide BAFC, comme ayant même base et des hauteurs égales, car leurs sommets E et B sont situés sur une même parallèle à la base; mais cette dernière pyramide BAFC peut être considérée comme ayant son sommet en F et pour base ABC. C'est donc la troisième pyramide annoncée.

Donc le tronc de prisme triangulaire est équivalent à la somme de trois pyramides, ayant pour base commune la base inférieure ABC du tronc, et pour sommets chacun des sommets D, E et F de la base supérieure.

749. REMARQUE I. — Si le tronc de prisme est droit, ce qui arrive quand les arêtes latérales sont perpendiculaires au plan de la base du tronc qu'on prend pour base commune des pyramides, les trois pyramides ont respectivement pour hauteur les arêtes latérales BE, DA et FC, et le volume a pour expression :

$$V = \frac{ABC\,(BE + DA + FC)}{3},$$

ou :

$$V = ABC \times \frac{BE + DA + FC}{3};$$

c'est-à-dire *le produit de l'aire de la base perpendiculaire aux arêtes latérales par la moyenne arithmétique de ces arêtes.*

750. REMARQUE II. — Lorsque le tronc de prisme est

oblique, pour obtenir son volume, on partage le tronc de prisme en deux troncs de prisme droits en menant un plan perpendiculaire à l'une de ses arêtes. Le volume du tronc de prisme oblique est alors égal à la somme des volumes des deux troncs de prisme droits ou, ce qui donne le même résultat,

Le tronc de prisme triangulaire oblique a pour mesure le produit des nombres exprimant la mesure de sa section droite et de la moyenne arithmétique de ses arêtes latérales ;

de sorte que, si V est le nombre qui mesure le volume d'un tronc de prisme oblique dont la section droite est mesurée par le nombre S et les arêtes latérales, par les nombres a, a', a'', il y a, entre ces diverses quantités, la relation :

$$V = s\,\frac{a + a' + a''}{3}.$$

APPLICATIONS

Problème.

751. *Trouver le volume d'un tas de pierres à base rectangulaire, terminé à ses deux extrémités par deux triangles isocèles et égaux.*

Soit le solide ABCDEF (fig. 492).

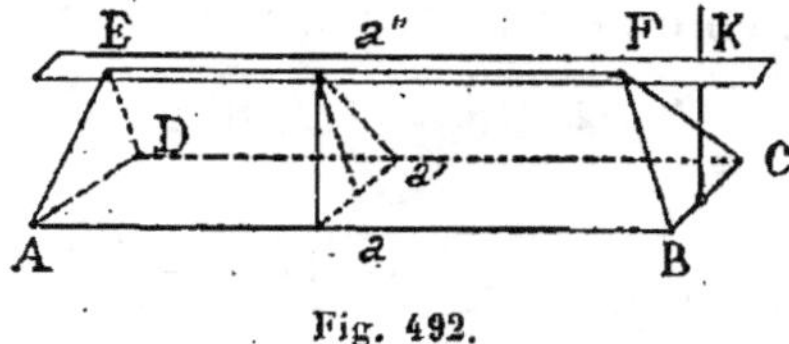

Fig. 492.

Appliquons la formule précédente, on a :

$$V = S \times \frac{a + a' + a''}{3}.$$

Mais, comme $a = a'$, puisque ABCD est un rectangle, la formule devient :

$$V = S \times \frac{2\,a + a''}{3}.$$

Dans la pratique, on emploie le procédé suivant. Pour avoir la hauteur du tas au-dessus du sol, on applique une règle le long de l'arête EF, en ayant soin de la faire avancer au delà du point F en FK par exemple; on descend un fil à plomb du bord de la règle jusqu'au sol, et l'on a ainsi la hauteur du tas.

Il suffit alors de multiplier la moitié de la hauteur trouvée par la largeur BC pour obtenir la surface de la section droite S; en multipliant le résultat obtenu par la moyenne des trois arêtes, on a le volume cherché.

Problème.

752. *Trouver le volume du ponton.*

On appelle *ponton* un solide limité par deux rectangles ABCD et EFGH (fig. 493) non semblables, mais

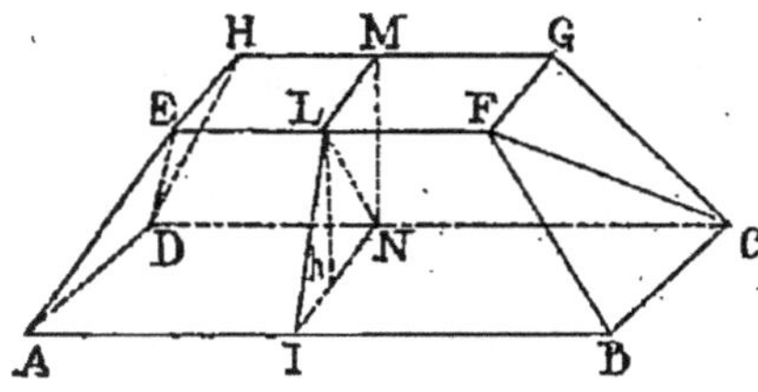

Fig. 493.

dont les côtés sont parallèles, et quatre trapèzes isocèles, égaux deux à deux. C'est la forme de l'auge du maçon, des tas de pierres ou de sable, des fossés, des remblais sur les routes et les chemins de fer.

Soit le solide ABCDEFGH, dont il s'agit de trouver le volume (fig. 493).

Pour cela, menons un plan perpendiculaire aux

arêtes latérales parallèles AB, DC, EF, HG; ce plan détermine un trapèze INLM. Si l'on fait passer un plan par les deux parallèles, DC et EF, ce plan partagera le solide en deux troncs de prisme triangulaires, ayant pour sections droites, le premier, le triangle ILN, et le second, le triangle LMN. Or, d'après la remarque du théorème précédent, ces deux troncs de prisme ont pour mesure :

$$\text{le premier : AEDBFC} = \text{ILN} \times \frac{\text{AB} + \text{DC} + \text{EF}}{3}$$

$$= \text{ILN} \times \frac{2\,\text{AB} + \text{EF}}{3}$$

$$\text{le second : EDHFGC} = \text{LMN} \times \frac{\text{EF} + \text{HG} + \text{DC}}{3}$$

$$= \text{LMN} \times \frac{2\,\text{EF} + \text{AB}}{3}.$$

En désignant par a et b les deux côtés AB et BC du rectangle inférieur, par a' et b' les deux côtés EF et FG du rectangle supérieur, et par h la hauteur du solide, les triangles ILN et NLM auront pour mesure $\frac{bh}{2}$ et $\frac{b'h}{2}$; on aura alors pour le volume du solide :

$$V = \frac{1}{6}\,bh\,(2a + a') + \frac{1}{6}\,b'h\,(2a' + a)$$

$$= \frac{1}{6}\,h\,\big[\,b\,(2a + a') + b'\,(2a' + a)\,\big].$$

753. Remarque. — La recherche du volume du ponton est une application particulière d'un théorème plus général s'énonçant ainsi :

Lorsqu'un polyèdre est limité par deux polygones plans parallèles, appelés bases, et par des triangles ou des trapèzes ayant pour bases et pour sommets les côtés et les sommets de ces polygones, son volume a pour mesure l'expression :

$$\frac{H}{6}(S + S' + 4\,S'')$$

si l'on représente par H *la distance des plans des bases, par* S *et* S' *les aires de ces bases et par* S'' *l'aire de la section parallèle aux bases et équidistante de celles-ci.*

Cette formule permet de cuber tous les volumes qu'on étudie en géométrie élémentaire : mais elle ne donne pas, dans la plupart des cas, des résultats aussi simples que ceux auxquels on arrive par les théorèmes classiques. Cette formule est connue sous le nom de *formule universelle des trois niveaux.*

EXERCICES

508. Calculer le volume d'un tronc de prisme triangulaire droit, dont la base est un triangle équilatéral de 3 mètres de côté et dont les arêtes latérales ont 2 mètres, 3 mètres et 4 mètres.

509. Les côtés de la base inférieure rectangulaire d'un tas de pierres ont 1 m. 10 et 0 m. 40 de longueur; les côtés de la face rectangulaire supérieure sont égaux respectivement à 0 m. 54 et 0 m. 18; calculer le volume de ce tas de pierres dont la hauteur est 0 m. 80.

510. Un tas de pierres menues est posé sur un rectangle de 4 mètres sur 1 m. 50; il s'élève à une hauteur de 0 m. 60; les faces latérales sont en talus; et la base supérieure est un rectangle de 3 mètres sur 0 m. 50. On demande le volume.

511. On peut obtenir le volume d'un prisme triangulaire en faisant le produit du nombre qui mesure sa section droite par le nombre qui mesure la distance des centres de gravité des bases.

512. Dans un tronc de prisme, la base ABC est un triangle isocèle dont les angles A et C valent chacun 45° et le côté AC égale 0 m. 8. Les arêtes issues de A, B, C qui sont perpendiculaires à ABC ont pour longueurs respectives 0 m. 5, 0 m. 9, 1 m. 20. On propose de déterminer : 1° le volume; 2° l'aire latérale; 3° le rapport des aires des deux bases de ce tronc.

513. Une pyramide régulière ABCD a pour face quatre triangles équilatéraux dont le côté égale 8 mètres. Sur l'arête AB, on prend une longueur AF égale à 3 mètres et, par le point F, on mène le plan EFGH parallèle aux arêtes AC, BD; il détache de la pyramide le solide EAFGCH : trouver le volume de ce solide.

514. Trouver la capacité d'une auge dont l'ouverture est un rectangle de 42 centimètres sur 28 centimètres, sachant que les faces latérales, qui sont inclinées de 60° sur le plan de la base, sont des trapèzes de 15 centimètres de hauteur.

515. Une auge de maçon a pour base inférieure un rectangle dont les dimensions sont 32 centimètres et 24 centimètres; celles de l'ouverture supérieure sont 60 centimètres et 36 centimètres, la hauteur de l'auge est 30 centimètres. Cette auge, placée sur un plan horizontal, renferme une couche de liquide de 20 centimètres de profondeur. Calculer le volume de ce liquide.

516. Quelle est la capacité d'un panier en bois, dont le fond est un rectangle ayant 30 centimètres de long sur 21 centimètres de large, et l'ouverture un rectangle de 45 centimètres de long sur 21 centimètres de large, la profondeur du panier étant de 20 centimètres?

CHAPITRE XXXVI

Des polyèdres semblables.

754. On appelle *polyèdres semblables* ceux qui sont composés d'un même nombre de faces semblables chacune à chacune, semblablement placées, et comprenant des angles dièdres respectivement égaux.

Les sommets homologues des faces semblables sont les *sommets homologues* des polyèdres, et les *arêtes homologues* sont celles qui joignent deux sommets homologues.

Théorème.

755. *Si l'on coupe une pyramide par un plan parallèle à la base, on détermine une seconde pyramide semblable à la première.*

Hypothèse : On a une pyramide SABC qu'on coupe par un plan parallèle à la base A'B'C' (fig. 494).

Conclusion : La pyramide SA'B'C' est semblable à SABC.

En effet, les deux pyramides ont leurs faces semblables, puisque les lignes AB et A'B', BC et B'C', CA et C'A', intersections de deux plans parallèles par un troisième, sont parallèles : d'autre part, la

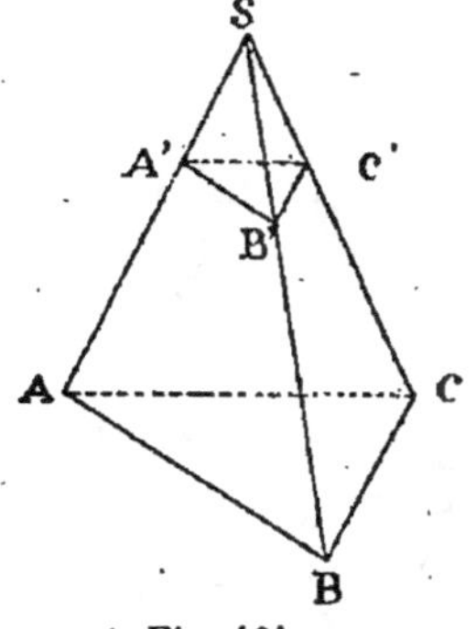
Fig. 494.

section A'B'C' est semblable à ABC, puisqu'elle lui est parallèle (733 — 2°); donc déjà toutes les faces sont semblables. D'ailleurs elles ont l'angle polyèdre S commun, et les angles dièdres SA et SA′, SB et SB′, SC et SC′ sont égaux, ainsi que AB et A′B′, BC et B′C′, AC et A′C′ comme angles dièdres correspondants, formés par des plans parallèles et semblablement placés. Les deux pyramides, ayant leurs faces semblables et semblablement placées et leurs angles dièdres égaux, sont semblables.   *C. q. f. d.*

Théorème.

756. *Deux pyramides triangulaires sont semblables, lorsqu'elles ont un angle dièdre égal compris entre deux faces semblables chacune à chacune et semblablement placées.*

Hypothèse : On a deux pyramides triangulaires SABC et S′A′B′C′, qui ont le dièdre SA = S′A′, la face ASB

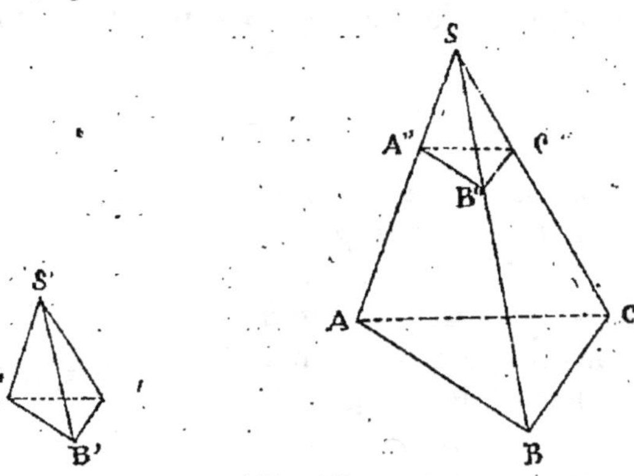

Fig. 495.

semblable à A′S′B′ et la face ASC semblable à la face A′S′C′ (fig. 495).

Conclusion : Ces deux pyramides sont semblables.

En effet, prenons, sur l'arête SA, une longueur SA″ égale à S′A′ et, par le point A″, menons le plan A″B″C″ parallèle à ABC. Nous déterminons ainsi une pyramide SA″B″C″ semblable à SABC (795). Comparons les pyramides SA″B″C″ et S′A′B′C′. Les faces SA″B″ et S′A′B′ sont égales (SA″ = S′A′; $\widehat{A″SB″} = \widehat{A′S′B′}$, et $\widehat{SA″B″} = \widehat{S′A′B′}$); de même les faces SA″C″ et S′A′C′ sont égales.

$$(SA″ = S′A′;\ \widehat{A″SC″} = \widehat{A′S′C′};\ \widehat{SA″C″} = \widehat{S′A′C′}).$$

Transportons la pyramide triangulaire S′A′B′C′ sur SA″B″C″, de manière que le dièdre S′A′ coïncide avec le dièdre SA″, le point S′ tombant sur le point S. Les faces A′S′B′ et A′S′C′ coïncideront exactement avec les faces A″SB″ et A″SC″ et les arêtes A′B′, A′C′, S′B′ coïncideront respectivement avec les arêtes A″B″, A″C″, SB″; par suite, les faces A′B′C′ et B′S′C′ coïncideront avec les faces A″B″C″ et B″SC″; donc les deux pyramides sont égales. Mais la pyramide SA″B″C″ est semblable à SABC; donc son égale S′A′B′C′ est aussi semblable à SABC.   *C. q. f. d.*

Théorème.

757. *Deux polyèdres composés d'un même nombre de pyramides triangulaires semblables et semblablement placées sont semblables.*

Hypothèse : Les tétraèdres SABC et SBCD sont res-

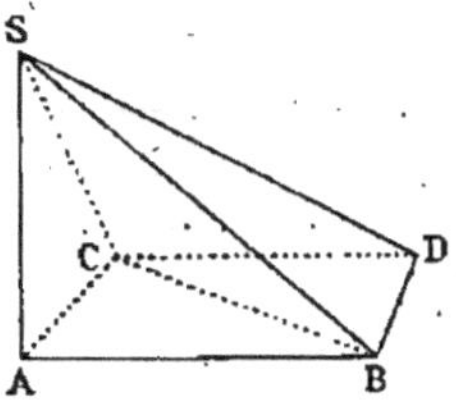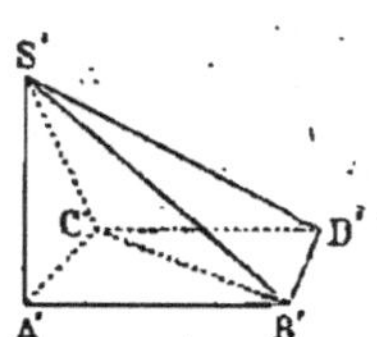

Fig. 496.

pectivement semblables aux tétraèdres S′A′B′C′ et S′B′C′D′ (fig. 496).

Conclusion : Les polyèdres SABDC et S′A′B′D′C′ sont semblables.

Le théorème sera démontré, si nous prouvons que les deux polyèdres ont leurs faces semblables chacune à chacune et semblablement disposées et que ces faces comprennent des dièdres respectivement égaux.

1° Les faces des polyèdres sont semblables chacune à chacune et semblablement disposées comme faces de pyramides triangulaires semblables, ou comme polygones formés de triangles semblables chacun à chacun et semblablement disposés.

2° Les dièdres des polyèdres compris entre des faces semblables sont égaux comme dièdres de pyramides triangulaires semblables ou comme étant la somme de dièdres égaux.

Théorème.

758. *Réciproquement.* — *Deux polyèdres semblables peuvent être décomposés en un même nombre de pyramides triangulaires semblables et semblablement placées.*

Hypothèse : On a deux polyèdres semblables ABCDEFGH et A′B′C′D′E′F′G′H′ (fig. 497).

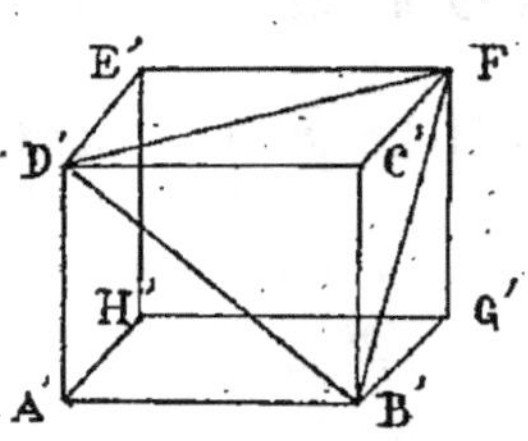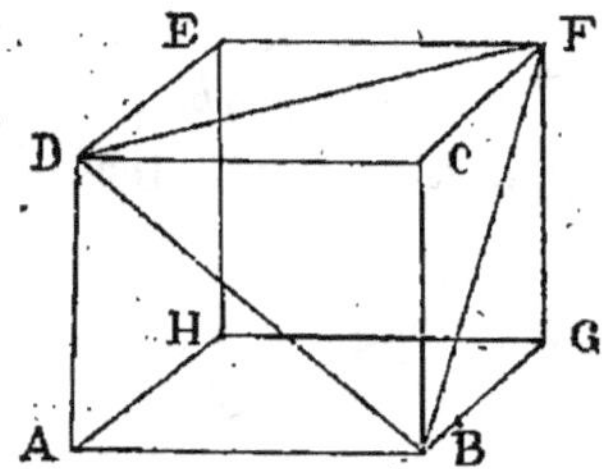

Fig. 497.

Conclusion : Ils peuvent être décomposés en un même nombre de pyramides triangulaires semblables et semblablement placées.

En effet, faisons passer un plan par les points D, B et F et un autre plan par les points D′, B′ et F′.

Nous déterminons ainsi deux pyramides triangulaires,

CDBF et C'D'B'F', qui sont semblables, comme ayant l'angle dièdre CB égal à l'angle dièdre C'B' compris entre deux faces semblables chacune à chacune (les faces sont semblables comme ayant un angle égal compris entre deux côtés homologues proportionnels).

Si nous enlevons les deux pyramides triangulaires, il restera deux polyèdres semblables. En opérant de la même manière, nous détacherons deux autres pyramides triangulaires semblables, et ainsi de suite. Les deux polyèdres seront alors composés d'un même nombre de pyramides triangulaires semblables et semblablement placées.

759. Corollaire. — *Les arêtes homologues de deux polyèdres semblables sont proportionnelles.*

En effet, la face ADCB (fig. 497) étant semblable à la face A'D'C'B', on peut écrire :

$$\frac{DC}{D'C'} = \frac{BC}{B'C'} \cdot \qquad (1)$$

De même, la face BCFG étant semblable à la face B'C'F'G', on aura :

$$\frac{BC}{B'C'} = \frac{CF}{C'F'} \cdot \qquad (2)$$

Les deux proportions (1) et (2) ayant un rapport commun, tous les rapports sont égaux, et l'on a :

$$\frac{DC}{D'C'} = \frac{BC}{B'C'} = \frac{CF}{C'F'} \cdot$$

Continuant ainsi le même raisonnement, on aura :

$$\frac{CD}{D'C'} = \frac{BC}{B'C'} = \frac{CF}{C'F'} = \frac{FG}{F'G'} \text{ etc.}$$

$$C. \ q. \ f. \ d.$$

Ce rapport constant de deux arêtes homologues est ce qu'on appelle le *rapport de similitude* des deux polyèdres.

Théorème.

760. *Le rapport des aires de deux polyèdres semblables est égal au rapport des carrés de deux arêtes homologues quelconques.*

Hypothèse : On donne deux polyèdres semblables, dont a et a' sont deux arêtes homologues et S et S' leurs surfaces.

Conclusion : $\dfrac{S}{S'} = \dfrac{a^2}{a'^2}$.

En effet, soit F_1 et F'_1 les deux faces semblables ayant a et a' pour arêtes homologues; nous pouvons écrire :

$$\frac{F_1}{F'_1} = \frac{a^2}{a'^2}.$$

Soit F_2, F_3, ... F_n et F'_2, F'_3, ... F'_n les faces respectivement semblables dans les deux polyèdres; le rapport des aires de deux quelconques de ces faces semblables est égal au rapport des carrés de deux arêtes homologues; mais le rapport de deux arêtes homologues étant constant, il en est de même du rapport de leurs carrés, et nous pouvons écrire :

$$\frac{F_1}{F'_1} = \frac{F_2}{F'_2} = \cdots \frac{F_n}{F'_n} = \frac{a^2}{a'^2}.$$

En appliquant, à la suite de rapports égaux $\dfrac{F_1}{F'_1} = \dfrac{F_2}{F'_2} = \cdots \dfrac{F_n}{F'_n}$ une propriété connue, nous obtenons :

$$\frac{F_1 + F_2 + \ldots F_n}{F'_1 + F'_2 + \ldots F'_n} = \frac{F_1}{F'_1} = \frac{a^2}{a'^2};$$

mais le numérateur et le dénominateur du premier rapport représentent respectivement S et S'; donc, enfin :

$$\frac{S}{S'} = \frac{a^2}{a'^2}. \qquad\qquad C. \ q. \ f. \ d.$$

761. Remarque. — Si les polyèdres semblables considérés sont des pyramides et que F_1 et F'_1 en soient les bases, nous avons encore, en négligeant ces faces :

$$\frac{F_2}{F'_2} = \frac{F_3}{F'_3} \cdots \frac{F_n}{F'_n} = \frac{F_2 + F_3 + \ldots F_n}{F'_2 + F'_3 + \ldots F'_n} = \frac{a^2}{a'^2_2};$$

mais $F_2 + \ldots F_n$ et $F'_2 + \ldots F'_n$ représentent respectivement les aires latérales des deux pyramides. Donc :

Le rapport des aires latérales de deux pyramides semblables est égal au rapport des carrés de deux arêtes homologues.

Théorème.

762. *Les volumes de deux pyramides triangulaires semblables sont entre eux comme les cubes de deux arêtes homologues.*

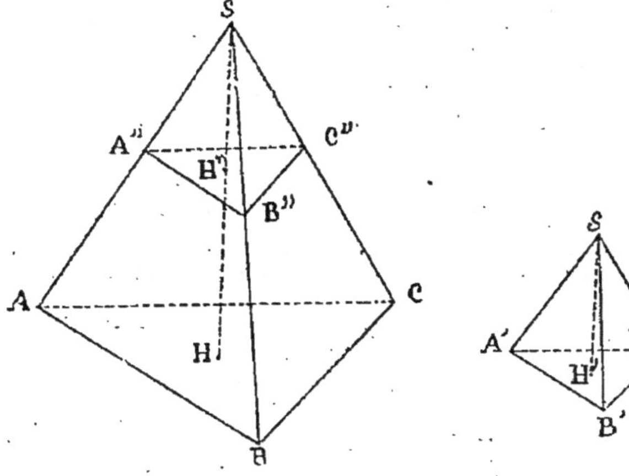

Fig. 498.

Hypothèse : Les deux pyramides SABC et S'A'B'C' sont semblables (fig. 498).

Conclusion : On a :

$$\frac{\text{Vol. SABC}}{\text{Vol. S'A'B'C'}} = \frac{\overline{SA}^3}{\overline{S'A'}^3}.$$

En effet, prenons sur SA une longueur SA″ égale à S′A′ et menons le plan A″B″C″; la pyramide triangulaire SA″B″C″ est égale à la pyramide S′A′B′C′. Menons la hauteur SH, qui rencontre le plan A″B″C″ au point H″.

Le volume de la pyramide SABC sera :

$$\text{Vol. } SABC = \frac{1}{3}\, SH \times ABC,$$

et celui de la pyramide SA″B″C″ sera :

$$\text{Vol. } SA″B″C″ = \frac{1}{3}\, SH″ \times A″B″C″.$$

Divisons membre à membre ces deux égalités; il vient :

$$\frac{\text{Vol. } SABC}{\text{Vol. } SA″B″C″} = \frac{\frac{1}{3}\, SH \times ABC}{\frac{1}{3}\, SH″ \times A″B″C″} = \frac{SH}{SH″} \times \frac{ABC}{A″B″C″}.$$

Mais (733, 3°)

$$\frac{ABC}{A″B″C″} = \frac{\overline{SH}^2}{\overline{SH″}^2};$$

donc :

$$\frac{\text{Vol. } SABC}{\text{Vol. } SA″B″C″} = \frac{SH}{SH″} \times \frac{\overline{SH}^2}{\overline{SH″}^2} = \frac{\overline{SH}^3}{\overline{SH″}^3}.$$

Mais

$$\frac{SH}{SH″} = \frac{SA}{SA″} = \frac{SA}{S′A′};$$

donc :

$$\frac{\overline{SH}^3}{\overline{SH″}^3} = \frac{\overline{SA}^3}{\overline{SA″}^3} = \frac{\overline{SA}^3}{\overline{S′A′}^3};$$

donc, enfin :

$$\frac{\text{Vol. } SABC}{\text{Vol. } S′A′B′C′} = \frac{SA^3}{S′A^3}.$$

C. q. f. d.

Théorème.

763. *Les volumes de deux polyèdres semblables sont entre eux comme les cubes de deux arêtes homologues.*

Hypothèse : On a deux polyèdres semblables P et P′ de volume V et V′ et d'arêtes homologues A et a.

Conclusion : On aura $\dfrac{V}{V′} = \dfrac{A^3}{a^3}$.

En effet, appelons T, T′, T″, etc., les pyramides triangulaires dont se compose le premier, et t, $t′$, $t″$, etc., les pyramides triangulaires, semblables chacune à chacune aux premières, dont se compose le deuxième; A, A′, A″, etc., les arêtes des pyramides T, T′, T″, etc., et a, $a′$, $a″$, etc., les arêtes homologues des pyramides t, $t′$ $t″$, etc.

D'après le théorème précédent, on a :

$$\frac{T}{t} = \frac{A^3}{a^3},$$

$$\frac{T′}{t′} = \frac{A′^3}{a′^3},$$

$$\frac{T″}{t″} = \frac{A″^3}{a″^3}.$$

Mais les polyèdres semblables ont leurs lignes homologues proportionnelles; donc :

$$\frac{A}{a} = \frac{A′}{a′} = \frac{A″}{a″} \ldots \quad \text{ou} \quad \frac{A^3}{a^3} = \frac{A′^3}{a′^3} = \frac{A″^3}{a″^3} \ldots$$

Donc :

$$\frac{T}{t} = \frac{T′}{t′} = \frac{T″}{t″} = \ldots = \frac{A^3}{a^3},$$

et, par suite :

$$\frac{T + T′ + T″ + .}{t + t′ + t″ + \ldots} = \frac{A^3}{a^3},$$

ou :

$$\frac{V}{V′} = \frac{A^3}{a^3}. \qquad\qquad C.\ q.\ f.\ d.$$

EXERCICES

517. Mener deux plans parallèles à la base d'une pyramide et divisant l'aire latérale de cette pyramide en trois parties équivalentes.

518. Mener un plan parallèle à la base d'une pyramide, de telle sorte que les aires latérales de la pyramide proposée et de la pyramide formée soient proportionnelles à des nombres donnés.

519. Une pyramide a pour base un triangle dont les côtés ont pour longueurs 9 mètres, 12 mètres, 15 mètres; la hauteur de la pyramide est 9 mètres. On coupe cette pyramide par un plan, parallèle à la base, déterminant une section de 6 mètres carrés de surface. Quel est le volume de la pyramide déterminée par le plan sécant?

520. Diviser l'aire latérale d'un tétraèdre régulier en deux parties équivalentes par un plan parallèle à l'une de ses faces prise pour base.

521. Diviser le volume d'un tétraèdre régulier en deux parties équivalentes par un plan parallèle à l'une de ses faces.

522. Diviser l'aire latérale d'un tronc de pyramide à bases parallèles en deux parties équivalentes par un plan parallèle à ses bases.

523. Quel est le rapport des surfaces et des volumes de deux tétraèdres dont on a obtenu l'un en menant par chaque sommet de l'autre un plan parallèle à la face opposée?

524. Déterminer les arêtes d'un parallélipipède rectangle, sachant qu'elles sont proportionnelles aux nombres 2, 3, 5 et que le volume de ce parallélipipède est 51 mc. 840. Généraliser.

525. Calculer le volume d'un parallélipipède rectangle dont la surface est 3 mètres carrés et dont les dimensions sont proportionnelles aux nombres 4, 6, 9.

NOTA. — *Voir à la fin du volume des exercices de récapitulation sur les chapitres* XXXII *à* XXXVI.

CHAPITRE XXXVII.

Méthodes employées pour la résolution des problèmes ou la démonstration des théorèmes.

MÉTHODE DE DÉDUCTION. ANALYSE. SYNTHÈSE

I. — DÉMONSTRATION DES THÉORÈMES

764. Si nous jetons un coup d'œil sur l'ensemble des théorèmes qui ont été démontrés dans ce qui précède, nous pouvons en dégager les méthodes de raisonnement généralement employées en géométrie.

Reprenons, par exemple, la démonstration du théorème suivant : *Toute écante à 2 droites parallèles détermine avec ces droites des angles alternes-internes égaux.*

Rappelons les propositions suivantes qui ont été démontrées antérieurement à la proposition considérée :

I. — Par un point pris hors d'une droite, on peut mener une perpendiculaire à cette droite, et une seule.

II. — Lorsque deux droites sont parallèles, toute droite perpendiculaire à l'une d'elles est perpendiculaire à l'autre.

III. — Deux angles opposés par le sommet sont égaux.

IV. — Deux triangles rectangles qui ont l'hypoténuse égale et un angle aigu égal sont égaux.

V. — Dans les triangles égaux, aux angles égaux sont opposés des côtés égaux.

VI. — Réciproquement, dans les triangles égaux aux côtés égaux sont opposés des angles égaux.

Posons notre hypothèse :

(*a*)   X et Y sont deux droites parallèles (fig. 499);

(*b*)   S est une 3ᵉ droite coupant X et Y.

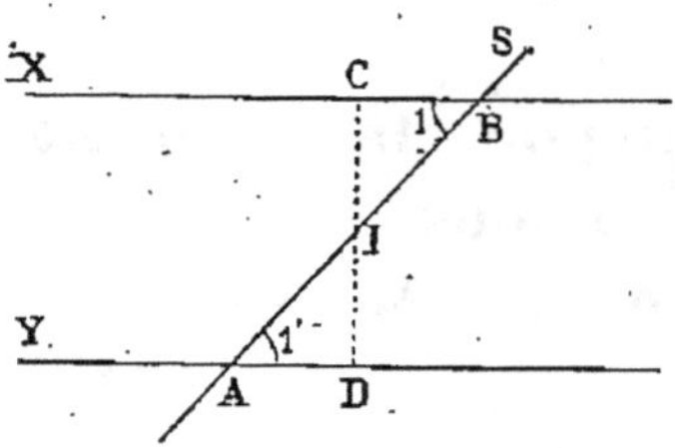

Fig. 499.

Nous pouvons toujours prendre le milieu de AB, ce qui nous permet d'adjoindre à notre hypothèse le fait :

(*c*)   AI = BI.

D'après la première proposition, nous pouvons mener par I la droite CD perpendiculaire à Y, ce qui nous permet d'adjoindre à l'hypothèse le fait :

(*d*)   CD est perpendiculaire à Y.

La seconde proposition générale nous permet de tirer le fait nouveau :

(*e*)   CD est perpendiculaire à X.

D'où nous déduisons que :

(*f*)   le triangle BIC est rectangle.

La troisième proposition générale nous permet d'affirmer que les angles aigus en I des triangles rectangles BCI, ADI sont égaux. De ce fait et de l'égalité ci-dessus AI = BI, nous concluons que les deux triangles rectangles sont égaux.

Ce fait nouveau et la cinquième proposition nous permettent de conclure que :

(*g*)   BC = AD et CI = DI.

Enfin du fait qui précède et de la sixième proposition, nous tirons cette conclusion :

(*h*)   angle 1 = angle 1'.   C. q. f. d.

Ainsi, nous avons démontré la proposition en énonçant une série de conclusions qui toutes reposent sur l'hypothèse primitive ou sur des conclusions antérieurement énoncées. La dernière conclusion de la série est la conclusion de la proposition à démontrer.

Dans la démonstration de la plupart des théorèmes, on fait usage de cette méthode, dans laquelle on reconnaît immédiatement les caractères du mode de raisonnement connu sous le nom de *déduction*. La méthode de déduction peut être appliquée de deux manières différentes.

765. 1° **Synthèse.** — Lorsque, comme dans l'exemple précédent, on passe graduellement du connu à l'inconnu, du simple au composé, on dit qu'on a fait la démonstration de la proposition par synthèse, et le procédé employé est dit *procédé synthétique.*

Le procédé synthétique est un excellent procédé d'exposition; il est d'un usage constant dans l'enseignement des mathématiques, parce qu'il est commode pour communiquer à d'autres les vérités qu'on a découvertes.

766. 2° **Analyse.** — Lorsque, comme dans l'exemple suivant, on ramène la proposition à démontrer à une autre proposition dont elle peut se déduire, celle-ci à une troisième dont elle est la conséquence, et ainsi de suite, jusqu'à ce qu'on aboutisse à une proposition dont la vérité a été démontrée ou admise, on dit qu'on fait la démonstration de la proposition par *analyse*, et le procédé de démonstration est dit *procédé analytique.*

Dans le procédé analytique, on suit donc un ordre inverse de celui du procédé synthétique : on va de l'inconnu au connu, du composé au plus simple.

Exemple : Soit à résoudre la question suivante : *Du point P extérieur à la circonférence O, mener la tangente à cette circonférence* (fig. 500).

Soit AP la tangente demandée : menons le rayon qui aboutit au point de tangence A; l'angle PAO est droit en vertu de cette proposition : que toute tangente est perpendiculaire au rayon qui aboutit au point de tangence. La question proposée est donc une conséquence de celle-ci : Trouver sur la circonférence donnée un point d'où l'on voie la droite PO sous un angle droit. Cette dernière proposition est elle-même une conséquence de cette autre : Décrire sur OP comme corde un segment capable d'un angle droit, proposition qui est elle-même une conséquence de cette proposition générale : Décrire sur OP comme corde un segment capable d'un angle donné quelconque. De conséquence en conséquence, nous sommes ainsi conduit à une construction que nous savons effectuer et de laquelle dépend la construction de la tangente demandée.

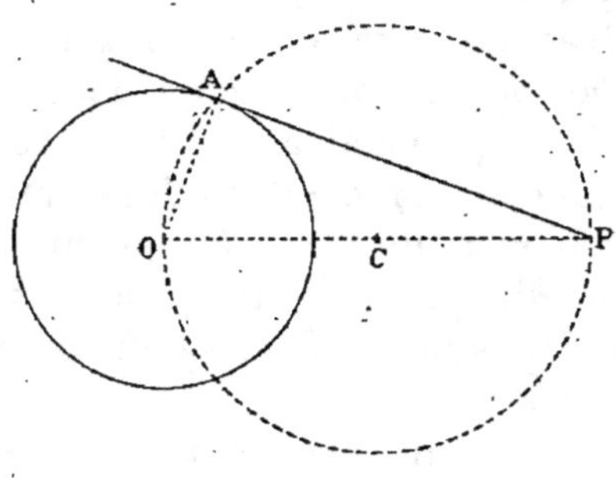

Fig. 500.

Le procédé analytique, comme on le voit par l'exemple qui précède, est un procédé qui convient pour découvrir la démonstration d'une proposition. Il est particulièrement précieux pour découvrir la solution des problèmes graphiques.

767. **Procédé de réduction à l'absurde.** — Nous avons fait usage, pour la démonstration de quelques propositions, d'un troisième procédé dit procédé de *réduction à l'absurde.* Dans ce procédé, nous avons considéré la contradictoire de la proposition à démontrer, c'est-à-dire une autre proposition qui est la négation de la première, et nous avons prouvé que cette contradictoire est fausse. Pour avoir un exemple de démonstration par le procédé de réduction à l'absurde, on peut se reporter à la démonstration du théorème suivant : *Deux triangles qui ont les 3 côtés égaux chacun à chacun sont égaux.*

II. — RÉSOLUTION DES PROBLÈMES GRAPHIQUES

768. Le procédé analytique, étant le seul procédé qui puisse conduire à la découverte de la vérité cachée, s'impose dans la recherche de la solution des problèmes graphiques. Nous avons dit plus haut qu'il consiste à ramener la question proposée à une ou plusieurs questions plus simples et plus générales déjà résolues. Pour cela, on suppose généralement le problème résolu, et l'on cherche les relations qui unissent les inconnues aux données du problème, en traçant, au besoin, des lignes auxiliaires propres à faire ressortir ces relations. Il est évident que la découverte de ces relations dépend essentiellement du choix des constructions auxiliaires et de la connaissance qu'on a des propriétés des figures.

769. Lorsqu'on a découvert l'enchaînement de ces relations, c'est-à-dire lorsqu'on a abouti à une construction simple qu'on sait effectuer et de laquelle dépend la solution du problème, on peut exposer la question de deux manières : soit en indiquant les vérités dans l'ordre où on les a découvertes, c'est-à-dire en faisant l'analyse de la question, soit en partant de la construction la plus simple pour s'élever à la construction demandée, c'est-à-dire en faisant la synthèse de la question. En fait, dans tous les problèmes de construction, il est d'usage de faire suivre la solution analytique de la solution synthétique. Il ne reste plus ensuite qu'à discuter la construction obtenue, c'est-à-dire à l'étendre à tous les cas qui peuvent se présenter lorsqu'on fait passer les données de la question par toutes les valeurs qu'elles sont susceptibles de prendre, et à déterminer les valeurs pour lesquelles le problème admet une ou plusieurs solutions, ou n'en admet aucune. Exemple :

770. *Étant donnés sur une feuille de papier deux droites X et Y qui se coupent et deux points A et B, on demande*

*de trouver sur cette feuille un point qui soit équidistant
à la fois des deux droites et des deux points* (fig. 501).

1° **Analyse.** — Supposons le problème résolu, et
soit P le point remplissant les conditions de l'énoncé,
c'est-à-dire tel que les distances PC, PD de ce point
aux droites X et Y soient égales et que les distances
PA, PB de ce point aux deux points donnés soient
aussi égales.

L'égalité des droites PC et PD montre que le point P
appartient au lieu géométrique des points équidistants

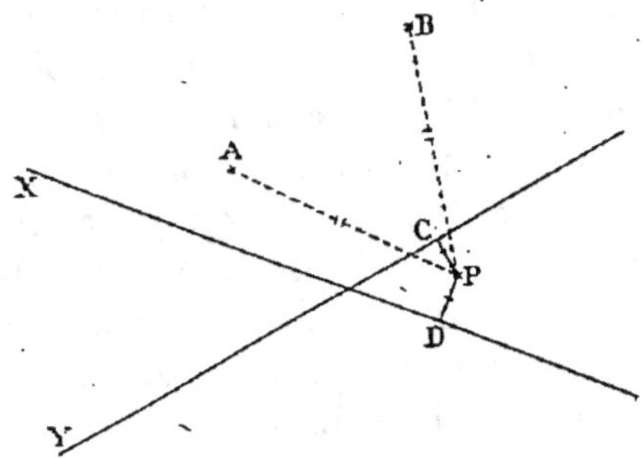

Fig. 501.

des deux droites X et Y ; ce point est donc situé sur
l'une quelconque des bissectrices des angles formés par
les deux droites X et Y.

L'égalité des droites PA et PB montre que le point P
appartient au lieu géométrique des points équidistants
de A et de B ; ce point est donc situé sur la perpendiculaire élevée à AB et en son milieu.

De là, on conclut que le point P est un point commun
aux bissectrices des angles des droites données et à la
perpendiculaire menée à la droite qui joint les deux
points donnés A et B et en son milieu.

2° **Synthèse.** — De l'analyse précédente, on tire la
construction suivante :

On mène les bissectrices EF et GH des angles formés
par X et Y (fig. 502) ; puis on tire AB et l'on mène la

perpendiculaire IK à AB et en son milieu : les points P et Q, communs à IK et à EF, à IK et à GH, sont les points demandés.

3° **Discussion.** — Pour que le point P existe, il faut que IK ne soit pas parallèle à la bissectrice EF ; pour que Q existe, il faut que IK ne soit pas parallèle à la bissectrice GH.

Il y aura donc deux points répondant à la question, lorsque IK ne sera parallèle ni à EF, ni à GH, c'est-à-

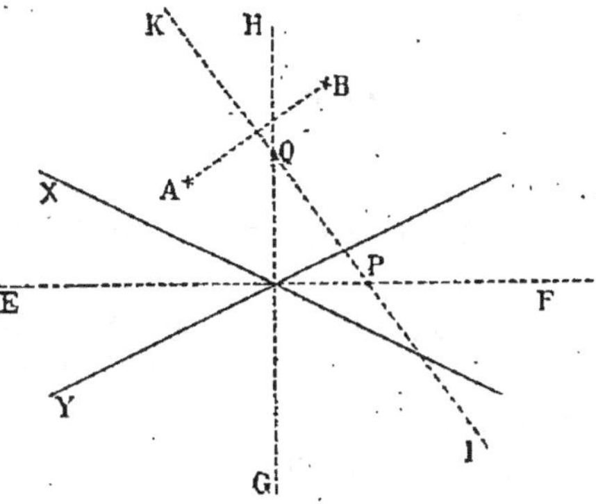

Fig. 502.

dire lorsque AB ne sera perpendiculaire ni à l'une, ni à l'autre des bissectrices des angles formés par X et Y.

Il n'y aura qu'une solution, c'est-à-dire qu'un point répondant à la question, lorsque AB sera perpendiculaire à l'une ou à l'autre des bissectrices EF ou GH ; mais il y aura toujours au moins une solution.

Le nombre des solutions deviendrait infini si, AB étant perpendiculaire à l'une des bissectrices, le milieu de AB se trouvait sur cette bissectrice : tous les points de cette bissectrice répondraient à la question.

771. Parmi les problèmes de géométrie, il en est qui sont des applications immédiates et évidentes de certaines propositions et dans lesquels les relations entre inconnues et données s'aperçoivent sans aucune recherche ;

mais, en général, il n'en est pas ainsi. Et, dans ce cas, il n'y a pas de règle générale, de marche unique permettant d'arriver sûrement à la solution des questions de géométrie, dont la variété et le nombre sont infinis. Mais on dispose d'un certain nombre de procédés particuliers, dont l'emploi permet de résoudre toutes les questions appartenant à la même catégorie.

Parmi ces procédés, les plus employés sont :

1° *Le procédé des lieux géométriques;*

2° *Le procédé des translations;*

3° *Le procédé de retournement ou de symétrie;*

4° *Le procédé des figures semblables.*

I. — Procédé des lieux géométriques.

772. Ce procédé consiste, après avoir supposé le problème résolu, à faire abstraction d'une des conditions propres à déterminer le point ou les points à construire, ce qui donne lieu à un problème indéterminé dont la solution est une ligne ou lieu géométrique dont tous les points répondent exclusivement à la question ainsi modifiée. Reprenant ensuite le problème proposé, on néglige de nouveau une des conditions, mais une autre que la précédente, et l'on obtient encore comme solution indéterminée un second lieu géométrique dont tous les points satisfont exclusivement à la question ainsi restreinte. De ces deux constructions auxiliaires, il résulte que le point ou les points cherchés, pour remplir toutes les conditions de l'énoncé, doivent se trouver à la fois sur les deux lieux géométriques : les intersections de ces lignes donneront donc ces points. Ainsi, quand il s'est agi de faire passer une circonférence par trois points A,B,C non en ligne droite, ce qui revient à trouver un point équidistant des trois points donnés, nous avons fait abstraction de l'un de ces points et nous avons cherché le lieu des points équidistants de deux

des points donnés A et B, puis le lieu des points équidistants de l'un des points précédents et du troisième point donné, B et C. Le centre de la circonférence cherchée est l'intersection O des deux droites représentant les lieux des points équidistants des points A et B, B et C, car cette intersection est équidistante des 3 points A, B, C (fig. 503).

773. La droite et la circonférence sont les seules lignes dont on se serve en Géométrie élémentaire. Il en

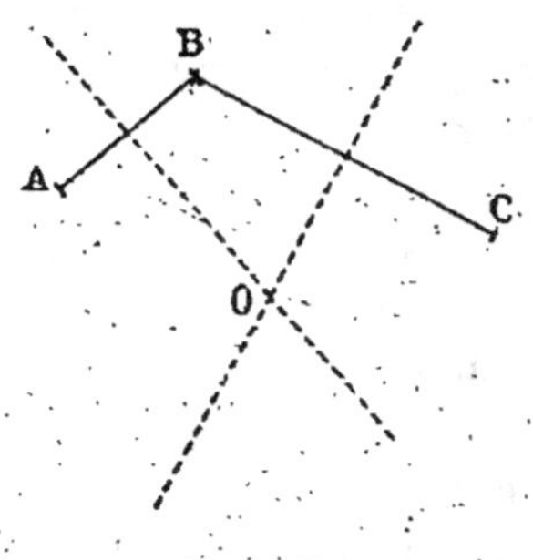

Fig. 503.

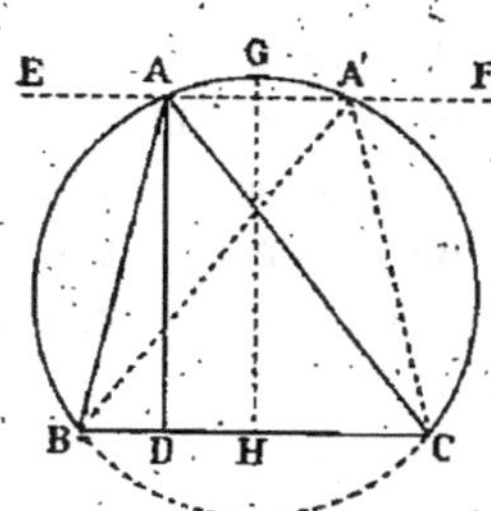

Fig. 504.

résulte que, si les deux lieux qui déterminent le point sont des droites, le problème admet une solution, une infinité de solutions, ou n'en admet aucune, suivant que les deux droites se coupent, coïncident ou sont parallèles; si les deux lieux sont deux circonférences, ou une circonférence et une droite, le problème admet deux solutions, une seule ou n'en admet aucune, suivant que les deux lignes se coupent, sont tangentes ou n'ont aucun point commun.

Autre exemple :

774. *Construire un triangle connaissant un côté, l'angle opposé et la hauteur correspondante.*

Supposons le problème résolu : soit ABC (fig. 504) le triangle cherché, dans lequel on connaît le côté BC, l'angle A et la hauteur AD. Si l'on néglige la condition relative à la hauteur, on aura à considérer les triangles qui ont le côté BC et l'angle A communs; or ces triangles ont leur sommet A sur un segment de circonférence capable de l'angle A et décrit sur BC comme corde.

Faisant ensuite abstraction de cette donnée de l'angle A, pour tenir compte de la hauteur, on aura à considérer les triangles qui ont en commun le côté BC et la hauteur AD; ces triangles ont leur sommet A sur la droite EF menée parallèlement à BC à une distance AD. Le sommet du triangle, devant être à la fois sur l'arc de cercle et sur la parallèle, se trouvera à leur intersection A. D'où construction :

Sur le côté donné comme corde, décrivons un arc capable de l'angle donné et menons une droite parallèle à ce côté à une distance égale à la hauteur donnée. Le troisième sommet du triangle cherché se trouve à l'intersection de ces deux lignes.

Discussion. — Pour que le problème soit possible, il faut que les deux lieux se rencontrent, c'est-à-dire que, si GH est la perpendiculaire menée à BC par le centre O de la circonférence, on ait $AD \leqq GH$.

Si AD est inférieur à GH, les deux lieux se couperont et l'on aura deux triangles ABC, A'BC répondant à la question; mais il est à remarquer que A'BC est le symétrique de ABC par rapport au diamètre GH perpendiculaire à BC et que ces deux triangles sont égaux, de sorte qu'il n'y a en réalité qu'une solution.

Si $AD = GH$, les deux lieux sont tangents et le problème n'a qu'une solution. Si AD est supérieur à GH, les deux lieux n'ont aucun point commun et le problème n'a pas de solution.

Ajoutons que chacun des deux lieux qui viennent de nous servir se compose de deux lignes symétriques par rapport à BC, de sorte que le problème admet aussi des solutions au-dessous de BC; mais ces solutions sont identiques aux précédentes.

II. — Procédé des translations parallèles.

775. Ce procédé consiste dans le déplacement d'une figure ou d'une portion de figure dans son plan et parallèlement à une certaine direction que détermine la nature de la question à résoudre.

Exemple :

776. *Tracer une droite égale et parallèle à une droite donnée et qui ait ses extrémités sur deux circonférences données.*

Soient les deux cercles donnés O et O', ainsi que la droite *m* donnée en grandeur et en direction (fig. 505).

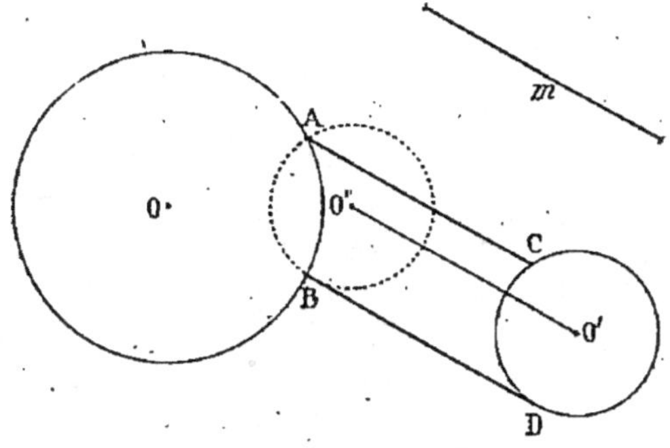

Fig. 505.

Si l'on déplace le cercle O' de manière que son centre O' décrive une droite O'O″ parallèle et égale à *m*, tous les points de ce cercle décriront des droites identiques, et, si dans sa position O″ la circonférence mobile coupe, comme dans la figure 505, la circonférence O en deux points A et B, en menant par A la parallèle à *m* jusqu'à sa rencontre en C avec la circonférence O', on aura la droite AC qui sera la droite demandée.

Le problème aura deux solutions, une seule ou n'en admettra aucune, suivant que les deux circonférences O et O″ seront sécantes, tangentes ou n'auront aucun point commun.

III. — Procédé de retournement ou de symétrie.

777. Ce procédé consiste à faire prendre à certaines données de la figure à construire une position provisoire au moyen d'un retournement ou d'une construction symétrique, afin de rendre plus visible ou plus commode la construction à effectuer.

Exemple :

778. *Dans un triangle, on mène, de l'un des sommets, une droite qui détermine deux segments additifs sur le côté opposé. Trouver, sur cette droite, un point d'où les deux segments soient vus sous le même angle.*

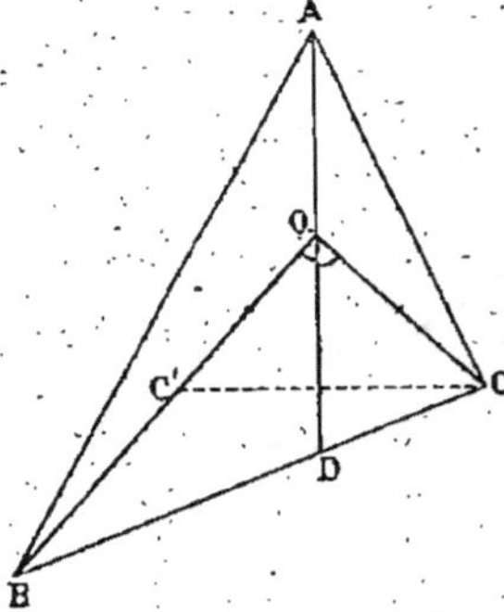

Fig. 506.

Soit O le point de la droite AD du triangle ABC (fig. 506), d'où l'on voit sous le même angle les deux segments BD et DC. Si l'on fait tourner le triangle ODC autour de AD pour le rabattre sur le triangle ODB, l'angle COD coïncidera avec son égal BOD et le point C se placera en C' sur la droite BO. Il résulte de là qu'on aura la solution du problème en construisant, par rapport à la droite AD, le point symétrique d'une des extrémités du côté BC, de C par exemple, en joignant au point B le point C' ainsi obtenu et en prolongeant la droite BC' jusqu'à sa rencontre en O avec AD. Le point O est le point cherché.

Remarque. — Étant donnée la manière dont on obtient le symétrique de C par rapport à AD, il est visible que le point O ne se trouve pas nécessairement entre A et D; il est par rapport à A au delà du point D, lorsque le plus petit des deux segments BD, CD, est adjacent au plus grand des deux angles en D.

Lorsque la droite AD est perpendiculaire à BC et que les deux côtés AB et AC sont inégaux, le point O vient en D.

Si, la droite AD restant perpendiculaire à BC, les côtés AB et AC sont égaux, tous les points de la droite AD, considérée comme infinie, répondent à la question, qui admet ainsi une infinité de solutions.

IV. — Procédé des figures semblables.

779. Les propriétés des figures semblables sont fréquemment employées pour la résolution des problèmes numériques et des problèmes graphiques de géométrie.

Lorsque la solution d'un problème graphique consiste dans la construction d'une certaine figure, il est assez fréquent de construire d'abord une figure semblable à la figure demandée et de passer ensuite de la première à la

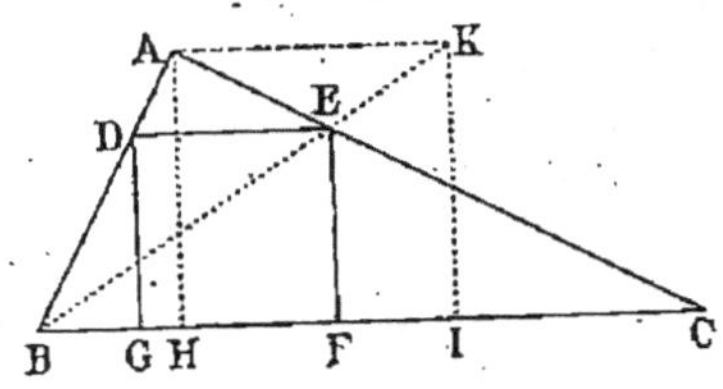

Fig. 507.

seconde en utilisant des propriétés connues des figures semblables.

780. Exemple : *Inscrire un carré dans un triangle donné.*

Soit ABC le triangle donné (fig. 507). Supposons le problème résolu : soit DEFG le carré demandé. Construisons le carré AHIK ayant la hauteur AH du triangle pour côté. Ces deux carrés ont trois de leurs côtés respectivement parallèles et les deux autres sur une même direction.

Or, lorsque deux polygones semblables ont leurs côtés parallèles, les droites qui joignent les sommets homologues concourent en un même point (Exerc. 249). Les droites joignant les sommets homologues A et D, H et G passant par le point connu B, il en sera de même de la droite joignant les sommets K et E. Connaissant le sommet E, il est facile d'obtenir le carré DEFG.

Construction. — Mener la hauteur AH du triangle donné; construire le carré AHIK; mener la droite KB; le point d'intersection E de cette droite avec AC est l'un des sommets du carré demandé; achever ce carré en menant ED parallèle à BC, et enfin EF et DH perpendiculaires à BC (fig. 507).

CONSEILS. — *Il est indispensable de résoudre de nombreux exercices, car la recherche des problèmes de géométrie force l'élève à faire, pour chaque cas proposé, une application convenable des différentes propositions qu'il a étudiées.*

Par cette gymnastique de l'esprit, en même temps que l'élève fixe dans sa mémoire les vérités géométriques, il acquiert souvent des idées d'investigation nouvelles. La réussite de quelques-unes de ces questions l'encourage et développe généralement chez lui un véritable goût pour les sciences mathématiques.

EXERCICES DE RÉCAPITULATION

526. Si, en parcourant le contour d'un carré, on marque, sur les côtés, des points à la même distance du sommet qu'on vient de quitter, on aura les sommets d'un carré inscrit dans le carré proposé.

527. Deux triangles scalènes sont égaux, lorsqu'ils ont un côté égal et les hauteurs, menées de ses extrémités, égales chacune à chacune.

528. Deux triangles scalènes sont égaux, lorsqu'ils ont le périmètre égal et deux angles égaux chacun à chacun.

529. Les médianes d'un triangle équilatéral sont égales.

530. Deux triangles rectangles sont égaux, lorsqu'ils ont l'hypoténuse égale et la hauteur correspondante égale.

531. Deux triangles équilatéraux sont égaux, lorsqu'ils ont une même hauteur.

532. Un triangle est isocèle, lorsqu'une même droite y est à la fois bissectrice et médiane.

533. Un triangle est isocèle, lorsqu'il a : 1° deux hauteurs égales ; 2° deux médianes égales ; 3° deux bissectrices égales.

534. Dans un triangle rectangle, la médiane et la hauteur, qui partent du sommet de l'angle droit, font entre elles un angle égal à la différence des angles aigus.

535. Dans tout triangle, à un plus grand côté correspond une plus petite médiane.

536. La somme des trois médianes d'un triangle est plus grande que les $\frac{3}{4}$ du périmètre.

537. Dans tout quadrilatère, les droites qui joignent les milieux des côtés opposés se rencontrent au milieu de la ligne qui joint les milieux des diagonales.

538. En menant par chaque extrémité des diagonales d'un qua-

drilatère des parallèles à l'autre diagonale, on forme un parallélogramme équivalent au double du quadrilatère.

539. Si M et N sont les milieux des côtés opposés AB et CD d'un parallélogramme, les droites BN et DM divisent la diagonale AC en trois parties égales.

540. Par un point pris dans l'intérieur d'un angle, mener une droite telle que le point donné soit le milieu de la partie de cette droite comprise dans l'intérieur de l'angle.

541. Toute droite menée par le point de concours des diagonales d'un parallélogramme est partagée par ce point en deux parties égales. Ce point est appelé le *centre du parallélogramme*.

542. Si les diagonales d'un quadrilatère se coupent en parties égales, la figure est un parallélogramme.

543. Si les diagonales d'un parallélogramme sont égales, la figure est un rectangle.

544. Si les diagonales d'un parallélogramme sont perpendiculaires l'une sur l'autre, la figure est un losange.

545. Si les diagonales d'un quadrilatère sont égales, se coupent en parties égales et sont perpendiculaires l'une sur l'autre, la figure est un carré.

546. Dans un quadrilatère, les droites qui passent par les milieux de deux côtés opposés et la droite qui joint les milieux des diagonales se coupent en un même point, et chacune d'elles est partagée par ce point en deux parties égales.

547. Soit O le point de concours des médianes d'un triangle ABC; par ce point on mène une droite quelconque OR, et des sommets du triangle on abaisse sur OR les perpendiculaires AA', BB', CC'. Démontrer que la somme des deux perpendiculaires qui sont d'un même côté de OR est égale à la longueur de l'autre.

548. Soit un parallélogramme OACB : on prend sur OA, OA' = 2OA et sur OB, OB' = 2OB; démontrer que la droite A'B' passe par le point C, et que ce point est le milieu de A'B'.

549. Trouver un point équidistant de deux points donnés, et équidistant de deux droites données.

550. Trouver un point équidistant de deux points donnés et situé à une distance donnée d'une droite donnée.

551. Trouver un point équidistant de deux droites données et situé à une distance donnée d'une droite donnée.

552. Quelle condition doivent remplir les côtés non parallèles d'un trapèze pour que deux angles opposés de ce trapèze soient supplémentaires?

553. Quelle est la figure formée par les bissectrices des angles d'un parallélogramme? Dans quel cas cette figure est-elle un carré?

554. Étant donnés deux points A et B dans un angle MON,

trouver un point C sur OM et un point D sur ON, tels que la somme des distances AC + CD + DB soit la plus petite possible.

555. Soit un triangle ABC; on prend sur BC un point quelconque M, et l'on mène par ce point MN parallèle à AB et MP parallèle à AC, de manière à former le parallélogramme MNAP. On demande le lieu décrit par le point du concours O des diagonales de ce parallélogramme, quand le point M parcourt la droite BC.

556. Soit un angle ROS; sur les côtés de cet angle on prend les longueurs OA et OB telles que la somme OA + OB soit égale à une longueur donnée, et l'on construit le parallélogramme OACB : trouver le lieu du sommet C du parallélogramme.

557. Même question en supposant que la différence OA — OB est constante.

558. Soient deux points fixes A et B et une droite LL′ perpendiculaire à la droite qui passe par les deux points A et B; on prend sur LL′ un point quelconque C; on mène du point A, AA′ perpendiculaire à BC et du point B, BB′ perpendiculaire à AC; on demande le lieu décrit par le point de rencontre des droites AA′ et BB′, quand le point C parcourt la droite LL′.

559. Si l'on mène les bissectrices des angles extérieurs d'un triangle ABC, les trois triangles partiels et le triangle total qu'elles déterminent autour du triangle donné sont équiangles. Chaque angle du triangle ABC a pour supplément le double de l'angle qui lui est opposé dans le triangle total.

560. Dans un triangle ABC, on prend sur le côté AB et sur son prolongement AD = AE = AC, puis on joint le sommet C aux points D et E. Démontrer que l'angle E est la moitié de l'angle A du triangle ABC, et que l'angle DCE est droit.

561. Dans un triangle ABC on mène, jusqu'au côté BC, une droite AD faisant avec le côté AB un angle égal à l'angle C et une droite AE faisant avec le côté AC un angle égal à l'angle B. Démontrer que le triangle DAE est isocèle.

562. Dans un triangle quelconque ABC où l'angle B est double de l'angle C, on mène AD perpendiculaire sur le côté BC; sur AB, prolongé ou non, suivant que l'angle B est aigu ou obtus, on prend BE égal à BD; puis on tire la droite EDF qui coupe AC au point F. Démontrer : 1° que les longueurs FD, FC, FA, sont égales, et que les triangles ABC, AFE, sont équiangles; 2° que le côté AB est égal à la différence des segments DC et DB de la base BC si l'angle B est aigu, à leur somme si l'angle B est obtus.

563. Étant donné un parallélogramme ABCD, on prend en sens inverse, sur les côtés opposés AB, CD, deux longueurs AE et CF, arbitraires, mais égales; de même, sur les côtés opposés AD, BC, on prend en sens inverse les longueurs arbitraires AH = CG.

Démontrer : 1° que la figure EFGH est un parallélogramme inscrit dans le parallélogramme proposé; 2° que le centre du parallélogramme proposé est en même temps celui de tous les parallélogrammes qu'on peut y inscrire.

564. Si, par un point quelconque de la base d'un triangle isocèle, on mène des parallèles aux deux autres côtés, on forme un parallélogramme dont le périmètre est constant.

565. Démontrer qu'un polygone convexe, d'un nombre impair de côtés, est déterminé quand on donne les milieux de ses côtés.

566. Étant donnés un polygone régulier convexe et une droite à l'extérieur de ce polygone, trouver les relations entre la perpendiculaire abaissée du centre du polygone sur la droite et :

1° Les perpendiculaires abaissées sur la même droite des sommets du polygone;

2° Les perpendiculaires abaissées sur la même droite des centres de gravité des triangles ayant pour sommet commun le centre du polygone et pour bases les côtés du polygone. (Le centre d'un polygone régulier est le point également distant de tous les côtés et de tous les sommets de ce polygone.)

567. La plus petite médiane d'un triangle correspond au plus grand côté.

568. Au plus grand côté d'un triangle correspond la plus petite médiane.

569. On donne une portion de droite qu'on divise en deux segments additifs; sur chacun de ces segments on construit un carré et l'on demande le lieu des milieux des droites joignant les centres de ces carrés.

570. Même question dans le cas où la portion de droite est divisée en deux segments soustractifs.

571. ABC étant un triangle rectangle et ABDM, ACEN étant les carrés construits sur les côtés AB et AC de l'angle droit, des sommets D et E, opposés au sommet A, on abaisse des perpendiculaires DF, EG sur l'hypoténuse BC prolongée. Démontrer : 1° que l'hypoténuse BC est égale à la somme des perpendiculaires DF et EG; 2° que le triangle proposé ABC est la somme des triangles DFB, CEG.

572. Par le sommet A d'un parallélogramme ABCD, on mène une droite quelconque AX. Prouver que la distance du sommet C à la droite AX est égale à la somme ou à la différence des distances des sommets B et D à la même droite, suivant que AX est extérieure au parallélogramme ou le traverse.

573. Sur les côtés d'un triangle ABC on construit les carrés BCDE, ACHI, ABFG et l'on trace les droites GI, EF, DH.

1° Prouver que les perpendiculaires abaissées des sommets A, B, C sur ces droites sont concourantes au centre de gravité du triangle ABC.

2° Prouver que les longueurs GI, EF, DH sont les doubles des médianes du triangle ABC.

3° Prouver que les droites CF, AE sont égales et rectangulaires.

4° Prouver que, si l'angle BAC est droit, les points F, A, H sont en ligne droite.

574. On a deux systèmes de parallèles ZD et XY. Par un point P, pris dans le plan de ces droites, mener une droite qui coupe ces deux systèmes de manière que les segments de cette droite compris entre chacun de ces systèmes de parallèles soient égaux.

575. Déterminer la nature des quadrilatères formés par l'intersection des bissectrices des angles intérieurs d'un parallélogramme, et par l'intersection des bissectrices des angles extérieurs. Montrer que les diagonales de ces quadrilatères sont parallèles aux côtés du parallélogramme et sont égales à la somme ou à la différence de deux côtés adjacents de ce parallélogramme, suivant que l'on considère le quadrilatère extérieur ou intérieur.

576. Soient M' M, N, N', les milieux des côtés opposés d'un quadrilatère, soient P, P' les milieux des diagonales et O un point arbitraire du plan. Les parallèles menées par M et M' à OM' et à OM, les parallèles menées par N et N' à ON' et à ON, les parallèles menées par P et P' à OP' et à OP sont six droites concourantes.

2° SUR LES CORDES ET LES ARCS ET LA MESURE DES ANGLES (chap. IX à XIV).

577. On propose de couvrir l'espace autour d'un point avec des polygones réguliers et de même nom. De quels polygones réguliers pourra-t-on se servir? (On appelle *polygone régulier* un polygone qui a ses côtés égaux et ses angles égaux.)

578. Dans tout quadrilatère circonscrit, la somme de deux côtés opposés est égale à la somme des deux autres.

579. Réciproquement : Tout quadrilatère est circonscriptible, lorsque la somme de deux côtés opposés est égale à celle des deux autres.

580. Une circonférence étant tangente aux deux côtés d'un angle BAC, si on lui mène une troisième tangente DE comprise entre le sommet de l'angle et la circonférence, le triangle ADE a un périmètre constant, quel que soit le point de contact. — Si l'on joint le centre O aux points D et E, l'angle DOE est constant.

581. Un trapèze isocèle est inscriptible dans un cercle.

582. Démontrer, par la mesure des angles, que les trois hauteurs d'un triangle se rencontrent au même point.

583. De tous les triangles inscrits dans le même segment de

cercle, ou de tous les triangles qui ont même base et même angle au sommet, c'est le triangle isocèle qui a le plus grand périmètre.

584. Décrire une circonférence de rayon donné, qui intercepte sur deux droites données des longueurs données.

585. Tracer deux tangentes parallèles, dont l'une passe par un point donné sur une circonférence donnée.

586. Mener à une circonférence une tangente qui fasse un angle donné avec une droite donnée.

587. La somme des diamètres du cercle inscrit et du cercle circonscrit à un triangle rectangle est égale à la somme des côtés de l'angle droit.

588. Inscrire dans un angle donné une droite de longueur donnée, parallèle à une droite donnée.

589. Mener à une circonférence donnée une tangente parallèle à une droite donnée.

590. Inscrire dans un cercle une corde de longueur donnée : 1° parallèle à une droite donnée; 2° qui ait son milieu sur une corde donnée.

591. Mener par un point donné une sécante qui produise dans un cercle une corde de longueur donnée.

592. Deux cercles étant donnés, mener une sécante telle que les cordes interceptées par les deux cercles aient des longueurs données.

593. Étant donné un cercle O et une sécante CD coupant la circonférence en P et P', démontrer que, si des deux extrémités du diamètre AB, on abaisse des perpendiculaires AV' et BV sur la sécante CD, on aura : $VP' = PV'$.

594. Trouver dans le plan d'un triangle un point d'où l'on voie les trois côtés sous des angles égaux.

595. On construit sur les trois côtés d'un triangle ABC trois triangles équilatéraux extérieurs ABC', ACB', BCA', puis on trace les droites AA', BB', CC'. 1° Ces droites sont égales; 2° elles comcourent au même point, d'où les trois côtés du triangle sont vus sous des angles égaux.

596. Mener, par l'un des points d'intersection de deux circonférences, une sécante commune produisant deux cordes dont la somme ou la différence est donnée.

Construire un triangle isocèle, connaissant :

597. La base et le rayon du cercle inscrit;

598. La base et le rayon du cercle circonscrit;

599. Le périmètre et la hauteur;

600. L'angle à la base et la hauteur;

601. L'angle à la base et la somme ou la différence de l'un des côtés égaux et de la hauteur;

602. Le périmètre et l'angle du sommet;

Construire un triangle rectangle, connaissant :

603. L'hypoténuse et un côté de l'angle droit;

604. L'hypoténuse et la hauteur correspondante;

605. La hauteur issue du sommet de l'angle droit et un côté de l'angle droit;

606. La médiane et la hauteur issues du sommet de l'angle droit;

607. L'hypoténuse et le rayon du cercle inscrit;

608. L'un des côtés de l'angle droit et le rayon du cercle inscrit;

609. Un angle aigu et la somme des côtés de l'angle droit;

610. Un angle aigu et la hauteur issue du sommet de l'angle droit;

Construire un triangle quelconque, connaissant :

611. Le périmètre et les angles;

612. Les milieux des trois côtés;

613. Un côté, l'angle opposé et la somme des deux autres côtés;

614. Un côté, l'angle opposé et la différence des deux autres côtés;

615. Les angles et la somme de deux côtés;

616. Un côté, un angle adjacent et le rayon du cercle circonscrit;

617. Un côté, un angle adjacent et le rayon du cercle inscrit;

618. Le rayon du cercle circonscrit et les angles;

619. Un côté, le rayon du cercle circonscrit et la hauteur relative au côté connu;

620. Un côté, le rayon du cercle circonscrit et une hauteur partant de l'une des extrémités du côté connu;

621. Le rayon du cercle inscrit et les angles;

622. Un côté, l'angle opposé et le rayon du cercle inscrit;

623. Un côté, l'angle opposé et la hauteur relative à ce côté;

624. Un angle, la hauteur issue du sommet de cet angle et le rayon du cercle inscrit;

625. Un angle, le rayon du cercle inscrit, et celui du cercle ex-inscrit dans l'angle donné;

626. Les centres des trois cercles ex-inscrits;

627. Les trois angles et l'une des hauteurs;

628. La base, la somme des angles à la base et la différence de ces mêmes angles;

629. Un côté, l'un des angles adjacents et la médiane aboutissant au milieu du côté donné;

630. Deux côtés et la médiane comprise entre ces deux côtés;

631. Un côté, un angle adjacent et la longueur de sa bissectrice;

632. La hauteur, la médiane et la bissectrice partant du même sommet;

633. Un angle, la hauteur et la médiane partant du sommet de l'angle donné;

634. Un angle, la hauteur relative à l'un des côtés de cet angle et le périmètre ;

635. Les pieds des perpendiculaires abaissées des sommets sur les côtés opposés ;

636. Un côté et les deux médianes qui partent des extrémités de ce côté ;

637. Deux côtés et la hauteur relative au troisième côté ;

638. Un côté et les deux hauteurs qui partent des extrémités du côté connu.

Construire un quadrilatère, connaissant :

639. Les milieux de trois côtés et une droite parallèle et égale au quatrième côté ;

640. Les quatre côtés et l'une des droites qui joignent les milieux des côtés opposés.

Construire un rectangle, connaissant :

641. La différence des côtés et l'angle des diagonales ;

642. Un côté et le rayon du cercle circonscrit ;

643. La diagonale et la somme des deux côtés inégaux ;

644. La diagonale et la différence des deux côtés inégaux.

Construire un parallélogramme, connaissant :

645. Un côté et ses deux diagonales ;

646. Deux côtés et l'une des diagonales ;

647. Les diagonales et leur angle.

Construire un losange, connaissant :

648. Les diagonales ;

649. Un angle et l'une des diagonales ;

650. Le côté et le rayon du cercle inscrit.

Construire un carré, connaissant :

651. La diagonale ;

652. La somme du côté et de la diagonale ;

653. La différence entre la diagonale et le côté.

Construire un trapèze isocèle, connaissant :

654. Les bases et un angle ;

655. Une base, la hauteur et un des côtés égaux ;

656. Les bases et la diagonale.

Construire un trapèze quelconque, connaissant :

657. Les quatre côtés ;

658. Les bases et les diagonales.

659. Construire un pentagone, connaissant les milieux des cinq côtés.

660. Inscrire entre deux circonférences extérieures données une droite de longueur donnée et parallèle à une droite donnée.

661. Un point étant donné sur l'un des côtés d'un angle, trouver, sur ce même côté, un point équidistant du point donné et de l'autre côté de l'angle.

662. Décrire une circonférence qui passe à égale distance de quatre points donnés. Discussion.

663. Décrire une circonférence qui intercepte sur trois droites données des cordes égales et d'une longueur donnée.

664. Avec un rayon donné, décrire une circonférence qui intercepte, sur une circonférence donnée, une corde parallèle et égale à une droite donnée.

665. Décrire, avec un rayon donné, une circonférence qui passe par un point donné, et dont la plus courte distance à une circonférence donnée soit d'une longueur donnée.

666. Trouver le lieu des centres des circonférences tangentes à une droite ou à une circonférence données, en un point donné de cette droite ou de cette circonférence.

667. Trouver le lieu géométrique des centres des circonférences tangentes à deux droites qui se coupent.

668. Une corde de longueur donnée se meut dans un cercle; quel est le lieu géométrique décrit par son milieu?

669. Trouver le lieu géométrique des points d'où une droite donnée est vue sous un angle donné.

670. Une droite d'une longueur donnée se meut parallèlement à elle-même, en conservant l'une de ses extrémités sur une circonférence donnée ou sur un polygone donné; quel est le lieu géométrique décrit par l'autre extrémité?

671. Quel est le lieu géométrique des points d'où les tangentes menées à une circonférence donnée sont d'une longueur donnée?

672. Quel est le lieu des points d'où un cercle est vu sous un angle donné? (L'angle sous lequel on voit un cercle d'un point donné est l'angle formé par les deux tangentes à ce cercle issues de ce point.)

673. Une droite se meut dans un angle droit, de manière que ses extrémités glissent sur les côtés de l'angle; quel est le lieu décrit par le milieu de cette droite?

674. Un triangle a pour base une corde fixe d'un cercle, et le sommet opposé se meut sur l'arc sous-tendu par la base; quel est le lieu géométrique décrit par le point de concours des bissectrices des angles de ce triangle mobile? — Quel est aussi le lieu géométrique du point de concours des hauteurs de ce même triangle?

675. Indiquer le lieu géométrique des points tels que la somme ou la différence des distances de chacun d'eux aux côtés d'un angle soit égale à une longueur donnée.

676. Soit un triangle ABC et un point fixe P sur le côté AB. On mène par le point P une droite quelconque qui rencontre en Q le côté AC et en R le côté BC; par les trois points P, A, Q, on fait passer une circonférence; de même, par les trois points P, B, R on fait passer une circonférence; ces deux circonférences se cou-

pent au point P et en un autre point M. On demande le lieu décrit par le point M, quand la sécante PRQ tourne autour du point P.

677. Soient deux points A et B et une droite KK' perpendiculaire à la droite AB. On prend sur KK' un point quelconque C; on joint ce point aux points A et B, puis on mène au point A la perpendiculaire à AC, et au point B la perpendiculaire à BC; ces deux droites se coupent en un point M. On demande le lieu du point M quand le point C parcourt la droite KK'.

678. On fait tourner un cercle autour d'un de ses points, et, dans chaque position, on mène à ce cercle des tangentes parallèles à une direction donnée : quel est le lieu des points de contact?

679. Soit ABC un triangle inscrit dans une circonférence; le côté AB restant fixe, on fait mouvoir le point C sur la circonférence, et l'on demande : 1° le lieu du centre du cercle inscrit dans le triangle ABC; 2° le lieu du centre de chacun des cercles exinscrits au même triangle.

680. Soit un triangle ABC; on déplace le sommet C dans le plan du triangle, de façon que, le côté AB du triangle restant fixe, la médiane issue du sommet A conserve une longueur fixe. 1° Quel est le lieu décrit par le sommet C? 2° Quel est le lieu décrit par le point de concours des médianes du triangle?

681. Deux circonférences se coupent en un point A; on mène par le point A une sécante fixe BAC et une sécante mobile MAN; on mène par les extrémités de ces sécantes les droites BM et CN qui se coupent en un point P. Lieu décrit par le point P quand on fait tourner la sécante mobile MAN autour du point A.

682. Soient a, b, c les milieux des côtés d'un triangle ABC et O le centre du cercle circonscrit; on prolonge les droites Oa, Ob, Oc et l'on prend $OA' = 20a$, $OB' = 20b$, $OC' = 20c$. Démontrer que les triangles ABC, A'B'C' sont égaux et ont les côtés parallèles, et que, si l'on répète sur le triangle A'B'C' la même construction, on retrouve le triangle ABC.

683. Un parallélogramme circonscrit à une circonférence est un losange. Dans un losange on peut toujours inscrire une circonférence.

684. Soit un arc de circonférence AB; si, en un point quelconque M de cet arc, on mène une tangente à la circonférence, la portion PQ de cette droite comprise entre les tangentes à la circonférence aux points A et B, est vue du centre sous un angle constant.

685. Démontrer que dans un triangle rectangle isocèle, un côté de l'angle droit est plus grand que la moitié de l'hypoténuse et moindre que trois fois l'excès de l'hypoténuse sur ce côté. Déduire de là que, si l'on applique la méthode du n° 273 à la recherche de la plus grande commune mesure entre la diagonale et le côté

d'un carré, l'opération ne peut pas se terminer, ce qui prouve que ces deux longueurs sont incommensurables.

686. Si dans un quadrilatère ABCD on prolonge les côtés opposés AB et CD jusqu'à leur rencontre E, puis les côtés opposés AD et BC jusqu'à leur rencontre F, on forme une figure qu'on nomme quadrilatère complet, et qui renferme quatre triangles ABF, ADE, EBC, DCF. Démontrer : 1° que les cercles circonscrits à ces quatre triangles passent par un même point; 2° que ce point et les centres des quatre cercles sont sur une même circonférence.

687. Étant donnés un triangle, le cercle inscrit et les trois cercles ex-inscrits, démontrer : 1° que les quatre points de contact qui se trouvent sur un même côté (deux intérieurs et deux extérieurs) sont deux à deux équidistants du milieu de ce côté; 2° que la distance d'un point de contact extérieur au plus éloigné des deux sommets situés sur le même côté est égale au demi-périmètre du triangle; 3° que la distance du point de contact du cercle inscrit à l'un des sommets situés sur le même côté est égale au demi-périmètre diminué du côté opposé à ce sommet; 4° que la distance des deux points de contact intérieurs situés sur le côté considéré est égale à la différence des deux autres côtés du triangle; 5° que la distance des deux points de contact extérieurs est égale à la somme des deux autres côtés du triangle; 6° que la distance du point de contact du cercle inscrit à l'un des points de contact extérieurs est égale à la longueur de celui des deux autres côtés du triangle qui aboutit au sommet situé entre ces deux points de contact.

688. Soient ABC un triangle, D le centre du cercle circonscrit, O celui du cercle inscrit, et O', O'', O''', les centres des cercles ex-inscrits respectivement situés dans les angles A, B, C; démontrer : 1° que le cercle circonscrit passe par les milieux des droites OO', OO'', OO'''; 2° que les quatre points O, B, C, O', sont sur une même circonférence dont le centre est sur la circonférence D; 3° que les points O'', B, C, O''', sont sur une même circonférence dont le centre est sur la circonférence D.

689. ABC étant un triangle quelconque, on construit sur les côtés les carrés ABDE, ACFG, BCHK; on mène EG, DK, HF, DC, BF, et l'on abaisse la hauteur AI; démontrer : 1° que les trois droites DC, BF, AI, concourent en un même point; 2° que les perpendiculaires abaissées respectivement de A sur EG, de B sur DK, et de C sur FH, concourent en un même point.

3° Sur les figures semblables et les relations métriques entre les éléments des triangles (chap. XXIII à XXVIII).

690. D'un point quelconque P situé sur la bissectrice de l'angle intérieur ou de l'angle extérieur de l'angle A du triangle ABC, on abaisse les perpendiculaires PA′, PB′, PC′ sur les côtés BC, CA, AB. Démontrer que le point d'intersection I de PA′ et B′C′ appartient à la médiane issue du sommet A du triangle.

691. Par le point de concours des bissectrices des angles à la base d'un triangle isocèle, on mène la parallèle à cette base. On demande de déterminer la longueur de la portion de cette droite comprise entre les deux autres côtés du triangle et le périmètre du triangle qu'elle détermine avec ces deux côtés, si b est la base du triangle isocèle, et c la valeur commune des deux autres côtés. Effectuer les calculs pour $b = 12$ mètres et $c = 18$ mètres.

692. Même question dans le cas où le triangle donné est quelconque, ses côtés AB, BA et AC ayant pour longueurs respectives 12 mètres, 15 mètres et 18 mètres; et la droite étant menée, parallèlement à AB, par le point de concours des bissectrices des angles A et B.

693. Démontrer que lorsque deux circonférences se coupent : 1° les circonférences passant par l'un de leurs points d'intersection et les deux points de contact d'une tangente commune sont égales; 2° que leur rayon est moyen géométrique entre les rayons des deux circonférences données.

694. Sur le côté BC d'un triangle ABC ou sur son prolongement, on prend un point arbitraire D, on fait passer une circonférence par les points ABD, et une autre par les points ACD; soient O et O′ les centres de ces deux circonférences. On propose : 1° de démontrer que le rapport des rayons des deux circonférences est indépendant de la position du point D sur le côté BC; 2° de déterminer la position que doit occuper le point D pour que les deux rayons aient la plus petite longueur possible; 3° de démontrer que le triangle AOO′ est semblable au triangle ABC; 4° de trouver le lieu décrit par le point M, qui divise la droite OO′ dans le rapport de deux longueurs données m et n.

695. Si l'on considère un triangle rectangle ABC et qu'on abaisse du sommet A la perpendiculaire AD sur l'hypoténuse, les rayons des cercles inscrits dans les triangles rectangles ABC, ABD, ACD sont les côtés d'un triangle rectangle semblable à ABC.

696. Deux cercles dont les rayons ont respectivement 0 m. 9 et 1 m. 2 se coupent de manière que les tangentes menées par l'un des points d'intersection sont perpendiculaires. Quelle est la distance

des centres de ces cercles et la longueur de leur corde commune?

697. Diviser un trapèze en deux trapèzes semblables par une droite parallèle aux bases.

698. Si a est le côté du carré inscrit dans une circonférence, calculer, en fonction de a, le rayon de cette circonférence. Effectuer le calcul pour $a = 1$ m. 50.

Si a représente le côté du dodécagone régulier convexe inscrit dans une circonférence, calculer le rayon de cette circonférence en fonction de a. Effectuer le calcul pour $a = 1$ mètre.

699. On donne un polygone P et l'on mène la circonférence inscrite à ce polygone. Dans cette circonférence, on inscrit un polygone semblable au premier. Démontrer que la circonférence est moyenne géométrique entre la circonférence circonscrite au premier polygone et la circonférence inscrite au second.

700. Quelles sont à moins de 1 millimètre près les longueurs des circonférences inscrites et circonscrites aux polygones réguliers de 3, 4, 6, 8, 10, 12 côtés, lorsque ces côtés ont 1 mètre de longueur?

701. Soit I le point de concours des hauteurs d'un triangle ABC; on prend les points A', B', C' respectivement symétriques du point I par rapport aux droites BC, CA, AB.

1° Démontrer que les deux triangles ABC, A'B'C' sont inscrits dans une même circonférence.

2° Évaluer les angles du triangle A'B'C' en supposant connus les angles du triangle ABC.

3° On désigne par M et N les points où la droite AB rencontre les droites B'C' et C'A', par P et Q les points où la droite BC rencontre les droites C'A' et A'B', enfin, par R et S les points où la droite CA rencontre les droites A'B' et B'C' : démontrer que les trois droites MQ, NR, PS passent par un même point.

Dans chaque question on examinera le cas où les trois angles du triangle ABC sont aigus, et le cas où l'un de ces angles, A par exemple, est obtus.

702. La somme des distances d'un point quelconque pris dans l'intérieur d'un polygone régulier de m côtés aux côtés de ce polygone est égale à m fois l'apothème de ce polygone. — Examiner le cas où le point donné est extérieur au polygone.

703. Cercle des neuf points. — Dans tout triangle, les milieux des trois côtés, les pieds des hauteurs, et les milieux des droites qui joignent les sommets au point de concours des trois hauteurs sont neuf points situés sur une même circonférence. Le centre de cette circonférence est au milieu de la droite qui joint le centre du cercle circonscrit au point de concours des hauteurs. — Le rayon de cette circonférence est la moitié du rayon du cercle circonscrit.

704. Quel est le lieu géométrique des milieux des cordes d'une

circonférence de 5 mètres de rayon vues sous un angle droit d'un point situé à 3 mètres du centre? Même question lorsque le point est à 8 mètres du centre.

705. Si l'on joint un point quelconque M aux trois sommets d'un triangle ABC et au centre de gravité G, on a :

$$MA^2 + MB^2 + MC^2 = AG^2 + BG^2 + CG^2 + 3MG^2.$$

706. Déduire de la relation précédente le lieu des points dont la somme des carrés des distances aux trois sommets d'un triangle a une valeur donnée k^2.

707. Trouver, à l'aide du problème précédent, le point du plan d'un triangle tel que la somme des carrés de ses distances aux trois sommets de ce triangle soit minimum.

708. Quelle est le diamètre de la circonférence circonscrite à un triangle isocèle de 6 mètres de base et dont les côtés égaux ont 5 mètres de longueur? Généraliser en représentant la base par $2a$ et les côtés égaux par b.

709. Deux côtés d'un triangle ont pour longueurs respectives 3 mètres et 5 mètres et le carré de la longueur de la bissectrice de l'angle intérieur formé par ces côtés est 11 mq. 25. Quelle est la longueur du 3e côté du triangle?

710. Deux côtés d'un triangle ont pour longueurs respectives 6 mètres et 10 mètres et le carré de la longueur de la bissectrice de l'angle intérieur qu'ils forment est 22 mq. 5. Quelles sont les longueurs des deux autres bissectrices?

711. Deux côtés d'un triangle ont pour longueurs respectives 3 mètres et 4 mètres et la longueur de la bissectrice de l'angle intérieur qu'ils forment est $\dfrac{12}{7} \sqrt{2}$. Calculer le 3e côté du triangle et la longueur des deux autres bissectrices.

712. Dans un triangle, l'inverse du carré de la hauteur relative à l'hypoténuse est égal à la somme des inverses des carrés des côtés de l'angle droit.

713. Par un point pris dans le plan d'un angle, mener une sécante telle que ce point divise en moyenne et extrême raison la portion de cette sécante comprise entre les deux côtés de l'angle.

714. Construire une portion de droite, connaissant le plus grand segment additif de cette portion de droite divisée en moyenne et extrême raison.

715. Si a est le côté du triangle équilatéral inscrit dans une circonférence, calculer en fonction de a le rayon de cette circonférence. Effectuer les calculs pour $a = 1$ m. 50.

716. Étant donné un triangle ABC, on considère une droite XY passant par l'un de ses sommets et extérieure à sa surface : prouver que la somme des distances des trois sommets du triangle à cette droite est le triple de la distance du centre de gravité du triangle à la même droite.

717. Cette propriété subsiste-t-elle, lorsque la droite XY ne rencontre pas le triangle? Comment faut-il modifier l'énoncé du problème précédent : 1° quand la droite XY passe par le centre de gravité du triangle; 2° lorsque, sans passer par le centre de gravité du triangle, la droite XY traverse le triangle?

718. Trouver sur l'un des côtés d'un triangle les pieds des bissectrices des angles opposés de ce triangle, sans mener ces bissectrices.

Etant donné un arc AB dans une circonférence, trouver sur cet arc un point D tel que le rapport des cordes DA et DB soit égal à un rapport donné $\dfrac{m}{n}$.

719. Construire deux portions de droite, connaissant leur rapport et leur somme ou leur différence.

720. Construire un triangle rectangle, connaissant l'hypoténuse et le rapport $\dfrac{m}{n}$ des deux côtés de l'angle droit (voir Probl. 166).

721. Lieu du sommet d'un triangle dont on donne la base et le pied de la bissectrice situé sur cette base (voir Probl. 166).

722. Étant donné un triangle ABC, on diminue le côté AC d'une quantité AA' et l'on augmente le côté BC d'une quantité égale BB'. Démontrer que A'B' est divisée par AB dans le rapport inverse des côtés AC et BC.

723. Si trois droites passent par un même point, le rapport des distances d'un point quelconque de l'une aux deux autres est constant.

724. D'un point quelconque A du prolongement d'un diamètre BD, on trace la tangente AC, la bissectrice de l'angle CAO et l'on abaisse OM perpendiculaire sur la bissectrice AM. Trouver le lieu du point M.

725. Étant donné un triangle équilatéral, on prend sur le côté BA une longueur BC' $= a$ et sur AC une longueur AB' $= a$; on tire C'B'. Calculer la longueur CA' déterminée sur le 3° côté, en désignant par m le côté du triangle équilatéral. Effectuer les calculs pour $m = 10$ mètres et $a = 6$ mètres.

726. D'un point A on mène les deux tangentes AB, AC à la circonférence O; on considère le diamètre CC' et du point de tangence B on abaisse la perpendiculaire BD sur le diamètre. Démontrer que BD est divisée en deux parties égales par la droite AC'.

727. Soit ABC un triangle quelconque : 1° avec les trois médianes de ce triangle on peut construire un triangle A'B'C', 2° si avec les trois médianes du triangle A'B'C' on construit un triangle A"B"C", ce dernier triangle est semblable au premier.

728. Soient deux droites OR, OS, un point A sur OR, un point B sur OS; on mène à AB une parallèle, qui rencontre OR en A' et OS en B′; on demande le lieu décrit par le point de concours des droites AB′, BA′, quand la droite A′B′ se déplace parallèlement à AB.

729. Trouver sur une droite donnée un point équidistant d'un point donné et d'une droite donnée.

730. Trouver sur une droite donnée un point tel que la somme ou la différence de ses distances à deux points donnés soit égale à une longueur donnée.

731. Construire un triangle isocèle, connaissant l'angle au sommet et la somme de la base et de la hauteur.

732. Construire un triangle isocèle, connaissant le rayon du cercle circonscrit et la somme de la base et de la hauteur.

733. Construire un carré dont les côtés passent par quatre points donnés.

734. Lieu d'un point P tel que la droite MN, qui passe par les pieds M et N des perpendiculaires abaissées de ce point sur les côtés d'un angle AOB, soit parallèle à une direction donnée.

735. Lieu des points de contact des tangentes menées parallèlement à une direction donnée à tous les cercles qui sont tangents à une droite donnée, en un même point de cette droite.

736. Soit un triangle isocèle ABC; lieu d'un point situé dans l'angle A opposé à la base BC du triangle, et tel que sa distance à la base BC soit moyenne géométrique entre ses distances aux deux autres côtés du triangle.

737. Soit ABC un triangle isocèle rectangle en A ; on mène une droite DE perpendiculaire à l'hypoténuse BC, et l'on joint les sommets B et C aux points E et D où cette droite rencontre les côtés de l'angle droit. Les droites BE et CD ainsi construites se coupent au point M. On demande la ligne décrite par le point M quand la droite DE se déplace en restant perpendiculaire à BC.

738. Dans le triangle ABC, on mène $\overline{AD}$ perpendiculaire sur BC et l'on suppose vraie la relation : $\overline{AB}^2 = BC \times BD$. Démontrer que le triangle est rectangle en A.   B. S. (Nièvre).

739. Sur un terrain plan, on veut tracer une circonférence passant par trois points A, B, C, tels que les droites AB et BC, égales chacune à 34 mètres, font entre elles un angle de 60°. Calculer :

1° La distance du centre de cette circonférence à chacune des droites AB et BC;

2° Le rayon de cette circonférence.   B. S. (Orléans).

740. Sur la perpendiculaire menée en A à AB et au-dessus de AB, y a-t-il un point C tel que sa distance au point A soit la moitié de sa distance au point B? Calculer les distances CA et CB en fonction de $AB = a$. Sur la parallèle à AB menée par C, y a-t-il un autre point C′ tel que C′B = 2C′A ? Calculer la distance du point C′ au point C.   B. S. (Orléans).

741. Pour évaluer la distance de deux points inaccessibles A et B, de deux autres points C et D, pris en dehors et du même côté de la direction AB, on a mesuré les angles ACD = 90°, ADC = 30°, BCD = BDC = 60°. On demande de calculer cette distance AB, sachant, d'ailleurs, que la droite CD a 80 mètres de longueur.

B. S. (Euré-et-Loir).

742. On donne dans un plan une circonférence O de 0 m. 10 de rayon et un point C situé à 0 m. 30 du centre O. Du point C on mène une sécante CAB, telle que la corde AB ait 0 m. 12 de longueur. Puis on mène en A et en B les tangentes à la circonférence : elles se rencontrent en M. Cela posé, on demande de calculer : 1° l'une des longueurs CA ou CB; 2° La distance du point M au centre O.

B. S. (Seine-et-Oise).

4° Sur la mesure des aires des polygones
(chap. xxix à xxxi).

743. Diviser un triangle en parties proportionnelles à des nombres ou à des portions de droite données par des droites issues de l'un des sommets.

744. Diviser un triangle en deux parties équivalentes par une droite perpendiculaire à l'un de ses côtés.

745. Diviser l'aire d'un triangle en moyenne et extrême raison par une droite partant de l'un de ses sommets.

746. L'aire d'un triangle qui a pour côtés les médianes d'un triangle donné est les $\frac{3}{4}$ de l'aire de ce triangle.

747. Circonscrire à un triangle donné le triangle équilatéral d'aire maximum.

748. Par l'un des points A, commun à deux circonférences O et O', on trace une sécante MAN dont on joint les extrémités au second point commun B. Trouver la position de MN pour laquelle l'aire du triangle MBN est maximum.

749. Étant donné un triangle inscrit, on considère les points diamétralement opposés des sommets; on obtient ainsi un hexagone dont l'aire est double de celle du triangle.

750. Mener par le sommet d'un triangle une droite telle que, si l'on abaisse sur cette droite des perpendiculaires des deux autres sommets du triangle, l'aire du trapèze obtenu soit les $\frac{4}{3}$ de l'aire du triangle.

751. Quelles sont les aires des cercles inscrits dans un triangle équilatéral, un carré, un hexagone régulier, un octogone régulier convexe, un décagone régulier convexe ayant pour côté $a = 1$ mètre?

752. Quelles sont les aires des segments circulaires limités par les côtés du triangle équilatéral, du carré, de l'hexagone régulier, de l'octogone régulier convexe, du décagone régulier convexe et les arcs sous-tendus par ces côtés dans un cercle de rayon $R = 1$ mètre ?

753. On donne une circonférence de rayon $R = 1$ mètre, dans laquelle on trace le côté de l'hexagone régulier, et, parallèlement, le côté du triangle équilatéral inscrits dans cette circonférence : calculer la portion de l'aire du cercle comprise entre ces droites.

754. On sait que la diagonale d'un carré d'un mètre de côté égale $\sqrt{2}$; trouver, d'après cela, une droite égale à $\sqrt{2}$.

755. Trouver une droite égale à $\sqrt{14}$, sachant que 14 égale la somme de 3 carrés, 9, 4 et 1.

756. Partager un parallélogramme en 5 parties équivalentes par des parallèles à l'une des diagonales.

757. Partager un cercle en 5 parties équivalentes par des circonférences concentriques.

758. Mener une parallèle aux bases d'un trapèze, de manière à partager sa surface en deux parties dont le rapport soit égal à un rapport donné.

759. Par un point donné sur le périmètre d'un triangle, mener une droite qui divise ce triangle en deux parties équivalentes.

760. Par un point donné sur le périmètre d'un quadrilatère, mener une droite qui divise ce quadrilatère en deux parties équivalentes.

761. Partager un trapèze en parties équivalentes par des droites parallèles aux bases.

762. Exprimer en fonction de leur côté les aires des polygones réguliers convexes de 10 et 12 côtés.

763. Inscrire dans un carré de côté a un rectangle dont l'aire soit les $\frac{3}{8}$ de l'aire du carré donné.

764. Trouver sur l'hypoténuse d'un triangle rectangle un point tel que le carré construit sur la perpendiculaire abaissée de ce point sur l'un des côtés de l'angle droit soit équivalent au rectangle qui a pour dimensions les deux segments correspondants de l'hypoténuse.

765. D'un point donné sur l'un des côtés égaux d'un triangle isocèle, mener une droite jusqu'à la rencontre de l'autre côté prolongé, de manière à déterminer un triangle équivalent au triangle donné.

766. On donne un triangle ABC et un point D sur AB ; construire un triangle équivalent au triangle ABC, qui ait l'un de ses sommets en D et l'angle A commun avec le triangle ABC.

767. Si, du sommet de l'angle droit d'un triangle rectangle, on abaisse la perpendiculaire sur l'hypoténuse, la somme des aires

des cercles inscrits dans chacun des triangles partiels obtenus est équivalente à l'aire du cercle inscrit dans le triangle donné.

768. Tracer par le sommet A d'un triangle ABC une droite XY telle que les perpendiculaires abaissées sur cette droite des sommets B et C déterminent un trapèze BB'CC' dont l'aire soit équivalente à celle d'un carré de côté k.

769. Évaluer l'aire d'un trapèze en fonction des quatre côtés de ce trapèze.

770. Un champ a la forme d'un parallélogramme ABDC dont les dimensions sont : base $AB = 85$ mètres, côté $AC = 39$ mètres, diagonale $BC = 76$ mètres. Ce champ est traversé par une route de 12 mètres de large qui rencontre le côté CD du parallélogramme en un point I, tel que $CI = 20$ mètres, et qui suit une direction parallèle à la médiane CM du triangle ABC. On demande quelle est la superficie de la partie du champ occupée par la route.

771. On considère le trapèze ABCD, dans lequel on mène les diagonales AC et BD qui se coupent en O. On donne l'aire du triangle $OAB = 25$ mètres carrés et celle du triangle $OCD = 36$ mètres carrés. 1° Montrer que les deux triangles ODA, OBC sont équivalents; 2° Trouver l'aire totale du trapèze.

772. Trouver la hauteur et les bases d'un trapèze ABCD dont la surface est 662 mq. 50, sachant que la droite MN qui joint les milieux des deux côtés non parallèles vaut 53 mètres et que la portion EF de cette droite comprise entre les deux diagonales vaut 21 mètres.

773. Par un point M pris sur la petite base d'un trapèze, tracer une droite MN qui divise ce trapèze en deux trapèzes équivalents.

774. Par un point pris sur un côté d'un quadrilatère, tracer une droite qui partage l'aire de cette figure : 1° en deux parties équivalentes; 2° en deux parties qui soient dans un rapport donné.

775. Soient a, b, c les trois côtés d'un triangle, $2p$, son périmètre, s, son aire, r le rayon du cercle inscrit, r', r'', r''' les rayons des cercles ex-inscrits opposés aux angles A, B, C. Démontrer les formules suivantes :

$$s = (p - a)\, r'$$
$$s^2 = r r' r'' r'''$$
$$\frac{1}{r} = \frac{1}{r'} + \frac{1}{r''} + \frac{1}{r'''}.$$

776. A un cercle de rayon donné R on circonscrit un quadrilatère ABCD dont une diagonale passe par le centre O. La distance AO est double du rayon et les deux angles opposés A et C de ce quadrilatère sont supplémentaires :

1° Évaluer les angles B et D, l'aire du triangle AIO (I étant le point de contact du côté AD avec la circonférence O) et celle du quadrilatère ABCD ;

2° Évaluer le rayon de la circonférence qui passerait par les quatre sommets du quadrilatère.

Effectuer les calculs pour $R = 1$ m. 20.

777. Inscrire à un cercle un rectangle dont l'aire est donnée. Quel est le rectangle inscrit d'aire maximum?

778. ABCD est un quadrilatère quelconque ; par E, milieu de l'une des diagonales, on mène la parallèle à l'autre diagonale AC ; cette parallèle coupe CD ou CB en G ; on mène la droite AG ; prouver que cette droite divise le quadrilatère en deux parties équivalentes.

779. Par le milieu de chaque diagonale d'un quadrilatère, on mène la parallèle à l'autre diagonale ; ces parallèles se coupent en un point qu'on joint au milieu des quatre côtés. Démontrer que ces dernières droites décomposent le quadrilatère en quatre quadrilatères équivalents.

780. On a un quadrilatère ABCD, dans lequel AB $=$ BC, AD $=$ CD et l'angle ABC est droit. On prend $CN = \dfrac{1}{3}$ CD, puis $AM = \dfrac{1}{3}$ AD, puis on joint B à M et à N ; la figure BNDM est un parallélogramme ; sachant que la surface de ce parallélogramme est 4 mq. 875, trouver à 1 millimètre près les diagonales du parallélogramme et les quatre côtés du quadrilatère.

781. Dans un triangle isocèle, on donne la base $2a$ et le rayon r du cercle inscrit. Calculer : 1° la surface du triangle ; 2° le rayon R du cercle circonscrit. Effectuer les calculs pour $a = 6$ mètres et $r = 3$ mètres.

782. Etant donné un triangle ABC, on prend sur les côtés les points A′, B′, C′, tels qu'on ait $\dfrac{AC'}{AB} = \dfrac{BA'}{BG} = \dfrac{CB'}{CA} = m$.

1° Prouver que les triangles AB′C′, BA′C′, CA′B′ sont équivalents et déterminer le rapport de l'aire de l'un de ces triangles à celle de ABC ;

2° Calculer l'aire de A′B′C′ en fonction de celle de ABC ;

3° Déterminer pour quelle valeur de m cette aire est minimum.

783. On considère le trapèze ABCD, dans lequel on mène les diagonales AC et BD, qui se coupent au point O. On donne l'aire du triangle OAB $= a^2$ et celle du triangle OCD $= b^2$.

1° Montrer que les deux triangles ODA, OBC sont équivalents ; que l'aire du triangle ODA $= ab$, et que l'aire totale du trapèze a pour expression $(a + b)^2$. 2° On prolonge les côtés AD et BC non parallèles jusqu'à leur rencontre en S, et l'on demande de démontrer que l'aire du triangle SDC a pour expression $b^2 \dfrac{b+a}{a-b}$ et que celle du triangle SAB a pour expression $a^2\,\dfrac{a+b}{a-b}$. — Application numérique : $a^2 = 9$ mètres carrés ; $b^2 = 4$ mètres carrés.

B. S. (Charente-Inférieure).

784. Sur les côtés d'un hexagone régulier, on construit, en dehors, des rectangles égaux, dont on raccorde les côtés extérieurs par des arcs décrits des sommets de l'hexagone comme centres. On entoure ainsi l'hexagone primitif d'une surface composée de six rectangles et de six secteurs. Cette surface est équivalente à celle de l'hexagone. 1° Calculer la hauteur commune des rectangles, si le rayon de l'hexagone est égal à 10 mètres ; 2° Calculer aussi le périmètre de la figure totale.   B. S. (Finistère).

785. Dans un cercle de 2 mètres de rayon, on trace de part et d'autre du centre deux cordes parallèles, l'une AB égale au côté du triangle équilatéral inscrit, l'autre CD, égale au côté du carré inscrit. On joint leurs extrémités. On demande de déterminer : 1° La surface du trapèze ABCD ; 2° son périmètre ; 3° la surface du segment limité par AB ; 4° la surface du triangle obtenu en prolongeant les côtés BC et AD du trapèze.

B. S. (Seine-Inférieure).

786. Étant donné un cercle de rayon R, on mène le côté AB de l'hexagone inscrit et le côté CD du triangle équilatéral qui lui est parallèle. Évaluer en fonction du rayon l'aire limitée par les cordes AB, CD et les arcs AC, BD. — Dans le cas où R = 5 m. 20, trouver cette surface à 1 centimètre carré près.

B. S. (Vienne).

787. Soit une circonférence et un triangle équilatéral inscrit ABC ; on prolonge le côté AC, et l'on mène une tangente DE parallèle à BC jusqu'à la rencontre en E du côté prolongé. On demande de calculer la surface comprise entre l'arc DC, la tangente DE et la droite CE : 1° dans le cas où le rayon de la circonférence donnée est de 4 mètres ; 2° dans le cas où ce rayon est tel que la différence entre la longueur de la circonférence et le périmètre du triangle équilatéral inscrit est de 3 m. 2616.

B. S. (Constantine).

788. Étant donnés dans un cercle O deux diamètres rectangulaires AB et CD, du point D comme centre avec DA pour rayon, on décrit l'arc AEB. Démontrer que l'aire du croissant AEBC est équivalente à celle du triangle ADB.   B. S. (Loiret).

789. Un rectangle a pour surface 400 mètres carrés, la longueur de son périmètre est de 100 mètres. Calculer ses dimensions.

B. S. (Pas-de-Calais).

790. On considère un demi-cercle dont le diamètre AB est égal à 2 mètres. On mène une corde CD parallèle à AB ; on joint AC et BD, puis on demande de calculer à 1 centimètre près les longueurs des côtés du trapèze ABDC, sachant que le côté CD est

double du côté AC. On prolonge ensuite AC et BD, qui se coupent au point E. Calculer à 1 décimètre carré près la surface du triangle ABE.   B. S. (Orléans).

791. Une pièce d'étoffe a une surface de 4 mq. 3725; la largeur est les $\frac{3}{5}$ de la longueur. On en enlève sur le pourtour une bande de 0 m. 15 de large. On demande quel est le rapport de l'ancienne surface à la nouvelle.   B. S. (Oran).

792. Dans le trapèze ABCD, la grande base a 18 mètres. Les angles A et B sont égaux chacun à 45° et chacun des côtés opposés non parallèles, AD et BC, est égal à 7 mètres. Evaluer :

1° L'aire du trapèze;

2° Celle du triangle ABE, qu'on forme en prolongeant les côtés AD et BC.   B. S. (Loiret).

793. Un triangle équilatéral ABC est circonscrit à un cercle de rayon donné $r = 0$ m. 34. Du sommet B on abaisse la perpendiculaire BD sur la bissectrice de l'angle extérieur C. On forme ainsi un quadrilatère ABCD, dans lequel on demande de calculer : 1° les longueurs des deux diagonales à moins de 1 millimètre près; 2° la surface à moins de 1 millimètre carré près.

B. S. (Tarn-et-Garonne).

794. Un champ a la forme d'un trapèze ABDC, dont les dimensions sont les suivantes : la base AB $=$ 85 mètres; la base CD $=$ 68 mètres; le côté AC $=$ 39 mètres; la diagonale CB $=$ 76 mètres. Ce champ est traversé par une route de 12 mètres de large qui rencontre la petite base du trapèze en un point I, tel que CI $=$ 20 mètres, et qui suit une direction parallèle à la médiane CM du triangle ACB. On demande quelle est la superficie de la partie du champ occupée par la route dans l'intérieur du trapèze?

B. S. (Drôme).

795. Dans un trapèze ABCD, où les angles A et D sont droits et l'angle C de 135°, les côtés BC et CD sont égaux et valent 50 mètres. Trouver la surface du trapèze. On tire BD et l'on mène la bissectrice AI de l'angle A; calculer BI.   B. S. (Ain).

796. Un terrain a la forme d'un trapèze ABCD. On donne AB $=$ 64 mètres, CD $=$ 28 mètres, et la hauteur égale à 25 mètres. On prend BM $=$ 24 mètres, et l'on demande de trouver quelle doit être la longueur CR, pour que la droite MR divise la figure en deux parties équivalentes. Construire la figure.

B. S. (Haute-Savoie).

797. Par un point M pris sur la petite base d'un trapèze donné BACD, tracer une droite MN, qui divise ce trapèze en deux trapèzes équivalents. — Dans le cas particulier où l'on aurait AB $=$ 20 mètres, CD $=$ 14 mètres, AD $=$ BC $=$ 5 mètres et CM $=$ 4 mètres, calculer la surface du trapèze ABCD et la distance du point inconnu N au sommet B.   B. S. (Haute-Saône).

798. De chacun des sommets d'un triangle équilatéral comme centre, on décrit un arc de cercle entre les deux autres sommets. Calculer la surface du triangle curviligne ainsi tracé. — Exprimer cette surface en désignant le côté du triangle donné par a. Le calcul sera fait pour a égal à 10 centimètres.

B. S. (Côte-d'Or).

799. Un terrain a la forme d'un trapèze isocèle dont la grande base AB a une longueur de 128 mètres et dont le côté AD, qui fait un angle de 60° avec cette base, a une longueur de 24 mètres. Cela posé, on demande de calculer : 1° la valeur de ce terrain à raison de 45 francs l'are ; 2° le prix d'un terrain carré dont le côté est égal aux $\frac{7}{20}$ de la diagonale AC, sachant que le prix de l'are de ce second terrain est, au prix de l'are du premier terrain, dans le rapport de $\frac{3}{8}$ à $\frac{5}{7}$.

B. S. (Loiret).

800. On considère le trapèze ABCD, dont les bases sont AB et CD font des angles de 60° avec les diagonales AC, BD qui se coupent au point O. On donne l'aire du triangle OAB = 25 mètres carrés et celle du triangle BOC = 15 mètres carrés. Calculer l'aire du trapèze ABCD.

B. S. (Charente-Inférieure).

801. On donne un triangle isocèle dont la base a 4 m. 55 de longueur et dont l'angle à la base est de 45°. — Calculer à 1 mètre carré près la surface de ce triangle. Le partager en deux parties équivalentes par une parallèle à la base et calculer à 1 centimètre près la longueur de cette parallèle.

B. S. (Allier).

802. Dans un champ triangulaire ABC, dont les côtés sont respectivement égaux à 17 mètres, 18 mètres, 19 mètres, on trace parallèlement aux côtés un chemin partout d'égale largeur, de sorte que la partie cultivée A'B'C' forme un triangle dont la surface soit les $\frac{3}{4}$ de celle de ABC. Calculer à 1 millimètre près la largeur du chemin.

B. S. (Orléans).

803. Trouver la superficie d'un octogone régulier de 100 mètres de côté.

B. S. (Loiret).

804. La figure ABCD est un trapèze. La base inférieure AD vaut 185 mètres. La hauteur CH vaut 48 mètres ; l'angle A vaut 60° ; l'angle D vaut 45°. Trouver la surface du trapèze et le diamètre du cercle équivalent.

805. Calculer le rayon d'un cercle, sachant que la différence entre l'aire de l'hexagone inscrit dans ce cercle et l'aire de l'hexagone circonscrit est égale à 1 décimètre carré.

B. S. (Calvados).

806. Dans le fond d'un tiroir ayant 0 m. 567 de largeur sur 0 m. 756 de longueur, on range des pièces de 2 francs de telle sorte que chacune d'elles touche par ses bords les pièces voisines

ou les parois du tiroir. La pièce de 2 francs ayant 27 millimètres de diamètre, on demande :

1° Combien on en pourra mettre dans le fond du tiroir.

2° Quelle sera la valeur de toutes ces pièces. Mêmes questions pour la pièce de 20 francs qui a 21 millimètres de diamètre. Expliquer pourquoi la surface recouverte est la même dans les deux cas.   B. S. (Allier).

807. Un carré ABCD est circonscrit à un cercle O. On inscrit dans ce carré un autre carré A'B'C'D' ayant pour sommets les points de contacts des côtés du précédent. On demande de déterminer à 1 centimètre près le rayon du cercle, de façon que la différence entre la somme des aires des segments circulaires A'PB', B'QC', etc., et la somme des aires des triangles mixtilignes A'BB', B'CC', etc., soit inférieure à 1 décimètre carré.   B. S. (Allier).

808. De chacun des sommets d'un triangle équilatéral comme centre, on décrit un arc de cercle avec la moitié du côté du triangle comme rayon. Calculer la surface du triangle curviligne ainsi tracé. Exprimer cette surface en désignant par a le côté du triangle. Le calcul sera fait pour $a = 10$ centimètres.   B. S. (Côte-d'Or).

809. Dans un cercle de 5 mètres de rayon, on trace de part et d'autre du centre deux cordes parallèles, l'une AB égale au côté du triangle équilatéral inscrit, l'autre CD égale au côté de l'hexagone régulier inscrit. On joint leurs extrémités. On demande de déterminer : 1° la surface du trapèze ABCD; 2° son périmètre; 3° la surface du segment sous-tendu par AB; 4° la surface du triangle qu'on obtient en prolongeant les côtés BC et AD du trapèze.   B. S. (Orléans).

810. Un terrain a la forme d'un trapèze; la grande base a 90 mètres, la petite base 72 mètres, la hauteur 54 mètres. Trois personnes doivent se le partager également par des lignes parallèles aux bases. Construire ce trapèze à l'échelle de 0 m. 001 par mètre, sachant que l'un des angles adjacents à la grande base est de 75°, et faire le partage graphiquement. Démonstration. Vérification par le calcul numérique.   (B. S. Orléans).

5° SUR LA MESURE DES AIRES ET DES VOLUMES
DES SOLIDES (chap. XXXII à XXXVII).

811. La base d'une pyramide régulière est un triangle équilatéral circonscrit à un cercle de 17 mètres de rayon; la surface latérale de la pyramide est double de celle de la base. Calculer : 1° le volume de la pyramide; 2° le poids d'un cube en fonte ayant

pour diagonale la hauteur de la pyramide. La densité de la fonte est 7,49.   B. S. (Bouches-du-Rhône).

812. Une pyramide a pour base un carré; chacune de ses faces latérales forme avec sa base un angle de 45°. Son volume est de 2 mc. 304. On demande de calculer la longueur de chaque côté de la base et celle de chaque arête latérale.   B. S. (Nord.)

813. On donne une pyramide régulière à base carrée, dont le côté est de 12 centimètres. L'arête a une longueur de 20 centimètres. On coupe ce solide par un plan parallèle à la base, et la section ainsi obtenue a une surface de 11 025 millimètres carrés. Calculer : 1° à 1 centimètre carré près, la surface latérale; 2° à 1 centimètre cube près, le volume de la petite pyramide.
                               B. S. (Hautes-Alpes).

814. Un hexagone régulier ABCDEF a 25 m. 55 de côté. On joint deux à deux les milieux des côtés contigus de cet hexagone, et l'on obtient un deuxième hexagone régulier MNPQRS. On joint encore deux à deux les milieux des côtés contigus de ce nouvel hexagone, et l'on obtient un troisième hexagone régulier A'B'C'D'E'F'. Par le centre commun O des hexagones, on élève sur leur plan une perpendiculaire OH de 3 m. 576, et l'on joint le point H à tous les sommets du premier et du troisième hexagone : on obtient ainsi deux pyramides régulières dont l'une contient l'autre. On propose de calculer : 1° le volume non commun des deux pyramides; 2° la surface totale de la pyramide interne.
                               B. S. (Pas-de-Calais).

815. Calculer les dimensions d'un parallélipipède rectangle dont le volume est de 13 mc. 824, sachant que la somme de ses trois dimensions est égale à 12 m. 6 et que l'une d'elles est moyenne proportionnelle entre les deux autres.   B. S. (Basses-Pyrénées).

816. Un diamant de forme cubique ayant été abîmé par accident, on est obligé de le faire tailler en forme de parallélipipède rectangle. La base de ce parallélipipède est le carré ayant pour sommets les milieux A', B', C', D' de la face ABCD du cube primitif : la hauteur du parallélipipède est de 1 centimètre. On le vend sous cette seconde forme 1 408 francs, à raison de 200 francs le gramme. Avant l'accident, il valait 22 528 francs. Sachant que le prix d'un diamant varie proportionnellement au carré de son poids, trouver : 1° la longueur de l'arête du diamant primitif; 2° la densité du diamant.   B. S. (Allier).

817. Dans un tronc de prisme droit, la base ABC est un triangle isocèle dont les angles A et C valent chacun 45° et le côté AC égale 0 m. 8. — Les arêtes issues de A, de B et de C, perpendiculaires à ABC, ont pour longueurs respectives 0 m. 5, 0 m. 9 et 1 m. 2. On propose de déterminer : 1° le volume; 2° la surface latérale; 3° le rapport des aires des deux bases de ce tronc.
                               B. S. (Gers).

818. Un prisme hexagonal régulier et une pyramide triangulaire ayant été façonnés avec des masses égales d'une terre glaise bien homogène, on admet que ces deux corps ont des volumes équivalents. Le prisme a sa base inscrite dans un cercle de 0 m. 4 de rayon, et sa hauteur est représentée par le côté du triangle équilatéral inscrit dans le même cercle. La pyramide SABC a pour base un triangle rectangle isocèle ABC, dont l'hypoténuse $BC = 2$ m. $\times \sqrt{2}$ et l'arête SA est perpendiculaire à cette base. On demande : 1° le volume du prisme; 2° la surface totale de la pyramide à 1 décimètre carré près; 3° la longueur de la perpendiculaire menée du sommet A sur la face SBC.

B. S. (Lot-et-Garonne).

819. Une pyramide triangulaire a pour base un triangle équilatéral, et son sommet se trouve sur la perpendiculaire élevée au centre du triangle. La surface latérale de la pyramide vaut 5 fois celle de la base. On demande de calculer le volume de la pyramide, connaissant le côté du triangle équilatéral qui a 4 m. 25 de longueur.

B. S. (Vaucluse).

820. Par les milieux des trois arêtes d'un cube aboutissant au même sommet, on fait passer un plan. Faire connaître : 1° la nature des solides que sépare ce plan; 2° le rapport entre les volumes de ces deux solides; 3° le rapport entre leurs deux surfaces, dont on aurait déduit la section faite par le plan. Enfin trouver le volume du plus petit des deux solides, ainsi que sa hauteur perpendiculaire au plan sécant, sachant que l'arête du cube a 0 m. 24.

B. S. (Var).

821. On considère un cube AA'BB'CC'DD' dont l'arête est égale à 1 mètre; les 4 sommets A', B', C', D' sont les sommets d'un tétraèdre régulier. Calculer avec trois décimales exactes le volume, l'arête et la surface totale de ce tétraèdre.

B. S. (Haute-Saône).

822. Les arêtes latérales SA, SB, SC d'une pyramide triangulaire SABC sont perpendiculaires deux à deux; on donne les longueurs de ces trois arêtes : $SA = a$; $SB = b$; $SC = c$, et l'on demande : 1° de trouver l'expression de l'aire de la base ABC; 2° de démontrer que le carré de cette aire est égal à la somme des carrés des faces latérales; 3° de trouver l'expression de la hauteur abaissée du sommet S sur la base ABC. — Application numérique. On donne $SA = 4$ m.; $SB = 3$ m.; $SC = 3$ m. 20. Calculer l'aire de la base ABC et la longueur de la perpendiculaire abaissée du point S sur la base.

B. S. (Cher et Indre).

823. Étant donné un tétraèdre régulier, dont l'arête a pour longueur a on demande de calculer : 1° le volume de ce tétraèdre; 2° la longueur de la droite MN qui joint les milieux de deux arêtes opposées SA, BC. — A quelle distance du sommet S faut-il mener un plan parallèle à la base ABC, pour que le solide soit divisé en deux parties équivalentes? Application $a = 2$.

Nota. — On établira d'abord les formules avec a et l'on fera $a = 2$ dans les formules obtenues.   B. S. (Ardennes).

824. On considère un cube ABCDA′B′C′D′ dont l'arête est égale à 1 mètre; les centres des six faces sont les sommets d'un octaèdre. Calculer avec 3 décimales exactes le volume et la surface totale de cet octaèdre.   B. S. (Haute-Saône).

825. On donne une pyramide régulière dont la base est un triangle équilatéral de côté a; la hauteur de la pyramide est $2a$. 1° Calculer la surface latérale et le volume de la pyramide. 2° A quelle distance du sommet faut-il mener un plan parallèle à la base, pour que la section obtenue ait une surface égale à la moitié de celle de la base? Chercher le volume du tronc de pyramide ainsi formé (application numérique : faire $a = 5$).

          B. S. (Deux-Sèvres, 1895).

Un obélisque a la forme d'un tronc de pyramide à base carrée; la base inférieure a 1 m. 50 de côté, la base supérieure a 0 m. 80 de côté, la hauteur est de 15 mètres. Ce tronc de pyramide est surmonté d'une pyramide dont les faces latérales sont des triangles équilatéraux. Trouver le volume et la surface latérale de cet obélisque.   B. S. (Aspirants, Sarthe, 1887).

826. Par le milieu des 3 arêtes d'un tétraèdre régulier aboutissant au même sommet, on fait passer un plan. Faire connaître : 1° la nature des solides que sépare le plan; 2° le rapport entre le volume de ces 2 solides ; 3° le rapport entre les 2 surfaces dont on aurait déduit la section du plan. Enfin, trouver le volume du plus petit des 2 solides, ainsi que sa hauteur perpendiculaire au plan sécant, étant donné que l'arête du tétraèdre a 0 m. 24.   B. S. (Aspirants, Var, 1887).

827. Trouver le volume d'un solide semblable aux tas de pierre déposés sur le bord des chemins, dont les dimensions sont les suivantes : Rectangle formant la grande base ou base inférieure : longueur 2 m. 70, largeur 0 m. 90. Rectangle formant la base supérieure ou petite base : longueur 1 m. 70, largeur 0 m. 60. Hauteur prise entre les deux bases qui sont parallèles : 0 m. 45.

          B. S. (Aspirants, Eure).

828. Un propriétaire a fait construire un pavillon ayant la forme d'un prisme hexagonal régulier surmonté d'une pyramide régulière aussi et de même base. Toute la surface extérieure a reçu une peinture décorative qui coûte, ouvertures comprises, 3 fr. 25 le mètre carré. On demande de calculer le prix total de cette peinture, sachant que le prisme a 1 mètre de côté, que sa hauteur est de 4 mètres et que la hauteur totale du pavillon est de 10 mètres.   B. S. (Deux-Sèvres).

829. En menant par le centre d'un carré une perpendiculaire à

son plan de 3 m. 485 de longueur, et joignant l'extrémité de cette perpendiculaire aux sommets du carré, on obtient une pyramide régulière ayant pour volume $\frac{148}{25}$ mètres cubes $+\frac{459}{18}$ décimètres cubes. On demande la longueur du côté du carré.

B. S. (Doubs).

830. La base d'une pyramide régulière est un hexagone circonscrit à un cercle de 17 mètres de rayon; la surface latérale de la pyramide est double de celle de la base. Calculer : 1° le volume de la pyramide; 2° le poids d'un cube en fonte ayant pour diagonale la hauteur de la pyramide. La densité de la fonte est 7,49.

B. S. (Bouches-du-Rhône).

831. On donne un morceau de carton ayant la forme d'un triangle équilatéral ABC, dont la surface est de 6 décimètres carrés.

On plie les angles autour des droites MN, NP, PM, qui joignent les milieux des côtés, de façon à former un tétraèdre régulier. Quel sera le volume de ce tétraèdre ?   B. S. (Orléans).

832. Démontrer que le volume d'une pyramide triangulaire est égal au $\frac{1}{3}$ du volume d'un prisme ayant même base et même hauteur. Déterminer à l'intérieur d'une pyramide triangulaire régulière un point M tel que, si on le joint aux sommets de la pyramide donnée, les quatre pyramides obtenues soient équivalentes. Calculer les distances du point M aux quatre faces de la pyramide SABC, sachant que les trois angles ASB, BSC, CSA sont droits et que :

$$SA = SB = SC = 2 \text{ mètres.}$$

B. S. (Aspirants. Gers).

833. Un bloc de glace a la forme d'un parallélipipède ; il flotte dans la mer, et la partie immergée a 2 m. 40 de hauteur. Calculer la hauteur totale du parallélipipède, sachant que la densité de la glace est 0,918 et celle de l'eau de mer 1,026. On admet le principe d'Archimède, d'où il résulte que le poids d'un corps flottant est égal au poids du volume du liquide qu'il déplace.

B. S. (Orléans).

834. Calculer les trois dimensions d'un parallélipipède rectangle, sachant : 1° qu'elles sont proportionnelles aux nombres 3, 4 et 7; 2° que la somme des aires des 6 faces du parallélipipède est égale à 65 décimètres carrés. On calculera chacune des dimensions à 1 millimètre près.   B. S. (Orléans).

835. Calculer les dimensions d'un parallélipipède rectangle dont le volume est 13824 décimètres cubes, sachant que la somme de ses trois dimensions est égale à 12 m. 6 et que l'une d'elles est moyenne proportionnelle entre les deux autres.

B. S. (Basses-Pyrénées).

836. Un champ rectangulaire de 250 mètres de longueur a coûté 180 000 francs; on l'a payé 6 francs l'are. On creuse le long de son périmètre et à l'intérieur du champ un fossé à parois verticales de 0 m. 75 de largeur et de 1 m. 50 de profondeur; la terre extraite est répandue sur le champ d'une manière uniforme. On demande de calculer de combien la surface du champ sera exhaussée, sachant que le volume de la terre enlevée est les 4/3 de ce qu'il était lorsqu'il remplissait le fossé.   B. S. (Lozère).

837. On a employé 39 grammes d'or pour dorer l'intervalle compris entre deux carrés ABA′B′ et CDC′D′ ayant même centre O. On demande de calculer l'épaisseur de la couche d'or, sachant que le côté AB = 0 m. 60, le côté CD = 0 m. 45 et la densité de l'or = 19,5.   B. S. (Nièvre).

838. La base d'une pyramide régulière est un hexagone dont le côté est égal à 3 mètres. Calculer la hauteur qu'il faut donner à cette pyramide pour que la surface latérale soit égale à 10 fois la surface de base.   B. S. (Somme).

839. Une pyramide triangulaire a pour base un triangle équilatéral et son sommet se trouve sur la perpendiculaire élevée au centre du triangle. La surface latérale de la pyramide vaut 5 fois celle de la base. On demande de calculer le volume de la pyramide, connaissant le côté du triangle équilatéral, qui a 4 m. 25 de longueur.   B. S. (Vaucluse).

TABLE DES MATIÈRES

Exercices de récapitulation :

1705-05. — Coulommiers. Imp. Paul BRODARD. — 5-06.

9 782019 231101